안전보건교육론

갈원모 · 염병수 · 이미해 · 최우진

도서출판 동화기술

머리말

포항지진, 세월호사고, 가습기살균제사건 등 우리 사회가 복잡해지면서 각종 안전사고의 대형화 가능성이 높아지고 있는 현실에서 시민들의 안전에 대한 욕구는 점점 더 강해지고 있습니다. 대한민국은 단기간에 높은 경제성장을 이루었으나, 국민의 삶의 질을 규정하는 여러 가지 척도는 그에 따르지 못하고 있어 희생자가 다수 발생하는 사고가 보도될 때마다 안타까움을 금치 못하고 있습니다.

산업재해, 교통사고, 산악 및 물놀이사고, 자살예방 등 전 부처가 사고율을 줄이기 위하여 행정안전부, 고용노동부, 국토교통부를 중심으로 안전관련 기관, 학계, 산업계가 무던히도 애를 쓰고 노력했지만 아직도 선진 국가에 비하면 많은 수치상 격차가 남아 있는 실정입니다. 어떤 이는 인위적 재해율 하락의 한계가 왔다고 하고 또 어떤 이는 시스템이 제대로 갖춰지지 않은 상태에서 얻을 수 있는 최저치는 이미 달성되었다고도 합니다. 그러나 개인적으로 재해율이 답보되고 있는 현상을 극복하기 위해서는 안전관리자, 보건관리자 등 전문가의 역할이 강화되어야 한다고 생각합니다. 행동의 주체는 인간이며 인간의 불안전한 행동을 최소화하기 위해 안전보건전문가들이 중심축이 되어야 하는데 그 주체인 안전보건관계자 보다는 행정기관이나 비전문단체가 주요 안전정책을 입안, 추진하고 있는 국내 현실도 개선되어야 하는 요인이라고 생각됩니다.

길게 잡아 30~40여년 정도의 짧은 안전보건관리 역사를 되돌아보면 이 땅의 안전보건관리는 규제, 과도한 투자로 여겨졌었습니다. 대학에서 순수하게 안전보건을 전공하는 분위기가 미약했고 기업에서는 산재보상 등 사후관리를 하는 정도의 안전관리가 대부분이었습니다. 그나마 실무적으로 안전부서나 안전담당을 하는 기업의 인력도 자격증만 있거나 전현 다른 전공, 겸직 등 주변업무 정도로 인식되었고 중요업무에서 소외된 한직이기도 했습니다. 이러한 이유로 주먹구구식의 안전관리, 논리와 체계가 소홀히 된 안전관리 활동이 산업과 단체 전반에 소리 없이 퍼져 나갔고 제대로 된 안전관리를 추진하기에는 실행예산의 부족, 뿌리 깊은 대충, 면피인식을 뛰어 넘기가 벅찬 것도 사실이었습니다.

그나마 다행스러운 것은 국내 많은 안전과 보건 관련학과 교수님들이 학문적인 노력과 현실 참여적인 활동을 통해 안전보건 분야의 이론적 체계가 세워지고 있다는 것과 자의에 의해 안전과 보건을 전공한 세대가 각 분야에 안전보건실무자로 자리잡아가고 있다는 사실입니다. 특히 안전보건을 전공한 사실상의 안전보건 1세대가 우리사회의 안전보건관리 수준을 선진 OECD 국가 수준까지 끌어올릴 거라는 믿음이 있기 때문입니다.

이 책은 그동안 저자들이 여러 단체에서 다양한 연령층의 학생과 근로자, 시민들을 직접 지도하면서 안전보건교육 분야 실무 이론서에 대한 필요성을 절실히 느끼고 있던 터에 안전보건관계자들이 직무 중에 유용하게 쓰일 수 있는 안전보건교육 실무서로 쓰일 수 있도록 새롭게 작업하였습니다. 그러나 안전보건교육에 관한 자료들이 단편적이고 제한적이었던 이유도 있었겠지만 수많은 국내 사고정보 자료의 체계화에 대한 노력 부족이 집필 상 여러 가지 어려움이 한계로 작용 하였습니다. 그래도 교육학과 심리학 분야에 대한 교육 실무적인 접근과 여러 부처의 관계법상 안전교육 사항, 교육관련 기법, 다양한 기업 실무 프로그램, 교육평가에 이르기 까지 다양한 측면에서 안전교육을 이론적으로 탐구해 보고자 하는 노력을 기울였습니다. 이미 검증된 확인 자료와 새로운 정보, 참고한 여러 자료들을 공저자들의 체험과 시각에서 정리, 재조정하였으며 그간의 다양한 안전보건교육 자료와 업종별 실무자 의견이 편집에 큰 힘이 된 것 또한 사실입니다. 그러나 집필자들의 미천한 지식과 시간적인 한계로 인해 부족한 이론서가 되지는 않았나 하는 생각을 지울 수가 없습니다.

앞으로도 더욱 분발하여 바람직한 안전보건교육 실용서가 될 수 있도록 계속 노력할 것을 약속드리며 끝으로 이 책을 통해서 국내 사고 및 직업병 예방을 위한 안전보건교육 실무에 조금이나마 보탬이 되기를 기원합니다.

저자 일동

차 례

Chapter 1

교육 이론

1. 교육의 개념
2. 기업의 교육
3. 안전교육과 보건교육
4. 학습이론

1. 교육의 개념

인식의 여부와는 관계없이 모든 인간은 교육을 받거나 또는 교육을 하는 상대적인 관계에 항상 놓이게 된다. 이는 인간행동의 변화라는 결과를 얻기 위한 실제적 활동으로서의 교육을 의미하는 것이기도 하다. 문자적인 의미로 교육이란 한자(敎育)는 맹자(孟子)의 [得天下英才而敎育之(천하의 영재를 모아 교육하다)]란 글에서 비롯되었다고 보는 것이 통설이며, 글자의 구성면에서 보면 '敎'는 매를 가지고 아이를 길들인다는 뜻과 위에서는 베풀고 아래에서는 그것을 본다는 뜻이고, '育'은 갓 태어난 아이를 살찌게 한다는 뜻과 성숙자가 베푸는 시범적 행동이나 생활태도, 격려, 편달을 미성숙자가 이에 동경, 모방, 추종한다는 뜻으로 기른다는 의미가 된다. 영어의 'education', 독일어의 'Erziehung', 불어의 'ducation'은 다 같이 라틴어 'educatio'에서 유래한 것으로 이 말은 라틴어의 Educare란 말인데 E=out이란 말과 ducare=draw out의 합성어로 '밖으로 끄집어낸다.'는 뜻이다. 즉, 빼낸다는 의미와 끌어올린다는 의미를 가지고 있어 내부적 능력을 개발시키고 미숙한 상태를 성숙한 상태로 만든다는 의미를 포함하고 있다. 이는 인간의 타고난 잠재된 능력을 밖으로 끄집어낸다는 것이다. 그리고 그것들을 개발하고 신장, 발달시킨다는 것이다. 따라서 인간은 누구나 내재된 잠재된 능력을 끄집어내어 훈련시키고 개발하면 한계를 극복할 수 있을 뿐만 아니라 미성숙한 개인이 사회가 요구하는 또는 사회에 적응할 수 있는 개인으로 만들어 간다는 의미가 있는 것이다.

1.1 교육의 변화

교육은 근본적으로 인간애(人間愛)로부터 출발하며 상대편 인간에게 영향을 끼쳐서 그로 하여금 가치 있는 모습으로 성장하게 하는 사회기능이라 볼 수 있는데 인간사회가 본래부터 가지고 있는 근본기능으로서 무릇 사회생활이 있는 곳에는 교육기능이 존재하게 마련이며 현대사회에서는 학교가 특히 큰 힘을 가지고 청소년을 교육하고 있기 때문에 일반적으로 교육이란 교사가 학교라고 하는 정비된 기관에서 계획적으로 학생을 가르치는 것으로 인식되고 있다. 그러나 학교가 설립된 것은 인간생활의 역사에서 보면 얼마 되지 않은 일이며 더욱이 국민교육 시대가 된 것은 불과 최근 1세기 안쪽의 일이기 때문에 교육기관이 없던 시대, 그리고 교육기관이 있어도 일부 선택된 계층만이 교육받던 시대에 대부분의 교육적령기의 소년 소녀들은 교육기관 밖에서 교육을 받았다. 교육은 사회생활에 근접되는 성질이 있기 때문에 사회가 진보하면서 변해 왔으며, 늘 그 사회의 요구와 필요에 따라 변화되고 발전될 수밖에 없었고 시대와 역사, 사회의 변화에 따라 교육은 그 모습을 달리해 왔다. 김인회, 정순목은 그들의 저서 '교육의 역사적 기초'에서 정치제도의 변화, 경제제도의 변화, 종교제도의 변화, 문명의 발달에 따른 변화로 [1]다음과 같이 교육의 변화를 설명하고 있다.

1.1.1 정치제도, 사회조직의 변천에 따른 교육의 변화

사회가 단순했을 때, 즉 원시 사회에서는 조직적 교육은 필요 없었다. 사회가 조금 복잡해 졌을 때, 즉 원시 사회에서 종교의 역할이 증가됨에 따라 특수 임무를 수행하기 위한 교육이 특수인에게 필요하게 되었다. 무당, 제사장 등의 교육이다. 사회가 더욱 복잡해져서 정치 제도를 갖기 시작했을 때 지도자가 되기 위한 교육과 피지도자를 만들기 위한 교육이 생기게 되었다. 이 교육은 요컨대 그 정치 제도를 지키기 위한 수단이라 할 수 있다.

1.1.2 경제제도의 변천에 따른 교육의 변화

원시 공산 경제 체제하에서는 경제가 곧 교육의 동기나 목적은 아니었다. 교육과 경제가 관계된 최초의 형태는 그리스의 소피스트라 볼 수 있다. 그러나 이때의 경제와 교육의 관계는 다분히 가르치는 사람의 개인적 관심에서 나온 것이라 할 수 있다. 본격적으로 교육과 경제가 관계되어, 경제적 목적을 위해 교육을 받고 교육 기관이 생기고 난 최초의 것으로는 중세 말 신흥 도시들에서 생겨난 조합학교(Guild School)이다. 그 다음 국가적인 단위로 실시된 것은 산업혁명 이후부터 이며 근대에서 현대로 들어오면서 차츰 국가 경제 계획에 따르는 교육 계획 수립이 일반화 되었다.

우리나라 같이 2차 대전 이후부터 갑작스럽게 변천하는 국가들에서는 국가 계획보다 사회 일반의 경제적 욕구가 교육 제도, 교육의 형태에 큰 영향을 미칠 수 있었다. 그러나 오늘날에 와서는 대부분의 국가들이 예외 없이 국가 경제 정책을 비롯한 전체적 계획과의 관련 아래에서 교육 계획을 수립한다. 국가적 계획의 여러 측면들 중에서 어느 부분(정치, 경제, 문화, 군사 등)이 특히 강조되느냐 하는 것은 그때그때 국가적 형편에 따라 다를 수 있다.

국가적 정책 수립이나 국가 발전 계획에 있어서 어떤 측면을 강조한다 하더라도 어느 의미에서나 예외 없이 제일 큰 비중을 차지하는 것은 바로 교육에 대한 투자이

---

1) 김인회, 정순목(1982), [교육의 역사적 기초], 대은출판사, pp.37~41

며 이는 나라의 근간이 되는 일이 바로 제대로 된 지속적인 교육투자이기 때문이다.

1.1.3 종교제도의 변천에 따른 교육의 변화

원시 시대에는 종교와 정치가 동일체로 결부되어 있었기 때문에 종교제도의 발전에 따라 교육도 변천하였음은 필연적인 현상이었다. 이러한 종교와 교육의 관계는 근세에 이르기까지 계속되었다고 볼 수 있다. 종교 교육의 대표적인 것으로서는 히브리 교육을 들 수 있으며 오늘날 이스라엘 국가가 생기기까지는 이 민족 종교의 교육이 근본이 된다. 그들의 교육은 교육 그 자체의 일차적 목적이 있기보다는 오히려 종교를 위한 교육이었던 것이다. 그들의 경우 모세 오경을 익을 수 있도록, 자녀를 가르치지 않는 부모는 야훼(신)에게 죄를 짓는 것으로 생각했고, 이러한 이유로 모든 아동은 철저한 모국어 교육을 받았던 것이다. 그러나 과거의 종교 교육이 신에게 적응하도록 만들기 위해 인간을 가르쳤다면 현대의 교육은 기계, 권력 등에 적응하도록 만들기 위한 교육을 하고 있는 면이 다르다.

1.1.4 문명의 발달에 따른 교육의 변화

끊임없이 변화하는 인간사회의 힘의 바탕은 교육을 근간으로 하는 문화와 문명이라 볼 수 있다. 스펭글러(O. Spengler)는 그의 유명한 책 [서구의 몰락]에서 성장 과정에 있는 문화는 문화라고 칭하고, 이미 성장이 끝나 종말을 향하기 시작하는 문화는 문명이라고 칭했다. 이 경우 문명은 문화에 비해, 특히 정신적 생산의 결핍이 특징이다.

문명의 발달은 지식의 양적 증가, 생활의 기계화, 개인의 고립화, 개인 능력의 기계화(전문화) 등으로 요약할 수 있다. 따라서 문명이 발달해 감에 따라 그 속에서 사는 인간들은 삶을 영위하기 위하여 더 많은 지식이 필요해진다. 이런 이유로 해서 자연히 문명발달은 지식 인구의 증가 현상을 초래하고 동시에 교육은 사람됨 전체보다는 기능 위주의 훈련으로 변모하게 된 것이다.

1.2 교육의 구조

교육의 구조는 형식에 따라 여러 형태의 구조로 나타나게 되는데 교육구조는 먼저 교육자가 교재(教材)를 준비해서 피교육자에게 교수하는 형식의 구조가 있다. 이것은 주로 학교에 존재하는 교육의 기본구조로서 이러한 교육은 일정한 장소에서 계획을 세워 일정기간에 걸쳐 행하는 것인데 가정에서는 부모나 형과 누이 등이 자식이나 동생을 가르치고, 직장에서는 선배가 후배에게 일의 기본을 가르치는 것과 같은 것들을 말하며 대부분은 학교에서 교수자에 의해 이뤄지는 교육형태를 뜻한다. 그 다음으로는 교육을 받는 자가 스스로 계몽하도록 여러 교육내용을 준비하는 형식인데 이는 피교육자에게 직접 교수하는 것이 아니고, 도서나 영화·방송 등을 교육적으로 편성, 제공함으로써 피교육자 각자가 자기 스스로 교육할 수 있도록 하는 것이다. 교육자는 배후에서 교육적 배려를 하며, 교육매체로서 효과가 있을 만한 재료를 준비하여 그것이 자기계발을 위해 이용되도록 기대하고 유도하는 것이다. 마지막으로 교육의 구조는 인간관계 자체가 인간을 상호 교육하는 형식, 이것은 교육기관에서도 볼 수 있지만 주로 교육기관 밖의 사회생활 가운데서 자연스럽게 교육하는 방법이다. 교육자는 의도적으로 가르치려고 하지 않고 자기계발을 위한 내용을 제공하지도 않으나 교육받는 사람을 어떻게 인간관계 안에 넣을 것인가에 대해서만 교육적 의도를 가지고 노력한다. 교육의 현실은 이들 세가지 교육의 기본구조가 서로 결합하여 성립되고 발전하는데 이 세 가지 교육의 기본구조가 어떠한 모양으로 결합하느냐에 따라서 각각 특색 있는 교육의 장(場)과 효과가 나타나게 된다. 교육의 장의 성격은 기본구조 가운데서 어느 것이 주(主)가 되느냐에 따라 결정되고 그 효과는 교수자, 학습자, 그리고 포괄적 환경과의 상호작용에 따라 결정되게 된다.

1.3 교육의 기능

교육이 가지는 기능은 개인, 가정, 사회의 입장에 따라서 달라질 수 있다. 일반적으로 교육이 가지고 있는 기능은 첫째 교육은 인간의 잠재적 능력을 성장·발달시켜 이상적인 인격의 형성과 자아실현을 돕는 기능을 수행하는데 이상적 삶이란 각 개인의 잠재적 능력이 신체적, 심리적, 정신적, 사회적, 지적으로 골고루 성장·발달하여 원만한 인격을 형성하고 자아를 실현하는 것으로 각 개인으로 하여금 그들이 지니고 있는 잠재적 가능성을 최대한으로 그리고 조화적으로 발달시켜 이상적인 삶을 살 수 있도록 돕는 일이다. 둘째는 개인이 생활경험을 습득하고 체험하도록 돕는 기능을 담당하는데 미래 생활만을 준비하기 위한 교육이나 피 교육생이 생활 속에서 경험할 수 없는 고정된 지식만을 주입하는 교육은 생명력을 가질 수 없는 이치와 같다. 각 개인에게 생활 경험을 습득하도록 돕는 교육의 기능은 개인적인 성격과 사회적인 성격을 동시에 지니고 있으며 교육은 각 개인에게 개인적·사회적 생활경험을 습득하도록 함으로써 더욱 풍부하고 의미 있는 삶을 영위할 수 있도록 돕는 기능을 수행하는 것이다. 따라서 넓은 의미의 교육기능을 정리해 보면 교육은 인간의 성장 발달 과정을 말하고 있으며, 인간의 성장 발달은 인간의 생리적 유기체와 환경과의 상호작용에 의하여 이루어지는 것이다. 교육은 사회의 자기보존과 유지의 기능이며, 사회의 생식작용이다. 그러므로 교육은 인간 사회가 발생함과 동시에 시작되었다고 할 수 있다. 인간은 본래 사회적 동물로서 반드시 사회집단 속에서 태어나며 그 속에서 다른 사람들과의 사회적 접촉을 통하여 그 사회의 문화를 습득하며 살아간다. 문화는 일정한 사회집단이 공동으로 가지고 있는 생활방식 또는 행동양식이며 인간이 인간으로서의 생활을 지속발전 시키려면 반드시 문화의 습득을 필요로 하며, 이를 위해서 사회적 과정으로서 교육을 받지 않으면 안 된다. 교육의 사회적 기능은 문화유산을 중요시 하는 보수주의적 관점과 사회적응을 중요시하는 진보주의적 관점 그리고 사회개조를 강조하는 사회개조주의적 관점으로 나누어 볼 수 있다. 그리고 교육의 기능은 본질적 기능과 비본질적 기능으로 나눌 수 있는데 본질적 기능은 먼저 교육 그 자체가 가지고 있는 목적을 실현하기 위한 기능과 인격완성, 자아실현, 민주시민 양성 등 보다 넓은 사회적, 개인적(높고 궁극적 의미의)목적을 실현하고자 하는 것이며 여기에는 교육목적 내재설의 입장에서 추론하려는 경향도 갖고 있다. 또 다른 입장은 비본질적 기능(수단적 기능)이 있는데 교육이 또 다른 제3의 도구로서 활용되는 것으로 보는 기능과 발전론적 교육입장 마지막으로 교육을 국가 정치 경제 등의 발전을 위한 수단으로 보는 입장 등이 있다.

1.4 교육의 3요소

교육의 3요소는 일반적으로 교사, 학생, 환경(교육자료)으로 구분하는데 이를 체계적으로 정리하면 주체, 객체 그리고 주체와 객체를 연결해주는 매개체로 나눠지며 그 내용을 알아보면 아래와 같다.

(1) 주체

교육 활동에 영향을 주는 요소로 형식교육에서는 교사이고 비형식교육에서는 사회인사, 선배 등을 말한다.

(2) 객체

교육 활동을 하는 중에 영향을 받는 요소로 사실상 가장 중요한 요소로 형식교육에서는 학생으로 보며 비형식교육에서는 자녀, 주부, 노인 등을 말한다.

(3) 매개체

주체와 객체를 연결하는 것으로 형식교육에서는 교육내용, 교재를 뜻하고, 비형식 교육에서는 인간관계, 시설, 장소, 매스미디어 등을 말한다.

교육학자들에 따라서는 그 내용을 다르게 보기도 하는데 루소는 주체, 객체, 매개체를 각각 인간, 자연, 사물로 보았고 교육론으로 유명한 페스탈로찌는 지, 덕, 기 → 3H 조화인(HEAD, HEART, HAND), 로크는 체, 덕, 기로 보기도 하는데 결국 넓게는 같은 의미로 이해 될 수 있다.

2. 기업의 교육

기업교육은 기업 내에서 일정 직무수행에 요구되는 능력을 일정 기한 내에 기대수준까지 향상시키기 위해 효과적인 경험을 할 수 있도록 만드는 계획적인 교육과정을 말하며 근로자의 입장에서는 자기개발을 통해 자아실현을 도모하는 기업체의 사회교육활동이라고 볼 수 있다. 이러한 기업교육의 목적은 첫째, 인재육성을 통한 기술축적 둘째, 조직 커뮤니케이션의 원활화를 위한 조직개발 셋째, 자기발전의 욕구충족을 통한 작업 동기유발 마지막으로 작업현장의 구체적인 개선 및 발전을 통한 조직생산성 향상이라 볼 수 있다. 또한 이러한 기업교육의 필요성을 세부적으로 알아보면 근로자 개인적 입장에서의 기업교육은 개인시간 중 가용시간의 대부분이 직장에서의 시간을 보내고 이런 특성을 감안해 보면 기업은 근로자가 직장생활을 통해서도 자기개발 할 수 있도록 배려해야 하는 이유가 있으며, 개인은 직장에서 평생 똑같은 일을 하는 것이(직책, 부서 변화) 아니기 때문에 그 이유가 분명해진다. 「그리고 기업 측면에서 교육이 필요한 이유는 기업 환경의 급격한 변화에 따른 경쟁에서 생존을 위해 필요하며 여성 노동력 증가, 교육수준의 향상, 노령인구의 증가, 전문 인력의 필요는 노동력 자체의 변화가 필요하게 되고 급격한 기술의 변화(새로운 기계, 장비, 기술의 사용 필요성)에 따라 그에 따른 기민한 대응교육이 이루어지지 않으면 결국 2류 기업이 될 수밖에 없기 때문이다.」 따라서 현대의 기업교육은 장소적 집합교육에 관한 고정관념이나 개체론적 역량 중심 교육(직급/직종/직군별 필요한 역량을 분류, 별도 교육), 유행중심 교육(새로운 것, 첨단분야), 논리중심 교육, 전담자(부서) 중심의 교육(양어장 방식/육성형 교육)의 고정관념에서 벗어나 새로운 인재상에 의한 교육(인재)가치 중시하고 현장성과 일상성에 근거한 교육을 실시하고 재주와 요령 보다는 기본(基本)과 근본(根本) 강조하는 교육방향으로 그 방향을 선회하여야 한다. 또한 기업교육은 상생(相生)의 교육(다양성존중과 공존), 사이버 교육(디지털, 학습자원의 유기적 연계), 핵심역량 중심의 테마 교육(선택(選擇)과 집중(集中)에 초점을 맞춘 새로운 패러다임이 적용되어야 하며 요즘 새로운 테마로 떠오르는 집중역량 중심교육은 선진, 선두기업들이 앞 다투어 적용하고 있는 실정이며, 이는 한명의 능력 있는 직원이 100만 명을 먹여 살릴 수 있어야 한다는 논리와도 일맥상통한다.

2.1 경영환경 변화와 기업 교육

기업의 경영환경의 급변은 교육과정에도 많은 변화를 요구하고 있다. 극단적으로 말하자면 교육과정을 개발 한다던가 시스템을 적용하고 있는 도중에도 교육내용이 바뀔 가능성이 농후할 정도로 지식정보가 폭증하고 있는 것이 현대의 기업 교육환경이다. 한번 수립하면 반영구적으로 활용하는 기존의 교육체계는 환경변화에 유연하게 대응할 수 있는 가변적인 교육체계로 가야 할 필요가 증대되고 있는 것이다. 지금까지의 기업 교육체계는 백화점식으로 모든 임직원을 대상으로 거의 모든 교육내용을 포괄하는 체계적인 로드맵을 그리려는 발상보다는 사업부문의 경쟁력을 제고시켜줄 수 있는 핵심역량을 전략적으로 지원하는 교육체계가 수립될 필요가 있으며 이에 상응하는 핵심교육과정이 개발될 필요가 있다. 그런데 국내 기업교육은 여전히 핵심역량 중심의 교육 운운하면서 핵심역량 중심의 교육과는 거리가 먼 문어발식 교육운영이 일반적이었다. – 핵심역량이란 기업의 핵심(core)을 이루는 능력(competency)으로서 경쟁사가 도저히 따라 잡을 수 없는 자사 고유의 차별화된 기술이나 노하우의 결집체라고 볼 수 있다(Hamel & Prahalad, 1994). 역량(力量) 또는 필요능력(必要能力)에 대한 개념정의는 경영혁신 분야와 기업교육 분야에서 각각 다른 의미로 규정하고 있음을 우선 이해할 필요가 있다. 경영혁신 분야에서의 핵심역량은 자사가 아니고서는 타사가 도저히 흉내낼 수 없는 고유하고 독자적이며 궁극적인 능력으로서 기업의 궁극적인 경쟁력의 원천이라고 정의할 수 있다. 즉, 기업내부에 공유되고 있는 타사와 차별화된 기업 특유의 총체적인 능력, 기술, 지식을 의미한다. 이에 반해서 기업교육 분야에서의 필요능력은 비즈니스 핵심역량과 전략적으로 연결되지 않은 상태에서 단지 현재 탁월한 업무성과를 내는데 필요한 핵심적인 지식, 기술, 태도의 복합화된 능력을 의미한다. 그러나 기업의 경영환경은 지식사회가 시작됨에 따라 창의력과 지식 창출의 원동력이 되는 인적자본이 각 기업의 주요 경쟁력으로 떠오르고 시작했으며 특히, 지식이 미래의 주요한 자원으로 인식되면서 지식경영기법이 기업교육에 사용되고 있는 추세가 두드러지게 나타나고 있다. 지식을 관리하고 공유할 수 있는 시스템을 앞 다투어 구축하고 있으며, 기업교육에서도 이러한 시스템을 사용하기 위한 다양한 기법들을 마련하고 있는 실정이다. 이러한 지식 경영 교육의 대표적인 사례는 앤더슨 컨설팅(Anderson Consulting)에서 찾아볼 수 있는데 세계적인 컨설팅 전문 기업인 앤더슨 컨설팅사는 전문교육 센터인 PED(Professional Education Division)를 통해 앤더슨의 공통문화 전파, 임직원들 간의 네트워킹의 장 마련, 핵심 지식 및 기술전파 등의 역할을 수행하고 있다. 앤더슨 컨설팅은 보유하고 있는 각종 사례 및 경쟁사 정보, 그리고 컨설턴트에게 필요한 핵심 지식 등을 지식공유 시스템에 체계적으로 분류, 가공, 저장, 관리하여 필요한 장소에서 필요한 사람이 학습할 수 있도록 해놓고 있다. 필요한 지식을 지식공유시스템을 통해 학습을 하거나, 각종 워크숍이나 세미나 등을 열어 각 현지에서 필요한 교육을 충족하고 있다. 또, 개인학습용 멀티미디어나 GBS(Global-Based Scenario)를 활용한 집합교육도 함께 이루어지고 있다. 이와 같은 경향은 국내기업에도 파급되어 최근 유행하는 전사적 자원관리 시스템(ERP)이나 기업자체의 지식경영, 교육시스템을 도입하는 기업들이 늘어나고 있는 실정이다. 또한 기업 환경은 세계화와 무한 경쟁이 당면 현실로 더욱 가깝게 다가오고 있다. 세계화의 가속화는 시장의 개념에 변화를 가져왔고, 전 세계의 기업들이 무한 경쟁 상태에 진입하도록 만들었다. 경영방식이 세계화되면서 선진기업들의 경영교육은 글로벌 경영에서의 성공을 위한 타 문화 교육을 강조하는 추세를 띠게 되었다. 이는 외국에서 이루어지는 경영활동에서 문화적 차이로 인한 손실을 막기 위해서 반드시 필요한 것이다. 이와 아울러 유능한 인재가 해외 주재원으로 파견되어 실패했을 경우, 개인과 기업 차원에서 모두 타격이 크기 때문에 이문화 교육의 필요성은 더욱 더 강조되고 있다. 이문화 교육을 통해 개개인이나 조직들은 현지에서 예측하기 힘든 경영환경을 감지하기 위한 지식과 통찰력, 그리고 일을 효과적으로 처리하는 기술을 터득하게 된다. 세계적인 기업에서 이루어지고 있는 이문화 교육 프로그램은 문화에 대한 상세하고도 깊은 인식을 제공하고 있다. 우리나라에서도 한 지역의 문화, 가치, 신념, 전통 등을 이해하고, 나아가 자신의 문화를 조명해 보는 기회를 마련하는 지역전문가를 양성하고 있는 기업이 있는데 이도 같은 맥락이다.

그리고 기업은 하루가 다르게 변해가는 정보기술(Information Technology)의 발달을 정보를 이용한 가치창조의 수단으로 활용하고 있으며 이러한 IT기술의 활용을 통해 경영성과를 극대화하고자 한다. 때문에 IT를 활용할 수 있는 교육과 정보기술을 이용하는 교육이 강조되고 있으며, 그와 함께 필요한 정보를 수집, 가공하여 기업성과에 기여하도록 하는 것이 중요한 목표가 되고 있다. 이러한 점은 전체 교육비용에서 IT훈련비용이 차지하고 있는 비율이 높아지고 있다는 것을 보면 알 수 있다. 이렇게 IT기술 교육에 들어가는 비용이 대부분의 선진 기업에서 전반적으로 늘어나고 있는 추세는 정보기술이 발전되면서 계속 지속될 전망이며 이에는 우리나라도 예외는 아니다.

마지막으로 다원화 시대의 도래인데, 세계화로 인해 고객 니즈의 다양화, 공급자 중심에서 수요자 중심으로 시장 역학 관계의 변화, 그리고 대량 생산체제에서 대량 맞춤 시대로의 변화 등으로 인해 다원화 시대가 도래하게 되었다. 이렇게 다원화 시대가 도래함에 따라 개인과 조직의 개성, 창의성, 자율성이 강조되었다. 예를 들면, 미국의 기업교육은 이러한 변화를 반영하듯, 종래의 연수원 중심의 중앙 집권적 교육에서 핵심적인 공통과정을 제외하고는 많은 교육을 탈 중심화 시키고 있다. 이러한 추세는 OJT(On the Job Training)과 인력구조 변화에 대응하는 교육이라는 두 가지 측면에서 나누어 살펴볼 수 있다. 먼저, OJT는 일상적인 업무활동과 병행하여 학습활동을 전개하는 것이다. 즉, 현장 관리자의 책임 하에 업무현장에서 종업원에 대한 성과향상 교육이 이루어지는 것이다. 이러한 교육은 연수원이나 교육일정 등의 장소와 시기에 제한을 받지 않고 실시될 수 있다는 장점을 가지고 있다. 이러한 불연속적이고 비정규적인 학습은 교육이 탈 중심화됨에 따라 확대 실시되고 있다. 다음으로 인력구조 변화에 대응하는 교육이다. 선진 기업 내에서 인력구조 변화란, 직장 인력의 노령화, 여성인력, 소수민족, 임시고용 등의 증가를 말한다. 이러한 변화는 기업으로 하여금 직장 인력에 대한 끊임없는 동기부여, 역량강화 교육을 실시하도록 한다. 이런 변화를 반영하여 선진 기업들은 공급자 중심의 '양' 위주의 교육에서 벗어나 수요자 중심의 '질' 위주의 교육으로 옮겨가고 있으며, 정보기술을 활용하여 교육장소와 시기의 제약성을 극복할 수 있는 교육시스템을 구축하고 있는 것이다. 이와 같이 기업교육은 안전교육 분야에서도 그대로 적용되고 있으며 형식위주의 안전교육에서 내용과 근로자 행동변화 위주의 교육으로 변화를 꾀하고 있다.

2.2 기업의 자원과 교육

2.2.1 기업의 자원

기업의 자원이라고 하면 보통 물리적 자원과 인적 자원, 조직의 재정적 자원으로 나누어지는데 과거에는 물리적 자원과 재정적 자원이 중요한 자원으로서 인식되어져 왔기 때문에 상대적으로 인적자원에 대한 인식과 그에 대한 노력은 소홀히 되어져 온 것이 사실이다. 그러나 사회가 발전하고 환경이 변화되면서 특히 디지털화 되어가는 현대사회에서는 물적, 재정적 자원의 중요도는 점차 줄어들거나 정체되어가고 있지만 인적자원은 그 중요성이 빠르고 급격하게 올라가고 있다.

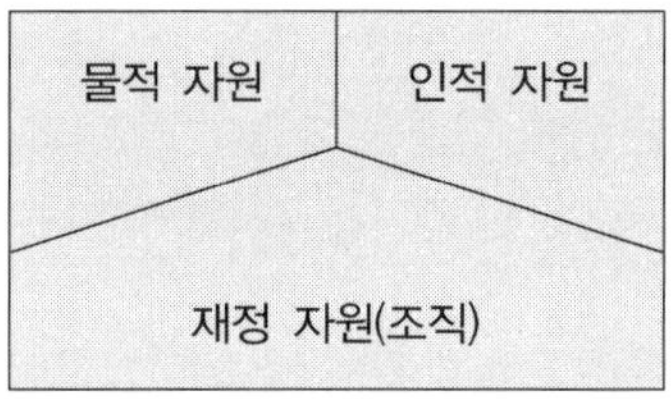

Physical Resource : 장비, 물자, 원자재 등
Human Resource : 사람(기업의 구성원)
Financial Resource : 재정(경제적인 부분)

사회가 발전하고 기업의 수준이 높아지면 결국 재정적인 부분이나 물리적인 자원은 그 한계에 다다를 수밖에 없으며 모든 것은 인적인 부분으로 귀결될 수밖에 없는 것이다. 따라서 인적자원과 그 개발이야말로 기업자원의 핵이라 할 수 있는 것이다.

(1) 인적자원의 개념

현재 인적자원(Human Resource) 혹은 인적자원개발(Human Resource Development)에 대한 통일된 개념이나 정의는 없지만 일반적으로 조직이나 국가의 생산성 및 경쟁력을 제고하는데 필요한 자원으로 물적 자원, 재무자원, 정보자원 그리고 인적자원 등이 거론된다. 조직운영이나 국가 정책 집행의 성과는 이들 자원의 수준과 규모, 적기 공급 여부, 체계적 운영 등에 따라 달라질 수 있다. 이 중 인적자원은 다른 물적 자원, 재무적 자원 그리고 정보 자원 등을 효율적으로 활용하는데 결정적인 역할을 할 수 있다는 점에서 정책적 중요성을 가지고 있다. 결국 인적 자원의 개념을 다음과 같이 정의할 수 있다.

① 조직의 관점에서 보았을 때

인적자원은 조직에 고용되어 있는 사람을 말한다. 조직원이 교육·훈련을 많이 받고 그들의 지식·기술수준이 높을수록 조직 운영의 효율성과 생산성은 제고될 것이다. 이러한 자원으로서의 중요성에도 불구하고 그간 인적자원은 그 가치의 정확한 측정의 어려움 때문에 기업자산 항목으로 등재되어 관리되지 못하였다. 최근 들어 인적자원회계(human resource accounting)를 도입하려는 움직임이 나타나고 있는데 이는 그만큼 인적자원의 중요성이 커져 가고 있다는 것을 의미한다고 볼 수 있다.

② 국가의 관점에서 보았을 때

인적자원은 한 국가의 경제·사회발전을 위하여 활용 가능한 인력이라고 볼 수 있다. 과거 60년대 이후 약 30여 년간 우리나라가 세계 유례가 없을 정도의 빠른 경제성장을 이룩할 수 있었던 주요 요인 중의 하나가 경제성장 단계별로 필요한 인력의 적기 공급이었음은 주지의 사실이다. 최근 들어 산업구조가 고도화되고 IT,

BT, NT 등 첨단 전략산업에 필요한 고급인력에 대한 수요가 증가함에 따라 국가 경제의 지속적 성장을 위해 이들 분야 인력의 양성이 요구되고 있다.

③ 노동력의 관점에서 보았을 때

인적자본(human capital)인 노동력은 노동활동을 제공할 의사와 능력이 있는 이른바 경제활동인구(economically active population)를 가리킨다. 다시 말해, 노동력은 일정 기간 동안 근로의사와 능력을 가지고 근로행위에 종사하거나 구직활동을 한 사람의 수를 의미한다. 따라서 취업자뿐만 아니라 실업자도 포함하는 개념이다. 인력 역시 노동력과 유사하게 경제활동에 종사 할 수 있는 사람 수를 의미한다. 다만 노동력은 질적 수준에 대한 고려가 별로 없는 총체적 의미가 강한 반면 인력은 정신노동에 종사하는 고급인력까지를 포함하는 광의의 개념이라 할 수 있다. 인적자원의 개념을 내용적으로 보았을 때, 인적자본과 유사하다고 볼 수 있다. 인적자본은 인간에 내재되어 있는 지식, 정보, 기술, 태도, 인성, 가치관, 건강 등을 의미하는데 이는 대부분 가정, 학교, 노동시장에서 정규 또는 비정규 교육·훈련이나 경험 등을 통하여 습득·발달된다. 교육이나 직업훈련 등을 통해 근로자의 지식과 기술이 늘어나고 고도화되면 그 사람의 생산성이 높아지므로 인적자본 투자는 생산증대에 기여하는 투입요소가 된다. 인적자본 투자가 다른 투자와 다른 점은 인적자본의 형태로 특정한 사람에게 축적된다는 것이다. 인적자본은 생산설비와 같이 시간이 지남에 따라 감소될 수 있다. 예를 들어, 현재 습득한 최신 기술이 1~2년 후에는 노후 기술로 더 이상 효용가치가 없을 수도 있고, 나이가 들수록 또는 질병에 걸렸을 때 건강이 약화될 수 있다. 이러한 인적자본의 감소는 개인의 취업능력, 조직의 생산성 그리고 국가 경쟁력의 유지·관리 관점에서 보았을 때, 상당히 심각한 문제를 유발한다. 바로 이런 이유로 체계적인 계획과 지속적인 재투자를 통하여 인적자본의 수준을 유지하려는 노력이 강조되고 있다. 그러나 한 번 축적된 인적자원이 시간이 지남에 따라 모두 그 효용가치를 상실하는 것은 아니다. 중요한 지식, 정보 및 기술 등은 상호작용 및 융합을 통하여 새로운 지식, 정보 및 기술을 창출할 수 있다. 여기에 인적자원과 다른 물적 자원들과의 근본적인 차이가 있다. 인적자원은 경제적 측면을 강조하는 인력이라는 개념보다 넓은 개념이다. 단순한 노동력 수준의 생산요소가 아니라 지식과 기술은 물론 도덕성과 같은 가치관까지를 포함하는 종합적인 자질이라고 할 수 있다. 다시 말해, 인적자원은 개개인들이 가진 여러 가지 능력과 품성을 총괄하는 개념이라고 보아야 할 것이다.

④ **개인적, 사회적 그리고 문화적 차원**

우선 개인적 차원에서의 인적자원은 개인에 체득된 지식, 기술, 정보 및 건강 등을 의미하며, 이는 개인의 직업·취업능력, 조직의 생산성, 국가 경쟁력 제고에 필수적 요인으로 기능한다. 사회적 차원에서의 인적자원은 개인과 개인, 개인과 조직, 조직과 조직, 정부와 민간부문간의 생산적 연계를 촉진하는 규범, 신뢰, 협력방식 등을 의미한다. 이러한 사회 구성 부문간에 형성된 건설적 유대·협력관계는 다른 인적자원 구성 요인 또는 이들 간 조합의 생산성을 크게 증대시키는 시너지 효과를 가진다. 문화적 차원에서의 인적자원은 사회 제 문화를 이해·향유하고 새롭게 발전시킬 수 있는 문화적·윤리적·정신적 성숙도를 의미한다. 이는 개인 삶의 여유를 확보하고 조직의 생산적인 문화 풍토를 만들며 국가의 문화적 경쟁력을 향상시키는 데 기여하게 된다.

(2) 인적자원 구성요소의 변화

인적자원에서 강조되고 있는 핵심 구성요소의 변화는 인적자원의 개념 범위의 변화를 가져오고 있다. 21세기로 접어들면서 산업사회는 정보사회로 발전하였고 최근에는 지식기반사회가 급속히 진전되고 있다. 주지하다시피 지식기반사회에서는 지식과 정보가 가장 중요한 생산요소로 작동하고 지식의 창조·공유·활용이 사회 전반에서 일반화되는 특징을 보인다. 이에 따라 인적자원에 내재되거나 체화된 지식과 기술·태도 등 구성요소들도 그 강조점이 달라지고 있다. OECD 보고서에서는 지식을 사실적 지식(know-what), 원리적 지식(know-why), 기술적 지식(know-how), 인간적 지식(know-who)의 네 가지 유형으로 분류한다(OECD, 2000: 14). 먼저 사실적 지식이란 데이터로 환원될 수 있고 부호화된 형태로 교류가 용이한 정보 수준의 지식을 말하며, 정보기술의 발달로 그에 대한 접근이 급진적으로 확장되었다. 원리적 지식이란 자연과 인간과 사회에 대한 원리적 법칙적 지식으로서 부호화된 형태로 외형화하여 잠재적으로 공유된 지식을 말하며, 체계화된 학문적 지식을 기반으로 한 것이므로 그에 대한 접근은 실상 전문가에게 제한되어 있다. 기술적 지식은 무언가를 할 수 있는 실행 기술로서, 단순 노동의 차원만이 아니라 고도의 판단 능력에서도 드러나는 직관이 작용하는 기술을 말하며, 실천적 경험을 통해서만 학습될 수 있고 부호화하여 공유하는 데에 가장 제한점이 많은 지식 유형이다. 마지막으로 인간적 지식이란 공동체 구성원들의 능력에 대한 지식일 뿐 아니라 서로 다른 수행 능력과 지식을 가진 인간간의 협동적 관계맺음과 유연한 의사소통을 통하여 공동의 목표를 실현할 수 있는 기술을 포함하는 지식으로서, 이 또한 외형화와 전달이 쉽지 않다. 이러한 지식의 유형 구분은 종종 지식기반사회가 요구하는 인간이 갖추어야 할 지식을 유목화 하는 데에 적용됨으로써, 직업교육 뿐 아니라 학교교육의 목표를 논의하는데 직접·간접적으로 영향을 미치고 있다. 과거에는 일반적인 정보나 특정 사실을 알고 있는 사실적 지식이 중요시 되었다. 그러나 최근에는 어떤 현상과 변화의 원리와 법칙에 관한 논리적 지식과 누가 무엇을 어떻게 알고 있으며 하고 있는가에 관한 정보적 지식이 중요하게 평가되고 있다. 또 문자나 통신매체를 통해 쉽게 전달될 수 있는 명시적 지식(codified knowledge)보다는 언어, 경험을 통한 지혜, 심미성, 정보를 다루는 방법 등 암묵적 지식(tacit knowledge)이 중요시 되고 있다.

(3) 가업교육과 학교교육의 차이[2)]

학교교육은 전인적 성장을 목적으로 교사의 가르침이 중심이 되는 반면, 기업교육은 기업의 성과를 위한 수단이나 과정으로 목적이 전환된다.

현장문제의 해결을 위해 스스로 주체가 되어 학습에 참여하고, 성장에 대한 결과를 성과로 보여주어야 한다.

즉 기업교육은 실용주의 학습으로 실용성 자체가 학습동기 유발의 원천이 될 수 있다.

구 분	학교교육	기업교육
목적	전인적 성장	성과향상
형식	학습중심의 규격화된 체계 교사와 학생의 관계	학습 중심의 유연한 형식 교사보다는 퍼실리테이터, 학생이 아닌 학습자
참가자 구성	일정한 수준별로 강제 분포	현장의 필요에 의해 학습구정
내용	지식 확보와 암기 및 이해 정도 테스트	현장 문제해결과 성과 향상 정도를 테스트
평가	시험제도가 있으며 경쟁적임	시험제도보다는 업무 성과에 집중

2.3 선진 기업의 교육 추세와 특징

2.3.1 교육투자

세계 초우량 기업의 교육에서 교육 투자의 경향은 크게 두 가지로 나눠진다. 하나는 교육에 대한 기업들의 투자가 계속적으로 증가하는 추세라는 것이고, 다른 하나는 교육 소요 비용에 대해 보다 정확하고 체계적인 분석을 강조한다는 것이다. 즉,

2) 이관춘, 김은경, 기업교육론, 학지사, 2013, p.24

교육예산의 효율적 관리를 위해 개발 프로그램 및 전체교육에 대한 소요비용 뿐만 아니라, 개발단계(분석, 설계, 개발, 운영, 평가)를 포함한 교육 기능별 소요비용에 대해서도 정확하게 산출하고 있다는 것이다. 교육투자에 있어 선진 기업교육의 경향을 살펴보면, 교육투자와 경영성과를 연관시키려는 경향이 뚜렷하게 나타나고 있다. 교육투자가 조직의 성과와 관련이 있는지에 대한 조사에 의하면, 교육에 투자를 많이 한 기업들이 그렇지 못한 기업들에 비해 성과가 더 좋게 나타나고 있음이 밝혀졌다. 일반기업들 가운데 경영성과의 향상정도가 높은 상위 50% 기업들과 하위 50% 기업들의 교육투자비를 비교한 결과, 상위 50% 기업들이 하위 50% 기업들에 비해 75～82% 정도 더 많은 교육투자를 한 것으로 나타나고 있다.

2.3.2 교육스텝 및 자원

선진 기업들의 경영교육에 있어 교육 스텝 및 자원 부분은 특히 많은 변화를 겪고 있는데, 전반적인 경향은 크게 두 가지이다. 첫째, 교육부서 규모의 축소와 여성인력의 진출 증가이다. GE와 Motorola를 선두로 시작된 세계 초우량 기업들의 대대적인 구조조정과 연계되어 인력의 다운사이징이 확대되고 있으며, 교육스텝의 남녀 구성에 있어서 여성인력의 진출이 두드러지게 나타나고 있다. 둘째, 많은 기업들이 교육에 있어서 아웃소싱(Outsourcing)을 확대하고, 외부대학－교육기관과의 파트너십(Partnership)을 형성하여, 부문별 가장 뛰어난 전문 교육 기관들과 제휴하여 교육부문에서 최고수준의 경쟁우위를 확보하려고 하고 있다. 기업의 구조조정(Reengineering, Restructuring, Downsizing), 핵심역량에 기초한 교육의 실시 등의 영향으로 아웃소싱이 적극적으로 확산되고 있는 추세이다. 교육부분 아웃소싱을 실시하고 있는 대표적인 사례로 DuPont사를 들 수 있다. 1993년 DuPont사의 교육부서는 수천 개의 과정을 개방 등록제로 개설하여 유사한 형태의 시간관리과정이 54개나 될 정도로 방만한 경영을 하고 있었다. DuPont사는 사람을 통한 세계적 글로벌 기업이 되고자 대대적인 리엔지니어링을 시도하고 있었고, 교육부서의 근본적인 개선책을 도모하고 있다는 것이다.

2.3.3 과정유형

(1) 기술(Skill) 교육

세계적인 기업들의 경영교육에서 과정 유형의 추세를 살펴보면, 급속한 기술변화에 따라 스킬(skill)에 대한 교육 요구가 증대하고 있다는 것을 알 수 있다. 급격한 기술 변화에 대응하는 직무 필수기술(skill requirements)이 늘어나고 있으며, 인지적 스킬(cognitive skill)과 대인관계 기술에 대한 요구가 증가하고 있다. 반면, 단순 기계적인 기술에 대한 요구는 줄어들고 있다. 즉, 미래에 요구되는 직무 관련 기술과 현재 종업원이 갖고 있는 스킬 수준의 격차가 점차 벌어지게 되는 것이다.

(2) 테마 교육

자사만이 보유할 수 있는 독특한 핵심기술 영역을 규명하여 이의 육성을 도모할 수 있는 육성체계와, 경영성과와 직결되는 전략적 테마 중심의 교육체계를 수립하고 있다. 테마 교육은 획일적인 강의중심 교육에서 교육생의 적극적인 참여를 유도하는 다양한 참여촉진 교육방법을 활용하며, 경영현안과 직접 관계가 있는 문제나 실제의 업무 중에 발생한 문제에 대해 다양한 부서의 구성원들이 모여 스스로 해결책을 찾고 그 과정 속에서 학습이 되는 실천학습으로 많은 주목을 받고 있다.

2.3.4 교육결과의 평가

선진 기업들의 경영교육에서 교육결과에 대한 평가는 교육반응도, 학습성취도 평가에서 현업적용도 및 경영성과 기여도 평가로 전환되고 있다. 경영성과를 분석, 평가하여 차후 교육계획에 반영하여, 성과가 낮은 프로그램은 개선, 폐지하고, 성과가 높은 프로그램에 집중되고 있다. 선진기업들의 HRD(Human Resource Development) 부서는 기존의 교육부서 명칭을 성과 및 조직 지원 서비스, 기술, 전략 및 활력, 학습전략, 학습 컨설턴트, 전략적 필수그룹 등으로 개칭하고 있다. 평가의 기준은 주로 [3]Kirkpatrick 4단계 평가의 기준을 사용하고 있는데, 단계별 평가 기준을 살펴보면

---

3) 인적자원 개발의 평가·효과 측정에 대한 Kirkpatrick의 모델
미국의 Donald L. Kirkpatrick는 인적자원 개발의 평가·효과 측정에 관하여 누구나 이해하기 쉽도록 4Level로 분석안을 제시했다. 미국의 National HRD Executive Survey에서는 회답기업의 약 67%가 평가 측정시 Kirkpatrick의 모델을 사용한다고 한다.

Ⅰ. Level 1(Reaction: 반응) 수강생의 연수 프로그램에 대한 만족도 평가
가이드라인 : 무엇을 발견하고 싶은가를 정하고 '반응의 평가항목'을 정리한 comment sheet를 사용한다. 반응을 수량적으로 측정할 수 있도록 설계하고 무기명 방식으로 솔직한 결과를 얻도록 하고 질문사항 이외의 자유의견도 수집한다.

Ⅱ. Level 2(Learning: 학습) 변화된 태도, 학습 전 지식·기술을 평가 수강생의 학습도를 평가
가이드라인 : 양적인 성과를 알 수 있도록 측정하고 연수를 받지 않은 그룹과 비교한다. 평가의 결과는, 상관관계나 신뢰수준의 관점에서 학습이 실증되도록 통계학적으로 해석해야 한다.

Ⅲ. Level 3(Behavior: 행동) 직무에 적응하고, 행동변화를 평가한다.
가이드라인 : 연수를 받지 않은 그룹과 사전·사후 비교하고 행동변화가 일어나는 시점에서 평가한다. 수강생, 상사, 부하, 동료 등 많은 사람들로부터 평가한다. 무기명 방식으로 솔직한 결과를 얻는다.
질문사항 이외의 자유의견도 수집한다.

Ⅳ. Level 4(Results: 결과) 업무결과에 대한 평가(cost down, 능률·품질·향상, 이직률 감소, 불평불만 감소)
가이드라인 : 결과는 여러 복잡한 요소가 관련되어 나타나므로 결과만으로 특정 연수 프로그램을 평가하기 어렵다. 반응, 학습, 행동(level 1～3) 평가 후에 결과(level 4)를 평가한다.

다음과 같다.

1단계 평가 : 교육종료 직후 실시하는 만족도 평가
2단계 평가 : 교육종료 직후 실시하는 학습목표 달성도 평가
3단계 평가 : 교육종료 3~6개월 후 실시하는 현업 적용도 평가
4단계 평가 : 교육종료 6개월 후 실시하는 경영성과 기여도 평가

3. 안전교육과 보건교육

안전교육(Safety education)은 안전의 중요성을 인식시키고, 구체적으로 부여된 작업에 관하여 안전작업방법에 대한 지식과 기능을 습득시킴으로써 작업에 관한 안전태도를 육성시키는 일이다. 안전교육은 생명의 안전기능 향상과 신체적 적응능력을 적성화 시키고 안전에 대한 포괄적 감수성과 위험인지 능력을 향상시킬 수 있어야 한다.

안전관리는 1906년 US스틸(United States Steel Corporation)의 당시 사장 그리니가 내세운 '안전제일(安全第一)'이라는 표어에서 비롯되었는데 이것이 그의 공장에서는 재해를 줄이는 데 큰 역할을 하였다. 이때부터 안전교육이 재해예방이라는 결과를 예측하면서 시행되었다고 볼 수 있으며 안전교육 또한 교육의 여러 가지 종류 중의 한 가지이며, 특히 현대에 와서 일반적인 안전교육이라 하면 그 대상을 영리를 목적으로 하는 근로자의 정신, 신체적 안전을 도모시키기 위한 기업의 노력으로 보기도 한다.

보건교육(Health education)은 건강(Health)을 교육(Education)한다는 건강(보건)과 교육의 합성어로 교육의 대상을 인간에 국한한다면 인간의 건강을 유지하도록 하는 방향으로 변화시켜주는 것을 보건교육이라고 할 수 있다. 결국 보건교육(건강교육)이란 인간이 건강을 유지, 증진하고 질병을 예방함으로써 적정기능수준의 건강을 항상 유지하는데 필요한 지식, 태도, 습성 등을 바람직한 방향(건강에 좋은 영향을 주는 방향)으로 변화시켜 놓는 것이라고 정의할 수 있다. 그런데 인간의 건강이란 신체적인 것과 정신적인 것(올바른 사고방식) 및 사회적인 요소(융화하고 협조하는 것)가 다 내포되어 있으므로 보건(건강)교육이란 단순히 건강에 대한 지식을 알게 함으로써 해결할 수 있는 것이 아님을 알 수 있다.

3.1 기업의 안전과 위험에 대한 인식

기업에서 안전(safety)은 위험과 대비되는 개념으로 이해한다. "안전이란 일반적으로 개인에게 손상을 끼치는 수용불가능한 위험(unacceptable risk)이 없는 상태" 즉, 수용할 수 없는 피해의 위험성으로부터 자유로운 것을 뜻하며 절대적으로 안전한 상태란 존재하지 않으며, 주어진 시간과 작업하는 환경, 교육 그리고 개인적인 요소들이 상호작용하는 과정에서 안전함의 정도가 결정된다고 보는 것이 일반적인 안전에 대한 [4]인식이다. 안전을 정의하기 위해 동원되는 개념으로는 위험(hazard), 위험노출정도(risk), 손상(harm 혹은 detriment) 등이 있다.

① 위험은 손상을 줄 수 있는 잠재 가능성이 있는 상황이나 사건으로 정의된다. 예를 들어, 부실시공된 다리나 전염성이 있는 바이러스 등은 다리를 건너는 사람에게나 감염된 바이러스를 보유한 환자를 대하는 의사에게는 위험(hazard)이 되는 것이다. 특히 위험은 상황과 사건 모두에서 비롯된다.

② 위험한 상황(hazardous situation)은 개인이 부실 시공된 다리를 건너거나, 의사가 감염된 환자를 다루는 것과 같이 위험요소에 직접 노출되는 것을 말한다.

③ 손상(harm, detriment)은 위험한 사건의 결과 발생하는 개인적 재난의 정도, 혹은 예측되는 피해의 규모를 의미한다(Adams, 1995). 그리고 그 심각성의 정도에 따라 여러 종류로 분류되는데, 예를 들면 심리적 외상, 질병, 신체적 사상, 혹은 사망 등이다.

④ 위험노출정도(risk)는 일정 기간 위험한 사건들이 일어날 확률, 혹은 어떤 위험에 노출된 후 손상을 입을 확률로 정의될 수 있다.

3.2 기업의 안전교육

3.2.1 기업 안전교육의 의미

상기한 바와 같이 기업에 있어서의 안전교육은 기업에 소속된 근로자에게 안전의 중요성을 인식시키고, 구체적으로 부여된 작업에 관하여 안전작업 방법에 대한 지식과 기능을 습득시킴으로써 작업에 관한 안전태도를 육성시키고 위험으로부터 물적, 인적손실을 줄이는 위한 체계적인 노력이다. 그러나 안전교육의 정의와는 다르게 실

4) 김필동·김선근 외 6, 1995, ≪삶의 질: 과학과 기술/과학기술의 생산과 삶의 질≫, 충남대학교 사회과학연구소.

제적으로 기업인 인식하고 적용하고 있는 안전교육은 여러 가지 문제점을 갖고 있었으며 그 대표적인 문제점은 안전교육을 전공한 전문강사나 전문가의 부족이라 할 수 있다. 이로 인하여 체계적인 교육과 훈련은 기대하기가 힘들었던 것이 사실이며 이로 인해 기업의 관리자나 근로자들 사이에는 안전교육은 아무나 시켜도 된다는 의식이 팽배해 있었던 것이 최근까지의 일이다. 또한 법적 교육시간만 충족시키는 교육이 주류를 이루었으며 이는 법적 제재와 감독에 의한 타율적 교육이 될 수밖에 없는 이유이기도 했다. 현장에서 바로 써먹을 수 있는 실행위주의 교육으로 안전 의식교육은 무시되기가 일수였고 교육내용도 원론적 교육으로 현장(실무)과의 괴리감이 만연하게 되어 실효성 있는 교육이 되질 못했다. 「그러나 최근에 들어서는 안전교육의 필요성이 그 어느 때보다 높아지고 있으며 국민들의 요구수준도 사회적 사고(구포열차 사고, 성수대교 붕괴, 타워크레인 사고 등) 질적 수준이 높아져 가고 있다. 특히 사회적 기여도나 국민인식이 높은 기업 선진기업을 표방하는 기업들의 경우, 스스로가 선진 안전관리 실현을 기업 안전목표로 세워 추진해 나가고 있는 실정이며, 이를 위해 내·외부의 안전교육에 적극적으로 참여하고 실시하는 노력을 기울이고 있다.」

3.2.2 기업 안전교육의 방향

(1) 정신의 안전화(The safety for the spirit)

기업의 안전은 그 기업의 핵심인 인적 구성원들의 안전의식이 최우선이라 할 수 있는데 이는 정신적 안전화라 볼 수 있으며 이는 지속적이고 체계적인 노력을 필요로 한다.

(2) 행동의 안전화(The safety of behavior)

정신의 안전화에 따른 결과라고도 볼 수 있으며 이는 근로자들의 불안전한 상태의 작업태도나 행동이 교육을 통해 개선되고 변화하는 것을 말하며, 직접적인 위험과 사고로부터 벗어나는 인적 안전부분의 핵심 부분이다.

(3) 환경의 안전화(The safety of environment)

환경의 안전화는 근로자가 일하는 분야나 작업공간의 장소적, 물리적 상태의 예방조치나 시설 또는 계몽활동을 포함하는 매우 중요한 요소이다. 환경의 안전화는 동료근로자나 관리자들의 안전의식과 행동의 변화를 통해 안전한 인적환경(독려하고 경계하고 개선하는)까지를 포함한다.

3.2.3 기업 안전교육의 형태

(1) 안전 지식교육(The education of safety knowledge)

안전은 아는 만큼 확보되는 특성이 있는데 이는 근로자들이나 관리자들의 안전에 대한 지식 교육의 정도나 내용에 따라 일어날 수 있는 위험이나 사고를 예지하고 불안전한 상태나 행동을 효과적으로 개선하고 억제할 수 있기 때문이다.

(2) 안전 기능교육(The education of safety ability)

상당한 부분의 안전 확보는 안전을 확보하기 위한 기능적 이해와 요령을 필요로 한다. 주어진 도구나 안전시설, 설비 등은 사용하는 근로자에 의해 그 기능이 제대로 발휘될 때 비로써 안전을 확보할 수 있기 때문이다.

(3) 안전 태도교육(safety an attitude)

위험이나 사고에 가장 근접한 사람은 결국 근로자일 수밖에 없다. 그 근로자가 자기의 업무를 대하는 태도나 일상적인 안전의식은 안전지식이나 안전기능 수행 이전에 그 자체를 성실하게 수행하게 하는 원동력일 수밖에 없다 근로자의 안전에 대한 태도는 결국 인식하고 기능화 된 안전행동을 하게하는 힘이며, 결국 기업의 안전교육은 점차 지식이나 기능교육에서 태도교육으로 그 중심이 이동할 수밖에 없다. 태도 교육의 기본 과정(순서)은 청취(hearing), 이해(납득)(understand), 모범(example), 평가(evaluation)의 순으로 진행한다.

3.2.4 안전(보건)교육의 일반원칙

일반적인 교육의 원칙이 그대로 준용될 수 있는데 그 중에서도 현업에서 안전교육을 실시하는 관리자에 입장에서 보면 먼저 근로자 입장에서 교육내용을 준비하고 진행해야 한다.

근로자가 필요로 하는 유용한 교육은 그들의 입장에서 고려되고 준비된 교육이어야 한다. 교육기관의 교육형태에 익숙한 근로자의 입장에서는 쉽게 순응할 수 있을 것 같으면서도 교수자의 일방적인 교육에는 많은 반감을 갖는게 사실이므로 주의한다. 그리고 안전교육을 받아야 하는 필요성 및 동기부여에 상당한 노력을 기울여야 한다.

통상 안전교육의 주 대상이 되는 근로자는 노동을 제공하고 현물급여를 받는 사람들이기 때문에 시간은 곧 돈이며 늘 피곤한 상태이기가 쉽다. 따라서 웬만큼 안전교육에 대한 동기부여가 되지 않고서는 교육에 집중하기가 쉽지 않고 또 부여된 동기도 무너지기가 쉽다. 따라서 안전교육 담당자는 늘 새롭고 획기적인 교육방법과 동기부여 요인을 찾아야 하며 이는 안전교육의 가장 중요한 원칙 중에 하나이다. 그리고 교육내용은 쉬운 것에서 어려운 것으로 진행해야 한다.

안전교육은 대부분이 사회교육의 형태로 진행되고 강제성은 교육을 시키는 사람에게 있는 의무사항이다. 근로자는 강제성을 띤 교육장소나 시간에 있기만 하면 된다. 때문에 복잡하고 골치 아픈 교육내용에는 집중하기가 힘들며 시간 때우기 식의 참여형태를 보이기 쉽다. 그러므로 교수자는 쉬운 내용을 중심으로 교육하면서 매우 느린 속도로 어려운 부문으로 넘어가야 하는 것이다. 또 필수, 주요사항에 대하여 반복적으로 교육해야 한다.

반복적인 교육은 매우 효과적으로 교육생의 인식을 유도하지만 지루함과 식상함이란 복병 때문에 쉽게 접근하기 힘든 방법이다. 반복적이라는 본래 의미는 똑같은 내용을 똑같은 방법으로 교육한다는 의미가 아니라 다양한 방법과 내용을 가지고 교육하지만 교수자가 의도하는 학습자에게 주고자 하는 내용과 교육목적이 같다는 얘기이다. 다음은 한꺼번에 많은 내용을 교육시키려 하지 말고 한 번에 하나씩 교육해야 한다.

일반적으로 안전교육은 1시간 정도를 기준으로 실시한다. 그러나 모이고 헤어지고 준비하는 시간, 날인하는 시간 등을 제외하면 약 30~40분 정도에 지나지 않는다. 때문에 그 정도의 실질적 교육시간에 많은 내용을 교육시키려고 한다면 소화불량에 걸리기 쉬우며 집중하기도 쉽지 않다. 15분에서 20분 정도의 교육내용을 갖고 1시간(외형상) 교육에 임하는 기분으로 하는 것이 적당하다. 교육내용에 대한 다양한 보조자료, 사실자료, 새로운 자료를 활용하여야 한다.

근로자를 집중시키기란 대단한 기술과 노력이 필요하다. 제조업 근로자의 경우는 좀 덜하지만 건설업 일용근로자나 육체적 작업을 주로 하는 근로자의 경우에는 집중시키기가 더욱 어렵다. 특히 말로 시작해서 말로 끝나는 청각형 교육은 그 어려움을 배가 시킨다. 때문에 지속적으로 근로자의 눈과 귀 관심을 끌 수 있는 자료나 새로운 사실 획기적인 내용, 교육방법 적용에 노력을 기울여야 한다.

근로자와 교육실시자의 오감을 활용한 교육이 될 수 있도록 해야 한다. 근로자의 관심과 참여는 교육당사자간의 5감이 교류되고 적용될 때 커질 수 있다. 이를 위해서는 교육내용을 다양화 하고 5감에 적용시킬 수 있는 사전 준비와 노력이 필요하다. 마지막으로 원리와 기능을 이해하고 반드시 실습 또는 실연해보는 노력을 기울여야 한다.

근로자의 자주적인 불안전한 행동의 변화나 수정은 왜 그런지 왜 그렇게 되는지를 충분히 이해하고 이해되어진 정보를 갖고 스스로 적용하는 시간을 통해서 매우 충실하게 이뤄질 수 있다. 안전교육 시간에 추락장소에서 왜 안전벨트가 필요한지 이해하고 안전벨트 없이 추락하는 경험을 쌓은 근로자는 실제 작업 중에 안전벨트 착용이 자연스럽게 되거나 최소한 안전벨트를 지참하는 변화를 보이게 될 것이다.

3.3 기업의 보건교육

인간의 건강이란 신체적인 것과 정신적인 것(올바른 사고방식) 및 사회적인 요소(융화하고 협조하는 것)가 다 내포되어 있으므로 보건(건강)교육이란 단순히 건강에 대한 지식을 부여하는 것만은 아니다. 근로자의 건강은 기업의 주요 자산이며, 생산성의 원천이다. 근로자의 정신적, 육체적 건강은 기업의 필요충분조건이라는 인식의 바탕 위에 그 지속성이 담보 될 때야만 가능한 일이다.

기업 보건교육의 가장 큰 특징은 기업 내 모든 직종(연령층)을 대상으로 한다는 데에 있다. 이는 회사의 대표이사로부터 복도를 청소하는 파견직 근로자에 이르기까지 매우 다양하고 넓은 대상을 하고 있으면서도 그 교육내용이나 방법에는 큰 차이를 두지 않아도 된다는 장점이 있으며 교육의 중점은 건강에 관한 지식, 태도, 행위를 바람직한 방향으로 변화시키고자 하는 데에 있다. 또한 보건교육의 또 다른 특징 중 하나는 보건교육은 동료, 친구 사이에서도 자연스럽게 이뤄지며 교육의 형태나 방법이 다소 개인적이고 집합적이 아니더라도 보건교육으로서 충분하다는데 있다. 이는 다른 차원에서 보면 보건에 관한 정보와 지식은 공유해야 되고 대부분은 어떤 형태로든지 근로자 서로 간에 공유되는 것이 대부분이다. 그러나 여기서 유의해야 할 것은 공유된 지식이 문제가 있을 경우에는 예기치 않은 상당한 문제가 될 수 있다는데 있다. 따라서 기업의 안전보건) 관계자는 교육 실행에도 노력을 기울려야 하겠지만 사적으로 공유 또는 교류되는 보건 정보에 대한 인식 노력도 함께 기울여야 한다. 다음으로 보건교육은 거의 실제경험과 비슷한 학습 환경에서 이루어질 때 그 효과가 매우 크며 아울러 다른 분야와의 협조적인 노력이 있어질 때 큰 효과를 볼 수 있다. 최근에는 안전교육이나 안전시설조치에 치중되었던 노동부의 현장에 대한 관리감독 사항이 건강진단이나 근골격계 질환 예방 사업 등 보건관리로 선회하고 있는 추세이다. 이는 산업재해보상보험법의 적용대상 확대와 더불어 그동안 중요하게 여기지 않았던 인적 불안전 상태에 대해 새롭게 인식하고 있기 때문이다. 이는 개인 질환이 악화되거나 그동안에는 발병하지 않았던 질환들이 늘어나고 그로 인해 산업재해가 늘어나고 있는 것과 무관하지 않다. 결국 보건관리에 대한 관심과 노력이 물적 불안정 상태에 대한 노력보다 쉽게 더 확실한 결과를 담보해 줄 수 있기 때문에 보건관리에 대한 교육도 더불어 중요하게 되는 것이다.

4. 학습이론

4.1 학습의 개념

보통의 경우 학습(Learning)이란 유기체가 환경에 적응하는 기능이지만 환경에 대한 적응이란 그와 같은 기능에만 의존하는 것이 아니고 유기체의 성숙과정에 직접 의존하는 행동방식, 즉 반사라든가 본능과 같은 타고난 행동에 의해서도 달성된다. 인간만이 가진 근본적인 특성의 하나는 여러 가지 경험을 통하여 자기 자신의 처해진 환경에 잘 적응시켜 가는 능력이 고도로 개발되는데 인간은 행동하므로 변화하며 이 행위가 자신과 다른 사람들에게 가져다주는 결과를 경험하고 관찰하므로 또 스스로 변화해 간다. 교육에서는 가르치는 것을 배워야 하는 것이 핵심이 되지만 실제 현장에서는 "가르치는 것을 배웠다.", "가르치는 것을 배우지 않았다.", 또 "가르치지 않은 것을 배웠다." 등의 세 가지 현상이 나타나기도 한다. 그러므로 학습이란 가르친 것과 항상 일치하지 않을 수도 있다.

4.1.1 학습의 정의

학습의 정의는 학자에 따라 여러 가지로 정의되고 있다. 학습이란 용어는 배워서 익힌다는 뜻으로 이해되는데 학자에 따라 학습에 대한 정의는 다음과 같이 여러 가지로 정의되고 있다. "일정한 지식의 획득, 인식의 발견, 습관, 형성 등의 목표를 향하여 노력하는 행동 곧 기능이나 지식을 의도적으로 습득하는 과정이다.", "학습이란 널리 유기체가 새로운 사태에 따라 반응을 형성하는 것이다.", "학습이란 이미 겪었거나 아직 겪지 않은 상태에 적응하는 능력을 습득하는 과정이다.", "학습이란 어떤 상태에 통찰력을 얻는 과정이다." 등 보는 관점과 연구방향에 따라 매우 다양한 정의를 내릴 수 있는 것이다.

4.1.2 학습의 종류

학습 환경상태에 대한 행동의 방식에 따라서 학습은 여러 형태로 구별되곤 하는데 보통의 경우는 아래와 같이 단순, 변별, 운동, 언어 학습으로 나뉘는데 그 내용은 다음과 같다.

(1) 단순학습(單純學習 : simple learning)

단순학습은 행동의 반복에 의한 자극과 반응과의 새로운 결합이라고 볼 수 있기 때문에 조건학습이라고도 한다. 개에게 '물어!'를 가르치는 것이나, 아기가 '냠냠(맛봄)'을 익히는 것과 같이 하나의 상태에 행동이 적응될 경우와 같은 것은 단순학습이라 한다.

(2) 변별학습(辨別學習 : discrimination learning)

여러 자극에 대해 바른 반응을 보이는 것으로 여러 대상을 구별할 수 있는 능력의 학습 형태를 말하며 도로의 횡단신호를 배우는 경우처럼 2개 이상의 상대에 대한 차별반응을 습득하는 것은 변별학습 또는 지각학습(知覺學習 : perceptual learning)이라 한다. 이들 학습은 사람이나 동물에게 고유한 감성기능을 통하여 행해지는 것으로 학습을 통하여 자극에 대한 변별이나, 환경에 대한 인지, 그리고 그 변화가 밝혀지기도 한다.

(3) 운동학습(運動學習 : motor learning)

운동기능을 통한 학습을 말하며, 감각 운동학습(sensory-motor learning) 또는 지각운동 학습과 같은 의미로 사용될 때도 많다. 일반적으로 스포츠나 작업 등의 기술습득에 있어서 운동계와 감각계의 협동에 의한 학습 즉 운동적인 동작과 감각, 지각정보를 단서로 한 동작의 학습과정을 의미한다. 타이프라이터나 자동차 운전의 기술습득처럼 운동동작이 미숙한 상태로부터 숙달된 상태로 형성되는 것을 말하며 운동과 감성의 제기능(諸機能)의 협동이 중요하다.

(4) 언어학습(言語學習 : verbal learning)

언어학습은 의사소통능력(communicative competence)으로서, 언어를 구사하여 인간의 생각을 표현하고 표현된 생각을 이해하는 '사고과정과 언어사용과정'을 다 포괄하여 접근한 개념으로 지식의 획득을 위해 필요한 언어기호의 학습을 통한 지식획득을 말하며, 이는 주로 암기학습 형태로 나타나며. 보통 교육기관을 통해 이뤄지는 대부분의 학습을 뜻하며 언어적, 문자적인 학습이 가장 일반적이기 때문에 언어학습은 주로 암기학습(rote learning)으로 이뤄진다.

4.1.3 전통학습과 현대학습의 차이점

전통적인 학습	현대적인 학습
- 타율적이다. - 주입적 교수방법이다. - 지식의 논리적 체계를 중시한다. - 집단적이고 고립적이다. - 획일화되고 일률적이다.	- 자주적, 자발적이다. - 토론적이고 개별적 지도방식이다. - 학습자 자신이 스스로 제반활동을 전개한다. - 사회적이고 공동적이고 통일적이다. - 개별적, 자율적이다.

4.1.4 학습의 유형

R. M. Gagne는 인간학습의 결과로 얻어지는 산출물을 5가지 능력(언어정보, 지적기술, 인지전략, 운동기능, 태도)으로 분류하고, 그 각 각의 능력들을 바로 교수활동을 통해 가르쳐야 하는 목표로 보고 있다. 교육형태와 방법 및 절차는 교육목표가 무엇인가에 따라 달라진다고 본 것이다. 가네의 학습에 대한 기본적 관점은 먼저 학습능력은 낮은 차원에서 높은 차원의 단계로 축적되어 왔고 높은 수준의 지식이나 기술을 학습하기 위해서는 반드시 낮은 단계의 지식이나 기술을 습득해야 하며 주어진 학습과제는 그 복잡성의 정도에 따라 다른 수준의 학습능력을 요구한다는 것이다. 또한 다른 위계의 학습능력을 필요로 하는 학습과제를 학습하기 위해서는 거기에 알맞은 학습유형을 적용하여야 한다고 하였다. 가네가 주장하는 학습유형은 다음과 같다.

(1) 신호학습

가장 단순한 형태로서, 고전적 조건형성과정을 통해 무의지적으로 행동이 획득되는 것으로 창고 속에 어린이를 가두는 것이 공포반응을 일으키는 것이라 할 때, 창고 속에 가두기 위해 구석진 방을 지나간다고 하면 구석진 방도 공포반응을 일으키게 되며, 이의 빈도가 구석진 방도 공포반응을 연상케 하는 것과 같은 것이다.

(2) 자극반응학습

자극과 반응의 단순한 결합으로, 이때의 반응은 의지적이고 능동적이라는 점에서 신호학습과 구별된다. 즉, 도구적 조건형성과 같은 것이다. 이러한 학습이 되기 위해서는 강화가 주어질 때 반응을 할 수 있어야 한다. 반응과 강화간의 간격을 짧게 하고 반복하는 것이 효과적인 원리가 된다. 어린 학생에게 시험 후 즉각적으로 채점하여 결과를 알려줄 때 학습이 촉진되는 경우이다.

(3) 연쇄학습

운동기능의 연결을 의미하며 비교적 단순한 신체적 반응의 연쇄적 연합에 의해 일어나는 학습으로 바람직한 연쇄학습을 위해서는 연쇄적 연합을 구성하는 모든 단위 연합들이 이미 학습되어 있어야 한다.

(4) 언어연상학습

언어를 사용하는 능력을 말한다. 언어를 사용하는 능력에서 연결되어 있는 것을 의미한다. 이 유형의 학습을 위해서는 연쇄 또는 연결되기 전의 단순단위의 자극-반응을 결합능력을 분명하게 소유하는 것이다. 이것이 학습자가 미리 갖추어야 할 조건이다. 외적조건으로는 강화와 반복연습의 기회를 제공하는 것으로, 이것은 동시에 연결된 자극과 반응간의 결합모양이 적절한 순서로 제공되는 것이다. 화학에서 사용하는 기호의 암기나 영어의 낱말 뜻을 우리말로 외우기 등을 말한다.

(5) 식별학습

비슷한 여러 대상을 구별할 수 있는 능력을 말한다. 여러 모양의 삼각형, 사각형, 오각형을 제시했을 때, 삼각형을 다른 것과 구별할 수 있는 능력을 말하는데 이 때 삼각형이라는 개념이 형성되지 않은 수준에서도 식별을 가능하다고 본다.

(6) 개념학습

식별한다는 것이 자극간의 차이에 대해 반응하는 것임에 반하여, 개념을 학습한다는 것은 자극간의 공통성·유사성에 대해 반응하는 것이다. 어떤 주어진 자극의 내적 성질을 표현하는 방법이 개념화를 통한 방법이다. 이전에 학습한 언어적 연결이 잘 기억되면 개념학습이 촉진된다. 여러 종류의 사물을 생물과 무생물로 구별하는 것 등이 이에 해당한다.

(7) 원리학습

원리란 두 개 이상의 개념의 연결로 정의된다. 따라서 이 학습을 위해서는 원리를 구성하는 개념의 이해가 요청되며 이를 먼저 가르쳐야 한다. 학습된 능력으로서의 원리학습은 한 유목에서 학습성취를 획득하면 그 사물의 유목에 속하는 사물 전체에 반응할 수 있게 된다. 구두점에 관한 성질이나 법칙을 설명해 주면 그것을 이용하여 문장을 읽고 구두점이 잘못된 곳을 찾아 바로 잡아 주는 것을 말한다.

(8) 문제해결 학습

원리를 조합하여 문재해결의 아이디어를 생각해 내는 것을 의미한다. 이를 위해서는 여러 가지 원리 규칙이 동원된다고 하여 복합적 원리학습이라 부른다. 사다리꼴의 넓이를 계산할 경우에 학습자는 이 사다리꼴의 넓이를 계산하는 원리를 학습하기 전에 사각형과 삼각형의 넓이를 셈하는 어떤 능력의 상위에 있다.

4.1.5 학습자의 특성

교육은 한 사회가 유지되기 위한 지식, 기술, 문화적 가치, 제도 등을 학습자에게 전수하고 형성시키며, 또한 학습자로 하여금 그것들을 창조하는 능력을 최대한으로 개발하도록 돕는 기능이 있다. 그러나 학습자의 특성을 이해하고 그에 따른 적용이 이뤄지지 않는다면 그 기능은 제대로 발휘되기 어렵다. 특히 현대적인 교육환경과 요구에 비추어 본다면 모든 교수자는 학습자의 특성을 이해하고 그 이해한 학습자의 특성에 따라 교육해야 함은 두말 할 필요가 없다. 우리가 쉽게 경험하고 인식하고 있는 학습자의 특성은 첫째, 학습자는 우수한 학습자와 열등한 학습자가 존재한다는 것과 둘째, 학습자는 빨리 배우는 학습자와 느리게 배우는 학습자가 있다는 사실이다. 그리고 Grow(1996)와 같은 연구자가 주장하는 학습자의 자기 주도성의 정도에 따른 특성으로 Grow는 학습자의 자기 주도성의 정도를 네 단계로 나누고 그에 따른 특성을 설명하고 있다. **1단계**는 의존적인 학습자, 즉 낮은 정도의 자기 주도성을 가진 학습자이다. 이 단계의 학습자는 무엇을 배울지 어떻게 배울 것인지에 대해서 전혀 관심 없는 유형이다. 이 단계에서 중요한 것은 학습자에게 가르치고자 하는 목표와 그것을 달성하기 위한 방법을 명확하게 제시하는 것이다. 교수자는 바로 이러한 지시적인 역할을 수행해야 한다. 구체화된 문제의 제시나 교육생들의 반응에 대한 즉각적인 피드백을 제공하는 강의전략이 이용되어야 한다. **2단계**는 흥미를 보이는 학습자, 즉 약간의 자기 주도성을 가진 학습자이다. 이 단계의 학습자는 학습에 어느 정도 흥미를 가지고 있거나 가질 수 있다. 따라서 이 단계의 학습자에게 중요한 것은 학습에 대한 '동기화'라고 할 수 있다. 이 단계의 적절한 교육방법은 주로 강의와 교사 주도의 토론이라 할 수 있으며, 이것은 교육내용을 학습자의 흥미와 관련시키는 방식으로 진행되어야 한다. **3단계**는 참여적인 학습자, 즉 어느 정도의 자기 주도성을 가진 학습자이다. 이 단계의 학습자는 자신의 학습에 스스로 가담할 태세가 되어 있다. 따라서 이 단계에서 필요한 것은 그러한 학습자의 태도를 촉진시키는 것이다. 교수자는 학습자의 의사결정을 존중하며, 학습자에게 많은 역할을 부여하여 학습자가 점차 독립적으로 학습해 나갈 수 있도록 해야 한다. 이 단계에서 적절한 교육방법은 교수자와 토론을 하거나 그룹 프로젝트를 수행하는 것이라고 할 수 있다. 4단계는 자기 주도적인 학습자이다. 높은 수준의 자기 주도성을 가진 학습자로 이 단계의 학습자들은 자신의 학습에 책임을 질 수 있으며, 기꺼이 책임을 지려고 한다. 즉, 이들은 자신의 학습에 있어서 스스로 목표 설정, 시간 운영, 정보 수집 및 이용, 평가 등을 할 수 있다. 이 단계에서 교수자의 역할은 학습자들에게 도전적인 과제를 정해주고 그들이 그것을 스스로 수행하도록 모든 권한을 학습자들에게 위임하는 것이다.

그러나 무엇보다도 고무적인 학습자의 특성은 학습자는 학습자에게 유리하고 적절한, 준비되고 노력하는 교수자가 제대로 된 학습자의 학습조건만 만들어 준다면 대부분의 학습자는 학습능력, 학습속도, 다음 학습을 위한 동기 부여 정도가 거의 비슷하게 된다는 사실이며, 그에 따른 교육 효과도 전술한 학습자의 특성을 충분히 뛰어 넘을 수 있다는 것이다. 이는 많은 실제 사례를 통하여 입증되고 있으며 그러한 사실에 대한 교수자들의 믿음은 확고하며 이는 안전교육에 있어서도 동일하게 적용될 수 있다.

4.2 학습지도 원리

4.2.1 자발성의 원리

학습지도는 내적 동기가 유발된 학습을 시켜야 한다는 원리로, 유사한 원리로는 자기 활동의 원리, 흥미의 원리 등이 있다. 그 구현방법을 자발성의 원리에 맞게 전개해 나가자면 학습의 동기를 잘 유발해야 하는데, 그 방법으로는 내적 동기유발과 외적 동기유발이 있다. 내적 동기유발은 동기가 학습활동 그 자체 가운데 있고, 외적 동기 유발은 학습자 이외의 제3의 칭찬, 벌에 의해 일어나며 학습 동기유발의 일반적인 방법은 학습자의 일상생활 경험을 문제로 구성하여 질문하는 방식과 생활환경과 교실환경을 변화시키는 것 그리고 학습주제에 관한 발표를 시키는 방식 등이 있다 그 구체적인 방법은 교육생이 흥미를 갖도록 지도(능력에 맞는 학습, 놀이중심의 학습, 성공감을 갖도록, 시험에 자주 나옴을 강조 등)하거나 학습결과를 바로 정확히 알려주는 방법 또는 성공감을 갖게 하고 실패감을 맛보게 하지 않는 것 등이다. 자발성의 원리에 적용하기 위한 상벌의 효과적인 사용법은 아래와 같다.

① 상은 결합을 강화하나 벌은 결합을 강화시키지 않고, 단지 간접적 작용만 한다.
② 강화가 학습결과를 잊지 않게 하는 근본원리이다.
③ 칭찬은 성적을 향상시키나, 힐책은 점차 성적을 저하시킨다.

④ 칭찬은 누구나 효과가 있으나, 벌은 지능이 낮은 학생, 여학생, 내향성 학생은 효과가 없다.
⑤ 상벌의 효과는 주고받는 사람과의 관계, 장면의 분위기 등에 의해 달라진다.
⑥ 상은 과다함을 피하고, 적당하여야 한다.

4.2.2 개별화의 원리

학습자가 지니고 있는 각자의 요구와 능력 등에 알맞은 학습활동의 기회를 마련해 주어야 한다는 원리로 파커스트(Parkhust) 여사가 1913년부터 연구하여 창안한 학습지도 방법으로 자유와 협동의 원리에 바탕을 둔, 자주적이고 개별적인 교수 학습 방법이다. 학교에 이미 편성되어 있는 종례의 학습편성을 유지하면서 지진아 우수아의 특별지도 지도자학, 능력별 편성, 이수과정을 달리하는 지도방식 등을 적용하여 교육효과를 유도하는 원리이다.

4.2.3 사회화의 원리

공동학습을 통해서 협력적이고 우호적인 학습을 통해 사회화를 돕는 원리로 대안 사회학교나 토의법, 분단학습 각종 클럽활동과 자치회 활동 등을 통해서 그 구성원인 학습자들의 사회화를 실현한다.

4.2.4 통합의 원리

학습자를 전일체의 인간으로 보고 그에게 내재해 있는 모든 능력을 조화적으로 발달시키기 위한 생활중심의 통합교육을 원칙으로 하는 원리로 교재를 통합하거나 인격의 통합을 유도하거나 생활지도 방법을 통합 또는 교육 지도방향의 통합과 일관성을 유도 하는 등의 방법으로 학습자의 내재되어 있는 능력을 발전시키는 방법이다.

4.2.5 직관의 원리

구체적 사물을 제시하거나 경험시킴으로써 효과를 볼 수 있다는 시청각 교육의 원리이다. 시청각 교재를 학습에 도입시켜 교육 방법을 과학화하여야 한다.

4.2.6 목적과 생활화의 원리

학습자에게 학습목표가 분명하게 인식되었을 때 자발적이고 적극적인 학습활동을 하게 된다는 것과 교수-학습과정의 전개는 사회와 접근하고 환경에 적응하며 생활을 발전시키는 길로 나아가야 한다는 원리이다.

4.2.7 과학성과 자연화의 원리

자연이나 사회에 관한 기초적인 지식, 법칙 등을 적절하게 지도함으로써 수업의 과학적 수준을 높이는 것을 말한다. 자연화의 원리는 학습자의 내면적 향상성을 자유스러운 생활양식과 통합해 충분히 발휘할 수 있는 방향으로 해야 한다는 것이다.

4.3 학습동기

학습동기를 이해하기 위해서는 먼저 동기에 대한 이해가 선행되어야 한다. 동기(motivation)란 움직인다는 의미의 라틴어 Movere에서 유래되었으며 인간의 행동을 일으키는 근원적인 힘으로 이해되고 있다. 동기는 학습과 관련하여 일반동기와 특수동기로 구분할 수 있다. 일반동기는 학습상황에서 지식의 습득과 기능의 숙달을 위해 노력하는 지속적이고 폭넓은 경향을 의미 하고 일반동기는 일단 형성하면 초, 중, 고, 대학, 사회까지 유지되며 교육과정 전반에 영향을 준다. 특수 동기는 특정 영역이나 특정 내용의 학습 관해서만 동기화 된다. 학습에 있어서의 특수 동기는 특정 과목 혹은 특정 수업시간의 학습에서만 학생들의 학습을 촉진시키게 된다. 따라서 교수자의 통제 범위 안에 있다고 볼 수 있고, 특정 전략에 의해 변화될 수 있다.

학습동기란 학습자가 학습을 선택하고 지속하려는 욕구 즉, 학습자가 내적으로 스스로 학습활동을 하도록 하는 것(내적 동기)과, 학습활동을 일으키도록 외부에서 유인하는 것(외재적 동기)을 학습동기라고 할 수 있다. Schunk(1990)에 의하면, 그의 저서에서 "동기(motivation)란 목표 지향적 행동이 부추겨지고 지속되는 과정이다." 라고 했으며 또한 동기란 "노는 것과 관련된 개념이라기보다는 학습과 관련된 개념이다."라고 했는데 예를 들면, 학생들이 내키지 않는 마음으로 공부를 하거나, 외부의 보상을 받기 위하여 공부를 하거나, 학습과제 수행과는 동떨어진 일(예, 분수공부 대신에 발레 하는 백일몽을 꾸는 등)에 정신을 팔 때, 교사들은 학생들이 동기유발되어 있지 않다고 말한다. 또한 학생들이 학교 공부하기를 거부하거나, 공부를 성공적으로 할 수 있는 행동을 하지 않을 때도 동기가 유발되어 있지 않다고 한다. 따라서 아래의 여러 요인들이 학습동기를 유발하는 원천이라는 관점에서 이해하고 적용하는 노력을 기울여야 한다.

4.3.1 호기심(curiosity)

나이에 관계없이 호기심은 언제나 강한 학습동기요인이다. 호기심의 한 유형인 지각적 각성(perceptual arousal)은 새롭거나, 복잡하거나, 정상이 아닌 환경패턴에 의해 처음으로 자극받는다. 학습자는 예기치 않은 상황에 대하여 크게 주의를 할 뿐만 아니라 그들이 지각하고 있는 것을 새로운 방식으로 지각하려고 하고 교사들 또한 학생들의 동기를 유발하기 위하여 호기심을 끄는 일을 만들 수 있다. 교수자는 교육생의 주의를 끌고 호기심을 불러일으키기 위하여, 앞으로 공부할 내용과 관련한 의상을 입거나 내용과 관련된 물건을 준비할 수도 있다. 사람들은 의외의 사건들에 대하여 빨리 적응하기 때문에 호기심은 계속해서 동기의 원천이 될 수 있도록 지속되어야 한다. 지각적 수준에서 주의를 지속시키는 한 방법은 강의 중에 강의방법을 다양화하는 것이다. 학습자는 계속해서 단조로운 강의만 하는 교수자 때문에 권태를 느끼거나 학습의욕을 상실한 경험이 있게 마련인데 학습자의 주의를 지속시키기 위해서는 강의자가 억양을 바꾸고, 때때로 유머를 사용하고, 시범을 보여주고, 집단 활동을 하는 등의 전략을 사용하여야 한다. 호기심을 지속시키는 다른 한 방법은 기상천외한 환상(fantasy)이다. "학습에서 환상을 이용하는 것은 학습자가 그들의 상상력을 증가시켜 학습을 유의미하고 용이하게 하는 맥락(context)을 제공할 수 있다. 맥락은 그것이 자기만이 갖는 매우 사적인 매력을 제공한다는 의미에서 학습자에게 의미 있는 것이다." 예를 들어 사해를 공부하면서 사해와 관련한 다큐멘터리물을 함께 시청하거나 사해에서 갖고 온 소금덩어리 등을 보여주고 만지게 하면 학생들의 주의를 지속시킬 수 있다.

4.3.2 목표설정(goal setting)

학습자가 능동적으로 설정하는 목표는 동기의 중요한 한 원천이다. 우리가 목표를 설정하면, 그 목표들은 수행 수준을 내적으로 평가하는 외적 표준이 된다. 이 표준에 도달되지 않고 목표가 달성되지 않으면, 학습자들은 이것을 달성하려는 노력을 계속할 것이고 대개의 경우는 그와 같다. 그러나 모든 목표가 학습을 끈기 있게 하도록 만드는 것은 아니며 이는 목표과정에 중요한 어떤 목표의 성질을 분명하게 확인해야 하는데 명시적 목표설정("도면을 이해하고 적용하여 모형 집을 만들 수 있다.")은 일반적 목표설정("나는 도면을 이해 할 것이다.") 보다 끈기 있는 행동을 하도록 동기화하는데 더 효과적이다. 더욱이, 학습자가 그 목표를 수행할 능력이 있으면, 좀 더 어려운 목표를 설정하는 것이 끈기 있게 더 나은 실행을 유발하도록 하는 경향이 있다. 또한, 직접적 목표(proximal goals)와 장기적 목표(distal goals) 간에 차이가 있으며 직접적 목표란 가까이에 있고 즉시 달성할 수 있는 목표이다(수요일까지 20개의 영어단어를 외우겠다). 반면에, 장기적 목표는 먼 미래에 달성할 준거를 수립하는 목표이다(6개월 안에 필수단어 300개를 외우겠다). 직접적 목표를 설정하는 것이 장기적 목표를 설정하는 것보다 자발적 동기를 유발하여 수행을 증진시키게 하는데 유용하다.

4.3.3 욕구와의 조화(motive matching)

학습자가 갖는 목표설정은 동기에 영향을 주는 학습자의 인지적인 한 측면이다. 다른 한 측면은 학습과제가 특정 학생의 욕구 또는 가치에 부합하는 정도이다. 욕구란 "인간 유기체의 어떤 유형의 결함 또는 그 사람이 요구하거나 요구한다고 생각하는 어떤 것의 부재"라고 정의할 수 있는데 이런 맥락에서 [5]Maslow(1970)는 인간 욕구를 생존과 안전을 위한 저차원적 욕구에서 고차적인 심미적 욕구와 자아실현으로 위계화 하였다. Maslow는 한 저차원적 욕구가 충족되면 이런 욕구를 만족하려는 동기는 감소되고, 더 높은 수준의 욕구에 초점이 옮겨진다고 했다. 그러나 이런 욕구들은 결코 완전히 충족될 수 없기 때문에, 이들을 만족시키려는 동기는 항상 존재하게 된다고 보았는데 비록 심미적 욕구와 자아실현의 욕구는 교육상황에 있어서는 너무 고상한 목표인 것 같이 생각되어 강의자나 강의내용을 조직할 때에는 간과되어 왔다고 볼 수 있다.

4.3.4 효능감

학습과제의 난이성과 과제수행 결과에 대한 학습자 자신에 대한 신념(belief)이다. Bandura에 의하면, 자기효능감(self-efficacy)이란 실제 성공여부에 관계없이 학습자

---

5) 매슬로우의 욕구단계설은 1943년에 처음 내놓은 것으로, 사람에게 동기를 부여하려면 단계별로 상승하는 인간의 욕구를 제대로 이해해야 한다는 주장이다. 인간의 욕구는 낮은 단계의 욕구로부터 시작하여 그것이 충족됨에 따라서 차츰 상위 단계로 올라간다. 이러한 매슬로우의 이론은 브랜다이스 대학에 재직할 당시에 집필한『인간의 동기와 성격(Motivation and Personality)』이라는 책에서 소개되었다.
① 1단계 : 생리적 욕구(Physiological Needs)
② 2단계 : 안전욕구(Safety Needs)
③ 3단계 : 소속감과 애정욕구(Belongingness and Love Needs)
④ 4단계 : 존경욕구(Esteem Needs)
⑤ 5단계 : 자아실현욕구(Self-Actualization Needs)

가 어떤 행동을 할 수 있다는 신념을 말한다. Bandura는 이 개념을 수행과 성취의 매개변인으로 도입하였다. 즉, 학습자는 어떤 활동은 어떤 결과를 가져올 것이라는 것을 확신한다. 이러한 기대를 결과기대(outcome expectations)라고 하였다. 그러나 학습자가 그런 활동을 할 수 있을지에 대하여 심각한 의심을 하게 되면, 학습자는 노력을 하지 않게 될 것이다. 이러한 자기평가를 효능감기대(efficacy expectations)라고 하는 데, 결과기대와 효능감기대는 양자가 예견된 결과를 행동하기 전에 충족되어야 한다. Bandura는 [6]자기효능감에 영향을 주는 정보를 습득하는 네 가지 가능한 원천을 수행성취(performance accomplishments), 간접경험(vicarious experience), 언어적 설득(verbal persuasion), 생리적 상태(physiological states)라 설명했다.

(1) 수행성취(performance accomplishments)

학습자가 이전에 어떤 과제를 성공적으로 완성한 것을 의미한다. 학생이 성공을 어떻게 받아들이는지(성공할 기대의 증가)에 대한 한 예시를 하면 다음과 같다. 황군은 안전교육을 듣는 학생이다. 교수는 학생들이 2주간의 수업에 숙달해야만 다음 내용을 수업 할 수 있도록 방침을 정하고 이를 주지시켰다. 학생들은 2주간의 수업을 마친 후에는 수업내용에 대한 시험에 A를 받기 위해서 세 번 응시할 수 있으며, 최소한 C는 받아야 하도록 하였다. 황군은 B를 받았는데, 교수는 그에게 다음과 같이 물었다. “배군, A를 받도록 한 번 더 시험을 보지 않겠나?” 그랬더니, 그는 “교수님, 저는 A를 받을 수 있는 학생이 아닙니다.”라고 했다. 그런데 그런 일이 있은 후 다른 학생을 지도하고 있는 데 그가 들어와서 채점에 잘못이 있는 것 같다고 하였다. 교수가 시험 답안지를 검토해 보니, 한 문제를 잘못 채점한 것이 틀림없었다. 그것을 수정 하니까 A가 되었다. 교수는 “이 봐, 자네는 A를 받을 수 있는 사람이잖아”라고 그를 격려하였고 그 후 그는 A를 받지 못하면, A를 받기 위하여 언제나 재시험을 치르러 왔다. 그리고 그는 전체적으로 그가 기대한 것보다 훨씬 좋은 성적을 얻었다.

(2) 간접경험(vicarious experience)

간접경험은 어떤 과제를 성공하는 역할 모델의 관찰이다. 많은 교육생들이 자기의 논문이나 연구물을 인쇄 하거나 발표하기에는 부족하다고 생각한다. 그리고 이러한 생각 때문에 연구를 완성하지 못하게 되거나 써 놓고 제출을 못하다가 선배나 다른 이의 발표를 듣거나, 세미나에서 상급생들의 형편없는 발표를 보고서는 그런 생각을 바꾸게 된다.

---

6) “자기효능감 측정의 비판 및 대안” 오인석(여주대학)·구봉진(한국체육대학교)

(3) 언어적 설득(verbal persuasion)

언어적 설득은 수행자로 하여금 수행하여야 할 과제를 성취할 수 있는 능력이 있다는 믿음을 심어주는 방법으로서, 수행자 자신이 과제를 성취할 수 있는 능력이 있다는 믿음을 갖도록 하기 위하여 가장 넓게 사용되고 있는 방법이다. 언어적 설득은 수행성취 경험이나 대리경험보다는 자기효능감 형성에 미치는 영향이 미약하지만 회피 또는 중단하려는 과제를 수행자로 하여금 시도 또는 계속할 수 있도록 하는 설득의 효과가 있다. 언어적 설득의 효과는 설득하는 사람의 사회적 지위, 전문적 지식, 피 설득자에 대한 설득자의 영향력에 따라 각각 다르게 나타나며 설득으로 인하여 자신의 능력을 믿게 된 사람은 자신을 의심하고 자신의 결점에 집착하는 사람보다 어려움에 직면했을 때 더 큰 노력을 기울인다.

(4) 생리적 상태(physiological states)

인간은 육감으로 성공과 실패의 가능성을 확신할 수 있으며 일반적으로는 그런 느낌을 갖고 있다. 교수자는 학습자들의 공포나 불안을 극복하기 위하여 이완훈련이나 체계적 둔감법 또는 단(丹)이나 기타의 생리적 상태를 안정시키기 위한 노력을 지속해야 한다. 우리나라의 운동선수들이 많이 이용하는 자기최면이나 집중화 훈련 등도 이와 유사한 경우라 할 수 있다.

4.4 학습동기 유발 전략

4.4.1 과제의 적절성

학습자는 자기들의 흥미나 관심을 갖고 있는 사항을 학습할 때 동기가 더 유발된다는 것은 일반적이다. 그러나 학습효과와 배워야 될 내용, 흥미 등을 모두 담고 있는 교재를 만들거나 학습자들이 지속적으로 재미있도록 만들어 주는 일은 말처럼 쉬운 일이 아니다. 어떻게 학습자로 하여금 어떻게 적절한 학습목표를 설정하고 이를 달성하도록 도울 것인가?의 해답을 목표설정과 욕구와의 조화에서 찾을 수 있다.

4.4.2 평가와 보상

학습환경은 필연적으로 평가적 환경이 만들어 진다. 학습자는 자신의 수행결과에 대해 관심을 갖게 되고 교육 실시자는 그들의 노력이나 차후 수행에 대한 정보를 제공해 주기 위해 펴가나 보상을 활용한다. 그러나 경쟁적 평가와 성적을 지나치게 강조할 경우, 과제 참여에 대한 학습자들의 동기를 약화시킬 수 있다.

4.4.3 학습 분위기

성취 수준이 낮은 학습자는 교육에 대한 실패 경험이 가져오는 좌절감이나 굴욕감 등의 나타날 수 있다. 인간에게는 사회적 맥락 내에서 다른 사람들과 친밀한 관계를 유지하고 싶고 가치 있는 사람으로 존경받고 싶고자 하는 욕구가 있다.

이러한 사항을 반영하여 교육자와 학습자 혹은 학습자와 학습자 간에 상호 존중해 주는 학습 분위기가 조성된다면 성공적인 학습 활동이 이루어질 수 있다.

4.5 성인학습의 원리

기존의 학습이론은 주로 아동교육을 대상으로 발달한 것이 사실이다. 손다이크(Thorndike) 이래 성인 학습자에 대한 흥미가 증가되어 왔고 성인도 학습할 수 있으며 아동과는 다르게 학습하기 때문에 성인교육은 성인의 교육과 학습을 돕는 기술과 과학으로 성인 교육의 실천과정에 적용되는 근본원리와 기술을 중심으로 하여 연구되어 왔다. 제도권의 학습을 끝내고 영리를 위해 노동을 제공하거나 강제되어지는 것이 없는 상태에서 자율적으로 학습해야 하는 성인의 경우에는 일반적으로 학습기간 중에 있는 학생들이나 특수한 조건 하에 있는 교육생과는 다른 차원에서 접근해야 한다. 평생학습 또는 직무와 관련한 학습이라는 관점에서 접근하여야 하며 이것은 일반적인 학교나 제도권에서의 학습과는 다른 방법과 각도에서 접근되어져야 한다. 성인은 학습이 자신의 요구와 관심을 충족시키는 것이라고 실감했을 때 학습동기가 유발되고 경험은 성인학습에 있어서 가장 풍부한 자원이다. 성인교육에서 교수원리의 중심은 경험의 분석이며 자기지시적 혹은 자기주도적 학습이 성인학습의 또 다른 일면이다. 성인은 연령과 함께 개인차가 커지고 자기 교육의 고유한 영역이 형성되어 있기 때문에 반감을 가지기 쉽다는 특성도 있다.

4.5.1 자발학습의 원리

성인교육의 특징은 자각적 자발성에 기초한 자기 성취추구의 면과 동시에 자유로운 이성의지에 의한 자기교육이라는 점이다. 따라서 성인학습은 학습자 개인의 자발적 학습의지를 북돋아 주고 그 적용 －학습효과를 높이고 지속시키는－ 방법을 알려주고 조정해주는데 중점을 두어야 한다. 이를 위해서는 학습자 자신의 자기 학습 의지를 계속해서 유지할 수 있도록 하기 위한 동기부여가 절대적이라고 할 수 있다.

4.5.2 자기주도의 원리

성인은 자신의 이성의지에 의해 자신의 생활을 통제하고 조정할 수 있는 능력과 제도권 학습을 통해 그 능력을 보다 강화시키고 유지할 수 있다. 자신에게 부족한 것이 무엇이고 그것을 보충하기 위해서 해야 할 일이 무엇인지를 누구보다도 자신이 잘 알고 있다. 따라서 학습자 스스로 학습목표를 설정하고 자원을 할당하며 학습전략을 선정하는데 주도적이고 능동적일 수 있다. 이러한 점을 감안해서 성인교육자는 성인교육을 수행함에 있어 학습을 주도할 것이 아니라, 학습자의 자율적이고 자기주도적 학습을 도와주고 촉진시킬 수 있는 방법을 고민해야 하며 특히 자기가 가르쳐야 하는 성인집단의 특성에 많은 관심과 노력을 기울여야 한다.

4.5.3 상호학습의 원리

사회적 경험이 풍부한 성인의 경우에는 이미 기본적 학교교육을 마치고 사회생활을 통해서 풍부한 경험을 가진 사람들이다. 그리고 그들 자신이 성인학습에 대해 이미 인식하고 있고 대부분의 경우에는 자기 자신이 학습할 사항에 대해 기본적인 지식과 방향을 이해하고 있다는 특성이 있다. 그리고 인터넷시대의 성인은 인터넷을 통해 상당한 부분에 대해 사전조사나 이해를 추구하는 면이 있으며 성인교육자보다 어떤 특정영역에 있어서는 더 많은 경험과 지식을 축적하고 있는 경우가 많을 수 있다. 따라서 성인교육은 교육자와 학습자, 그리고 학습자 상호간의 경험을 공유할 수 있는 방향으로의 성인교육 프로그램이 마련되어야 하며 가르친다는 의미보다는 같이 상호작용과 조정을 통해 교육효과를 높이는 데에 중점을 두어야 할 것이다.

4.5.4 참여교육의 원리

학교교육은 주어진 교과내용을 교사가 학습자에게 전달하는데 중점이 있어 학습자의 수업 참여보다는 교사 주도적의 강의에 의존하는 경향이 크다. 학습자의 능동성을 저해하는 －반드시 그런 것은 아니지만－ 이러한 형태의 교육은 7)Freire가 말하듯, 학생들이 공탁금(deposits)을 보관하고 축적하는 은행저금식 교육과 같으며, 학생의 자유와 자율성을 손상시킬 가능성이 높을 수밖에 없다. 성인교육은 학습자의 자율성에 바탕을 둔 교육이기 때문에 성인교육자는 수업설계를 함에 있어서 학습자의 자율적인 참여가 장려될 수 있는 방안을 모색해야 할 것이다.

4.5.5 다양성의 원리

학교 교육은 그 대상자의 특성이 비교적 동질적인 반면, 성인교육의 대상인 성인은 직업, 연령, 학력, 사회경제적 배경, 사회적 경험 등이 매우 이질적인 특징을 갖고 있다.

성인교육자는 이러한 성인학습자의 이러한 다양한 특성을 고려한 교육방법을 선정하여야 하며 이것은 성인 학습자의 편성에 있어서 동질적인 특성에 따라 학급을 배열해야 한다는 의미 보다는 이질적 또는 의도적이지는 않더라도 가능한 한 편성되어 있는 학습자들의 다양성을 항상 고려해야 한다는 것이다. 성인교육은 그 다양성을 고려한 학습자의 경험과 지식 그리고 의견을 같이 나누고 상승시킬 수 있는 환경을 만들어 줄 때 학습효과는 높아질 것이다. 더불어 교수의 일방적 주도가 아니라 교육목표에 따른 다양한 참여적 교육방법이 적용되어야 한다.

---

7) Freire는 1920년 브라질의 빈곤 지역인 레시페에서 태어났다. 1929년의 경제 공항이 브라질의 빈곤 생활을 더욱 악화시켰으며, 민중들의 생활은 비참한 지경이었다. 그는 굶주림의 고통을 겪으면서, 11살 어린 나이에 굶주림과의 투쟁에 일생을 바칠 것을 서약한다. 프레이리는 철학과 법을 공부하였고, 브라질 북동 빈민 지역의 노동조합 변호사로 일하면서, 문해 교육에 관심을 갖는다. 60년 초기에 대중문화 운동(popular culture movement)을 펼쳤고, 프레이리의 방법은 브라질에서 성공을 거둔다. 안기코스(angicos)시에서 300여명의 노동자를 45일만에 읽고 쓰기를 배우게 되었고, 그의 문해 교육 프로그램은 전국적으로 확산되었다. 64년, 2천만 명의 비문해자를 위해 2만개의 토론 그룹이 형성되었다. 그는 '해방 실천으로의 교육(educacao como patricia da liberdade 67년)', '억눌린 자를 위한 교육(pedagogy of the oppressed, 70년)', '교육과 정치의식(politics of education)' 등 다수의 논문과 저서가 있다.

Freire에 따르면 전통적인 교육은 학생들을 받아들이고, 정리 보관케 하는 은행식 교육이라 보았다. 이 교육은 반복할 것을 강조함으로 학생들을 순종적으로 길들인다. 따라서 이 교육과정은 사상과 가치들을 강요하는 폭력의 한 형태이고, 사회 현실을 주어진 것으로 받아들이고, 학생들의 의식적 행동을 하지 않고, 소외된 의식을 생산해 낸다. 이런 전통적 교육에 대해 프레이리는 자유를 성취하는 과정으로 대화식 교육과 문제제기식 교육을 상정했다. 자유를 향한 문화적 행위는 교육 과정을 전체를 지칭하는 개념이다. 문화적 행위를 대화를 통해 한 집단이 살고 있는 구체적인 상황을 인식하고, 그 억압의 조건을 해결하는 방법을 찾아내는 것이고, 문제제기식 교육은 상호 존중과 의식 교환과 결속을 기초로 하였다. 프레이리의 사상은 한마디로 "교육은 의식화다"로 요약 될 수 있을 것이다. 교사와 학생이 더불어 현실 문제를 공동으로 대처하는 교육 즉, '교사－학생', '학생－교사' 모두가 현실을 비판적으로 인식하고, 지식을 새로이 창조하는 것이다. 즉 지식을 받아들이는 그릇으로써의 인간이 아닌, 인식화의 주체로써의 교육이다. 그들 스스로, 그들의 삶을 규정하는 사회, 문화, 정치적 현실을 인식하고, 그 현실에 대한 날카로운 문제를 제기하고, 그를 변화시킬 수 있는 능력과 자각을 성취하는 과정, 활동, 결과가 바로 의식화이다. 프레이리는 의식에는 몇 가지 종류와 단계가 있다고 판단했다(박지영, 이대/석사논문, 1986/"프레이리의 사상과 교육론에 대한 재검토").

4.6 협동학습

협동학습이란 학습자간의 협동을 이용하는 대부분의 교육 전략을 협동학습이라고 할 수 있다. [8]협동학습은 집단을 조직하고, 공동의 목표를 설정하며, 설정된 목표를 달성하기 위하여 공동으로 노력하고, 구성원들끼리 도움을 주고받는 학습 방법이다. 전통적인 소집단 학습과 비교할 때 협동 학습은 긍정적인 상호의존과 개별 책무성, 그리고 동등한 성공 기회 등의 요소가 포함된 학습방법이다. 즉, 학습자 개인의 목표 달성은 그가 속한 집단의 목표가 성취되었을 때만이 가능하며, 집단의 목표는 집단 구성원 각자의 성취 수준에 의존하도록 목표구조를 설정해 놓음으로써 집단 구성원 각자가 열심히 공부하는 한편 집단의 다른 구성원을 도와주게 하는 교육 방식이다.

협동학습의 원리는 다음과 같다.

4.6.1 긍정적 상호의존성

긍정적 상호의존성은 개별학습자나 소집단의 이익이 상호 긍정적인 상관관계가 있을 때 발생한다. 한 학습자의 이익이 다른 학습자의 이익과 관련이 있을 때 개별 학습자는 상호의존적이라고 할 수 있다. 긍정적 상호의존성은 소집단의 한 구성원이 다른 구성원이 성공하지 못하면 그 자신도 성공할 수 없다고 지각할 때 발생한다. 즉, "우리는 한 배를 타고 있다."고 지각할 때 긍정적 상호의존성이 발생한다. 예를 들어, 우리 모두가 80점을 받아야 상을 받을 수 있다면 우리는 모두 80점 이상을 받기 위해 열심히 노력할 것이다. 그러나 항상 100점을 받는 친구 덕분에 우리 모두 80점을 받게 된다면 우리 중 누군가 80점 이하로 성적이 떨어지는 것에 대해 그리 걱정을 하지 않을 것이다. 그러므로 각자의 성공이 전체의 성공과 직결될 때 강력한 상호의존관계가 형성된다. 협동학습은 동시에 많은 교육생들이 상호작용 하도록 구성된다. 전통적인 강의실에서는 한 번에 한 사람씩 말할 수 있는데 주로 강사가 말을 하고 교육생들을 그저 가끔씩 호명되었을 때나 참여한다. 각자가 순서에 따라 돌아가며 참여하게 된다는 점에서 이것은 순차적 학습구조 이다. 최근의 연구에 의하면 전통적인 수업에서 교사의 발언이 수업의 80%를 차지하고 있고, 학생이 발언하는 시간은 20%에 불과하였다. 40분 수업의 20%는 8분인데, 이 시간을 40명으로 나누면 12초에 해당된다.

---

8) 황학영(경북교육연수원), 기독교초등학교협동학습연구회 역('99), 협동학습(스페이스 케이건 저) 도서출판 디모데

4.6.2 동시적 상호작용성

이와는 달리 협동학습은 구성원간의 동시적 상호작용을 그 특징으로 하며, 상호작용 중에서도 소집단 구성원간의 도움을 주고받는 행동이 매우 중요하다. 기본적인 조건이 동일하다면 짝을 이루어 활동하는 것이 모둠활동보다 효과적이며, 모둠활동은 전체 학습의 활동보다 효과적이다. 또한 작은 모둠이 큰 모둠보다 효과적이다.

4.6.3 개별 책무성

개별 책무성은 소집단 구성원들이 자기 자신의 학습뿐만 아니라 다른 구성원을 격려하고 돕는 행위이다. 개별 책무성은 학습과제의 내용이나 협동학습의 모형에 따라 다양한 형태를 띤다. 그 하나가 보상 책무성이다. 예를 들어 소집단 구성원의 개별점수의 합이나 평균을 토대로 집단성적을 산출할 때는 보상 책무성이 존재하게 된다. 또 다른 개별 책무성은 과제 책무성이다. 이는 집단과제물 중 소집단 구성원 각각이 할당된 학습과제에 책임을 질 때 과제 책무성이 존재하게 된다. 평가가 소집단 개별 학습자의 시험점수에 근거하지 않는다면, '무임승객' 효과나 '봉' 효과가 발생할 수 있다. '무임승객' 효과는 자신은 전혀 공동작업을 하지 않으면서도 모둠점수를 받는 학습자에게 나타나고, '봉' 효과는 자기의 몫보다 많은 것을 얻기 때문에 열심히 학습을 하지 않게 되는 결과가 나타나는 것을 의미한다.

4.6.4 협동학습과 전통적 학습의 차이

협동학습과 전통적 학습은 유형별로 차이가 있으며, 내용은 다음과 같다.

유 형	협동학습	전통학습
상호의존성	긍정적 상호의존성 높임	상호의존성 거의 없음
책무성	개인별 책무성 높음	개인별 책무성 없음
구성원 특성	이질적 구성원	동질적 구성원
지도력	지도력 공유	한 개인이 지도력 독점
책임감	서로에 대한 책임을 짐	자신에 대해서만 책임
강조점	과제와 집단유지	단지 과제만 강조
사회적 기능	직접 가르침	당연시 혹은 무시
강사의 참여	강사가 관찰, 개입	강사는 집단기능 무시
집단의 기능	집단 스스로 효율성 보임	집단기능이 나타나지 않음

4.6.5 협동학습이 효과적인 이유

협동적 노력은 일반적으로 학업성취를 향상시키며 토의과정은 발견의 힘을 촉진하며 학습을 위한 고차적인 인지학습 전략을 발달시킨다. 구성원들 간에 아이디어, 의견, 결론, 이론, 그리고 정보에 대해서 필연적으로 갈등을 가져온다. 그와 같은 논쟁들을 능숙하게 다룰 때 성취를 위한 동기 유발이 촉진되며, 학업성취와 효과가 더 높아지며, 이해력의 깊이도 더 커진다. 또한 새로운 정보를 진술하고, 이론적 근거를 설명하고 통합하고, 제공하여 학업성취를 증가시킨다. 동료들 간에 학습에 대해서 조정하고, 피드백하고, 지지하며 격려한다. 교육생들이 공동으로 활동할 때 서로에 대하여 갖게 되는 호감은 학습동기를 증가시키며 다 같이 학업성취를 맛보도록 해준다.

4.7 [9]팀 학습

현대의 많은 기업들은 시장 환경에 신속하고 유연하게 대응하기 위하여 팀제를 도입하고 있다. 빠른 기술변화, 정보기술의 고도화, 고경쟁 등으로 특징지어지는 최근의 디지털 경영환경에 적응하려면 기업 경영의 패러다임이 근본적으로 바뀌어야 한다. 이를 위해서는 조직 운영 전반에 걸쳐 많은 변화가 있어야 하나, 그 우선적인 혁신 포인트의 하나를 꼽는다면 신속성과 유연성을 갖춘 조직이 구축되어야 한다는 점일 것이다. 신속 유연한 조직이 되기 위해서는 과거와 같이 수직적 위계질서에 의해서 중앙에서 현장을 통제하는 방식에서 벗어나야 한다. 일선 실무자들이 책임과 권한을 가지고 시장이나 고객의 욕구 변화 등에 곧바로 대응할 수 있는 현장 중심형 조직, 즉 수평적 조직 체제가 갖추어져야 한다. 수평형 조직에 대해서는 해외 선진기업은 물론 우리 기업들도 이전부터 관심을 가지고 나름대로 그 도입을 추진해 왔다고 볼 수 있다. 수평형 조직 구축을 위한 구조화 방안으로서, 여러 기업들 사이에 자주 도입하는 대표적인 방식을 든다면 바로 팀(team) 조직일 것이다. 우리 기업의 경우 과거 90년대 중반부터 많은 기업들이 팀 조직을 도입하는 움직임이 있어 왔는데, 그 운영 면에서 제대로 운영되고 있는 기업들도 많이 있겠지만 그렇지 못한 경우도 많은 것이 사실이다. 팀제 조직이 성공적으로 운영되기 위해서는 여러 가지 조직적 여건이 뒷받침되어야 하는데 그 핵심은 다른 무엇보다도 구성원들이 새로운 지식을 지속적으로 습득, 공유하면서 자신의 역량을 증진시켜 나가는 팀 학습(team

9) 김현기, 주간경제 615호, 2001.03.21.

learning) 활동이 풍부하게 이루어지도록 하는 것에 있다. 팀 학습이란 팀 구성원들이 업무 활동 과정에서 발생하는 문제나 변화 요인에 대해 깊게 생각하고 그 해결을 위해 새로운 지식을 지속적으로 습득, 창출해나가는 과정이다. 시장, 고객, 정보 기술 등과 같은 환경 변화에 대한 정보의 적극적인 획득, 팀 동료 또는 상사로부터 피드백 추구, 팀원들과의 자유로운 아이디어나 경험의 교류, 도전적인 일의 수행이나 혁신 과제 해결 활동 등이 팀 학습 행동의 대표적인 모습들이다.

효과적인 팀 학습을 위한 요건들은 다음과 같다.

4.7.1 조화로운 팀 구성

팀 학습은 학습의 주체인 팀원들의 경력이나 경험 면에서 조화가 있어야 한다. 그 포인트는 다양성(variety)과 중복성(redundancy)이 겸비될 수 있도록 팀이 구성되어야 한다는 것이다. 지식경영의 대가인 일본의 [10]Nonaka 교수도 지식창출이나 학습의 중요한 촉진 요인의 하나로 중복성과 다양성을 제시한 바 있다. 다양성은 팀 구성원들이 보유한 경험이나 전문 지식 면에서 서로 어느 정도나 차이가 있느냐 하는 이질성의 문제이다. 반대로 중복성은 팀 구성원들이 지닌 경험이나 지식이 서로 유사한 동질성의 정도를 의미한다. 팀 구성원들 간에 경험이나 지식 면에서 동질성이 있으면, 각자가 가진 지식이나 사고 면에서 공통성이 있으므로 지식의 교환이나 커뮤니케이션이 효과적으로 이루어질 수 있다. 그러나 너무 동질적일 경우에는 팀 구성원들이 하나의 사고 방향이 특정 방향으로 고정화되어 획일화될 가능성이 커지고 창의성이 발휘되기 어렵게 된다. 팀이 획일성에 빠지지 않고, 다각적으로 사고하여 집단적 창의성을 발휘할 수 있게 하기 위해서는 팀 구성원들 간에 경험이나 지식의 다

---

10) 노나카 이쿠지로(지식창조이론의 대가)
1935년에 태어난 그는 와세다대학 정치경제학부를 졸업한 후 후지전기제조(주)에서 9년간 근무를 했다. 미국 캘리포니아대학 경영대학원(버클리)에서 경영학 박사학위를 취득한 후 그는 귀국하여 일본 남산대학산업경영연구소교수, 방위대학교 교수와 히도츠바시대학 산업경영연구소 교수를 거쳐 현재 국립 북육첨단과학기술대학원 지식과학연구학과 교수로 재직하고 있다. "SECI모델"이라는 지식창조이론을 창안한 노나카 교수는 1996년 9월 버클리 대학에서 개최된 "지식포럼"에서 "캘리포니아대학 버클리 경영대학원 제록스지식학특별명예교수직"으로 임명되는 등 그의 이론의 우수성을 인정받으면서 미국 경영학계와 비지니스계에서 비상한 관심을 모으고 있는 인물이다. 저서로는 "조직과 시장: 조직의 환경적합이론", "미일기업의 경영비교", "실패의 본질", "기업진화론: 정보창조의 매니지먼트", "지식창조의 경영", "지력경영", "조직적 지식창조기업", "기민한 지식창조경영" 등이 있다.
노나카의 지식창조 프로세스 모델 SECI(생각을 언어로, 언어를 형태로, 형태를 자신의 기능으로)를 '나선형 프로세스'(spiral process)라고 설명하고 있다. 즉 암묵지와 형식지라는 두 종류의 지식이 공동화(암묵지가 또 다른 암묵지로로 변하는 과정), 표출화(암묵지가 형식지로 변환하는 과정), 연결화(형식지가 또 다른 형식지로 변하는 과정), 내면화(형식지가 암묵지로 변환하는 과정)라는 네 가지 변환과정을 거쳐 지식이 창출된다는 이론을 제시하고 있다. 그는 이러한 변환과정이 직선적으로 이루어지고 마는 것이 아니라 복합 상승작용이 나타나는 '나선형 프로세스'로 다이나믹하게 계속된다고 설명하고 있다.

양성이 있어야 한다. 하지만 팀 구성원들 간에 사전 경력이나 경험이 지나치게 이질적이면 커뮤니케이션이 효과적으로 이루어질 수 없다. 예컨대, 구성원들이 너무 이질적이면 대화나 토의 시 상대방이 구사하는 언어나 의도에 대한 이해를 잘 못하게 되고, 그로 인해 원활한 지식의 교환이 어려워진다. 따라서 어느 정도의 다양성과 중복성을 균형 있게 갖추어야 팀원들 간의 상호작용이 효과적으로 이루어지고 팀 학습이 촉진될 수 있다.

4.7.2 개방적인 학습 분위기

팀 학습이 활성화되고 지속적으로 이루어지기 위해서는 개방적인 팀 학습 분위기가 조성되어야 한다. 아무리 팀의 구조적/제도적 요인들이 잘 갖추어졌다고 해도 다양한 의견 교환과 토의가 이루어질 수 있는 개방적 팀 분위기 없이는 효과적 학습이 이루어지기 어렵다. 이러한 개방적인 학습 분위기 조성을 위해서는 우선 심리적 안정감과 팀원의 능력에 대한 강한 믿음 즉, 신뢰가 중요하다. 다른 팀원들이 자신의 생각이나 행동을 존중해주며, 적극적으로 수용해 줄 것이라는 심리적 안정감이 있어야 자유롭게 생각을 공유하고 새로운 진취적 행동을 시도할 것이다. 팀원들 상호간에 서로의 잠재력을 인정해 주고 상대방에 대한 믿음이 없는 상황에서는 각 개인의 지식이나 의견이 활발하게 교류될 수 없다. 심리적 안정감과 팀원의 능력에 대한 믿음이 없으면, 누구나 알고 있는 피상적인 지식이나 정보만을 형식적으로 공유하게 되며, 그 결과 팀원들이 새로운 것을 학습할 수 있는 기회는 그 만큼 적어지게 된다. 선진기업들의 경우, 최고경영자를 비롯한 관리자들이 역점을 두고 주도해 나가는 경영 관행 중의 하나도 자유롭고 개방적인 분위기 조성이다.

4.7.3 정보 환경의 조성

조직은 팀원들이 다양한 정보에 쉽게 접근할 수 있는 정보 네트워크 환경을 조성해 주어야 한다. 팀 학습은 팀원들의 긴밀한 상호작용 속에서 이루어질 수 있다. 이를 위해서는 팀원들끼리 가까이 인접하여 상호 빈번한 접촉과 대화를 유도하고 다른 팀원의 행동을 쉽게 관찰할 수 있도록, 사무 공간을 적절히 배치해 줄 필요가 있다. 보다 효과적인 방안은 IT를 활용하여 팀 내부는 물론 외부의 다양한 정보에도 쉽게 접근 할 수 있는 여건을 조성해 주는 것이다. 정보기술을 활용한 네트워크(웹, 인트라넷, 그룹웨어) 구축은 팀원들로 하여금 각종 보고서, 연구 자료, 조직 내외의 베스트 프랙티스와 같은 다양한 정보에 용이하게 접근하게 해 줌으로써 학습을 촉진할 수 있다. [11]버크만 연구소(Buckman Laboratory)의 팀 학습 지원 시스템의 경우에는

K'Netix라는 지식 네트워크 시스템을 활용하여 온라인상에서 팀원들이 전문지식을 공유하고 기술을 학습할 수 있도록 사내 네트워크를 컴퓨서브(CompuServe)와 연결하였다. 버크만사는 온라인 포럼, 전자 게시판, 가상 회의 등을 개최하여 팀원들이 자유롭게 자신의 지식과 의견을 발표하고 서로의 기술을 학습할 수 있는 기회를 제공하고 있다.

4.7.4 팀 성과 중심의 보상

성과 평가 및 보상 면에서 개인 위주보다는 팀 집단 중심의 보상이 이루어져야 한다. 효과적인 팀 학습의 기본은 팀원들 간의 공동체 의식이나 팀워크에 있다. 팀원들이 긴밀하게 협력하면서 원활하게 정보나 지식을 공유하는 등 팀 학습을 촉진하기 위해서는 팀 차원의 집단성과 평가와 보상이 필요하다. 팀원들의 성과 평가나 보상 측면에서 개인성과를 지나치게 강조할 경우, 이는 팀 내의 지나친 경쟁심을 야기함으로 팀워크에 부정적인 영향을 줄 수 있다. 특히, 개인성과가 우선시될 경우 개인들이 중요한 지식을 공유하지 않고, 혼자만 가지려는 지식의 독점화, 폐쇄화 현상이 나타날 수 있다.

4.7.5 코치형 리더십

팀 리더가 구성원들의 학습을 지원하고 이끌어줄 수 있는 코치형 리더십을 발휘해야 한다. 코치형 리더십이란 구성원들을 가르치고 학습을 지원해 줄 수 있는 교육자로서의 리더 역할을 잘 하는 것을 말한다. 팀 학습의 촉진을 위해서는 다른 무엇보다도 리더가 팀 구성원들이 어떤 능력을 배양해야 하는가, 그 능력 배양을 위해서는 어떻게 해야 하는가 등을 항상 고민하고 이끌어주는 코치, 교사로서 역할이 중요하다. 코치형 리더십 발휘의 기본 전제 조건은 팀 리더 자신이 팀원들을 이끌어 줄 수 있는 능력과 지식을 갖추는데 있다. 이를 위해서는 조직이 그러한 리더십 역량을 개발할 수 있는 체계적인 교육 훈련 기회를 부여해야 한다. 선진 기업들이 중점을 두고

11) 미국 화학제품 업체인 버크먼 연구소는 지식 공유를 통해 스피드 경영에 성공해 매출액을 20%나 늘릴 수 있었다. 초기 7개국에서 사업을 전개하고 있었음에도 불구하고 의사결정은 톱다운 방식으로 중앙에서 모두 실시했다. 그러나 80년대 말 사업이 확대돼 21개국에서 생산된 제품이 90개국의 고객에게 팔리면서 이 같은 의사결정방식에 문제점이 나타났다. 이러한 상황변화에 대응하기 위해 새로운 시스템을 도입했고, 기업문화도 바뀌었다. 지식이 가장 중요하다는 사실에 주목하고 그 지식을 어떻게 공유하느냐에 집중했다. 버크만은 지식이 개개인의 머릿속에 있다는 것을 인식하고 개개인의 지식을 연결하는데 초점을 맞추고 지식공유시스템을 도입했다. 또한 기업문화도 바꿨다. 신뢰분위기의 구축에 힘을 썼다. 이외에도 로터스의 경우 지식경영을 효율적으로 도입하기 위해 혁신, 대응성, 생산성, 개인역량이라는 전략적 목표를 세우고 「종업원 각자를 최고로 만들라. 자주 머리를 맞대라. 지식창고를 신선하게 유지하라. 실시간으로 지식을 교환하라.」는 지식경영의 전술을 시도했다.

있는 리더십 교육중의 하나도 코치형 리더십의 배양이다. 그리고 보다 중요한 것은 팀 리더 스스로가 솔선수범하면서 실력을 키울 수 있도록 강도 높게 학습하는 자세를 갖추어야 한다. 팀 리더는 자신의 역량을 높이기 위해 지속적으로 학습하고 새로운 리더상을 팀원들에게 보여주기 위하여 부단히 노력해야 하는 것이다. 최근 들어 각 기업의 교육시스템은 기업리더군(차·부장)에 집중되는 경향을 보이고 있으며 그들의 능력향상과 리더십에 초점을 두고 있는 것을 보면 역시 코치형 리더십의 필요성에 대한 기업 인식이 변화하고 있음을 반증하는 결과로 보인다.

4.8 학습과 공간이론

뉴턴의 제자 존 킬(John Keill)은 "공간은 모든 대상들을 그 속에 받아들이면서 동시에 그 자체는 어느 것 속에도 들어 있지 않으며, 그것은 움직일 수 없도록 고정되어, 그 부분들을 분리하는 것은 불가능하다."라고 했다. 공간은 물리적인 접근, 철학적 접근이 모두 가능하다. 개인공간은 우리 주위에 비가시적으로 둘러싼 경계선으로서 이동 가능하나 이 안을 다른 사람들이 침범할 수 없는 공간, 즉 한 개인을 둘러싸고 있는, 다른 사람이 침입할 수 없는 보이지 않는 경계를 뜻한다. 이 공간은 우리가 다른 사람들과 얼마나 가깝게 상호작용을 할 것인지, 우리가 처한 상황에 맞도록 어떻게 움직이고, 확장 축소할 것인지를 조절해 준다. 반면에 영역성에는 비교적 고정적인 영역으로서 흔히 상호작용을 조절하는 가시적인 경계선이 있다. 개인은 항상 자신의 개인공간의 중심에 위치하고, 자신과 개인공간이 늘 함께 움직인다. 반면에 영역성은 가정에 중심을 둘 수 있고, 뒤에다 둘 수도 있다. 영역성이 보다 집단에 근거한 과정이라면 개인공간은 보다 개인적 수준의 과정이다. 개인공간의 일차적 기능은 protection이다. 잠재적인 감정적, 물리적인 위협으로부터의 완충역할을 위한 것이고 이차적 기능은 communication이다. 다른 사람과의 거리는 곧 사용하는 감각기관을 결정하고 결국 다른 사람과의 친밀도를 결정하기 때문에 관계에 연관하는 의사소통 기능이라 볼 수 있다.

4.8.1 개인 공간의 기능

[12]'개인공간'이란 말은 Katz(1973)가 만든 용어이다. 이 개념은 그 뿌리를 생물학(Hediger, 1950), 인류학(Hall, 1968) 그리고 건축학(Sommer, 1959)에 두고 있기 때

12) 환경심리행태론, 5장, 임승빈, 보성문화사 1986 / 건축계획방법, 이경희, 문운당, 1992 Personal Space, R. Sommer, Prentice Hall, 1969 / 월간국토 1998-5-10 공간이론산책.

문에, 어떤 학문에 독점적으로 사용하는 개념은 아니며 요즘과 같이 모든 분야에 있어 변화와 혁신을 추구하는 시대에는 교육효과를 극대화하기 위해 어떤 이론, 방법이라도 적용하고 개발하고 응용하는 것이 일반적이기 때문에 복잡하고 얽혀있는 인간을 대상으로 하고 있는 특히 그 인간 중에서도 근로자의 안전을 담보하기 위한 교육에 효과를 위해서는 다양한 인간심리 이론과 타 분야에 대한 접근이 필연적일 수밖에 없다. 개인공간에 대한 대중적 관심과 과학적 관심은 지난 몇 십 년 동안에 크게 고조되었다.

우리 몸을 빙 둘러 싸고 있는 거품과 같은 개인 공간과 그 기능에 대한 의문은 많은 개념적 설명들이 제시되었고 우리가 자신과 다른 사람들 사이에 대인거리를 유지하려고 하는 이유에 대한 다양한 이론적, 실증적 접근결과는 그와 같이 간격을 두는 것이 과다 자극을 피하는 데 필요하다는 것이다. 이러한 논리에 따르면, 다른 사람들과 지나치게 가까운 거리에 있으면 우리에게 과다한 사회적 자극이나 물리적 자극(예컨대, 안면의 세부적인 특징들, 후각 단서들)이 한꺼번에 쏟아져 들어오게 한다. 다른 대안적 이론인 스트레스(stress) 해석은 우리가 지나치게 가까이 근접해 있는 것과 관련되어 있는 여러 가지 스트레스요인들을 피하기 위해서 개인공간을 유지한다고 가정한다. 더 나아가, [13]각성(arousal)이론은 개인공간이 부적절할 때, 사람들의 각성이 아주 커진다고 가정한다. 이러한 일이 생기면 왜 우리가 각성이 되는지를 이해하려고 하고(우리가 사랑하는 사람이 너무 가까이 있기 때문인가, 우리가 두려워하는 사람이 너무 가까이 있기 때문인가), 부적절한 공간에서 어떻게 반응할지를 설명하려 한다. 또 다른 개념적 시각은 [14]행동제약(behavioral restraint) 접근인데, 인간은 자신의 행동의 자유가 침해되는 것을 막기 위해서 개인공간을 둔다고 주장한다. 친밀성은 대인 공간, 눈 접촉, 얼굴 표정, 그리고 논의하는 주제에 대한 친숙성과

---

13) 인지적－생리적 각성이론
1962년 Stanley Schachter와 Jerome Singer는 특별한 생리적 반응이 거기에 상응하는 특별한 정서를 생성한다는 견해에 상반되는 정서 이론을 제안하였다. 그들은 정서 이론의 이중 요소 이론을 주장하면서 정서간 부분적으로는 상황과 그 상황에 대한 개인의 평가에 의해서 결정된다고 보았다. 즉, 정서가 경험되기 위해서는 두 가지 필수적인 요소가 있다고 제안하고 하나는 일반적인 자율신경계의 각성이고, 다른 하나는 각성이 일어나게 된 이유에 대한 인지적 해석이라고 하였다.

14) 행동제약(behavioral restraint)과 관련한 영향 중 하나는 과밀이다. 즉, 사람들이 빽빽하게 있는 환경들 속에서 때때로 일어나는 한 형태 스트레스를 말한다. 이러한 과밀은 사람들에 따라 주관적으로 다양하게 반응하며 대체적으로 흥분과 과부하를 일으키기도 한다. 비록 과밀의 결과 질병, 범죄 등의 사회병리를 일으킨다는 확실한 증거는 없지만 교도소와 같은 자기통제력이 없는 상황에서 과밀은 높은 질병율과 사망률을 일으킨다. 이러한 과밀에 대해 설명하는 몇 가지 모형이 있다. 1. 흥분모형 : 사람들이 붐비는 상황들이 생리적 및 심리적 흥분을 일으킨다는 것이다. 2. 방해모형 : 과밀된 상황들 속에서 다른 사람들은 우리의 행동을 제약하고 방해한다는 것이다. 예를 들어 과밀된 지하철에서 나갈 때처럼 신체적 방해를 포함할 수 있으며 이는 타인들에 대한 부정적 감정, 공격성 등을 나타낼 수 있다. 3. 통제력모형 : 과밀이 개인적 통제력에 영향을 줄 수 있다는 것으로서 엘리베이터 속에 있는 승객들은 그들이 조종판 가까이 섰을 때보다도 그 곳에서 멀리 떨어졌을 때 더 큰 과밀을 경험했다. 4. 학습된 무력감 : 이는 개인적 통제력을 만성적으로 얻지 못하였을 경우 학습화된 무력감을 불러 올 수 있다는 것이다.

같은 다른 요인들에 의하여 조절된다. 어떤 상호작용에서 친밀성의 수준이 너무 크다면(예; 상호작용하는 사람들 간에 주제가 너무 친밀한 것이고 눈 접촉이 많다면), 즉 과밀하다면, 다른 양식(예; 신체적으로 더 멀리 떨어져 앉는)의 보상행동을 통하여(compensatory behaviors) 평형(equilibrium)을 회복하게 된다. 친밀성이 너무 낮을 때에도 평형을 회복하게 된다(예; 더 가까이 앉거나, 눈 접촉을 많이 하여서). 만약 개념적 시각들이 통합된다면, 개인공간에 두 가지의 주요한 목적이 담겨 있음을 보게 될 것이다. 첫째, 개인공간은 보호기능이 있으며 잠재적인 정서적, 신체적 위협들(예로서, 지나치게 많은 자극, 스트레스를 유발하는 과다 각성, 불충분한 사밀성, 지나친 친밀감, 다른 사람들로부터의 신체적 공격 등)에 대한 완충지대로서 쓸모가 있다. 개인공간의 두 번째 기능에는 통신이 들어 있다. 우리가 다른 사람과 유지하는 거리에 따라서 우리의 상호작용에서 어느 것이 가장 현저한 감각 통신경로(예; 후각, 촉각, 시각, 언어 입력)가 될 것인지가 결정된다. 우리가 친밀하다거나 친밀하지 않다는 것을 의미하는 감각단서들을 전해주고 자신을 보호해야 할 우려가 크다거나 적다는 것을 암시해주는, (대인)거리를 어느 정도 멀리 두느냐 하는 것으로써, 우리는 다른 사람과 우리와의 관계의 질(즉, 우리가 그들과 유지하고 싶어 하는 친밀감의 수준)에 대한 정보를 통신하고 있는 것이다.

4.8.2 개인공간의 크기

우리와 다른 사람 간에 유지하고 싶어 하는 개인공간의 크기를 결정하는 것은 무엇인가? 개인공간의 두 가지 기능, 즉 보호와 통신의 기능을 충족시킬 수 있도록 우리가 유지하는 거리는 적절해야 한다. 이러한 기능들을 달성하는 데 필요한 공간의 양을 결정하는 한 가지 결정 인자는 우리와 함께 있는 상대가 누구이며 우리가 하고 있는 것이 무엇인가인데 적합한 통신과 적절한 보호를 위해서, 어떤 관계와 활동들에서는 다른 관계와 활동들에서보다 더 먼 거리를 두는 것이 요구된다. 그러나 상황적인 조건들만이 개인공간의 크기를 결정하는 유일한 결정요인은 아니다. 어떤 사람들은 습관적으로 최소화시키는 데 필요한 공간의 양에 대한 학습경험에서의 차이를 반영하는 것이다. 공간행동에 영향을 주는 개인차의 요인들은 성, 인종, 문화 그리고 성격 등이다.

4.8.3 개인 공간 형성의 영향 요인

(1) 매력

사랑하는 사람들은 서로 멀리 떨어져 있더라도 가까이 있기를 바라는 것이 보통이다. 이것은 개인들 간의 매력이 크면 클수록, 더욱 더 가까이 있고 싶어 한다는 것을 보여주는 것인데 이러한 현상에 대한 공간적 접근은 그 이론이 반드시 통용되는 것은 아니다. 애정과 개인 공간 간의 관계는 누구나 알고 있게 쉽게 이해되는 것만큼 이론적으로 접근하기가 만만치 않은 것이 현실이다. 과거의 연구자들은 남자와 여자가 상호작용할 때, 매력의 증가와 물리적 거리의 근접 간에 관련이 있음을 찾아내었고, [15]Byrne과 그의 동료들의 연구에 따르면 남녀 짝들이 짧은 데이트를 한 후에 보여준 다양한 성격특성에서 유사한 개인들(친밀한)이 유사하지 않은 개인들보다 서로에게 더 매력을 느끼게 된다는 것이 입증되었으며. 어울리는 짝 또는 잘 어울리지 않는 짝이 데이트에서 돌아왔을 때, 실험자는 그의 책상 앞에 서 있는 그 두 사람간의 거리와 그들 상호간의 호감도를 측정하였는데, 잘 어울리는 짝들은 어울리지 않는 짝들보다 서로를 더 좋아했고 서로 더 가까이 서 있었다. 계속된 연구들은 두 이성간의 매력-근접 관계가 남성이 여성에게 더 다가서기 때문인지, 여성이 남성에게 더 다가서기 때문인지, 아니면 남성과 여성 모두가 서로에게 더 가까이 다가서기 때문인지를 검토하였다. 이러한 연구들은 친한 이성친구 사이의 실제 거리가 더 가까워지는 것은 주로 여성들이 매력이 있다고 느끼는 남성들에게 더 가까이 다가서기 때문이라고 결론지었다. 즉, 여성은 남성보다 매력에 대해 반응하는 데에서 자신의 공간을 더 많이 배려한다. 매력-근접(attraction-proximity) 관계에서 변화가 주로 여성들의 공간행동 때문이라면, 여성-여성 짝들 간의 거리는 그들의 상호 매력도에 의해서 결정되어야 하고, 반면에 남성-남성 짝들 간의 거리는 그렇지 않아야 한다. 이 가정과 일치되게, 여성-여성 짝들은 호감이 증가할수록 서로가 그들의 위치를 더 가까이 한 반면, 남성-남성 짝들 간의 위치는 호감에 따라 변하지 않는다는 것이 밝혀졌다. 어떤 한 실험에서(Heshka & Nelson, 1972), 연구자들은 성인 짝들이 거리를 걸어갈 때 그들 모르게 사진을 찍었다. 각 사진에 들어 있는 표준척도를 사용하여 상호작용하는 사람들 간의 거리를 꽤 정확하게 추정할 수 있었다. 사진을 찍은 후에 실험자는 그 사실을 모르고 있는 '참가자들'에게 접근하여 그들의 관계가 어떤 형의 관계인지를 물었다. 여성-여성 짝들은 그들의 관계가 친밀할수록 더 가까운 거리에서 상호작용하는 반면에, 남성-남성 짝들 간의 거리는 우정에 따라 변화되지 않았

15) 연세대학교, "음란물에 노출된 아동-청소년의 판단능력과 자기통제능력에 관한 심리학적 연구", 김경희.

다. 이러한 논리는 교육자가 교육을 실시하기 전에 또는 교육 중에라도 교육생들의 친밀도나 공간의 구성 또는 자율적 공간배치의 배려를 해 주었을 때 나타나는 반응들을 참고하여 교육을 실시하면 보다 효과적일 수 있다는 얘기 일수도 있는 것이다.

(2) 상호작용의 유형

상호작용의 유형과 대인거리는 개인간 우정이나 서로간의 유사성 정도 같은 특성들이 유쾌한 상호작용을 기대하게 만들고 그 예상은 다시 대인거리에 영향을 준다면, 유쾌-불쾌 차원에 놓여질 수 있는 상황특성들(예로서, 상호작용의 형태, 논의의 주제들) 역시 개인공간의 크기 또는 거리에 분명한 영향을 줄 것이다. 이와 맥을 같이 하는 추론이 상호작용 상황에서의 감정의 질을 다양하게 변화시킨 연구에 의해 지지되었는데, 감정이 부정적인 상황들에서 더 큰 공간지대가 형성된다는 것이 관찰되었다. 스트레스를 주는 상황에서는 그렇지 않은 상황에서보다 더 큰 대인공간을 유지하는 것으로 나왔다. 나아가 남성에 비하여 여성은 개인 공간을 더 확장시켜서 위협적인 상황에 반응하기 쉬운 것으로 나왔다.

(3) 문화 및 인종

그동안의 각종 공간학적 연구결과에 따르면 공간행동에서의 문화권 별로 차이를 보인다는 증거를 제시하고 있으며, [16]Hall(1966)은 사람들이 후각과 촉각 그리고 다른 감각부호화 양식들을 더 많이 사용하는 고도의 감각 '접촉' 문화들(예로서, 지중해 지역인들, 아라비아인들 그리고 라틴 아메리카인들)에서는, 사람들이 더 가까운 거리에서 상호작용한다고 주장하였다. 이에 비해서 수줍음을 더 많이 타는 '비 접촉' 문화 민족들(예로서, 북 유럽인 들과 미국의 백인들)에서는, 상호작용의 거리를 더 멀리 둔다고 하였다.

---

16) 인류학자인 Edward T. Hall(1966)은 어떤 문화든지 high context나 low context의 어느 쪽에 포함되는가는 얼마나 많은 의미를 그 문화적 환경에 부여하는가에 따라 정해진다고 한다. 동양권문화는 high-context 문화에 포함되는 데 많은 정보가 배경이나 화자의 마음속에 있기 때문이며 서구는 low-context 문화에 속하는 데 대부분의 정보가 전달하는 메시지에 담겨있고 마음속에 감추는 내용이 비교적 적기 때문이라 하였다. 이러한 문화권에 따른 표현의 차이에 대해서 첫째 구두표현이 low context 문화에서 매우 중요해서 자세하고 분명하며 구체적이기를 상대가 바라는 데 비해 high context 문화권에서는 메시지에 수반하는 비언어적 행동이나 환경을 읽는 데 더 순발력이 있고 배경에서 감지할 수 있는 모든 뉘앙스를 더욱 많이 의식하게 된다고 밝혔다.

일상 단어나 문장보다도 수사적 표현을 번역하는 데 어려움이 더한다. 일상 단어나 문장을 잘못 번역하는 경우보다도 수사적 표현을 잘못 번역하는 것이 더 문제가 되는 것은 관련 있는 문화에만 특유한 논리를 소홀하게 다루게 되기 때문이다. 수사적 표현에 나타나는 차이는 서로 상이한 문화적 규범의 일부이다.

(4) 성(性)

동성으로 이뤄진 여-여 짝이 남-남의 짝들보다 더 가까운 거리를 유지한다. 이 결과는 여성의 경우 좀 더 친애하도록 한 사회화, 여성들 간의 친밀한 비언어적 의사소통을 나타내고, 그리고 남성에서는 동성과의 친밀함이 주는 염려 때문일 수 있다. 여성이 남성보다 가까운 거리를 유지하는 것이 모든 상황에서 적용되지는 않으나 친밀한 상황에서는 가까운 거리를 유지하려하나 위협을 느끼는 상황에서는 거리를 두려 하는 것은 일반적으로 경험을 통해서 알 수 있는 바와 같다. 남녀가 혼성으로 된 2인들에서의 거리는 상호작용을 하는 사람들의 관계에 달린 것으로 나타났으며 친구 사이에는 남남의 동성 짝과 여여의 동성 짝들이 보이는 거리의 중간의 거리를 유지하나 혼성인 경우는 여여나 남남의 어떤 동성의 짝들보다도 가까운 거리를 유지하는 것으로 나타났다.

(5) 연령

아동들이 개인공간에 대한 인식반응을 보이기 시작하는 시기는 대략 만 4세에서 5세 전후가 일반적이다. 그리고 개인적 성장여건에 따라 변화를 보이고 5세 이하의 아동은 공간패턴에 있어서 비일관성을 보이다가 6세 이후에는 보다 큰 대인거리를 선호하며 특히 일찍 집단생활(유아원, 유치원, 놀이방 등)을 경험한 아동은 공간에 대한 인식과 선호경향이 뚜렷하다. 이러한 패턴은 모든 문화들에 걸쳐 비슷한 현상을 보인다. 성인의 것과 같은 공간행동 인식은 대부분 사춘기 무렵에 처음 나타나 발전하게 된다.

(6) 성격

성격은 사람이 세계를 보는 방식을 나타내고 학습과 경험을 반영하는 것이기 때문에 불안정한 성격을 갖고 있는 사람들이 그렇지 않은 사람들보다 개인공간을 더 멀리 유지한다는 것은 우리의 경험으로 알 수 있으며 외향적인 사람들이 내향적인 사람들보다 더 적은 공간을 유지한다는 것과, 상대적으로 고립되어 일하는 사람들(컴퓨터 단말기 앞)이 더 넓은 거리를 유지하려는 것 등이 여러 연구들에서 관찰되었다. 또한 자아존중감이 높은 사람들이 자아존중감이 낮은 사람들보다 개인공간을 더 적게 지니고 군집욕구가 큰 사람들은 군집욕구가 적은 사람들보다 더 가까운 거리를 선호한다는 것은 이론에 앞서 우리의 일상 속에서 인식해 온 부분들이다.

(7) 물리적 요인

대인공간의 결정에는 물리적인 결정요인들도 있는데 첫째, 수많은 건축 상의 세부 특징들이 개인공간에 영향을 미친다. Savinar(1975)의 실험에 의하면 남성 참가자들은 실험자가 그들에게 접근할 때 천장이 높은 조건에서보다는 낮은 조건에서 공간에 대한 요구가 더 커짐을 발견하였다. 이는 물리적 요인에 따른 공간을 뜻하며 개인공간의 크기는 방의 크기가 작을수록 더 커지고 방의 크기가 클수록 더 작아진다는 조사 결과도 있다. 또한 사람들은 넓은 방에서보다 좁은 방에서 더 많은 공간을 원하며 밝은 조건하에서 보다는 좀 더 어두운 조건일 때 다른 사람들에게 몸을 맞댈 가능성이 더 높다. 이는 엘리베이터의 정전사태나 개인적 경험을 통해 알고 있는 터다. 사람들이 방의 중앙에 있을 때보다 구석에 있을 때의 대인 공간이 더 컸음을 확인할 수 있으며 앉아 있을 때보다 서 있을 때에 더 가까운 거리를 유지한다. 이는 대부분의 관계들이 모두 도피가능성의 차이를 반영하는 것일 수 있다. 즉, 우리가 도피할 수 있다는 것을 알고 있을 때에는, 좁은 공간이라도 만족한다는 의미일 것이다.

4.8.4 학습효과 면에서의 최적 공간

15 cm(친밀한 거리) 또는 1 m(사적인 거리) 떨어진 곳에서 일련의 학습과제를 수행한 학습자들은 여러 수준의 과제 난이도 조건에서, 그 학습자의 수행은 친밀한 거리에서보다 사적인 거리 조건에서 더 좋았다. 많은 학생들이 있는 전형적인 교실 상황들에서는 교사에 의하여 자리가 정해지면 좌석배치는 성적에 별로 영향을 주지 못했는데, 특히 학생들이 교육 경험의 질에서의 차이를 가져올 수 있도록 스스로 선택하는 경우에 그러하였다. 학습에 있어서 최고의 자리는 강의실의 중간 앞부분이 비교적 통신이 많은 지대인 듯 하였으며 그 곳에 앉으면(말수가 적은 사람들은 제외하고) 말수가 많아지게 하고 주의를 촉진시키는 결과가 나타난 것으로 확인되었다. 중간 앞부분의 자리를 택한 학생들의 자존심이 가장 높게 나와 높은 참여와 적극적인 태도가 높은 성적을 낼 수 있음을 보였다. 결국 좌석위치와 학업성취와의 관계는 교수자가 있는 곳에서 가까이 앉는 학생이 먼데 앉은 자보다 학급에서 더 많은 즐거움을 갖게 되고, 학습활동에 대한 만족도가 높은 경향이 있다는 얘기이다. 이는 질문과 발표의 기회가 상대적으로 많아지기 때문이다. 그렇다고 해서 위에서 제시한 거리가 완벽하게 맞아떨어지는 것은 아니다. 인간간의 적정한 거리는 개인간의 관계성이나 개인의 성격 등 다양한 요소들에 의해 결정되기 때문에 교수자는 이점을 고려해야 한다.

● 관계(형태)별 공간거리

형태(관계)	특 징	공간거리(cm)
부부	친밀한 접촉 및 육체적 운동	친밀한 거리 0(15)~45 cm
연인사이	냄새, 체열 등 감각적 접촉 선호 촉각이 소리보다 우선	개인적 거리 45~120 cm
친한 친구 또는 일상적 우인(友人)	촉감보다는 소리로 의사표시	사회적 거리 120~360 cm
비개인 사업상 관계	감각적 접촉은 최소한도 시각을 통한 정보교환 및 정상적 목소리(6 m까지 전달)를 통하고 촉감 불가능	공공적 거리 360 cm 이상
개인과 대중관계	감각적 접촉은 없음. 시각적으로 세부구분 못함. 목소리 이외에 몸짓 필요 개인, 성, 나이, 인종, 문화에 따라 차이 큼.	거리개념 모호

안전교육을 담당하는 안전관리자 입장에서는 상기한 공간이론의 현장적용에 매우 신중해야 한다. 현장(공장)의 큰 특징은 상기한 부분 이외에도 나이, 경험, 교육수준, 출신국가 등이 복합적으로 구성되어 있으면서도 동일한 내용을 교육해야 한다는 특수한 상황이 상존한다는 것이다. 때문에 시간과 비용이 늘어나더라도 효과(태도변화) 중심으로 교육 실행이 변화하고 있는 현실을 소홀히 해서는 안 된다.

Chapter 2

교육심리학

1. 교육심리학의 이해
2. 교육심리학의 발달
3. 교육심리학의 주요이론

1. 교육심리학의 이해

교육심리학은 심리학적 지식을 교육현상에 적용하려는 응용적 심리학이라 볼 수 있다. 단순히 심리학적 지식의 응용이라는 관점에서만 그 성격을 규정할 수는 없으나 교육심리학은 교육의 현상과 과정을 심리학적으로 기술하고 설명한다는 점에서 그 자체가 독자적인 연구대상을 가지는 심리학이라고 할 수 있다. [1]전통적으로 교육심리학의 중심영역은 발달, 학습과 교수, 적응과 지도, 사회집단과 집단역학, 측정과 평가 등이 중심을 이루고 있다. 교육심리학은 심리학의 특수영역으로 발전되어 왔으나 최근에는 독자적인 학문영역으로 발전·규명되고 있다. 교육심리학은 응용심리학적인 요인도 있으나 그렇다고 하여 일반심리학에서 밝혀진 원리, 법칙을 교육문제에 단순히 응용하는 학문분야는 아닌 것이다.

더욱이 교육심리학은 독자적인 이론과 방법론을 통하여 발전되어 왔으며, 브루너는 '교육심리학의 과제는 응용에 있는 것이 아니고, 형성에 있다.'고 강조하고 있다. 교육심리학이 초기에는 '응용심리학'의 한 분야로서 '심리기술학'과 같은 뜻으로 인식되기도 하였다. 그러나 일반심리학의 이론을 교육에 응용하는 입장이 안고 있는 가장 큰 약점은 일반심리학이 연구해 놓은 이론이 가치의 문제나 인간의 교육적 형성과는 거리가 멀다고 하는 점이다. 일반심리학도 인간을 연구대상으로 삼지만 여기에서는 가치나 교육의 문제와는 관계없이 다만 주어진 문제와 사실의 법칙 및 이론만을 규명하는 과학성이 강조되고 있다. 따라서 실험실에서 얻어진 일반심리학의 이론을 그대로 인간에게 적용하거나 교육적 상황에 적용하게 된다면, 때로는 그릇된 진단과 잘못된 해석을 하게 될 위험성을 가지고 있다는 것을 알 수 있다. 교육심리학은 개개 학습자의 특성을 변화시키는 데 그 목적이 있다. 교육심리학은 부분적으로나 간접적으로 응용과학으로서의 성격을 띠고 있지만, 본질에 있어서는 '교육적 성장과 발달에 대한 조직적 연구'를 목적으로 하는 학문이며, 처음부터 교육을 위하여 교육적인 상황에서 일어나는 작용, 응용, 행동, 경험을 연구대상으로 하는 학문이다. 교육심리학은 심리적 기술학은 아니며, 교육의 과정에 수반하여 일어나는 제반 문제를 심리학적으로 탐구·해명하여 이를 과학적으로 설명, 처치하고 예측할 수 있는 이론과 인간형성에 유용한 실천적 기술을 개발과 동시에 교육의 실제에 도움을 주는 독자적인 과학의 성격을 띠고 있는 학문이라고 볼 수 있다. 결국 교육심리학이란 심리학적 지식을 교육현상에 응용하려는 응용심리학이며 교육의 현상과 과정을 심리학

1) 이성진 등, 1985, p.8, 교육심리학.

적으로 기술하고 설명한다는 점에 있어서 그 자체가 독자적인 연구대상을 갖는다. 그리고 교육활동의 개선을 위한 실제적 목적과 교육의 과정, 그 자체를 심리학적으로 연구하려는 이론적 목적을 동시에 가지고 있어 심리학의 한 분야로서 개인과 집단의 교육문제를 심리학적 방법과 절차에 따라 교육목적에 맞도록 해결하는 원리와 기술을 찾는 것이다. 결국 심리학적 지식과 방법으로 교육의 실제를 개선하고자 하는 과학으로, 보다 구체적으로는 학습이나 수업 그리고 생활지도의 방향이나 방법의 개선에 기여하고, 나아가 교육목표의 설정이나 과정의 구성은 물론 학교의 평가 등 교육적 상황 속에서의 보다 광범한 영역에 기여하는 과학이다.

2. 교육심리학의 발달

교육심리학의 원류는 19세기 초 심리학의 교육에의 응용으로부터 태동하였다. 헤르바르트(J. F. Herbart)는 '일반교육학'을 저술하여 교육학을 체계화하였는데, 교육을 독립적 학문의 성격으로 연구한 헤르바르트(J. F. Herbart)는 루소의 자연주의의 영향을 받았다. 헤르바르트의 범애파 교육자들은 교육의 기초로 아동의 심리에 착안하였으며, 칸트나 피히테 등은 철학적 기초 위에 교육학을 조직하려고 시도한 바 있다. 그러나 교육학의 과학적 성격을 분명히 하고 교육학의 독자적 체계를 수립한 사람은 헤르바르트이다. 그는 그의 저서 [교육학 강의 개요] 서문에서 "과학으로서의 교육학은 실천철학과 심리학에 의존한다. 실천철학은 교육의 목적을, 심리학은 교육의 길, 즉 교육의 수단과 장애를 교시한다."고 함으로써 실천철학(윤리학)으로부터 교육의 목적을, 심리학으로부터 교육 및 수업의 방법을 도출하여 독립된 과학으로서의 교육학을 성립시켰다. 그 외 Galton, Dewey, Ebbinghaus 등이 교육심리학 발전에 큰 영향을 미쳤다. 이러한 연구자들은 서로 상이한 문제의식과 방법을 통하여 노력하였지만, 객관적인 양적 연구와 측정에 의하여 교육심리학을 확립하려는 확신을 공통적으로 보여주고 있다.

교육심리학은 20세기에 들어오면서 본격적인 탄생을 하게 된다. 사실상 최초의 교육심리학자인 Thorndike는 인간성 탐구에 통계적 방법을 활용한 실증적 연구를 통하여 현대 교육심리학의 체계를 수립하였다. 1920년대부터 교육심리학의 연구영역이 크게 확대되어, 동기, 기억과 망각, 교육환경, 성격, 정신위생과 적응지도, 상담, 측정과 평가 등을 비롯하여 교과의 심리나 교육과정 및 학교행정에 관계되는 심리학적 지식까지 확대되었다. 40년대에서 60년대까지 교육심리학의 각 영역이 각각 그와 관계되는 교육의 여러 면과 짝지어 자체 분화현상을 일으켜 가며 독립된 체제를 구성해 가는 현상을 보여주었다. 즉, 인간발달과 교육, 아동발달과 지도, 학습지도의 심리, 성격과 적응, 정신건강과 적응, 측정과 평가 등 교육심리학의 각 영역이 보다 구체적으로 독립된 체제를 갖춘 연구성과들이 나오기 시작하였으며 발달심리학적 접근이나 학습심리학적 접근과 같이 각기 다른 방법론이나 문제영역을 달리하는 특색 있는 교육심리학도 이때부터 본격화되기 시작하였다. 1980～1990년대에 접어들면서부터 교육심리학은 인지심리학의 한계를 인식하면서 신경생리학적 연구로의 방향선회를 하고 있다. 이러한 과정에서, 인지학습이론에 대한 방향 확대, 전생애발달의 연구, 교수－학습에 대한 질적 심화연구, 학습동기 연구 등에 관한 관심이 다양화되었다.

2.1 교육심리학의 영역·내용

대부분의 교육심리학은 학생의 발달과 다양성에 대한 이해, 학생의 학습방법에 관한 이해, 교수과정에 관한 이해 등으로 구성된다. 학생의 발달과 다양성에 관한 이해 영역에서는 인지 및 언어 발달, 자아 및 사회성 발달과 도덕성 발달, 개인차 및 집단차이(group differences), 영재 및 특수교육 등이 다루어진다. 학생의 학습방법에 관한 이해 영역에서는 학습과정과 인지과정, 지식구성, 고등정신기능, 교과학습, 학습에 관한 행동주의 관점, 학습에 관한 사회적 인지적 관점, 학습동기 등이 다루어진다. 교수과정의 이해영역에서는 교수전략의 선택, 상호작용을 통한 학습증진방법, 생산적 학습환경조성방법, 학습성과의 평가 등이 다루어진다. 이상의 교육심리학 영역을 그림으로 제시하면 아래와 같다.

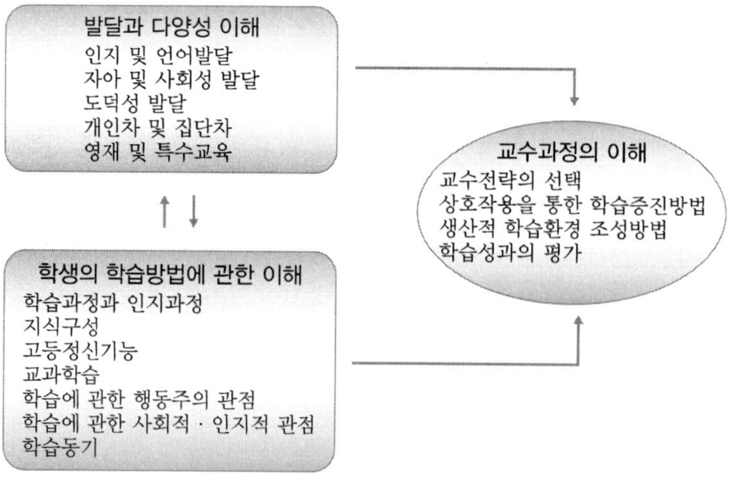

≫ 교육심리학의 영역

2.1.1 교육심리학의 내용

교육심리학은 부분적으로나 간접적으로 응용과학으로서의 성격을 띠고 있지만, 그러나 본질에 있어서는 '교육적 성장과 발달에 대한 조직적 연구'를 목적으로 하는 학문이며, 처음부터 교육을 위하여 교육적인 상황에서 일어나는 작용, 응용, 행동, 경험을 연구대상으로 하는 학문이다. 교육심리학은 심리적 기술학은 아니며, 교육의 과정에 수반하여 일어나는 제반 문제를 심리학적으로 탐구·해명하여 이를 과학적으로 설명, 처치하고 예측할 수 있는 이론과 인간형성에 유용한 실천적 기술 개발과 동시에 교육의 실제에 도움을 주는 독자적인 과학의 성격을 띠고 있는 학문이라고 볼 수 있다. 교육심리학의 내용은 학습의 효율성과 관련된 문제, 학습의 준비를 위한 흥미와 태도, 정신건강과 사회적 적응, 측정과 평가 등이 주요 연구주제 즉, 내용이라 할 수 있는데 이는 교육심리학의 주요 적용이론들을 살펴봄으로서 교육심리학이 안전교육에 있어서 어떻게 접근될 수 있고 안전교육의 효과적이고 효율적인 진행에 어떤 도움이 될 수 있는지를 알아보는 것도 큰 의미가 있는 일이다. 아래 표는 교육의 관심영역에 따른 심리학의 영역을 나타낸 것이다.

관심영역에 따른 심리학의 영역

교육의 관심영역	관련되는 심리학 영역	주요내용
학습자	발달심리학	여러 단계의 인간의 행동변화
교육환경	사회심리학	환경이 개체에 미치는 영향
학습과 교수	학습심리학	교수·학습에 관한 심리학적 과정
성격적응 및 지도	인성심리학	인간성격의 이해
학습 및 교수의 평가	심리측정	교육현상의 실증적·과학적 연구

(1) 교육의 심리학적 측면

① 발달심리학적 측면

학습자의 성장·발달측면에서 인간의 각 발달단계에서의 행동특성 및 변화를 연구하고 교육의 시기 결정 및 교육과정의 편성에 영향을 주거나 교육실제뿐만 아니라 교육계획 교육제도의 수립에도 정보를 제공하는 발달심리학적 측면이다.

② 사회심리학적 측면

교육환경에 중점이 되는 환경이 개체에 어떠한 영향을 어떻게 미치는 가에 대한 체계적인 지식을 제공하여, 교육의 질을 향상시키고 학습을 촉진하고 능률화시키고 태도와 신념의 형성과 변화, 사회가 행동에 미치는 효과, 소집단내에서의 인간의 행동과 의사소통의 관계에 대한 체계적 지식을 제공하는 사회심리학적 측면이 있다.

③ 학습심리학적 측면

교육의 핵심을 이루는 것이 교수 또는 수업이며, 교수는 인간학습의 심리학적 과정에 대한 지식을 토대로 해서 계획되고 실천되는 것이다. 또한 어떠한 조건하에서 최적의 학습이 일어나는가, 어떠한 조건이 학습속도를 저해 하는가 등에 관한 일련의 법칙과 원리를 제공하는 측면으로 교육의 학습심리학적 측면은 교육심리학에서 가장 중요한 핵심이라 볼 수 있다.

④ 인성심리적 측면(성격적응 및 지도)

인간의 성격 이해를 위하여 성격의 구조적, 역동적 및 발달적 측면에 그 연구의 초점을 두고 있는 것이며 상담을 통한 정서적 개인적 문제의 해결을 위한 생활지도에 영향 주는 요소나 원리 등을 이해하는 부분이다.

⑤ 교육에 있어서의 심리측정(학습 및 교수의 평가)

교육목적의 달성도를 객관적이고 신뢰있게 측정할 수 있는 도구를 제공하여 교육현상의 사변적 연구에서 탈피할 수 있게 해주는 심리학적 부분이다.

(2) 교육심리학의 이론적 비교

접근방법	대표자와 이론	연구영역	이론의 특징
정신분석학	① Freud의 심리 성적발달 이론 ② Erikson의 심리 사회적 발달이론 ③ Jung의 성격양향설	인간행동의 원천으로서의 무의식	① 인간행동의 근원적인 힘은 본능(Id) ② 본능 · Libido(삶의 본능) · Thanatos (죽음의 본능)
행동주의 (S-R이론)	① Thorndike의 시행착오설 ② Pavlov의 조건반사설 ③ Skinner의 도구적 (작동적) 조건반사설	관찰 가능한 행동	① 외적 지각과정 중시 ② 경험론적 인식론과 관련 ③ 요소주의, 부분주의 ④ 전체는 부분의 합
형태주의 (Gestalt) 이론	① Wertheimer ② Pavlov의 조건반사설 ③ Skinner의 도구적 (작동적) 조건반사설	인지, 지각 과정	① 내적 지각과정 중시 ② 합리론적 인식론과 관련 ③ 전체주의, 통합주의 ④ 전체 > 부분의 합
인본주의 (제3심리학)	① Allport의 성격이론 ② Maslow의 욕구위계론 ③ Rogers의 비지시적 상담 이론	- 자아실현의 과정 - 인간의 본질문제	① 정신분석학과 행동주의를 모두 비판 ② 인간과 비인간의 존재론적 비연결 ③ 성선설에 바탕 ④ 인간의 무한한 가능성에 대한 신념

3. 교육심리학의 주요이론

교육심리학의 이론과 연구는 단순히 인간 행동의 이해에 머무르지 않고, 인간 행동에 대한 이해를 바탕으로 교육의 효과성과 목적 달성을 위한 다양한 연구에 기여하고 있다. 따라서 교육심리학 분야는 다양한 학문적 범위와 영역에서 학생들의 학습활동이나 바람직한 행동발달에 대한 관심이 커질 수밖에 없다. 효과적인 교육이 수행되기 위해서는 무엇보다도 학습자에 대한 이해가 선행되어야 한다. 학습자의 인지적·정의적 발달과 지능, 창의성, 성차 등의 개인차 변인을 연구함으로써, 보다 정확하게 학습자를 이해할 수 있다. 이러한 필요에 의해 교육심리학에서는 학습의 본질을 탐구하기 위하여 구성주의, 행동주의, 인지주의, 인본주의 등의 이론을 바탕으로 다양한 학습이론들에 관심을 가져왔고 학습자, 학습, 교수, 생활지도 및 상담, 평가 등 교육과 관련된 광범위한 영역을 이해하고, 이론체계를 확립하며, 효과적으로 적용하기 위하여 다양한 노력을 기울이고 있다.

3.1 교육심리학적 관점의 인간발달

인간의 전 생애에 걸친 발달을 기술하고, 설명하고, 예언하고, 통제하는 학문이 발달심리학이며 이러한 발달심리학은 인간발달에 따른 심리학적 변화와 학습과의 관계에 대한 이해의 폭을 넓히게 해준다. 인간발달은 인생의 긴 과정에서 지속적으로 일어나는 변화이다. 이러한 인간발달의 변화는 개괄적 성숙론적 입장, 환경론적 입장, 그리고 상호작용론적 입장으로 대변해 볼 수 있다. 성숙론(Maturationism)의 입장은 인간의 발달이 유전에 의해 결정된다고 본다. 이들에 따르면 유전이 발달의 중요하고 직접적인 요인이다. 성숙론의 개념은 17세기 후반 Rousseau의 “에밀(Emile)”에서 언급된 것이 시초이다. Rousseau는 발달의 변화는 유전적으로 이미 결정된 단계대로 일어난다는 사실을 처음으로 제시하였다. 그는 유전이나 생물학적 요인이 발달변화의 본질과 과정에 영향을 미친다는 성숙론의 확고한 이론적 근거를 마련하였다. 그 후 Darwin은 “종의 기원(Origin of Species)”에서 성숙론적 개념을 설명하여 인류의 많은 행동이 유전에 의한 것이라 언급하였는데, 그의 견해에 따르면 발달변화는 자연도태라는 과정을 통해 일어난다는 것이다. 이후 태내 발달의 연구로부터 발달에 순서가 있다고 발표한 사람이 Gesell이다. 그는 태내에서 태아의 기관이나 조직이 유전적인 계획에 따라 순서대로 발달하듯이 이런 유전적 물질은 생의 전반에 걸쳐 발달의 과정에 계속적으로 영향을 미친다고 보았다. 그는 대부분 아동의 특정 연령에 나타나는 특정행동에 대한 규범적 자료를 수집하였다.

Gesell은 성숙이란 "유전자가 발달과정을 방향 짓는 기제"라고 정의하여, 환경과 구별하였다. 그 예로서 태내발달에 있어서 모체로부터 받는 산소, 체온과 같은 내적 환경은 적절한 성장을 유지시켜 주지만 구조와 행동유형을 순서적으로 전개하는 데에는 직접적인 역할을 하지는 못한다. 즉 이러한 일은 바로 성숙기제의 역할이다. 그러나 환경의 중요성에 대해서도 아동들의 잠재력을 적절하게 실현시키기 위하여 적절한 환경이 필요하다고 지적하였다. Gesell의 아동양육에 대한 철학을 보면, 아기들은 선천적인 계획을 가지고 세상에 첫발을 내딛게 되는데, 이들은 자신의 욕구와 무엇에 대해서는 준비가 되어 있고, 무엇에 대해서는 준비가 안 되어 있는지에 관하여 탁월하게 현명하다. 따라서 부모들은 자녀들에게 선입관에 의한 어떤 패턴도 강요해서는 안 되며 아동 자신으로부터 단서를 얻어야만 한다.

다음은 환경론(Environmentalism)적 입장이다. 이는 성숙론의 개념에 상반되는 발달변화에 대한 개념으로 환경론자는 발달변화란 학습과 훈련경험의 결과라고 강조한다. 환경론의 가장 초기학자는 Locke이다. 그는 인간은 출생 시 텅빈 백지상태(Tabula Rassa)와 같다고 믿고 개인의 인성, 지능, 행동 특성은 경험에 의해 학습된다고 믿었다. 이런 견해는 20세기 초반 Ivan Pavlov와 John Watson 두 사람에 의해 새로운 각도로 연구되었다. 마지막으로 상호작용론(Interactionism) 입장이다. 유전이나 환경요인 중 어느 하나가 발달변화의 과정이나 특성에 작용하지 않고 유전과 환경이 모두 상호 관련되어 있다는 견해가 발달의 상호작용 견해이다. 상호작용론자에 의한 발달의 개념은 첫째, 능력, 인성, 행동유형에의 개인차는 유전이나 환경 중 어떤 고립된 요인에 의한 것이 아니라 두 요인의 상호작용에서 비롯된다. 둘째, 가장 최적의 환경적 조건에도 학습은 일어나지 않을 수 있고, 유전적 요인이 발달의 한계를 결정한다. 셋째, 발달이 일어날 수 있는 시기는 유전적 요인과 환경적 요인의 상호작용에 의해 결정된다. 또한 발달은 연령의 증가와 함께 순서적으로 나타나는 신체적, 심리적 측면에서의 구조적 변화를 말한다. 발달은 경험 및 학습, 훈련과 같은 후천적 요인에 의한 연령적 변화와 선천적 유전인자의 내적 작용에 의한 생리적 변화를 모두 포함한다.

발달은 많은 기능이나 구조가 통합되는 복잡하고 점차적인 과정으로 생각한다면 인간의 모든 발달 과정 자체를 통합적으로 설명할 수 있는 하나의 발달이론은 존재하지 않는다. 인간의 발달은 어떠한 입장에서 보느냐에 따라 견해를 달리하면서 여러 가지 이론들이 제시되고 있다. 교육에 많은 영향을 준 대표적인 발달이론은 행동주의, 구성주의, 성숙주의, 정신분석이론을 들 수 있다. 최근에 들어서는 이들 이론 중에서도 특히 구성주의 이론이 주목을 받고 있다. 구성주의(Constructivism)란 인간

지식의 성격을 탐구하고 이론화하는 인식론에 대한 일반적인 접근을 의미한다. 구성주의에서 지식이란 인식자가 외부의 세계를 있는 그대로 모사하는 것도 아니며, 또한 인간의 정신 속에 생득적으로 이미 형성되어 있는 구조들을 단순히 반영하는 것도 아니라고 본다. 그보다는 인식자 자신에 의해서 점차적으로 구성되어지는 것으로 본다. 따라서 발달한다는 것은 스스로 지식을 구성하고, 정신이 미숙한 형태에서 보다 성숙한 형태로 한 단계 한 단계 나아가는 것이다. 구성주의에서 지식이란 용어는 일차적으로 사고의 구조 및 역동적 과정을 뜻하며, 내용은 이차적인 의미가 된다. 구성주의는 개인주의적 구성주의와 사회적 구성주의로 구분될 수 있으며, 이들 두 가지 접근법은 인식자에 의해서 지식이 구성되어진다고 보는 기본적인 시각에는 차이가 없으나 지식이 어떻게 구성되는가를 설명하는 점에서 차이가 있다. 개인주의적 구성주의(individualist constructivism)는 지식의 구성이 인식자의 개인적인 활동이라고 보며, 대표적으로 Piaget이론에서 잘 나타난다. 지식의 구성에 대한 개인적인 접근과는 대조적으로 사회적 구성주의(Social constructivism)는 지식의 구성이 사회적인 활동이라고 본다. 지식이란 사람들이 서로 간에 의미를 표현하고 전달하기 위해서 집단적으로 사용하는 언어, 제스처, 관행에 존재한다고 본다. 타인과의 사회적 경험은 자신이 접하고 있는 세계에 대해서 사고하고 해석하는 방식들을 형성하게 한다. 인간은 부모, 또래, 교사와 같은 타인과의 계속적인 대화를 통해 성장하고, 이러한 대화에서의 용어들은 인간 자신의 사고의 용어로서 내면화 된다. 이렇게 타인과 협력하여 공동으로 고등정신구조를 구성해간다.

그러나 이러한 관점과는 다른 또 다른 접근은 인간의 발달을 전생애적으로 나타난다는 입장에서 보는 대한 견해이다. 평생 발달적 관점에서는 '수정에서 사망에 이르는 동안 진행되는 체계적 변화'를 발달로 보아, 인간의 유기체는 일생을 통하여 변화할 수 있을 만큼 유연하며, 시간적으로 더 긴 성인기에서의 변화도 강조하였고, 이때에도 발달현상의 많은 부분들이 일어나고 있다고 밝히고 있다. 이는 대부분의 안전교육의 대상이 성인이고 그 성인의 심리학적 특성을 인식해야만 하는 안전교육담당자의 입장에서 보면 최근 발달심리학에서 평생 발달적 관점을 강조하게 된 배경을 살펴보는 것이 중요하다. 최근 성인인구가 많아짐에 따라 연구의 대상이 아동기를 벗어나 성인기, 노인기의 행동발달까지 확대되고 있다. 둘째, 상호작용 이론은 새로운 관점에서 인간발달을 설명하고 있다. 아동의 발달변화는 가족에게 변화를 초래하고 가족의 변화는 다시 개인의 변화를 가져온다. 이러한 관점은 인간이 전생애를 통하여 끊임없이 변화하며 발전하는 것으로 받아들여졌으며, 일단 성인이 되면, 신체적, 심리적 변화가 더 이상 오지 않는다는 사고는 잘못이라는 인식을 가지게 되었고 이는 최근의 여러 연구와 학설로 입증된 바 있다. 그리고 단기간의 실험적 방법으로 얻어진 기존의 연구는 연령에 기초한 순간적인 지식만 중점 되었던 게 사실이고 보면 어떤 행동이 한 개인의 전 일생을 통하여 어떤 영향을 줄 것인지는 설명하는 데는 많은 한계를 보여 왔다. 평생 발달적 관점에서는 인간의 유기체는 일생을 통하여 변할 수 있을 만큼 유연하며, 시간적으로 긴 성인기에서의 변화도 강조하였고, 이때에도 발달현상의 많은 부분이 일어나고 있다고 밝히고 있다. 그리고 이러한 평생 발달적 관점은 다음의 7가지의 특성을 갖는다.

① 발달은 전생애적으로 이루어진다(lifelong).

특정 단계만이 결정적으로 영향을 주는 것이 아니다. 발달에는 획득과 상실이 동시에 포함되며, 이들은 전 생애에 걸쳐 역동적으로 상호작용하면서 이루어진다.

② 발달은 다면적이다(multidimentional).

발달은 인간의 생물학적, 인지적, 사회·정서적 차원의 다면적인 발달 양상을 보인다.

③ 발달은 다각적이다(multidirectional).

어떤 차원이나 요소는 성장하는 반면에 다른 차원이나 요소는 퇴보한다. 예를 들면, 성인들은 그들의 다양한 경험에 힘입어 더욱 현명한 인지적 의사결정을 할 수 있지만, 정보처리 속도를 요구하는 과제에서는 뒤떨어진다.

④ 발달은 형성적이다(plastic).

발달은 개인의 삶의 조건에 따라 다양한 경로를 통하여 이루어진다. 발달연구자들은 '형성성'과 '구속성'에 같은 관심을 가지고 있다. 예를 들면, 연구자들은 성인들의 추론능력이 훈련을 통하여 개선될 수 있다는 것을 증명함으로써 발달의 형성성을 확인하였다.

⑤ 발달은 역사성을 가진다(embedded in history).

'대공항'을 체험한 세대와 2차 대전 후 낙관적 분위기를 겪은 세대는 서로 다르며, 보릿고개를 경험한 세대와 88올림픽 이후의 풍요를 겪어본 세대는 역시 다르다.

⑥ 다 학문적이다(studied by a number of disciplines).

심리학자, 사회학자, 인류학자, 신경과학자, 의학자 등이 모두 인간의 발달을 연구하고, 평생 발달적 관점에서 발달문제를 밝히는 데 함께 노력한다. 다 학문적인 복합적 관계와 노력 끝에 이루어지는 것이다.

⑦ 발달은 상황적이다(contextual).

인간은 끊임없이 상황에 따라 반응하기도 하고, 상황에 영향을 주기도 한다. 상황적 관점에서 보면, 인간이란 끊임없이 변화하는 세상 속에 존재하는 끊임없이 변화하는 존재이다. 결국 발달은 전생애적으로 끊임없이 반복되는 상황 속에서 이루어진다.

일생에 걸쳐 일어나는 변화는 계속해서 일어난다. 변화는 누적적이고 부가적인 특성이므로 개인은 연령이 증가함에 따라 더욱 복잡해지고 조직적인 행동을 하게 된다. 변화가 층계의 계단을 오르는 것과 같은 방식으로 일어나기도 하고 변화과정의 각 단계는 다른 단계와 구분되고 독특하기도하다. 각 개인은 각각의 단계에서 성취해야 하는 과업이 있다. 이 과업을 달성해야만 다음 단계도 무난히 맞게 되고 바람직한 발달의 양상을 띠게 된다. 전 생애에 걸쳐 일어나는 변화는 종 모양의 곡선으로 표시된다. 발달을 인생의 특수 지점까지는 변화가 증가되었다가 그 이후는 감소되는 연속적 과정으로 본다. 일생의 전반부에서의 발달은 그 속도가 느리지만 서서히, 변화의 비율이 증가한다. 중반부에서는 발달의 속도가 빨라지고 발달의 정도도 정점을 이루게 된다. 후반부에서는 변화는 급속하게 하강하면서 주기의 끝에 이르면 변화는 매우 느린 속도로 떨어진다.

3.2 Freud의 성격발달 이론

Sigmund Freud는 정신분석학 이론의 창시자로 인간의 성격발달에 세 가지 기본 원칙을 제시하였다. 즉, 정신적 결정론(psychic determinism), 무의식적 동기(unconscious motivation), 그리고 성적 에너지(libido)이다. 정신적 결정론이란 인간의 모든 정신적 활동은 그 이전의 행동이나 사건에 의해 결정된다는 것으로, 한 인간의 사고나 감정의 원인을 잘 파악하기는 힘들다 하더라도 현재의 행동은 반드시 과거에 그 원인이 있다는 것이다. 인간의 행동은 과거의 경험에서 결정될 뿐 만 아니라 또한 무의식적 동기가 반드시 있다고 보았다. Freud의 가장 위대한 공헌 중의 하나는 무의식이 행동에 미치는 영향을 밝힌 것이다. 그는 다양한 환자를 관찰한 결과 무의식의 존재를 추론하였다. 예컨대, 사람들은 자신의 실제 감정을 실언으로 나타내고 꿈을 통해 감추어진 욕구를 표현한다는 것을 관찰하였다. Freud는 인식수준을 의식, 전의식, 무의식의 세 수준으로 구분하였다. 의식이란 특정 시점에 인식하는 모든 것을 말한다. 전의식은 조금만 노력하면 쉽게 떠올릴 수 있는 인식의 표면 밑에 있는 내용을 말한다. 어제 저녁에 무엇을 먹었고 왜 친구와 다투었는가 등은 쉽게 기억할 수 있는 내용이다. 무의식은 의식적 인식이 어렵지만 행동에 큰 영향력을 발휘하는 사고, 기억, 욕구를 말한다. 아동기의 외상(trauma), 부모에 대한 감추어진 적대감, 억압된 성적 욕구 등이 무의식에 속한다. Freud는 이러한 인식수준을 흔히 빙산에 비유하였다. 그는 수면 위로 보이는 의식이나 전의식은 수면 아래를 차지하고 있는 무의식에 비해 극히 작은 부분에 지나지 않는다고 하였다. 우리가 일상생활에서 생각하고 느낄 때는 우리가 인식할 수 없는 무의식에 의해 동기유발이 된다는 것이다. 또한 Freud는 인간의 본능적인 성적 에너지가 사고와 행동의 동기가 된다고 보았다. 배고픔, 목마름, 성에 대한 원초적인 욕망을 충족시키면서 정신적 흥분을 하거나 긴장을 해소해 나가는 것이 성격발달의 기본이 된다고 간주하였다. Freud에 의한 성의 개념은 감정, 애정, 사랑들을 모두 포함하는 넓은 의미를 가지고 있다.

Freud에 의하면 인간이 가지고 있는 욕망을 충족하려면 반드시 사회나 현실과의 갈등을 초래한다. 이 갈등의 해결방법으로 성격의 구조를 이해하여야 한다.

3.2.1 성격의 구조(Personality Structure)

성격구조를 정신분석학에서는 세 가지 체계로 나누어져 있다고 본다. 원 본능(id : 이드), 자아(ego : 에고), 초자아(superego : 슈퍼에고)이다. 이드는 생물학적 구성요소이며 자아는 심리적 구성요소로 현실 지향적이고 합리적인 체계를 지닌다. 그리고 초자아는 자아로부터 발달하는 사회적 구성요소이다. 이들은 서로 상이한 역할과 기능을 가지며 때로는 협조하고 때로는 반목한다.

(1) 원 본능(id)

라틴어의 'it'에서 유래된 말로 대개 이드라 부른다. 원 본능은 성격의 깊은, 접근할 수 없는 부분을 대표한다. 본능적으로 쾌락을 추구하고 불쾌함을 회피하는 부분이다. 태어날 때부터 존재하는 가장 기본적인 생물적 충동 －예를 들자면 음식, 물, 배설 등의 욕구, 성적인 욕구 및 공격적인 욕구 등－ 을 말한다. 이들 욕구는 맹목적이며, 끈덕지며 강력하고 단 하나만의 원리에 의해 움직인다. 즉, 쾌락의 원리(pleasure principle)에 따라 요구를 만족시키는 것이다. 쾌락의 원리란 사람들은 내적 자극이나 외적 자극 때문에 흥분 에너지가 쌓여 긴장하면 이드의 명령에 따라 그것들을 곧장 외부로 방출하여 결과가 어떻게 되든지 간에 일단 즉각적으로 긴장을 해소하려고 시도하는 것이다. 그래서 이드의 작용을 원시적이고 유치하다고 말하기도 한다. 이렇게 즉각적으로 긴장을 해소하여 쾌락을 추구하는 원리를 프로이드는 쾌락원리라고 불렀다. 원 본능은 난로에 손이 닿으면 즉각 손을 떼듯이 반사적인 운동을 통해서 나타나기도 하고 그런 반사적인 운동으로 욕구충족이 되지 않을 경우엔 환상이나 백일몽과 같은 원시적 사고를 통해서 나타나기도 한다. 원 본능은 결코 성숙하지 않는 인격의 망나니 같은 면이다. 원 본능은 대부분 인식되지 않으며 무의식의 영역이다. 우리는 꿈의 분석을 통해서 그리고 신경증적인 다양한 형태들을 통해서 원초자아에 관해 알게 된다. 프로이드는 이드가 생물학적 과정과 가장 밀접하게 관련되어 있는 성격의 요소이며, 성격의 가장 깊숙한 핵심이라고 보았다. 이드를 그야말로 진정한 심리적 실체라고 보았던 것이다. 그것은 이드가 원초적인 주체이고 개인이 외부 세계를 경험하기 이전부터 존재하는 내부 세계이기 때문이다. 이드는 유전된다. 특히 이드는 정신 에너지의 원천인 본능이 자리하는 곳이다. 또한 성격 구조의 기초로써 전체 성격구조에 에너지를 제공하기도 한다. 이드는 외부 세계보다는 신체나 신체의 작용과 더 밀접한 관련을 맺고 있으며, 인간이 출생 시 갖고 태어나는 비이성적이고, 무의식적이며 이기적인 본능을 의미한다. 예를 들어 유아기의 아동은 현실에 대한 감각이 없고, 현실적으로 가능한 것과 불가능한 것에 대한 판단이 불가능하므로 강력한 충동적 본능에 즉각적인 만족을 추구하기 때문에 쾌락원리(pleasure principle), 또는 일차적 과정의 사고(primary process thinking)에 의해 행동한다. 그러나 생후 2년째가 되면 아동의 기본적 본능은 현실과 충돌하게 된다는 것을 인식하게 된다. 예를 들어 배고픔에 대한 본능이 어머니의 존재 유무에 따라 항상 즉각적으로 만족될 수 없다는 것을 경험한다.

(2) 자아(ego)

원 본능과 현실과의 갈등이 생기고, 이러한 갈등의 과정을 거쳐 생성하는 성격의 제2단계이다. 자아는 현실원리(reality principle)를 따르며 현실과 타협하기 위하여 이성적 사고나 인식, 그리고 계획 등이 포함되는 이차적 과정의 사고(secondary process thinking)이다. 자아란 즉 이성적 수준의 성격으로 현실 판단을 통해 가장 적절한 해결책을 찾고, 이를 통해 본능적 욕구를 충족시키려 한다. 자아는 현실이라는 외부세계와 접촉하여 성격을 지배하고 통제한다. 이러한 자아는 원 본능만 가지고 있던 어린이가 외부현실의 벽에 부딪히면서 갖게 된다. 어린이는 즉각적으로 욕구들을 충족시키고자 하지만 그것이 현실적으로 불가능하다는 것을 경험한다. 배가 고프지만 즉각 우유병이 입에 물려지지 않으며, 배설은 변기에 해야 하며, 성기를 만지작거리거나 다른 사람을 때리면 벌을 받기도 한다. 따라서 어린이는 커가면서 원 본능의 욕구들을 만족시키되 사회현실의 요구들을 고려하여 현실 세계에 알맞은 행동을 통해서, 때로는 욕구충족을 참으면서 혹은 억제하며, 욕구들을 어떤 방식으로 충족시킬 것인가를 결정하고 집행한다. 즉 고등정신과정을 동원하여 현실적이고 논리적인 방식으로 사고하고 계획하여 집행한다. 자아가 얼마나 힘든 일을 하고 있는지 알 수 있을 것이다. 우리의 의식의 대부분은 자아가 차지하고 있다.

(3) 초자아(superego)

이것은 원 본능과는 달리 출생 시 갖고 태어나는 것이 아니라 학습에 의해 획득된다. 초자아는 자아와 같이 현실과의 접촉을 통해 발달하나 물리적 현실보다는 사회적 현실에 의해 바탕이 된다. 초자아는 아동이 부모, 또는 타인과의 동일시를 통해 사회적, 가치나 문화적 규범을 얻게 되면서 내면화된 표상이다. 사회적 문화적 규범은 원 본능과 반대되는 것이므로 원 본능과 초자아는 일반적으로 갈등상태에 놓이게 된다. 즉 성격의 판사와 같은 부분이다. 어떤 행위가 나쁜가 하는 선악을 구분하는 개인의 양심인 것이다. 초자아란 부모와 다른 사람들이 어린이에게 가르쳐준 사회의 가치와 도덕의 내면화된 표상이므로 그 사회의 전통적인 가치나 이상을 나타낸다. 처음에 부모는 어린이들에게 보상과 처벌을 통해서 직접적으로 행동을 통제한다. 그러나 시간이 지남에 따라 어린이들은 부모의 표준을 자신의 초자아에 통합시킴으로써 스스로의 행동을 통제하게 된다. 그들의 초자아가 아동에게 말해주기 때문에 더 이상 어린이에게 남의 물건을 훔치는 일이 나쁘다고 말할 필요가 없게 되는 것이다. 초자아는 심리적인 보상과 처벌과 관계가 깊다. 초자아의 기준에 따라 행동하게 되면 심리적인 보상으로는 자부심과 자기애를 얻을 수 있는 반면 이에 반했을 경우에는 책임감과 열등감을 갖게 된다. 어린이의 경우에는 기준을 위반하려고 할 때 부모의 사랑을 잃게 되는 불안을 야기시킨다. 만일 부모의 기준들이 너무 엄격하면, 그 사람은 죄의식에 사로잡히고 모든 공격적이거나 성적인 충동들을 억제할 수 있다. 원 본능은 쾌락을 추구하고, 자아는 현실을 검증하고, 초자아는 완전을 추구한다. 초자아는 원 본능의 충동을 억제하도록 하며, 자아가 현실적인 목표 대신 도덕적인 목표를 추구하도록 한다. 이 원 본능과 초자아의 갈등을 적절히 해결해 주는 것이 자아라는 중재자이다.

3.2.2 성격 발달의 단계(Personality Development)

(1) 구강기(oral stage)

출생과 더불어 1.5세까지 주로 입과 입술에 유아의 성의식이 집중되는 시기이다. 구강기 중에서도 생후 6개월까지는 구강기의 전기로 이때에는 빠는데서 쾌감을 느낀다. 6개월부터 1.5세까지는 구강기 후기인데 이때는 치아가 나오면서 깨무는데 쾌감을 느낀다. 특히 후기에 원만한 경험을 하지 못하고 리비도의 발달이 지체되고 고착되면 가학적인 성격이 형성되기 쉽다.

(2) 항문기(anal stage)

항문기는 1세에서 3세 아동의 성적 에너지가 항문과 그 주위로 옮겨지는데 이 시기의 아동은 대·소변의 배출이나 보유에서 만족을 얻는다. 대·소변 훈련과정에서 아동의 본능적 충동은 외부에 의해 통제되고 이때 아동은 본능적 욕구에 대한 만족을 지연해야 한다는 필요성을 느끼며 아울러 자아의 발달을 가져오게 된다. 아동은 배설물을 즉각적으로 참고, 보유함으로서 오는 쾌감과 배설한 뒤의 근육의 이완으로 오는 쾌감을 아울러 갖게 된다. 이 경험은 아동으로 하여금 가치 있는 물건을 보유하는 만족을 얻게 한다. 자주 나타나는 특성은 깨물기, 빨기, 삼키는 행위이다.

(3) 남근기(phallic stage)

대략 3세 이후 4∼5세까지를 말하는데, 이 단계에 이르면 주된 성적 에너지가 항문에서 성기로 옮아가서 성적 기쁨을 얻고 성별에 대한 신체적 차이를 인식하고 출산에 대한 관심도 높아진다. 이 시기부터는 원 본능, 자아, 초자아가 역동적으로 작용하기 시작한다. 이 시기에 자주 나타나는 오이디푸스 콤플렉스(Oedipal complex)는 남아는 어머니에 대해 성적으로 접근하고 아버지를 경쟁상대로 보아 적대시한다. 또한 여아는 이성인 아버지에 대해 특별한 관심을 기울이고 남자 아이와 자신의 성기가 다르다는 것을 알고 이를 부러워하는 남근선망(penis envy)을 경험하게 된다. 이 시기에 자주 나타나는 특성은 고집 셈, 인색함, 복종적, 결벽증, 지저분함, 잔인함, 파괴적, 난폭함, 적개심 등이다. 남성은 경솔, 야심, 과장적이 되고 여성은 난잡, 경박, 유혹적이 된다.

(4) 잠복기(latency stage)

6세 정도에서 시작하여 사춘기에 접어들기까지의 시기로 성적 욕구에 대한 흥미가 약해지고, 그 욕망을 억누르고 있어 잠복기라 하였다. 아동은 지적활동인 학업에 열중하고 환경의 탐색도 하며, 앞으로의 사회생활에 필요한 여러 기술도 습득한다. 동성의 친구와 친하게 놀면서 집단을 이루어 몰려다니며 놀이나 게임을 통해 규칙을 알게 되고 사회 규범에 대해서도 배우지만 성에 대해서는 배타적이다. 따라서 이 시기를 동성기라 한다. 이 시기는 동성간의 교류와 리비도 에너지와 공격적 에너지(libidinal & aggressive energy)의 공부나 놀이로의 승화(sublimation)가 일어나는 시기이다. 이 시기에는 성적역할, 오이디푸스적 동일시(oedipal identification)가 더욱 통합된다.

(5) 성식기(genital stage)

13세에서 19세 정도까지의 시기로 사춘기에 접어들면서 신체적으로 성 기능이 성숙되면서 성적관심이 높아진다. 성적 만족의 1차적 영역은 여전히 성기부근이나 이성과의 성적 욕구도 충족시킬 수 있는 생리적 기능도 갖게 된다. 그러므로 잠복기에서 동성의 또래 집단과 어울렸던 반면 성식기가 되면 아동은 이성과의 접촉에 최대 관심을 둔다. 이러한 이성으로의 관심의 전이는 성적 본능을 성숙된 방법으로 만족시킬 뿐 아니라. 이성에 대한 건전한 애정으로 발전되고 자아 중심적인 사고로부터 세계를 객관적으로 보는 사고 능력을 갖게 되는 것이다.

3.3 Piaget의 인지발달이론

Piaget는 인간의 행동에는 반드시 어떤 심리학적인 기본단위와 기능이 관련되어 있다고 보았다. 여기서 기능은 모든 유기체가 유전적으로 타고난 두 가지 경향성을 말하는데, 적응(adaptation)과 조직화(organization)가 그것이다. Piaget에 의하면 기본적인 반사를 가지고 태어난 유아는 반사 행동의 반복을 통하여 도식을 형성해간다. 예를 들어 빨기 반사를 갖고 태어난 갓난아기는 젖을 빨음으로써 빤다는 것에 대한 도식을 지니게 되고, 이것이 기억에 남아서 반복하게 된다. 이 과정을 통해 圖式(schema)은 분화되고 더 복잡한 도식으로 발전하게 된다고 보았다. 도식은 그리스어 skhema에서 나온 것으로 形態(form)를 뜻한다. 圖式(schema)은 사물이나 사건 또는 사실에 대한 전체적인 윤곽이나 개념을 말한다. 또한 Piaget의 초기연구에 의하면 모든 종(種)은 두개의 기본적 성향 즉, 기능적 불변요인(functional invariants)을 물려받는다고 한다. 그 하나는 조직화(organization)인데 행동과 사고를 조리있는 체계로 결합하고, 배열하고, 재결합하고, 재배열한다. 또 다른 하나는 적응(adaptation)인데 주위 환경을 효율적으로 다루기 위해 새로운 구조를 만들어내는 것으로 동화(assimilation)와 조절(accommodation)의 이중적 과정으로 이루어진다. 동화란 자신이 이미 가진 기존의 도식이나 인지구조 속에 외계의 대상들을 받아들이는 인지과정이다. 예를 들어, 물건을 잡는 도식을 가진 아이가 손에 닿는 것은 무엇이나 잡는 과정이나, 물체가 물위에 뜬다는 인지구조를 가진 유아가 여러 물체를 물위에 띄어보는 과정은 동화에 속한다. 조절은 자신이 가진 기존의 도식이나 인지 구조가 새로운 대상을 동화하는 데 적합하지 않을 때 새로운 대상에 맞게 이미 있는 도식이나 구조를 바꾸어 가는 인지적 과정을 말한다. 예를 들어, 자신이 잡기에 너무 큰 물체가 주어져 잡을 수 없을 때 유아가 잡는 방식을 적절히 바꾸어 그 물체를 잡을 수 있을 때 조절이 일어난 것이다. 조절은 기존의 인지구조의 부적합성으로 인해 인지갈등

(cognitive conflict)이 유발되고 이로 인해 평형상태가 깨어지면 다시 평형상태를 얻기 위해 재평형화가 이루어지는 일련의 과정 내에서 일어난다. 유아들이 어떤 새로운 자극을 기존의 도식에 동화할 수 있을 때는 인지적 조화 즉, 평형 상태에 있으나, 새로운 자극이 기존의 도식과 불일치할 때는 평형상태가 깨지면서(disequilibrium) 새로운 상황에 적합하도록 기존의 도식을 조절하려는 노력을 하게 된다. 이러한 과정을 평형화(equilibration)라고 한다. 즉, 평형화는 동화와 조절의 두 과정의 통합과정이다.

3.3.1 발달단계

(1) 감각운동기(0~2세)

감각적 경험이나 신체 운동적 경험에 지배되는 시기이다. 즉, 자극은 감각이고 반응은 운동으로 간주한다. 이 시기의 특징에는 대상영속성과 목표지향 활동이 있다.

대상영속성(object permanence)은 유아가 어떤 대상이 숨겨지더라도 그것이 없어진 것이 아니라는 것을 인식하는 것을 의미한다. 만일 8개월 된 유아가 손으로 잡으려고 하던 장난감을 옷으로 덮으면, 그 유아는 장난감을 찾으려고 하지도 않고, 마치 그것이 존재하지 않는 것처럼 행동한다. 그에 비하여 10개월 된 유아는 옷 밑이나 스크린 뒤에 감추어진 물건을 적극적으로 찾으려고 노력한다. 목표지향 활동(goal-directed action)이란 하나의 목적을 위하여 의도적 행동을 할 수 있음을 말한다.

(2) 전조작기(2~7세)

아동이 2세가 되면, 언어의 습득과 함께 전조작사고 단계로 들어간다. 언어의 급격한 습득과 함께 사물이나 사건을 내재화할 수 있는 능력이 생기고 보이지 않는 것을 기억하는 표상이 나타난다. 이와 같은 사고능력의 발달에도 불구하고, 사고의 논리적 조작이 가능하지 않아 전조작기라 부른다.

전조작기의 사고에는 상징놀이, 자기중심적 사고, 물활론 등이 있다. 상징놀이는 물리적으로 현실에 존재하는 대상보다 아동의 내부에 정신적 표상으로 만들어낸 현실과 다른 대상을 가지고 노는 놀이이다. 빗자루를 총이라고 매고 다니거나, 나무판자를 상이라고 하고 그 위에 놓인 것을 먹으라고 한다. 자기중심성을 가진 유아들 모든 사람들이 그들과 똑같이 세상을 바라보고 있다고 생각한다.

(3) 구체적 조작기(7~11세)

이 단계에서는 논리적으로 조작할 수 있는 능력을 획득한다. 조작(操作)(operation)이란 가역성 있는 정신적 활동이나 표상을 의미한다. 신발의 끈을 묶는다고 하는 것은 단순한 행동처럼 보이지만 묶는 순서를 머릿속에 그리고 조작할 수 있어야 한다. 그러나 이 단계의 조작적 사고는 관찰이 가능한 구체적 사건이나 사물에 한정되어 있기 때문에 구체적 조작기라고 하였다. 구체적 조작기 아동의 조작행동에 나타나는 논리적 사고의 가장 중요한 특징은 가역성의 개념인데, 이러한 가역적 사고가 가장 잘 드러나는 조작형태는 보존개념, 분류조작, 서열조작이다.

(4) 형식적 조작기(11~15세)

구체적인 세계에 아동을 묶어 놓았던 사고의 제한으로부터 자유로워지는 시기는 11세경에 시작하여 15세경까지의 형식적 조작기이다. 이 단계에서는 가설－연역적 추론, 조합적 분석능력분석, 추상적 사고가 가능해진다. 구체적 조작기의 아동들은 문제를 사전에 계획해서 해결하고자 하는 것이 아니라 이것저것 시도해보는 시행착오적 방법을 택한다. 반면 형식적 조작기의 아동들을 문제 해결을 위해 가능한 모든 방법을 생각하여 그 결과를 가정하여 여러 방법 중에 가장 정확한 것을 시도해본다. 뿐만 아니라 가설의 설정을 통해 일반적인 사실에서 특정한 사실을 끄집어 낼 수 있는 가설 연역적 추론이 가능해진다. Piaget는 '[2]무색 액체 실험'을 통하여 형식적 조작기에 있는 아동들을 조합적 사고가 가능한 것으로 보고하고 있다.

☞ 그러나 Piaget 이론은 그 내용과 접근의 용이성에도 불구하고 그 이해와 적용에는 단계에 대한 문제 즉 각 단계에 도달하는 연령은 개인의 경험이나 문화에 의해 매우 다를 뿐만 아니라 각 단계에서의 행동특성의 유사성이 결여되어 있고 행동을 예측하기 힘들다는 것이 지적되고 있다. 또한 아동능력의 과소평가한 측면이 있는데 유아기에 대한 최근의 연구는 Piaget의 생각보다 유아들이 훨씬 더 유능하다는 것을 보여주고 있다. 유아들은 Piaget가 생각한 것보다 더 많은 인지도구를 가지고 태어난다. 대상영속성 또는 수 개념 같은 몇몇 기본적 이해는 인지발달에 사용되는 일부분의

---

2) 이 실험에서는 아동들에게 다섯 개의 병에 들어 있는 무색액체를 보여주고 색깔 있는 액체를 만들도록 하였다. 구체적 조작기의 아동들을 이것저것 마구 섞어 시행착오적 방법을 취하였으나, 형식적 조작기의 아동들은 2가지 액체의 혼합, 3가지 액체의 혼합, 4가지 액체의 혼합, 5가지 액체의 혼합이라는 26가지 가능한 조합을 생각해낼 수 있었다. 다시 말하면, 체계를 가지고 가능한 조합을 차례로 시도하는 것이다. 구체적 조작기의 아동은 그들 사고에서 현실적으로 존재하는 사물 즉 구체적 세계에 한정되어 있다. 그러나 형식적 조작기의 청소년들은 추상적인 사고를 할 수 있다. 이들은 자신의 삶을 음미하고, 사회적 규범이나 가치관을 이해하며 예술작품을 많은 상징을 터득한다. 현실과 반대되는 가설적 상황을 사고할 수 있고 추상적인 개념을 이해하며 문제해결에 많은 방법을 시도할 수 있다.
- Piaget : 출뇌샤넬 출생. 제네바·로잔대학의 교수를 역임하였다. 어린이의 정신발달, 특히 논리적 사고발달에 관한 연구를 통하여 인식론의 제반문제를 추구하였다. 그의 연구의 특징은 임상법에 있었다. 즉, 정신병 환자의 임상진단방법을 응용하여, 어린이와 대화를 나누면서 어린이의 사고과정(思考過程)의 하부구조를 규명하였다.

능력에 불과하다는 것이 오늘날의 입장이며 인지발달과 문화의 경우 사회적 집단의 중요한 영향력을 간과하였다. 예를 들어, 아프리카의 Kpelle 종족의 피험자에게 20개의 물체를 분류하도록 요구했을 때, 감자와 호미를 한 범주로, 오렌지와 칼을 한 범주로 분류하였다. 이와 같은 분류가 그들 문화에서는 의미 있는 것이기 때문이다.

3.4 Erikson의 심리사회적(psychosocial theory) 발달이론

[3]Erikson의 발달이론은 기본적으로 Freud의 정신분석학적 접근에 기초하고 있으나 Freud와는 달리 아동의 사회적, 문화적 환경의 중요성에 관심을 보였다. 그는 성격의 구조의 측면에서는 프로이드에 깊은 영향을 받았으며 정신분석학적으로 인간의 성장발달을 설명하였는데 Freud의 이론과는 여러 점에서 다른 부분이 나타나고 있다. 프로이드 이론에서의 고정적인 어머니, 아버지, 아이의 삼각관계를 강요하지 않고 아이의 성장발달에서 사회 환경이 주는 의미를 강조하고 초자아보다는 자아의 기능을 강조하여 건강한 자아, 즉 자아정체감 발달에 초점을 두고 있다. 또한 프로이드 이론의 내재한 심리적 갈등의 해결보다는 건강한 성격의 발달에 보다 관심을 가진다. 변화하는 욕구를 충족시키고자 환경과 접촉하는 아동의 자아양식이 주변의 인물들과의 상호작용 속에서 충족 또는 좌절되는 양상을 성격발달의 중요 요인으로 고려하고 있는 점도 다르다.

Erikson는 양극적 측면에서 인간의 성장발달을 크게 8단계로 구분하여 인간 전생애에 걸친 설명을 유도하고 있으며 처음 5단계(유아기, 아동기, 청년기 포함)와 마지막 3단계(성인기, 노인기)의 각 발달단계마다 거기에는 해결되지 않으면 안 될 기본적인 갈등이 있다고 분석하며 이 갈등은 아이가 사는 문화적 환경에 적응할 때 생기는 갈등이며 프로이드처럼 내부에서 생기는 갈등은 아니라는 주장이다. 이러한 갈등은 사회문화적 요인과 개인과 상호작용에서 생기며 이 갈등을 어떻게 해결하는가에 따라 그의 잠재능력이 발달된다고 본다.

---

3) Erikson : 독일 프랑크푸르트암마인 출생. 1960~1970년 하버드대학교 교수로 재직하였다. 처음에는 화가를 지망하였으며 뒤에 유럽을 방랑하였다. 빈 대학교에서 안나 S.프로이트 등으로부터 정신분석학을 배웠고, 31세에 미국으로 이주 이후 미국 각지에서 임상(臨床) 연구에 종사하였으며, 인간 형성을 문화·사회와 관련지어 설명하고, 특히 청년기의 '정체성(正體性: Identity) 위기' 해결방법 여하에 따라서 역사의 양식을 창조하는 측면을 밝혀냈다. 정체성 개념에 의해 프로이드 이후의 정신분석학적 자아심리학을 비약적으로 발전시켰으며, 인문·사회 등 여러 과학과 사회사상에 미친 영향도 지대하다. 주요저서로는 발달의 사회성을 주창하는 《유아기(幼兒期)와 사회》(1950), 《정체성과 생활주기》(1959), 개인생활사와 역사의 만남을 예증하는 《청년 루터》(1958), 《간디의 진리》(1969) 등이 있다.

3.4.1 발달단계

Erikson이 구분하고 있는 발달단계는 위기나 사회 심리적 문제로 특징지어지는데 각 단계는 개인적 동기에 있어서의 차이를 반영하는 것이며 인간이 생을 통해 여덟 개의 심리 사회적 단계를 거친다고 가설화하고 각 단계에는 해결해야 할 중요한 위기가 있다.

(1) 1단계(신뢰감 : 불신감, 0~1년 6개월)

어머니로부터 따뜻한 애정적이 보살핌을 받게 되면 유아들은 이 사회에 대한 신뢰를 발달시킬 수 있다. 그러나 춥고, 배고플 때, 욕구 충족이 되지 않고 기저귀가 젖었을 때도 갈아주지 않는다면 유아들은 세상에 대한 불신의 감정을 가지게 될 것이다. 아동들이 갖게 되는 궁극적인 신뢰감과 불신감은 어머니와 아동의 관계의 질에서 결정된다.

(2) 2단계(자율성 : 수치심, 1년 6개월~3년)

신체근육의 성숙과 대소변 가리기로 배설물의 방출과 보유에 대한 훈련을 받는다. 이때의 아동들은 자신들의 행동주체가 자기 자신이라는 것을 서서히 깨닫게 되어 지금까지의 반사적 행동에서 반응적 행동을 보이기 시작한다. 특히 대소변 가리기 훈련은 자신의 행위에 대한 독립심을 키워줌으로써 자율성 개발의 기초를 마련해준다. 즉, 부모가 사회적으로 적합한 행동을 요구하므로 그러한 훈련을 통해 결국은 스스로 환경을 조절할 수 있다는 것을 알게 된다. 만약 아동이 덜 성숙한 상태에서 외부통제가 너무 빨리 또는 너무 엄격하게 주어진다면 아동은 자신의 통제능력의 미약함과 더불어 외부압력자를 조절할 수 없는 무능력에 대한 수치심과 회의감을 갖게 된다. 이러한 아동은 자신의 행동에 대해 책임감을 회피하려는 경향을 보이거나 구강기로 퇴행함으로써 만족을 추구하려한다. 또한 이들은 적대적이고 고집이 세지며, 타인의 도움을 거부함으로써 진보를 가장하려고도 한다.

(3) 3단계(주도감 : 죄책감, 3세~6세)

4~5세가 되면 아동들은 언어를 사용하고, 신체적 능력이 개발되며 주변의 여러 가지 물건을 마음대로 다룰 수 있게 된다. 그리하여 자신의 행동에 목표와 계획을 세우는 주도성을 습득하게 된다. 아동이 주도하는 행동은 때로 사회에 바람직하지 않은 행동이어서 부모로부터 제재를 받을 수도 있다. 부모의 제재가 일관적이면서도 부럽지 않을 경우에 아동들을 자신의 주도적 행동에 자신감을 잃을 뿐만 아니라 나

쁜 짓을 한다는 죄책감을 갖게 된다. 부모의 역할이 아동의 주도성 발달에 중요하다.

(4) 4단계(근면성 : 열등감, 6세 ~ 12세)

가정이라는 울타리를 벗어나 작은 사회를 경험하는 초등학교에 다니는 시기이다. 학교생활을 통하여 많은 지적 능력을 개발할 뿐만 아니라 친구와의 접촉은 사회의 가치관이나 규범을 학습하는 좋은 기회이다. 친구를 통하여 아동 자신의 정체가 무엇인가를 발견하게 되고 자기의 존재 의미를 찾고 확립한다. 이들은 무엇인가 인정받고자 할 뿐만 아니라 일을 완성해내는 데 인내력을 발휘함으로써 만족을 얻는다.

(5) 5단계(정체감 : 정체감 혼돈, 12세 ~ 18세)

"「나」라는 존재는 무엇인가?"라는 의문과 함께 자신의 능력, 존재의미를 탐색하면서 많은 고민과 갈등을 겪는다. 이 의문에 대한 해답을 얻기 못하면 정체감의 혼돈이 일어난다. 사회에서의 자신의 역할을 정확히 인식하고 목적의식이 뚜렷한 청년은 자아정체감을 형성하여 이 시기에 대처할 수 있다.

(6) 6단계(친밀감 : 고립감, 성년 초기)

특정한 이성과 친밀한 관계를 유지하려는 욕구가 생겨나서 궁극적으로 배우자를 선택하게 된다. 친밀감이란 비이기적 방법으로 다른 사람과 감정이나 가치관을 교류하는 성숙한 인간관계이다. 그러나 청년기에 자기 자신에게만 몰두하여 자아정체감을 형성하지 못하면 타인과의 관계에서도 친밀감을 형성하지 못한다. Erikson에 의한 친밀감은 반드시 이성과의 결혼과 성적인 친밀감만을 의미하는 것이 아니라 어느 정도까지는 사회적 친밀감도 포함하고 있다. 직장 동료와의 인간적 접촉을 통한 친밀감이 그 예이다.

(7) 7단계(생산성 : 침체감, 성년중기)

다음 세대를 교육시켜 사회적 전통을 전수시키고 가치관을 전달하는 부모의 역할을 말한다. 직장에서도 젊은 세대 교육 및 창의적인 학문의 성취와 예술적 업적을 통하여 사회적 생산성을 발휘한다.

(8) 8단계(자아 통합감 : 절망감, 성년후기)

자신의 생애를 돌아보면서 보람이 있었고 가치가 있었다는 것을 인식하고 오랜 삶을 통하여 노력한 지혜를 획득하게 되면 자아 통합감을 얻게 된다. 반면에 젊음을 잃고 직업에서 은퇴한 후 신체적·경제적 무력감을 느끼며, 지나온 자신의 삶이 무의미

했다고 느끼면 절망감을 느끼게 된다.

3.5 Kohlberg의 도덕성 발달이론

Piaget의 도덕성의 발달단계설을 더욱 발전시킨 것이 콜버그(Kohlberg)의 도덕성 발달이론이다. Kohlberg는 도덕성 발달에 관하여 주로 아동을 연구의 대상으로 하던 Piaget의 이론을 발전시켜 성인에까지 확대, 도덕성 발달단계를 더욱 체계화시켰다. Kohlberg는 "하인즈(Heinz)의 딜레마"라는 상황을 설정하여 사람들이 실제로 도덕 문제에 어떻게 답하는가 하는 사고체제를 연구하여, 이것을 바탕으로 도덕성 발달단계를 6단계로 나누었다. 서로 다른 문화적 배경을 가진, 또는 연령이 다른 아동과 청소년들에게 '도덕적 행위의 동기'와 '인간 생명의 가치' 등 도덕성의 문제를 담고 있는 도덕적 딜레마를 들려주고, 그런 상태에서 '어떻게 하겠는가?', '왜 그렇게 해야 하는가?'를 물었다.

하인즈의 딜레마

유럽에 사는 어떤 부인이 암으로 죽어가고 있었다. 그 부인을 살리는 데는 오직 한 가지 약밖에 없었다. 이 약은 같은 마을에 사는 어느 약제사가 발견한 일종의 라디움이었다. 그 약은 재료 원가가 워낙 비싼데다가 약제사가 약값을 원가의 10배나 매겨 놓았다. 라디움을 200달러에 구입하여 만든 그 약은 조그만 분량에도 2,000달러의 값을 불렀다. 그 아픈 부인의 남편인 하인즈는 돈을 구하려 아는 사람들을 모두 찾아 다녔으나 약값의 절반인 천 달러밖에 마련할 수 없었다. 남편은 약제사에게 자신 부인이 죽기 직전에 있다는 사정을 설명하고 약을 싸게 팔거나 아니면 외상으로라도 자기에게 팔아달라고 간청한다. 그러나 약제사는 '안 됩니다.'라고 대답하였고 절망을 느낀 하인즈는 마침내 약방을 부수고 들어가 부인을 위하여 약을 훔쳤다.

3.5.1 발달단계

Kohlberg는 위의 하인즈의 딜레마에 대한 응답을 기초로 하여 개인의 도덕성은 벌과 복종에 의한 도덕성, 욕구 충족을 위한 수단으로서의 도덕성, 대인관계에서의 조화를 위한 도덕성, 법과 질서를 준수하는 도덕성, 사회계약정신으로서의 도덕성, 보편적 도덕원리에 대한 확신으로서의 도덕성 등 6단계를 거쳐 발달한다고 보고 인습 이전 수준, 인습 수준, 인습 이후 수준의 세 가지 수준으로 구분하였다.

(1) 인습 이전 수준(pre-conventional level)

이 수준에서는 행위의 결과가 가져다주는 보상이나 처벌에 의해 옳고 그름을 판단하거나 규칙을 정하는 사람들의 물리적 권위에 따라 도덕성을 고려하여 판단한다.

① 1단계 : 회피와 복종 단계(punishment-avoidance and obedience)

타인의 필요나 요구는 전혀 고려치 않고 '자신에게 무엇이 최선인가?'를 근거로 도덕적 결정을 한다. 인간적 의미, 가치와는 무관하게 행위의 물리적 결과에 의해 옳고 그름을 결정하는 단계이다.

(옳 다) 훔친 약값이 실제로는 200불 밖에 안 될지도 모른다.
(나쁘다) 남의 것을 훔칠 수는 없다. 그것은 죄다. 약값이 비싸니까 죄도 더 크다.

② 2단계 : 호의 교환 단계(exchange of favor)/**도구적 상대주의 지향**

다른 사람도 어떤 필요를 갖고 있다는 것을 알기 시작한다. 자신의 욕구가 충족되는 조건에서 다른 사람의 욕구도 만족시키려 노력한다. 자신이나 타인의 욕구를 도구적으로 충족시키는 것이 옳은 행위이다. 인간관계는 시장원리와 유사하며 공정성, 상보성, 분배의 평등성에 대한 인식은 있으나 수단적 호혜성 수준에 그친다.

(옳 다) 약사에게 해를 끼친 것도 아니고 수시로 갚을 수도 있다. 아내를 살리려면 훔치는 길밖에 없다.
(나쁘다) 약사가 돈을 받고 약을 파는 것은 당연하며 영업이고 이익이 되어야 한다.

(2) 인습 수준(conventional level)

이 수준에서는 개인적 기대나 사회적 질서에 동조하는 것뿐만 아니라, 적극적으로 질서를 유지하고 지지하며, 집단이나 그 성원들에게 동일시하고 충성하는 것을 포함한다.

① 3단계 : 착한 소년/소녀 단계(good boy and good girl)

이 단계에서는 어떤 행동이 타인을 즐겁게 해주는가를 근거로 도덕적 결정을 한다. 타인과 나누고, 신뢰하고, 충성함으로써 인간관계를 유지한다. 타인의 결백과 유죄를 결정하는데 있어서 타인의 의도를 고려하기 시작한다. 옳은 행동은 타인을 기쁘게 하거나 도와주며, 타인으로부터 인정받는 것이며 물리적 힘보다는 심리적 인정 여부에 관심이 있으며 착해짐으로써 타인의 인정을 받는다.

(옳 다) 훔치는 것은 나쁘나 아내를 사랑하는 남편으로서는 당연한 행동이며 아내를 살리지 않는다면 비난받을 것이다.
(나쁘다) 아내가 죽는다 해도 비난받을 일은 아니다. 죄를 안 지었다고 해서 무정한 남편이라고 할 수 없으며 훔치지 않아도 하인즈는 자기가 할 일을 다 한 것이다.

② **4단계 : 법과 질서 지향**(law and order)

선악을 판단할 때 공동체로서의 사회를 먼저 고려한다. 법은 반드시 지켜져야 한다고 본다. 권위·고정된 규칙·사회적 질서를 지향한다. 자신의 의무를 다하며, 권위자를 존중하며, 사회적 질서를 유지하는 것은 옳은 행동이다.

(옳 다) 사람이 죽어 가는데 약사가 잘못하는 것이다. 아내를 살리는 것이 하인즈의 의무이다. 그러나 약값은 반드시 갚아야 하고, 훔친 데 대한 처벌도 받아야 한다.
(나쁘다) 아내를 살리려는 것은 당연하지만, 그래도 훔치는 것을 나쁘다. 자기감정이나 상황과 관계없이 규칙은 항상 지켜야 한다.

(3) 인습 이후 수준(post-conventional level)

이 수준에서는 집단의 권위나 권리를 행사하는 사람들과 무관하게 도덕적 가치와 원리를 규정하려는 노력을 보인다.

① **5단계 : 사회계약단계**(social contact)

개인의 권리를 존중하고 사회 전체가 인정하는 기준을 준수하는 것이 옳은 행동이다. 법은 개인의 자유의 규제가 아닌, 극대화하기 위해 제정된다는 것을 인식한다. 법은 사회구성원들의 합의로 본다. 사회적 약속은 대다수의 성원들의 보다 나은 이익을 위해 항상 바뀔 수 있는 것으로 판단되며, 이전 단계와 달리 도덕적 융통성을 갖는다.

(옳 다) 훔치는 것이 나쁘다고 말하기 전에 전체 상황을 고려해야 한다. 이 경우 법은 분명히 훔치는 것이 나쁘다고 규정한다. 그러나 이 상황이라면 누구라도 약을 훔칠 수밖에 없을 것이다.
(나쁘다) 약을 훔쳐서 결과적으로 아내를 살릴 수는 있지만, 목적이 수단을 정당화하지 못한다. 하인즈가 전적으로 나쁘다고 말할 수는 없지만, 상황이 그렇다고 해서 그의 행동이 옳은 것이 될 수는 없다.

② **6단계 : 보편적 윤리단계**(universal ethical principle)

자신의 양심에 따라 행동하며 자신의 윤리의식에 배치되는 그 어떤 법도 준수하지 않는다. 옳은 행동은 자신이 선택한 윤리적 원리와 일치하는 양심에 의해 결정된다. 이 원리는 구체적인 규율이 아닌 인간의 존엄성, 정의, 사랑, 공정성에 근거를 둔 추상적이며 보편적인 행동지침이다. 자신의 양심이 가하는 처벌을 사회가 가하는 처벌보다 더욱 고통스럽게 생각한다.

(옳　다) 법을 준수하는 것과 생명을 구하는 것 사이에 선택하라면 약을 훔치더라도 생명을 구해야 하는 것이 더 높은 수준의 원칙이다.

(나쁘다) 암은 많이 발생하고 약은 귀하니 필요한 모든 사람에게 약이 다 돌아갈 수 없다. 감정이나 법에 따라 행동할 것이 아니라 한 인간으로서 무엇이 이성적인가를 생각했어야 한다.

3.6 Pavlov의 고전적 조건화(classical conditioning)

Pavlov는 개의 소화 생리를 연구하는 과정에서 개가 음식과는 상관이 없는 자신의 발자국 소리나, 밥그릇을 보고 침을 흘리는 현상을 발견하고 자신의 발자국 소리나 밥그릇 등이 개에게 하나의 신호자극(음식물이 옴)이 된다고 생각하고 이를 규명하기 위한 실험을 통해 Pavlov의 고전적 조건화(classical conditioning)가 탄생하게 되었다. 고전적 조건화는 반응 조건화(respondent conditioning) 혹은 파블로프 조건화(Pavlovian conditioning)와 동일한 의미를 가지고 있다. 특히 파블로프 조건화라는 말은 고전적 조건화가 Pavlov에 의해 최초로 세계적인 연구가 시작되었다는 점에서 나온 명칭이다. Pavlov는 소화에 관한 연구를 하면서 개에게 고깃가루를 먹이는 것과 타액의 분비현상에 대해 관심을 가졌다. 개의 타액은 타액 분비선에 튜브를 연결시켜 측정하였는데, 고깃가루를 줄 때마다 이 고깃가루와 연합된 자극에 대해서도 개가 타액을 분비한다는 것을 발견하였다. 다시 말하면 고깃가루를 담았던 그릇, 고깃가루를 주었던 실험 보조원, 심지어는 실험 보조원의 걸음 소리 등에 대해서도 개가 타액을 분비하게 된다는 사실을 발견하였다. 사실 처음에 Pavlov는 이러한 현상 때문에 매우 난처해했다고 한다. 왜냐하면 이 실험의 실제 목적은 소화에 관한 것이었는데, 이러한 현상 때문에 개의 타액 분비를 제대로 통제할 수 없었기 때문이었다. 그러나 Pavlov는 곧 원래의 목적이었던 소화에 관한 연구보다는 이 현상에 보다 더 많은 관심과 흥미를 가지게 되었고, 그 후 고전적 조건화 연구에 집중하게 되었다.

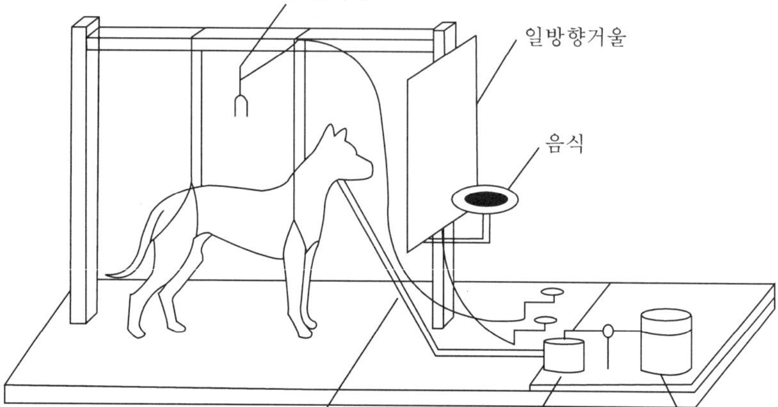

》 Classical Conditioning

3.6.1 고전적 조건화의 원리

고전적 조건화에서는 처음에는 어떠한 기능도 하지 않았던 자극이 특정 반응을 유출시킬 수 있는 능력을 가지게 된다.

(1) 조건 반응의 형성

고전적 조건화를 시도하기 위해서는 먼저 반사 반응(reflexive response)을 유출시키는 자극을 찾아야 한다. 이 자극을 무조건 자극(unconditioned stimulus : UCS)이라고 하며, 이 자극에 의해 자동적으로 유출되는 반응을 무조건 반응(unconditioned response : UCR)이라고 한다. 예를 들면, Pavlov의 실험에서 고깃가루는 타액 분비를 일으키는 무조건 자극이며, 이 자극에 의한 타액 분비는 무조건 반응이라고 할 수 있다. 고전적 조건화를 형성시키기 위한 다음 단계는 무조건 자극과 중립 자극(neutral stimulus : NS, 원래는 무조건 반응을 일으키지 않는 자극)을 서로 연합시키는 과정이다. 이러한 연합과정을 여러 차례 반복하게 되면 중립 자극은 결국 무조건 자극이 없이도 반응을 유출시킬 수 있게 된다. 이렇게 중립 자극만으로도 반응을 유출시킬 수 있게 될 때 이 중립 자극을 조건 자극(conditioned stimulus : CS)이라고 부르며, 이 자극에 의해 유출되는 반응은 조건 반응(conditioned response : CR)이라고 부른다. Pavlov의 실험에서는 고깃가루가 무조건 자극으로 사용되었으며, 이에 대한 무조건 반응은 타액 분비였다. 그리고 중립 자극으로서는 종소리가 사용되었다.

종소리와 무조건 자극이 여러 차례 짝을 지어 제시된 후, 종소리는 그 자체로서 타액 분비를 일으킬 수 있는 조건 자극(CS)이 되었으며, 이때 이 조건 자극에 의해 나오는 타액 분비는 조건 반응(CR)이며 그 관계는 아래 그림과 같다.

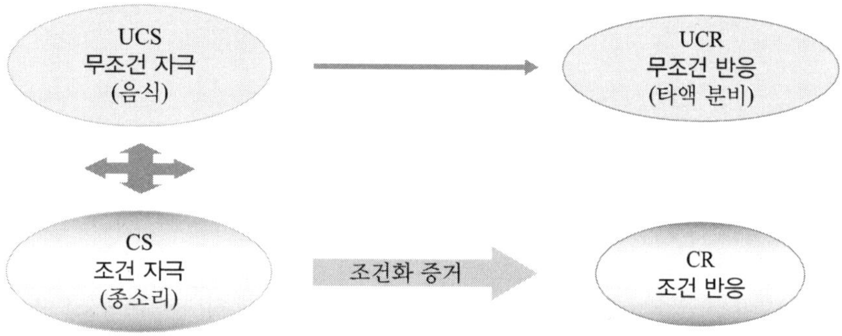

이러한 고전적 조건화를 형성하는 과정에서 무조건 자극과 중립 자극을 짝 짓는 방법에는 여러 가지가 있을 수 있으며, 고전적 조건화의 효율성은 이러한 [4]지연 조건화(delayed conditioning) 방법, 흔적 조건화(trace conditioning), 동시 조건화(simultaneous conditioning), 역행 조건화(backward conditioning) 등의 방법에 따라 많은 영향을 받는다.

(2) 고차적 조건화

어떤 중립 자극이 고전적 조건화 과정을 통하여 조건 자극이 되었을 때, 이 조건 자극이 또 다른 중립 자극과 반복적으로 연합되면 이 새로운 중립 자극도 조건 반응을 일으킬 수 있는 또 하나의 조건 자극이 될 수 있다. 이러한 현상을 이차적 조건화(second-order conditioning)라고 하며, 이차적 조건화 이상의 조건화를 총칭하여 고차적 조건화(higher-order conditioning)라고 한다. Pavlov의 실험에서의 개는 조건 자극인 종소리에 조건 반응을 타액 분비를 일으키도록 조건화 하였다. 여기서 만약

4) 지연 조건화(delayed conditioning) 과정에는 두 가지 종류가 있다. 하나는 중립 자극이 먼저 제시되고 이 중립 자극이 일정 시간 유지된 후 없어짐과 동시에 무조건 자극이 제시되는 방법이며, 또 한 가지 방법은 중립 자극이 제시되고 있는 중에 무조건 자극이 제시되어 두 자극이 동시에 제시된 상태로 일정 시간이 지난 후 두 자극을 동시에 끝나게 하는 방법이다. 이 두 가지 방법은 조건 반응을 유출하는데 효과적인 것으로 알려져 있으며 흔적 조건화(trace conditioning)에서는 중립 자극의 철회와 무조건 자극의 제시 사이에 어느 정도의 시간 간격이 있는 것을 말한다. 이 방법 또한 효과적인 방법으로 알려져 있으나, 시간 간격이 짧을 경우에만 효과적이라고 할 수 있다. 동시 조건화(simultaneous conditioning)에서는 중립 자극과 무조건 자극이 동시에 제시되었다가 동시에 없어지게 되는데, 이 방법은 일반적으로 효과적이지 못한 것으로 알려져 있다. 역행 조건화(backward conditioning)에서는 무조건 자극이 제시되고 철회된 후 중립 자극이 제시되는 방법인데 이 방법 역시 효과적이지 못한 것으로 알려져 있다.

또 다른 중립 자극으로서 빨간 불빛을 종소리와 반복적으로 연합시키면 불빛도 결국에는 타액 분비를 일으킬 수 있게 된다. 이것을 이차적 조건화라고 하며, 이 과정을 반복하여 빨간 불빛을 또 다른 중립 자극과 연합시키면 개념적으로는 삼차적 조건화도 가능하다. 그러나 일반적으로 이차적 조건화 이상은 현실적으로 이루어 내기가 매우 힘들다. 그 이유는 삼차적 조건화부터는 소거의 과정이 포함되기 때문이다.

(3) 소거와 자발적 회복

고전적 조건화가 형성되어도 조건 자극이 무한정 조건 반응을 유출시킬 수 있는 것은 아니며 조건 자극이 조건 반응을 계속적으로 유출시킬 수 있게 하기 위해서는 적어도 조건 자극과 무조건 자극을 연합시키는 노력을 일정한 주기로 해 주어야 한다. 만약 조건화가 형성된 후 무조건 자극이 전혀 나오지 않고 조건 자극만 계속 제시하게 되면 조건 자극의 효과가 점점 떨어지게 되고 결국에는 조건 반응을 유출시키지 못하게 된다.

이와 같이 무조건 자극이 조건 자극과 연합되지 않음으로써 조건 자극이 반응을 일으키지 못하는 현상을 소거(extinction)라고 한다. Pavlov의 실험에서 종소리를 들려주고 난 후 음식을 전혀 주지 않게 되면 종소리는 결국 타액 분비를 일으키지 못하게 된다. 소거가 된 것이다.

(4) 자극 일반화와 변별

자극 일반화(stimulus generalization)란 어떤 자극이 일단 조건 자극으로서 형성되고 나면 이 자극과 유사한 다른 자극들도 무조건 자극과 연합된 적이 없음에도 불구하고 조건 반응을 유출시킬 수 있게 되는데, 이러한 현상을 말한다. 어린아이가 벌에게 쏘인 경험 무조건 자극이고 벌에게 쏘인 아이는 고통 때문에 울게 되는 반응이나 그에 따른 생리적 현상이 생기게 되고 이러한 여러 가지 특징(크기, 모양, 색깔, 움직임, 소리)들이 무조건 자극과 연합되어 있다고 볼 수 있고, 이러한 특징들이 조건 자극으로서 작용할 수 있다. 그래서 벌을 보게 되면 아이는 벌에 쏘였을 때와 유사한 반응을 하게 된다. 다른 한편으론 어린아이는 성장하면서 벌이 아닌 다른 벌레들에 의해서는 아무런 고통을 받지 않게 되고 동시에 벌에 의해서는 가끔씩은 다시 고통받게 되는 경험을 되풀이하게 된다면, 벌과 다른 벌레에 대한 아이의 반응은 서로 차이가 나게 된다. 즉, 벌에 의해서는 고통과 관련된 다양한 생리적 반응을 보이지만 벌이 아닌 다른 벌레들에 의해서는 그러한 반응을 보이지 않게 되는데, 이러한 현상을 변별(discrimination)이라고 한다.

(5) 일상의 고전적 조건화 현상과 적용

학교에 가기 싫어하는 아동들의 경우 학교에 대한 부정적 느낌이 고전적 조건화를 통해 형성되었을 가능성이 충분하다. 만약 어떤 아동이 학교에서 선생님에게 반복적으로 야단을 맞았거나, 더 심하게는 매를 맞았다면 선생님의 야단이나 매는 불쾌한 정서를 만들어 내는 무조건 자극이라고 할 수 있고, 이 무조건 자극은 학교가 가지고 있는 여러 가지 특징들과 연합하게 된다. 그래서 학교의 분위기, 교실, 선생님의 얼굴, 심지어 친구들의 모습 등이 불쾌한 정서를 만들어 내는 무조건 자극과 연합되어 조건 자극으로서의 역할을 하게 된다. 이러한 특징만으로도 아동은 불쾌한 감정을 가지게 될 수 있고, 결과적으로 학교에 가는 것을 싫어하게 될 수 있다. 오늘날 이러한 현상을 "학교 공포증(school phobia)"이라 부른다. 약물 의존성 역시 고전적 조건화를 통하여 설명될 수 있는데 일반적으로 약물은 특정한 생리적 반응을 유출시키는 무조건 자극이라고 할 수 있으며, 약물을 거듭할수록 동일한 효과를 얻기 위해서 더 많은 약물이 필요하게 되는데, 이것은 내성(tolerance)이 증가되기 때문이다. 이러한 내성의 증가 현상을 부분적으로 고전적 조건화의 과정으로 설명할 수 있다. 약물의 투여와 연관되는 자극들은 계속적인 연합을 통하여 조건 자극으로 형성되고, 이 조건 자극은 약물이 만들어내는 반응과 반대되는 생리적 반응을 유출시키는 것으로 밝혀졌다. 헤로인은 호흡이 억제되는 효과를 가지고 있는데, 헤로인과 연합된 조건 자극은 반대로 호흡이 빨라지는 효과를 가져오게 한다. 또한 헤로인 투여를 늘릴수록 이와 연합된 조건 자극의 효과는 계속적인 연합을 통하여 점점 커지게 된다. 그리고 조건 자극에 의해 유출된 반응은 헤로인에 의해 유출되는 반응과 상반되므로 헤로인을 투여하지 않으면 약물 중독자는 조건 자극에 의해 나타난 생리적 반응 때문에 금단 증상을 느끼게 된다. 그리고 이전 보다 더 많은 양의 헤로인을 투여하여 조건 자극이 유출시킨 반응을 상쇄시켜야 한다. 이것이 바로 내성이 생기는 원인이라고 할 수 있다.

결국 이와 같은 실험을 통하여 Pavlov가 발견한 세 가지 중요한 원리는 첫째 근접성 원리로 무조건 자극과 조건 자극이 짝지어질 때에 동시에 또는 조건 자극이 앞에 주어지되 무조건 자극에 근접하게 주어질 때 학습이 용이하게 된다는 것과 둘째, 강도의 원리로 무조건 자극이 조건 자극보다 강해야 조건 반응이 용이하게 형성되며 무조건 반응은 완전해야 한다는 것이다. 그리고 마지막으로 일관성의 원리로 조건 자극인 벨소리가 음색, 강도, 음의 길이 등이 일관성이 있게 짝지어질 때 조건화가 용이하게 이루어진다는 것이다.

결국 이러한 파블로프의 연구를 학습에 적용하면 교사는 고전적 조건화 과정이 교실에서 항상 진행되고 있음을 인식하여야 한다. 처음에는 교사의 행동과 학습 활동이 중립 자극으로 작용하지만 시간이 지나면서 교사의 교수 방법은 조건 자극이 될 수 있으며, 그러한 자극은 다양한 반응들과 연합될 수 있다. 교사는 항상 고전적 조건화 이론을 인식하고, 수업활동과 학습 사이에 궁극적인 연관성을 발전시키는 일에 노력해야 할 것이다. 고전적 조건화는 비교적 간단한 메커니즘을 가지고 있다. 예를 들어 교실에 매우 수줍음이 많은 학생이 있다고 가정해 보자. 교사는 의도적으로 그 학생이 정답을 알고 있는 문제를 질문할 수 있다. 그러면 그 학생은 여러 차례 정답을 말하게 되고 점차적으로 자신감을 얻게 된다. 이러한 자신감은 어쩌면 그 학생이 더 이상 수줍어하지 않도록 하는데 도움을 줄 수 있을 것이다. 이처럼 고전적 조건화 이론은 교사가 학생의 행동을 이해하는데 중요한 단서를 제공할 수 있다. 교사가 무심히 지나쳐 버리거나 혹은 학생 개인차에 원인을 돌려버리는 수많은 문제들은 조금만 관심을 기울이면 해결의 실마리를 발견할 수 있는 것이다.

3.7 Skinner의 작동적 조건화

Skinner는 'Skinner 상자'라고 부르는 우리 안에 비둘기를 가두어 놓고 흰쥐(또는 비둘기)를 통한 상자 실험(Skinner box)을 하였다. 실험쥐는 일정기간 동안 먹이를 박탈당한 뒤, 1일 1회만 먹도록 순응시키는 박탈 스케쥴(deprivation schedule)에 따라 훈련하였고 스키너상자 안에는 원판이 들어 있고 원판은 깔때기 모양의 음식자동 배출기에 연결되어 있어 우리에 넣어진 배고픈 비둘기의 반응에(음식과 연결된 원판을 쪼갤 때) 따라 먹이가 떨어진다. 비둘기는 돌아다니다가 다시 원판을 쪼게 된다. 다시 먹이가 주어지고. 다음번에 비둘기를 상자에 넣으면, 곧장 원판으로 가서 쪼기 시작할 것이다. 이와 같이 훈련된 쥐를 스키너 상자에 넣어 흰쥐가 새로운 환경을 탐색하다가, 우연히 지렛대를 눌러 먹이를 공급받는 경우 먹이(강화인, reinforcer)는 지렛대를 누르는 행동을 강화시켜 주기 때문에 지렛대를 누르는 반응은 능동적으로 증가하게 되고 흰쥐가 환경에 스스로 작용함으로써 어떤 결과를 생성해내는 것을 작동(operant)이라 한다. 이러한 특성을 조작조건화의 과정이라 한다. 이와 같은 쥐의 실험 결과는 아래와 같이 나타났다.

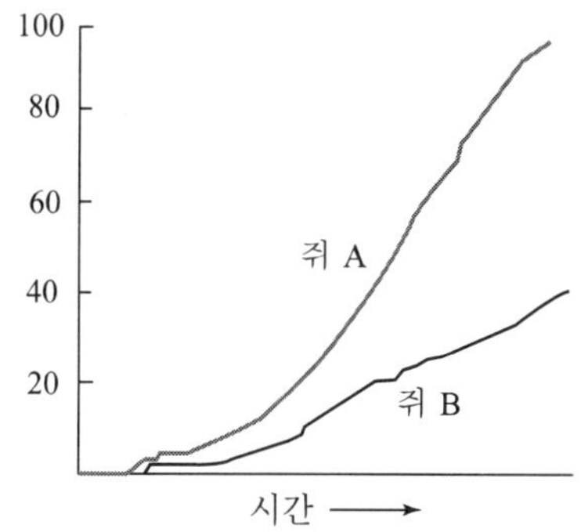

≫ **호득기(獲得期) 누적곡선**

실험하기 전의 쥐 A는 30시간을 굶겼고 쥐 B는 10시간을 굶겼다.
두 마리 쥐가 이렇게 욕구수준의 차이가 있기 때문에 반응률 역시 차이가 난다.

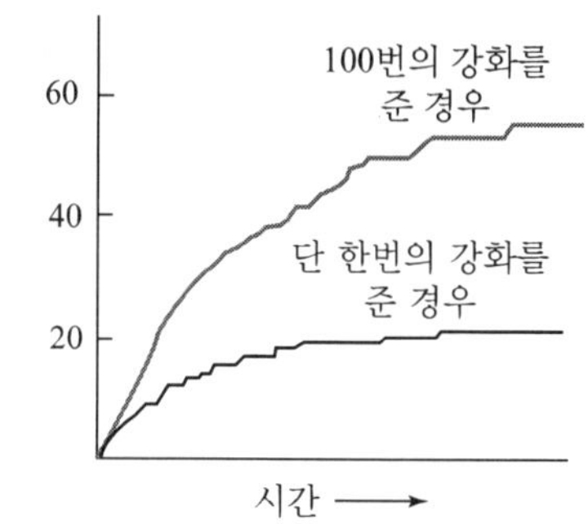

≫ **소멸기(消滅期)의 누적곡선**

쥐 한 마리가 나타낸 소멸반응을 강화를 한 번 줄 때와 100번 줄 때로 나누어서 도표의 선으로 나타낸 것이다. 이 선은 지렛대를 누르는 累加 반응도를 나타낸 것이다.

인간 대부분의 복잡한 행동은 조작조건화에 의해서 학습된다. 학습자가 다양한 자극이 있는 복잡한 상황에 있을 때, 그 중의 어떤 특수한 자극이 반응을 일으키게 하는 것이 아니라 학습자가 반응을 스스로(그래서 목적지향, 수의적) 방출하게 된다. 그 반응이 보상되면, 다시 일어날 확률이 높아지고, 보상되지 않으며 그 확률이 낮아진다. 여기에 보상(강화)이 행동변화에 핵심적 변수가 된다. 조작조건화는 다양한 과정을 내포하고 있는데 그 중에서 가장 중요한 것이 강화이다. 강화는 어떤 특수한 반응이 일어날 확률을 증강시키는 모든 것을 말한다. 비둘기에 주어진 먹이, 아동에게 하는 칭찬, 학생에게 주어지는 상장, 자신이 하고 싶은 행동의 기회 등이 모두 강화물이 될 수 있다.

스키너는 인간은 물론 동물에게는 선재적 자극과 관계없이 임의의 반응이 일어날 수 있으며, 그 의의 반응을 후속적으로 강화(상을 줌)함으로써 그 반응을 습관화시키거나, 혹은 처벌을 가함으로써 소거시킬 수 있다고 보았다. 즉, 시간적으로 반응이 먼저 있고, 그 반응에 대하여 후속적 변별자극(상이나 벌)이 주어지는 것이다. 심부름을 했더니 칭찬을 받았고, 그래서 심부름을 잘하게 되었다든지, 열심히 공부하니 사회적·경제적 보상이 뒤따르게 되었다든지 하는 것 등이 예가 될 것이다.

조작(operant)이란 임의의 행동이 일어났을 때 변별자극을 때맞추어 주는 것을 의미하며, 그렇게 해서 행동을 습관화시키는 것을 조작조건화(operant conditioning)라 한다.

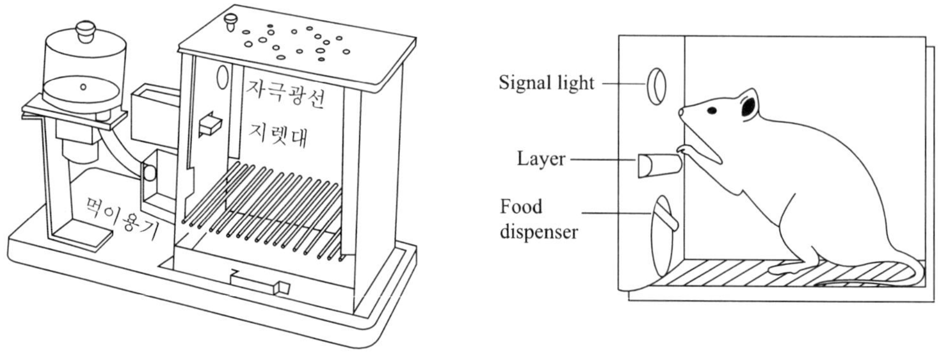

» Skinner Box

3.7.1 강화

조건을 강하게 하거나 반응이 일어나는 확률을 증가시키는 과정이나 변인을 말한다. 강화에는 여러 종류가 있으나 대표적인 것은 다음과 같다.

(1) 적극적 강화(정적 강화)

어떤 자극에 대해서 쾌감, 즉 유쾌 자극을 주어서 그 반응을 촉발하는 것이다(상>칭찬>금전>장난감).

(2) 소극적 강화(부적 강화)

어떤 자극에 대해서 불쾌감, 즉 불쾌자극을 제거해서 그 반응을 촉진시켜 주는 것이다(벌>질책>무관심). 제1유형의 벌은 불쾌 자극을 주는 경우. 예) 종아리를 때리거나 화장실 청소를 시키는 것이며, 제2유형의 벌은 쾌자극을 제거하는 경우로 휴지를 버린 아동에게 방과 후 1시간 동안 남게 하는 등의 경우이다.

강화의 처벌의 종류

구 분	고무된 행동	억제된 행동
제시된 자극	정적 강화(보상) 예) 별도의 휴식시간	제시형 처벌 예) 방과 후 남아서 뒷정리
제거된 자극	부적 강화 예) 싫은 일의 면제	제거형 처벌 예) 일주일간 TV시청 금지

(3) 칭찬과 꾸중

칭찬과 꾸중은 모두 강화의 수단이 될 수 있지만, 그 기능은 크게 다르다. 칭찬은 바람직한 행동의 육성이라는 '증가의 원리'라면, 꾸중은 바람직하지 않은 행동의 제거라는 '삭감의 원리'라 할 것이다. 그 두 가지 방식의 핵심적 차이점이라면 칭찬은 아동으로 하여금 갈수록 바람직한 행동을 더욱 더 많이 하게 할 수 있지만, 꾸중은 지금까지의 바람직하지 않은 행동을 덜 하게 할 수는 있어도 그것이 곧 바람직한 행동을 유발하는 것은 아니라는 점이다. 꾸중을 많이 들은 아동의 최종 상태는 아무런 행동도 하지 않고 가만히 움츠리고 있는 모습일 가능성이 높다.

바람직하지 않은 행동을 줄이거나 없애려 할 때도 그런 행동을 할 때 벌을 주기보다는 그런 행동을 하지 않을 때 칭찬하는 것이 보다 효율적인 방법이다. 아이들이 서로 싸워 화가 나는 경우도 싸울 때 야단치는 것보다는 싸우지 않고 있을 때 칭찬하는 것이 싸움을 줄이는 데 더 효과적이란 것이다. 이것을 행동 수정에서는 '상반 행동의 강화'라 한다. 아동의 바람직하지 못한 행동을 줄이거나 없애기 위한 방법 중의 하나는 그 행동과 상반되는 행동을 증가시키는 것이다. 상반 행동이란 문제행동과 반대되는 다른 바람직한 행동을 말한다. 상반 행동을 늘림으로써 상대적으로 문제행동이 감소하는 결과를 낳게 하는 것이 이 기법의 기본 논리이다. 공부는 등한시하면서 항시 떠들어대는 학생이 있다면 그런 행동을 직접 고치려하기 보다 그 학생이 잠시라도 조용히 학습 지향적인 행동을 할 때 놓치지 않고 칭찬하는 것이 보다 효과적이다. 바람직하지 못한 행동을 없애기 위해 사용할 수 있는 또 다른 방법은 그 행동이 더 이상 강화되지 않도록 이제까지 주어지던 보상이나 칭찬을 차단하는 것이다. 그러면 그 행동의 발생률이 점차 낮아지다가 결국 없어지게 된다. 이런 현상을 일컬어 소멸이라 한다.

소멸을 시도할 때는 그 아동을 양육하거나 교육하고 있는 성인들 간에 일관성이 있어야 한다. 만약 자녀의 부적절한 행동에 대해 어머니는 계속 모른 체하고 있는데 아버지는 알게 모르게 그 행동을 강화하고 있다면 아동의 행동은 쉽사리 사라지지 않을 것이다. 문제행동을 제거하기 위하여 부모나 교사가 사용할 수 있는 또 한 가지 방법은 벌이다. 벌이란 매로 때리거나 말로써 야단치는 등, 어떤 방식으로든 아동에게 불쾌한 자극을 주는 것을 의미한다. 벌이 행동의 지속적 변화를 가져오며, 벌이 공격적 행동을 유발한다는 증거는 없으나 벌의 사용이 여러 가지 단점을 가지고 있음에도 불구하고 벌이 행동수정의 유일한 방법일 경우도 있다.

(4) 강화계획

강화조건을 어떤 패턴에 따라 조절했을 때 반응에 특징적인 현상이 나타나는 데

이와 같은 강화조건의 패턴화를 강화계획이라고 한다.

① **계속적 강화**

계속적으로 강화를 제공하는 것으로 행동을 빨리 변화시키기 때문에 학습초기 단계에 가장 효과적이다.

② **간헐적 강화**

간헐적으로 강화를 제공하는 것으로 계속적 강화보다 행동의 부식에 대한 저항이 강하기 때문에 행동을 유지하는 데에 유용하다.

㈀ 고정비율계획(FR)

고정비율계획(fixed-ratio schedule : FR)에서는 일정한 수(횟수)의 반응을 한 뒤에 강화가 주어진다. 예컨대 5개, 8개 등의 반응을 한 뒤에 강화가 주어진다. 고정비율강화계획의 가장 대표적인 예로는 완제품을 일정한 수만큼 만들었을 때마다 특정한 액수의 보수를 공원에게 지불하는 경우를 들 수 있다. 또는 과수원에서 사과 한 바구니를 딸 때마다 만원씩 지급하는 것과 같은 것이다. 강화를 받은 즉시 얼마동안 아무런 반응을 나타내지 않는 단점이 있다.

㈁ 변동비율계획(VR)

변동비율계획(variable-ratio schedule : VR)에서는 고정비율계획에서와 같이 일정한 수의 반응을 한 뒤에 강화가 주어지지만, 변동비율강화는 강화와 강화 간의 반응수가 어떤 평균수에 따라 변동한다. 20대 1의 VR계획에서 반응의 수는 0～40까지의 어느 것일 수도 있다. 여러 가지 도박행동이 이에 해당한다. 강화할 시간이 임박한 때에만 부지런히 반응하고 그 시간이 지나면 다음 주기의 시간이 올 때까지 반응을 중단하는 현상이 발생한다. 변동비율 강화계획은 강화 후 중단현상이 나타나지 않는 가장 높은 반응률을 얻을 수 있는 강화계획이다.

㈂ 고정간격계획(FI)

고정간격계획(fixed-interval schedule : FI)에서는 바로 앞의 강화로부터 계산하여 일정한 시간이 경과한 뒤에 한 첫째 반응에 강화가 주어지는 계획이다. 예컨대 5분의 고정간격계획에서는 마지막 반응이 강화된 뒤 5분이 경과할 때까지는 아무리 반응을 많이 해도 강화가 주어지지 않는다. 대표적 예로는 월급이 있다.

㈃ 변동간격계획(VI)

변동간격계획(variable-interval schedule : VI)은 이전 강화로부터 일정한 시간이 경과한 뒤에 한 첫째 반응에 강화가 주어지도록 강화간의 기간이 어떤 평균을 중심으로 변동한다. 학기 중에 수시 퀴즈를 실시하는 것 등이며 언제 강화가 주어질지 모른다.

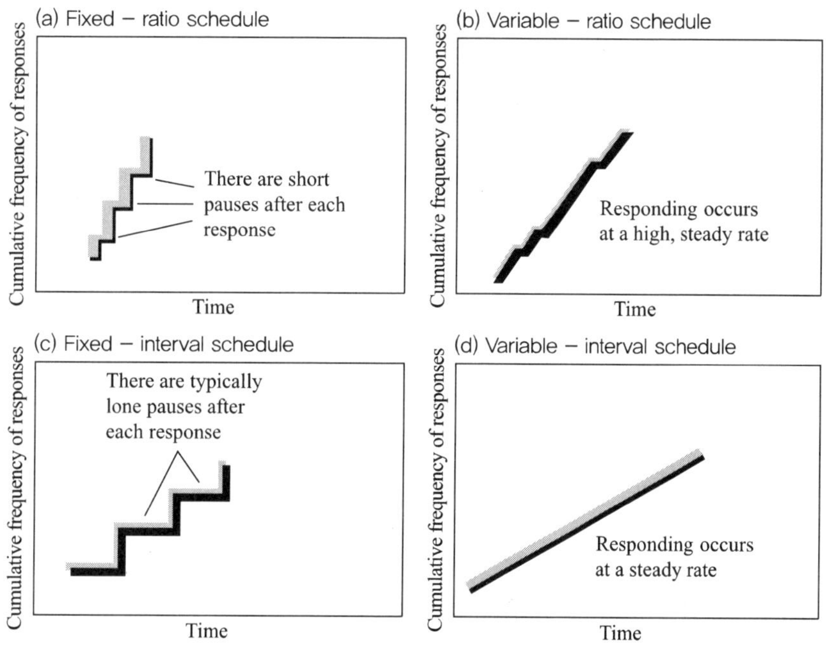

≫ 간헐적 강화의 종류

(5) 학습 적용

학습 중에 긍정적인 행동이 강화된다는 것을 확실히 하고 새로운 행동형성에 대해서는 단서를 준다. 또한 새로운 행동을 형성할 때는 되도록 많은 강화를 사용하여 지속적인 학습효과를 유도해야 한다. 그리고 학습자의 새로운 행동이 지속되기 위해서는 예측할 수 없는 강화계획을 계속해서 사용해야 한다.

① 프리맥의 원리(Premack Law)

활동강화라고도 하며 높은 빈도의 행동(선호하는 활동)은 낮은 빈도의 행동(덜 선호하는 활동)의 강화인자가 될 수 있다. 이것을 ‘할머니 규칙(Grandma’s rule)’으로 불리기도 한다. 즉, 다른 사람에게 해주기를 바라는 것을 먼저 해주고 나서, 네가 원하는 것을 해도 된다는 것이다.

예) "방 청소를 하면 좋아하는 컴퓨터 게임을 하게 해주마."
"공부 1시간을 하면 TV를 한 시간정도 보게 해주마."

② 토오컨 강화

중립자극이 일차적 강화인자와 결합되면 조건강화인자가 된다. 이러한 조건강화인자로 널리 사용되는 것이 토오컨 강화인자이다. 별표, 딱지 등과 같은 물건들이 사용된다. 때로는 점수와 같은 상징적인 것도 토오컨으로 사용될 수 있다. 토오컨은 교환가치가 부여될 때 강화인자로서 능력을 갖게 된다. 토오컨 강화란 토오컨 경제(Token economy)란 말로도 쓰이는 것으로 아동이 바람직한 행동을 하였을 때 강화물을 직접 제공하는 것이 아니라 구매력을 가진 상징적인 표나 점수 등을 주는 강화제도를 말한다. 상징적인 표나 점수 등이 바로 토오컨인데 이러한 토오컨으로 다른 강화물을 바꿀 수 있으므로 조건강화물이 된다. 즉, 토오컨은 그것 자체에 강화력이 있는 것이 아니라 후속강화물(backup reinforcement)과 교환됨으로서 강화력을 가질 수 있게 된다.

③ 사회적 고립(time-out)

이것을 벌의 일종인데, 학생들이 수업 중에 그릇된 행동을 한 다음 받게 되는 정적강화의 기회를 차단함으로써 그 행동이 강화되지 않도록 하는 것이다.

3.8 Kőhler의 통찰설(insight theory)

Kőhler는 문제해결은 시행착오(trial and error)를 통하여 이루어지는 것이 아니라 통찰(insight)을 기초로 하여, 즉 문제해결의 열쇠가 되는 것은 어떤 관계를 지각함으로써 비롯된다고 보았다. 통찰설은 W. Kőhler가 주장한 학습이론으로 형태주의 심리학에 근거한 인지주의 학습이론이다. 형태주의 심리학자에 의하면 학습은 시행착오가 아닌 인지현상으로서, 학습자는 문제해결에 대한 모든 요소를 생각해 보고 문제가 해결될 때까지 여러 가지 방법을 생각하게 된다. 이 과정에서 학습자는 문제해결에 대한 통찰력을 얻는다. 학습자는 문제사태를 이해하고 그것을 분석하여 전체적으로 인지함으로써 주어진 문제사태를 목표달성을 위한 행동과 결부시켜서 재구성 또는 재구조화 하여 결과적으로 인지구조를 변화시키게 된다. 학습과정 속에는 인지의 분화와 통합, 즉 문제사태의 인지와 재구조화가 진행되며, 동시에 심리적 이해력이 발로되는 것이다. 이러한 심리적 과정을 Kőhler는 통찰(insight)이라 불렀다. 즉, 통찰이란 '상황을 구성하는 요소간의 관계를 파악하는 것'이라 하였다. 따라서 학습이란 학습자의 통찰과정을 통한 인지구조의 변화라고 볼 수 있다. Kőhler는 이를 알

아보기 위하여 침팬지(설탄이라 불리워진 Kőhler가 기르던 지능 높은 침팬지) 실험을 하였다. 위의 그림과 같이 침팬지가 들어있는 우리 밖에 바나나(O)를 두고 우리 안에 a, b의 장대를 두었다. 이런 상황 속에서 원숭이가 문제를 어떻게 해결하는 관찰하였고 이 때 원숭이는 바나나를 먹기 위하여 철망 밖으로 손을 내밀어 보았으나, 철망(B) 때문에 좌절되고 잠시 생각하더니 우리 안에 있는 장대 a를 발견하고, a에 의해서 P－a－O라고 하는 통찰이 이루어졌다. 그리하여 이 P－a－O에 의해서 B는 극복이 되었으나 거리가 너무 멀어서 이것이 또 장애가 되었다. 침팬지는 다시 또 하나의 굵은 장대 b를 발견하고, 가는 장대 a를 끝에 구멍이 뚫린 장대 b에 연결시켜 P－(a＋b)－O라고 하는 통찰을 하게 되었다. 이처럼 침팬지는 본래 시행착오적 행동을 반복하지 않았으며 바나나와 막대를 분리된 부분으로 보지 않고 하나의 전체로서 새로운 관계 속에서 구조적으로 파악하였다.

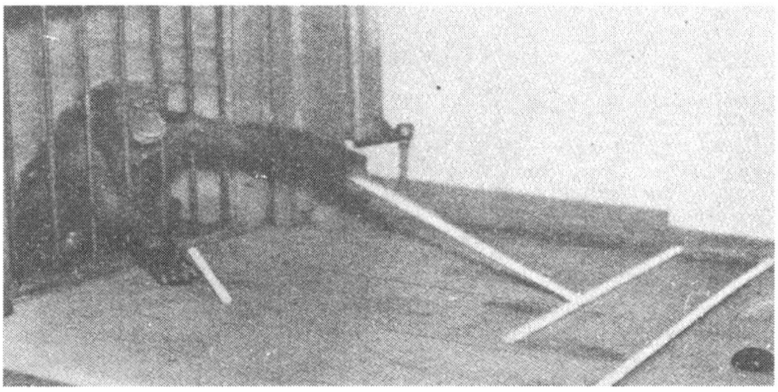

문제해결에 기여한 통찰은 지각의 재구조화에 의해 이루어진 것이며, 이는 '아하 경험(aha! experience)' 혹은 '아하 현상(aha! phenomenon)'으로 불리워지는 것이다. Kőhler는 침팬지를 대상으로 한 실험에서 다음과 같은 결론을 내렸다. 첫째, 문제해결은 단순한 과거 경험의 집적이 아니고 그의 경험적 사실을 재구성하는 구조변화의 과정이다. 둘째, 통찰력은 탐색적인 과정을 통해서 이루어지는데, 그 탐색은 단순한 우연만을 위주로 하는 시행착오와는 다르다. 셋째, 통찰은 실험장면에 의해 좌우되는데, 장면 전체가 잘 내다보이면 그 해결이 용이하다. 넷째, 통찰에 의한 학습은 종류에 따라 차이가 있으며, 개체에 따라서도 차이가 있다. 그리고 그는 사고나 문제해결 등이 어떻게 이루어지는가를 분석한 결과, 문제해결의 성공은 지각으로부터 일차적으로 전체 과정을 체계화하는 것이라는 체제화의 법칙과 그에 종속된 법칙으로서 유동(類同), 근접, 폐쇄 및 연속의 법칙을 제시하였다.

3.9 사회학습이론

신행동주의자로 일컬어지는 Bandura는 조건형성과 인지이론을 통합하여 사회학습이론을 제안하였다. 사회학습이론은 인간의 모든 심리적 기능은 개인과 환경적 요인의 계속적 상호작용이라는 관점에 의해서 파악할 수 있을 때만이 설명될 수 있다고 믿는다. 사회학습이론에 의하면 사람들이 접하게 되는 환경은 아무렇게나 주어지는 것이 아니고, 대부분 선택된 환경이며, 이 환경은 또한 사람들 자신의 행동을 통해서 변화되기도 한다. 이것을 인간-행동-환경의 상호결정론이라고 한다. Bandura는 상호결정론이라 하여 사람(p), 환경(e) 그리고 그 사람의 행동(b)의 상호작용 이 세 가지 요소 중 어떤 것도 다른 것과 떨어져서는 인간행동의 결정요인으로 이해될 수 없다고 강조한다. 이를 도형화하면 다음 그림과 같다.

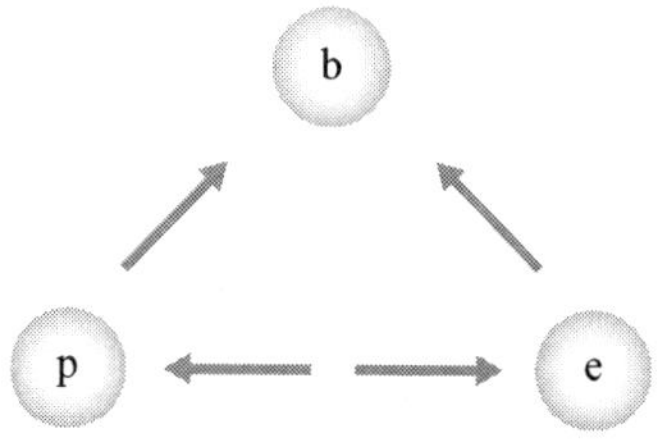

≫ Bandura의 상호결정론

Bandura의 사회학습이론은 일상적인 생활 상황 속에서 학습하는 현상을 설명하려면, 주변 사람 또는 어떤 상황 속에서 일어나는 사례로부터 태도를 모방하는 것이 어떠한 과정을 통해 학습되는지에 초점을 두고 있다. 사회학습이론은 관찰과 모방에 의한 행동변화를 의미한다. 우리의 행동은 조건 형성이론가들이 주장하는 것처럼 반드시 직접적인 강화나 벌이 없어도 단순히 다른 사람의 행동을 관찰함으로서 학습할 수 있다. 이것이 사회학습을 관찰학습이라고도 하는 이유이다. 그들은 강화가 반드시 필요한 것은 아니라고 주장한다. 관찰학습은 인간의 외형적인 행동만을 관심의 대상으로 삼는 것과는 달리 학습에 있어서의 인지 과정의 중요성을 강조한다. Bandura (1977)는 관찰학습의 과정을 주의 집중, 파지, 재생, 동기화의 4단계로 구분하였다. 이를 도식화하면 다음과 같다.

모델 → 주의집중단계 → 파지단계 → 재생단계 → 동기화단계 → 행동수행

3.9.1 주의집중단계

관찰에 의해 학습이 이루어진다면 우선 모델의 행동에 주의를 기울이는 것은 중요한 것이다. 모델에 대한 주의집중을 끌어내는 가장 중요한 요인은 모델과 관찰자간의 유사성의 정도이다. 관찰하려는 모델이 연령이나 성별에서 자신과 비슷할 때, 또는 매력적이거나, 존경을 받거나, 지위가 높고, 유능할 때 보다 많은 주의집중을 받는다.

3.9.2 파지단계

관찰자는 모델을 관찰한 후 어느 정도 시간이 지난 다음에 모델의 행동을 시각적 또는 언어적인 형태의 상징적인 부호로 저장하는 방식을 가져야만 한다. 만일 관찰자가 모델이 행한 것을 기억 할 수 없다면 모델 행동을 관찰해서 크게 영향을 받을 수 없을 뿐만 아니라 어떠한 지속적인 행동도 나타낼 수 없을 것이다. 파지과정에서 중요한 것은 시연이다. 시연에는 내적 시연과 외적 시연이 있다. 전자는 개인이 행동하는 것을 마음속으로 상상해보는 것이고, 후자는 실제로 행동을 나타내 보는 것이다. 학습자는 내적 시연을 한 뒤 외적 시연에 들어가면 보다 잘할 수 있다.

3.9.3 재생단계

모방하려고 하는 행동은 잘 기억하는 것만으로는 불충분하다. 그것을 실제 실행에 옮겨봄으로써 학습의 효과를 높일 수 있다. 관찰한 행동은 많은 연습을 통하여야만 잘 재생될 수 있고, 자신의 행동을 관찰하고 자신의 행동과 기억하고 있는 모델의 행동을 비교하면서 계속 자기의 행동을 수정하여 모델의 행동을 재생할 수 있게 해주는 교정적 피드백이 필요하다.

3.9.4 동기유발단계

모델의 행동을 습득하고, 기억하고, 능숙하게 수행할 수 있는 능력을 지니고 있다 하더라도, 충분한 동기 없이는 행동을 수행하지 않을 것이다. 관찰을 통해서 학습된 행동은 그 행동이 강화를 받을 때에만 지속적으로 일어날 것이며, 만일 그 행동이 벌을 받는 결과를 초래한다면 그 행동이 일어나는 비율은 감소할 것이다. 그러므로 이 과정은 강화를 통해서 행동의 동기를 높여주는 단계이다.

3.10 Thorndike의 시행착오설

손다이크는 행동주의 심리학의 창시자로 그는 문제상자(problem box)라고 하는 실험장치를 사용하여 고양이가 어떻게 하면 자신을 가두어 놓은 상자로부터 탈출할 수 있는가를 밝히고자 하였다. 문제상자에서 고양이가 탈출할 수 있는 방법은 줄을 당기거나 혹은 지렛대를 누르는 것이다. 고양이가 상자에 갇힌 후, 수분 이내에 우연히 줄을 낚아채거나 발판을 눌러 상자 문을 열고 탈출하게 되면 그 고양이는 약간의 음식물을 보상받고 다시 상자 속에 갇히게 된다. 처음에는 우연히 상자를 탈출하던 것이 시행(施行)이 반복됨에 따라 탈출 소요시간이 점점 단축되어 나중에는 상자에 넣자마자 탈출하게 되었다. 그러나 이러한 향상은 매우 점진적인 것이었는데, 이러한 발견을 통해 손다이크는 고양이가 줄을 당기는 것과 문이 열리기의 관계를 '지적으로' 파악했다기보다는 끈을 보고 그것을 잡아당기기 간의 자극－반응 연합을 서서히 각인 했다는 결론을 내렸다. 고양이가 문제를 해결한 행동은 고차적 추론이나 본능 그 어느 것도 아니고, 정확한 반응을 점진적으로 학습한 결과라고 주장한 것이다. 손다이크 이론에서 그가 주장하는 것은 강화론이다. 이것은 최초의 이론이며 그는 교육실제에 관심이 컸던 사람으로 그의 학습에 대한 관점, 즉 강화의 조작을 통해 자극－반응의 결속을 수반하는 학습이 이루어진다는 생각은 학습심리학에서 지배적인

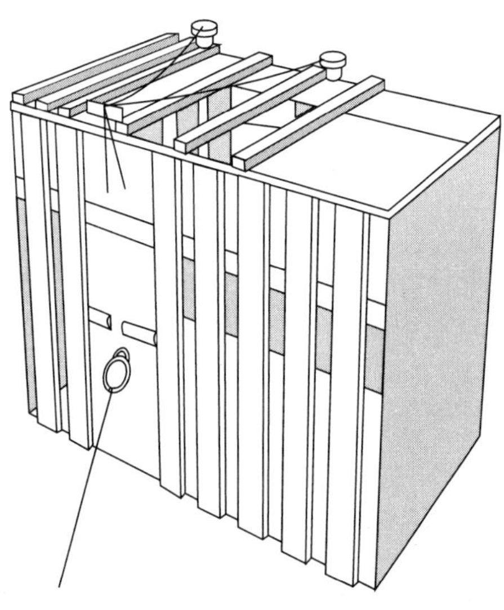

A hungry cat is in the cage with food outside. When the cat hits the lever, the cage door opens and the cat eats the food. As a result, the cat is more likely to hit the lever when it is put into cage.

≫ Thorndike problem box

견해가 되었다. 손다이크(Thorndike)는 학습의 기본형식을 특정자극(S; Stimulus)에 대한 시행착오적인 반응(R; Response)의 결합으로 보았다. 생활체는 시행착오적 반응을 반복하는 가운데 실패의 반응은 줄어들고 성공적 반응은 강화되어 학습이 성립된다고 본 것이다.

3.10.1 손다이크의 도구적 조건형성 기본법칙

(1) 연습의 법칙(law of exercise)

시행과 착오의 연습을 많이 할수록 학습이 잘된다는 연습의 법칙(law of exercise)은 연습을 되풀이하면 결합이 강해지고, 연습을 하지 않으면 결합이 약해진다는 것이다. 이 법칙은 뒤에 가서 효과의 법칙이 작용할 때에만 인정될 수 있다고 수정되었다.

(2) 효과의 법칙

이것은 자극-반응 연합의 각인이 자극과 반응이 반드시 함께 발생해야 한다는 사실뿐만 아니라 반응 후에 뒤따르는 효과에도 의존함을 말한다. 만일 반응 후에 만족인자, 예컨대 고양이 실험에서 맛있는 먹이와 같은 보상이 주어지면 그 자극-반응 연합은 강화된다. 그러나 반응 후에 불쾌한 결과가 주어지면 자극-반응의 연합은 약화된다. 반응의 만족스런 또는 불만족스러운 효과가 자극-반응 연합의 각인 여부를 결정한다는 것이다. 결합이 형성되는 과정에서 쾌감(만족감)이 따를 때에는 그 결합의 강도가 증가되며, 불쾌가 따를 때에는 그 결합의 강도가 약해진다.

(3) 준비성의 법칙

효과의 법칙에 대해 생리적인 기초를 제공하기 위한 부수적인 원리이다. 이는 현재의 자극에 반응하는 태도 및 동기가 얼마나 갖추어져 있느냐 하는 것인데, 준비성의 여부는 곧 학습자의 만족 및 불만족과 관계된다. 즉 고양이는 굶주려 있을 때 더 적극적으로 탈출하는데, 즉 학습자가 학습할 준비가 되어 있을 때 학습한다면 효과를 얻을 수 있다는 것이다.

이외에도 학습의 결과가 만족스런 상태에 도달하면 자극과 반응의 결합이 강화된다는 만족의 법칙과 불만족을 주는 결과가 계속되면 자극과 반응의 결합이 약화된다는 불만족의 법칙, 자극과 반응의 결합이 빈번해지면 결합이 강해지는 사용의 법칙, 자극과 반응은 사용하지 않으면 결합이 약해지는 불사용의 법칙 등이 있다.

3.11 적응기제(Adjustment Mechanism)

인간의 욕구가 현실적인 환경의 장애나 압박에 의해서 실현되지 않는다든가, 두 가지 욕구사이에 또는 욕구와 그것을 억압하는 사회적 제약이나 양심과의 사이에 모순이 생기든가 하면 욕구불만(frustration)이나 갈등(conflict)을 일으킨다. 이 불만이나 갈등이 해결되지 않는 경우에는 강한 잠정적 긴장감이 생기고 그것은 불안이나 무력감으로서 체험된다. 이 상태가 계속되면 환경에 대한 정상적인 적응이 되지 않아서 파국(破局)에 떨어져 완전히 혼란된 상태가 된다. 이와 같은 위험을 피하기 위하여 외부환경에 대하여 목적에 따른 행동을 취하는 것을 적응이라고 하며 그런 종류의 적응 패턴을 적응기제라고 한다. 적응기제에는 억압, 승화, 방어기제, 도피기제 등이 있다. 인간은 이러한 적응기제를 활동시켜 날마다 외부환경에 대응하며 생활하고 있는 것이다.

3.11.1 방어기제(Defense Mechanism)

방어기제는 불안, 죄책감, 갈등, 고민, 드러낼 수 없는 욕구 등 자기에 대한 여러 위협들에게서 자신을 보호하기 위해 사용하는 마음의 반응양식을 말한다. 방어기제는 병적 행동이 아니고 정상적인 행동이다. 인간 대부분은 어느 정도의 자아방어기제들을 이용하고 있다. 물론 우리가 의식하지도 못하는 사이에 말이다. 개인이 사용하는 방어는 개인의 발달수준과 불안의 정도에 따라 다르다. 따라서 방어기제를 적절히 이용하는 것은 현실세계에 있어서 괴로운 문제를 해결하는데 도움을 준다. 단지 문제가 되는 경우는 문제에 대한 지배적 반응양식들로만 나타날 경우 성격적인 부적응을 나타낸다. 신경질적인 사람들은 일반적인 사람보다 훨씬 더 빈번히 사용하고 때로는 어느 하나에만 초점을 두기도 한다. 그렇지만 단 하나만의 방어기제를 사용하는 일은 드물다. 방어기제들에는 두 가지 공통점이 있다. 현실을 왜곡시키며, 무의식의 수준에서 일어난다. 다음은 대표적인 몇 가지 방어기제 들이다.

(1) 투사(projection)

인간은 자기 자신에게까지도 인정하고 싶지 않은 바람직하지 못한 특성이나 성질을 가지고 있다. 투사는 다른 사람들에게 바람직하지 못한 성질들의 과장된 양을 부여함으로써 우리로 하여금 자신이 소유한 것들을 인식하게 되는 것을 막아준다. 즉, 진정한 감정이나 생각이 표현되기는 하지만 대상이 달라지는 것뿐이다. 당신이 다른 사람에 대해서 비판적이거나 불친절한 성향을 가지고 있지만, 만일 당신이 그러한 성향을 시인하면 자기 자신이 싫어질 것을 가정해보자. 만일 당신이 주위에 있는 사람들 중에 잔인하거나 불친절한 사람이 있다면 당신은 그 사람에게 실제보다 더 많은 양의 비판적이고 불친절한 특성을 비난할 것이다. 이는 편집증 환자에게서 잘 나타나는 방어기제 중의 하나이다.

(2) 반동형성(reaction formation)

반동형성(reaction formation)은 자신의 동기와는 정반대 쪽의 동기를 강하게 표현하는 것으로써 자신에게는 그 동기를 은폐시킬 수 있도록 하는 것이다. 사람들은 사랑이라는 가면으로 증오를 감출 수 있고, 그들이 부정적 반응을 숨길 때 극단적으로 친절할 수도 있고, 지나친 친절로서 잔혹성을 숨길 수도 있다. 예를 들자면 극단적으로 금주를 주장하는 사람은 실제로는 자기 자신의 음주충동과 투쟁하고 있는 것인지 모른다. 그러나 강하게 주장되는 의견이면 무엇이든지 반동형성의 딱지를 붙이는 것은 매우 위험한 것이다.

(3) 보상(compensation)

보상은 부족한 점을 감추기 위해 약점을 지각하지 않거나 어떤 정적 특성을 발전시키는 것이다. 그래서 긍정적 관심이나 인정을 받지 못하는 아동들은 부정적 관심이라도 받기 위한 행동을 하기도 한다. 지적으로 열등하다고 느끼는 사람들은 신체를 강화하는데 과도할 정도로 에너지를 쓰기도 한다. 사회적으로 무능하다고 느끼는 사람들은 독불장군이 되기도 하고, 그들의 지적 능력을 개발하기도 한다.

(4) 합리화

어떤 행동이 억압되었을 때 그 행동이 사회적으로 용납할 수 있는 이유를 설명함으로써 자아를 보호하는 행동이다. 일종의 자기 정당화이다. 운동시합에 진 선수가 컨디션이 좋지 않았다고 변명하는 것과 같은 것, 시골로 쫓겨난 교사가 도시공해보다는 차라리 전원생활이 좋다고 말하는 것과 같은 것이다.

(5) 승화

억압당한 욕구가 사회적, 문화적으로 가치 있는 목적으로 향하여 노력함으로써 욕구를 충족시키는 것이다. 자녀 없는 여교사가 아동교육에 전념하는 것이나 독신남자가 예술 활동에 몰두하는 경우 등이다.

(6) 동일시

자기가 되고자 하는 인물을 자기 이외에서 찾아내어 그와 자기를 동일시하여 만족을 얻고자 하는 행동이다. 여기에는 나르시즘적 동일시, 욕구불만과 불안에서 오는 동일시, 목표상실적 동일시, 권위 있는 존재에 의하여 금지되어 있는 것에 대한 동일시가 있다. 조상을 자랑하면서 자부심을 갖는다거나 성적이 나쁜 아이가 우리 아빠는 과장이고, 너의 아빠는 계장이라고 말하면서 우쭐대는 행동 등이다.

(7) 치환(또는 전위)

어떤 대상으로 향하였던 태도, 요구, 공격적 행동 등을 다른 대상으로 옮기는 기제이다. 안경 낀 여자에게 실연당한 남자는 모든 다른 안경 낀 여자에게도 나쁜 감정을 가지게 되는 것 등이다.

(8) 대리형성(substitution)

본능적 욕구를 충족시키기 위하여 선정된 대상이 내적이거나 외적인 장애에 의해서 접근할 수 없게 될 때 곧 새로운 대상을 찾아내게 되는 것이다.

3.11.2 도피기제

욕구 불만에 의한 긴장이나 압박으로부터 벗어나기 위하여 심리적인 현실도피의 방법이나 실제적인 현실의 도피로 마음의 안정을 얻어 보려는 기제이다.

(1) 억압(Repression)

프로이드는 억압을 가장 기본적이고도 가장 중요한 방어기제라고 간주하였다. 너무 두렵고 고통스러운 충동들이나 기억들은 의식적 인식으로부터 추방되게 된다. 수치, 죄의식 또는 자기비난을 일으키는 기억들은 흔히 억압되게 된다. 그러나 억압된 것들이 완전히 사라지는 것은 아니다. 저항이 약화될 때 －병이나 수면 중에－ 혹은 본능적 충동들이 강해질 때 그것이 의식으로 돌아올 수 있다. 억압된 것들은 때로는 실언이나 꿈 혹은 다른 행동들로서 다시 나타날 수 있다. 프로이드는 아동기의 충동들에 대한 억압이 보편적이라고 생각했다. 예를 들자면 그는 모든 어린 남아들은 어머니에 대해서 성적 매력을 느끼고 있고 아버지에 대해서 경쟁심과 적대감들(오이디푸스 콤플렉스)을 갖는다고 주장했다. 이러한 충동들은 이것들의 실행에 따른 고통스런 결과를 피하기 위해서 억압되게 된다. 나이가 들게 되면, 불안을 일으키는 감정과 기억들은 자신의 자기개념과 모순되기 때문에 억압될 수 있다. 사랑하는 이에 대한 적대감이나 실패의 경험은 의식적 기억으로부터 추방되게 될 것이다. 이는 무의식으로 일어나는 일이기 때문에 인식하지 못한다.

(2) 퇴행(Regression)

어떤 사람들은 어렸을 적의 행동양식으로 되돌아가기도 한다. 발달의 초기단계로 되돌아가면 요구가 적어진다. 심각한 스트레스나 극단적인 곤경에 직면하면 개인은 미성숙하고 부적절한 행동에 매달리므로 그들이 느끼는 불안에 대처하려고 시도하기도 한다. 예를 들면 학교생활에 놀란 아이들은 울기, 극단적인 의존, 손가락 빨기, 숨기, 선생님에게 매달리기 등과 같은 유아기적 행동에 빠지기도 한다. 그들은 생에 안전했던 시기로 돌아가기를 원할 수도 있기 때문이다. 이와 같은 현상을 퇴행(Regression)이라 한다.

① 위상적 퇴행

원시적 정신 상태로 되돌아가는 것이다.

② 시상적 퇴행

성인이 되어 아주 어린 유아기의 정신상태로 되돌아가서 그 사람의 정신 모두가 유아로 변모되는 경우이다.

③ 형식적 퇴행

현재 이용되고 있어야 할 성숙한 행동양식을 다만 어떠한 특정의 원시적 행동만이 대치하는 경우이다. 난처하면 손톱을 깨물거나 눈을 자주 깜빡깜빡하는 것, 동생이 태어나 언니가 된 아이가 손가락을 빨고 말을 더듬고 아무데나 오줌을 싸는 등의 행동으로 부모의 관심과 애정을 끌려는 행동이다.

(3) 고립

자기의 열등감을 의식하였거나 자신감이 없을 경우 다른 사람과의 접촉을 피해서 자기의 내적 세계로 들어가 현실의 억압에서 피하려고 하는 기제이다. 열등감이 심한 아이가 친구들을 사귀지 않는 경우나 사업에 실패한 사람이나 거세된 정치가들의 은둔생활이 이에 해당한다.

(4) 백일몽

현실적으로 도저히 만족할 수 없는 욕구나 소원을 상상의 세계에서 얻으려고 하는 행동이다. 소아마비 불구아가 기적적으로 치료되어 마라톤 시합에서 일등이 되는 생각을 하는 것(영웅형)이나 실연당한 남학생이 자기가 병원에 입원하였다고 가정하여 그 아가씨가 와서 간호해주는 장면을 그리는 것(순교자형) 등이 그런 예이다.

3.11.3 공격기제(aggressive mechanism)

욕구불만의 원인이 되는 사람이나 사물에 대해서 공격적인 태도를 취함으로써 긴장을 해소하려고 하는 적응기제로 어떤 일이 생기면 덮어놓고 반항하고 공격하는 행동이다.

(1) 직접적 공격기제

폭행, 싸움, 기물 파괴 등의 행동

(2) 간접적인 공격기제

욕설, 비난, 조소 등의 행위

3.11.4 적응기제의 전형적인 형태

스트레스	일반적인 방어기제
실패	합리화, 투사, 보상
죄책감	합리화, 투사, 타락, 포기
적대감	백일몽, 억제, 반동형성 치환
열등감	동일시, 보상, 백일몽
실연	합리화, 백일몽, 고립
개인의 능력한계	부정, 백일몽, 고립
금지된 성행위 및 성욕	합리화, 투사, 억압

3.12 Vygotsky의 사회문화 이론[5)]

비고츠키(Vygotsky)는 정신의 창조성과 고차원의 심리 기능에 대한 연관성을 확인하는 연구들을 활성화 시켰다. 특히 피아제(Piaget) 등의 초기 저서를 읽고, 인지발

5) 효과적인 교수-학습을 위한 교육심리학, 이경화, 고진영, 최병연, 정미경, 박숙희, 교육과학사, 2004, p.35.

달의 중요성을 인지하였고, 사회역사적 맥락 내에서 발달을 고려하여 아동이 타인과의 관계에서 영향을 받으면 성장하는 사회적인 존재임을 강조하였고, 인간에 대한 이해에 있어 사회, 문화, 역사적인 측면을 제시하였다.

3.12.1 인지발달의 기본 개념

비고츠키는 학습과 발달의 관계를 규명하기 위해 근접발달영역(Zone of proxima development : ZPD)이라는 개념을 제시했다.

인간의 발달수준은 학생이 다른 사람의 도움 없이 독립적으로 문제를 해결할 수 있는 수준인 실제적 발달수준과 좀 더 지식이 풍부한 교사, 성인 또는 유능한 또래의 도움을 얻어 문제를 해결할 수 있는 수준의 잠재적 발달수준으로 구성되어 있다.

근접발달수준은 실제적 발달수준과 잠재적 발달수준 간의 거리라고 할 수 있다. 즉 근접발달영역이란 아동이 혼자서는 해결할 수 없으나, 성인이나 뛰어난 동료와 함께 학습한다면, 성공할 수 있는 영역을 말한다. ZPD 개념을 반영하면 어른과 능력 있는 동료는 아동이 지적으로 성장하는데 필요한 요소를 지원하는 안내자 또는 교사의 역할을 수행한다.

ZPD의 발달은 사회적 교류에 따라 달라질 수 있다. 성인의 도움이나 동료와의 협조에 의해 발달할 수 있는 기능의 범위는 개인이 혼자서 얻을 수 있는 것보다 훨씬 앞선다는 것으로 교사 또는 동료와의 교류의 특성에 따라 ZPD의 확장속도와 범위가 달라진다.

교육에 있어서 교사의 적극적인 참여가 아동발달에 중요한 역할을 한다는 것으로 이론으로 만들었고, 특히 협동학습 설정에 적절하게 적용될 수 있다.

근접발달의 영역의 4단계는 다음과 같다.

① **1단계(타인의 도움, 모방)** : 유능한 타인의 도움을 받아 과제를 수행하는 단계
학생은 독립적으로 과제를 수행할 수 없기 때문에 유능한 교사나 동료 등의 도움을 필요로 하는 "모방"의 단계라 할 수 있다.

② **2단계(스스로 수행)** : 스스로 과제를 수행하는 단계

③ **3단계(내면화, 자동화)** : 과제를 완전하게 수행하는 단계
근접발달 영역을 벗어나 과제를 수행하는데 타인의 지속적인 도움이 없이도 스스로 해결할 수 있는 영역

④ **4단계(탈자동화)** : 새로운 능력의 발달을 위해 반복해서 근접발달영역이 순환되는 탈자동화 단계

학습관 발달은 사회적이고 협동적인 활동으로 ZPD는 교육과정 및 학습계획을 수립할 때 효과적으로 적용될 수 있다.

Chapter 3

법적 안전교육

1. 산업안전보건법상 안전교육
2. 화학물질관리법상 안전교육
3. 연구실안전환경조성에 관한 법률상 안전교육
4. 가스 관련 법령에 따른 안전교육
5. 재난안전관리기본법에 의한 안전교육
6. 기타 법령에 대한 안전교육

현행 법률상 안전교육과 관련한 내용은 그 뿌리를 헌법에 두고 있다고 볼 수 있다. 헌법 제2장 국민의 권리와 의무 중 제31조의 국민은 균등하게 교육을 받을 권리를 명시하고 있으며 제34조 "국가는 재해를 예방하고 그 위험으로부터 국민을 보호하기 위하여 노력해야 한다."는 규정에 따라, 안전교육에 관한 사항을 사회 각종 법률로서 제정 규정하고 적용하고 있다.

그러나 모든 관련 법률에 명시된 안전교육에 관한 사항을 이해하고 적용하기에는 그 범위와 내용이 광범위하고 또한 중복되는 사항이 많아 그 범위를 노동관계법과 일부 주요법률로 한정하여 살펴보기로 한다.

1. 산업안전보건법상 안전교육

근로기준법에서도 근로자의 안전보건 강화를 위해 안전보건교육을 규정하고 있다. 그러나 산업안전보건법 제정됨에 따라 근로자 안전과 보건에 관하여서는 "산업안전보건법"이 정하는 바에 의한다고 규정하고 있다(제76조 안전과 보건). 산업안전보건법은 안전보건교육 뿐만 아니라 근로자 안전전반에 관한 사항을 규정하고 있는 법률로써 법, 시행령, 시행규칙뿐만 아니라 산업안전보건기준에 관한 규칙, 고시 등도 준수해야 한다.

근로자 안전교육에 대한 사항은 법 제31조와 시행규칙 제33조~제43조에 서술되어 있으며, 내용은 아래와 같다.

1.1 근로자 교육

1.1.1 정기교육

일정 주기로 이수해야 되는 교육으로 법에 따라 교육대상과 교육시간이 정해져 있다. 교육을 미실시할 경우 사업자에게 과태료가 부과되고 사업주가 주관한 안전교육을 이수하지 않은 근로자도 과태료를 부과 받을 수 있다.

(1) 교육대상 및 교육 시간

교육 대상		교육시간
사무직 종사 근로자		매분기 3시간 이상
사무직 종사 근로자 외의 근로자	판매업무에 직접 종사하는 근로자	매분기 3시간 이상
	판매업무에 직접 종사하는 근로자 외의 근로자	매분기 6시간 이상
관리감독자의 지위에 있는 사람		연간 16시간 이상

1. 상시 근로자 50인 미만의 도매업과 숙박 및 음식점업은 교육시간의 2분의 1 이상을 실시하여야 함.
2. 근로자(관리감독자의 지위에 있는 사람은 제외)가 「화학물질관리법 시행규칙」 제37조 제4항에 따른 유해화학물질 안전교육을 받은 경우에는 그 시간만큼 정기교육을 받은 것으로 인정함.
3. 방사선작업종사자가 「원자력안전법 시행령」 제148조 제1항에 따라 방사선작업종사자 정기교육을 받은 때에는 정기교육을 받은 것으로 인정함.

(2) 교육내용

근로자의 경우, 산업안전 및 사고 예방에 관한 사항, 산업보건 및 직업병 예방에 관한 사항 등이 포함되며, 관리감독자의 경우, 표준안전작업방법 및 지도 요령에 관한 사항 등을 교육받아야 한다.

근로자	관리감독자
• 산업안전 및 사고 예방에 관한 사항 • 산업보건 및 직업병 예방에 관한 사항 • 건강증진 및 질병 예방에 관한 사항 • 유해·위험 작업환경 관리에 관한 사항 • 「산업안전보건법」 및 일반관리에 관한 사항 • 산업재해보상보험 제도에 관한 사항	• 작업공정의 유해·위험과 재해 예방대책에 관한 사항 • 표준안전작업방법 및 지도 요령에 관한 사항 • 관리감독자의 역할과 임무에 관한 사항 • 산업보건 및 직업병 예방에 관한 사항 • 유해·위험 작업환경 관리에 관한 사항 • 「산업안전보건법」 및 일반관리에 관한 사항

(3) 교육방법

사업주는 근로자 정기교육 시 사업장의 실정에 따라 그 시간을 적절히 분할하여 실시할 수 있다. 또한 적합한 교육교재와 적절한 교육장비 등을 갖추고 집체교육, 현장교육, 인터넷 원격교육 중 어느 하나에 해당하는 교육을 실시할 수 있다.

고용노동부 고시 산업안전·보건교육규정에 따라 안전보건관리책임자, 안전관리자, 보건관리자, 안전보건관리담당자 등 안전보건관계자 또는 관리감독자가 주관이 되어야 하며, 교육 실시 사실을 확인할 수 있는 보고서 또는 일지를 작성해야 한다.

만약 근로자 정기 안전·보건교육의 실시가 곤란하거나 일시집합교육이 효과적인 경우로서 안전·보건교육 위탁전문기관에 위탁하여 교육을 실시할 수 있다.

1.1.2 신규 채용 시 교육

근로자를 신규 채용할 경우, 산업안전보건법에 따라 안전보건교육을 실시하여야 하며, 1일 단위의 계약으로 채용되는 일용일 근로자들도 교육을 이수하여야 한다.

(1) 교육 대상 및 교육 시간

교육 대상	교육 시간
일용근로자*	1시간 이상
일용근로자를 제외한 근로자	8시간 이상

* 일용근로자 : 1일 단위의 계약으로 채용되고 당일 약정된 근로의 종료와 동시에 자동적으로 종료해 근로관계가 계속 유지되지 않는 자를 말함.

(2) 교육 시기

신규 안전교육은 근로자를 신규로 채용해 최초 작업에 종사하기 전에 실시해야 한다. 단, 한국표준산업분류의 세 분류 중 같은 종류의 업종에서 6개월 이상 근무한 경험이 있는 근로자를 이직 후 1년 이내에 신규 채용하는 경우에는 교육시간을 100분의 50 이상(4시간 이상)으로 실시 할 수 있다.

(3) 교육 내용

① 기계·기구의 위험성과 작업의 순서 및 동선에 관한 사항
② 작업 개시 전 점검에 관한 사항
③ 정리정돈 및 청소에 관한 사항
④ 사고 발생 시 긴급조치에 관한 사항
⑤ 산업보건 및 직업병 예방에 관한 사항
⑥ 물질안전보건자료에 관한 사항
⑦ 「산업안전보건법」 및 일반관리에 관한 사항

1.1.3 작업내용 변경 시 교육

작업내용 변경 시 교육이란 동일 사업장 내에서 근로자가 기존에 수행하던 작업내용과 다른 작업을 수행하게 될 경우 변경된 작업을 수행하기 전에 의무적으로 실시하여야 하는 교육을 말한다.

(1) 교육 대상 및 교육 시간

교육 대상	교육 시간
일용근로자*	1시간 이상
일용근로자를 제외한 근로자	2시간 이상

(2) 교육 시기

작업 내용이 변경되어 변경된 작업을 실시하기 전에 시행한다.

(3) 교육 내용

신규 채용 시의 교육 내용과 동일하며 다음과 같다.
① 기계·기구의 위험성과 작업의 순서 및 동선에 관한 사항
② 작업 개시 전 점검에 관한 사항
③ 정리정돈 및 청소에 관한 사항
④ 사고 발생 시 긴급조치에 관한 사항
⑤ 산업보건 및 직업병 예방에 관한 사항
⑥ 물질안전보건자료에 관한 사항
⑦ 「산업안전보건법」 및 일반관리에 관한 사항

1.1.4 특별안전교육

근로자가 종사하는 작업이 특히 유해·위험하다고 판단되거나 산업재해를 방지하기 위해 특정한 과목에 대해서 안전교육을 실시하는 것을 특별안전교육이라고 한다.

(1) 교육 대상 및 교육 시간

교육 대상	교육 시간
유해위험작업에 종사하는 일용근로자	2시간 이상
유해위험작업 종사 근로자 중 일용근로자를 제외한 근로자	- 16시간 이상(최초 작업에 종사하기 전 4시간 이상 실시하고 12시간은 3개월 이내에서 분할하여 실시가능) - 단기간 작업 또는 간헐적 작업인 경우에는 2시간 이상*

* 단기간 작업 : 2월 이내에 종료되는 1회성 작업
간헐적 작업 : 연간 총 작업 일수가 60일을 초과하지 않는 작업

(2) 교육 시기

근로자가 최초 유해 위험한 작업에 종사하기 전에 실시한다. 교육 시간 16시간 중

유해 위험한 작업에 종사하기 전에 4시간을 실시하고, 나머지 12시간은 종사일로부터 3개월 이내에 분할로 실시할 수 있다.

특별안전교육 대상 작업을 중복해 작업을 실시하는 경우에는 주된 작업에 대해서 16시간의 교육 시간을 적용하되, 이외 작업에 대해서는 간헐적 작업으로 간주할 수 있다.

(3) 교육 내용

작업 종류에 따라 교육 내용이 정해져 있으며, 산업안전보건법 시행규칙 별표 8의 2에 따른 교육 내용의 예시는 다음과 같다.

작업명	교육 내용
<공통내용> 유해위험성이 높은 작업 38종	채용 시의 교육 및 작업내용 변경 시의 교육내용과 동일
<개별내용> 1. 고압실 내 작업(잠함공법이나 그 밖의 압기공법으로 대기압을 넘는 기압인 작업실 또는 수갱 내부에서 하는 작업만 해당한다)	○ 고기압 장해의 인체에 미치는 영향에 관한 사항 ○ 작업의 시간·작업 방법 및 절차에 관한 사항 ○ 압기공법에 관한 기초지식 및 보호구 착용에 관한 사항 ○ 이상 발생 시 응급조치에 관한 사항 ○ 그 밖에 안전·보건관리에 필요한 사항
2. 아세틸렌 용접장치 또는 가스집합 용접장치를 사용하는 금속의 용접·용단 또는 가열작업(발생기·도관 등에 의하여 구성되는 용접장치만 해당한다)	○ 용접 흄, 분진 및 유해광선 등의 유해성에 관한 사항 ○ 가스용접기, 압력조정기, 호스 및 취관두 등의 기기점검에 관한 사항 ○ 작업방법·순서 및 응급처치에 관한 사항 ○ 안전기 및 보호구 취급에 관한 사항 ○ 화재예방 및 초기대응에 관한사항 ○ 그 밖에 안전·보건관리에 필요한 사항
3. 밀폐된 장소(탱크 내 또는 환기가 극히 불량한 좁은 장소를 말한다)에서 하는 용접작업 또는 습한 장소에서 하는 전기용접 작업	○ 작업순서, 안전작업방법 및 수칙에 관한 사항 ○ 환기설비에 관한 사항 ○ 전격 방지 및 보호구 착용에 관한 사항 ○ 질식 시 응급조치에 관한 사항 ○ 작업환경 점검에 관한 사항 ○ 그 밖에 안전·보건관리에 필요한 사항
4. 폭발성·물반응성·자기반응성·자기발열성 물질, 자연발화성 액체·고체 및 인화성 액체의 제조 또는 취급작업(시험연구를 위한 취급작업은 제외한다)	○ 폭발성·물반응성·자기반응성·자기발열성 물질, 자연발화성 액체·고체 및 인화성 액체의 성질이나 상태에 관한 사항 ○ 폭발 한계점, 발화점 및 인화점 등에 관한 사항 ○ 취급방법 및 안전수칙에 관한 사항 ○ 이상 발견 시의 응급처치 및 대피 요령에 관한 사항 ○ 화기·정전기·충격 및 자연발화 등의 위험방지에 관한 사항 ○ 작업순서, 취급주의사항 및 방호거리 등에 관한 사항 ○ 그 밖에 안전·보건관리에 필요한 사항

(4) 교육의 면제

일부 타법에 의하여 안전교육을 받은 근로자는 특별안전보건교육을 면제 받을 수 있다. 예를 들어 방사선 업무에 관계되는 작업에 종사하는 근로자가 원자력안전법에 따라 방사선작업종사자 신규교육 중 직장교육을 받은 때에는 그 시간만큼 특별교육을 받은 것으로 인정받을 수 있다.

1.1.5 건설업 기초 안전보건교육

고용노동부는 건설공사현장의 안전을 확보하기 위해 '12년 6월 1일부터 건설일용근로자에 대한 「기초안전보건교육」 제도를 도입하였으며, 고용노동부가 지정한 전문위탁교육기관에 실시하고 있다. 안전교육을 이수하지 않은 일용근로자를 채용한 사업주는 교육대상근로자 1명당 과태료 처분을 받게 된다.

(1) 교육 대상 및 교육 시간

교육 대상	교육 시간
일용근로자*	4시간 이상

(2) 교육 시기

건설사들이 일용근로자를 채용할 시에 실시한다. 원도급업체는 수급인이 근로자 교육을 적절히 할 수 있도록 지원해야 하며, 산업안전보건관리비에서 기초안전보건교육에 소요되는 비용(교육비, 출장비, 참여수당)을 사용할 수 있다.

교육신청	➡	교육접수	➡	교육실시	➡	이수증 발급 (근로자)	➡	결과 전산입력
사업주		교육기관		교육기관		교육기관		교육기관

(3) 교육 내용 및 시간

산업안전보건법, 안전의식 제고, 작업별 위험용인과 안전작업 방법 등을 이수해야 한다.

구 분	교육 대상	교육 시간
공 통	산업안전보건법 주요 내용(건설 일용근로자 관련 부분)	1시간
	안전의식 제고에 관한 사항	
교육대상별	작업별 위험요인과 안전작업 방법(재해사례 및 예방대책)	2시간

(4) 교육의 면제

채용 전 다른 현장에서 기초 안전보건교육을 이수한 경우 이수증을 확인하고, 해당 교육을 면제 받을 수 있다.

1.1.6 물질안전보건자료에 관한 교육

사업주는 작업장에서 취급하는 화학물질의 물질안전보건자료에 대한 교육을 실시하여야 하며, 물질안전보건자료 교육을 받은 근로자는 안전보건교육을 실시한 것으로 인정받을 수 있다.

(1) 교육 종류 및 교육 내용

모든 교육 내용에 포함될 수 있으며, 취급상의 주의사항, 적절한 보호구 등에 대하여 교육 받아야 한다. 물질안전보건자료의 변경된 경우, 변경된 사항에 대하여 추가로 교육을 받아야 한다.

안전보건교육	교육 내용
정기교육 / 채용 시 / 작업내용 변경 시 / 특별안전교육	○ 대상화학물질의 명칭(또는 제품명) ○ 물리적 위험성 및 건강 유해성 ○ 취급상의 주의사항 ○ 적절한 보호구 ○ 응급조치 요령 및 사고 시 대처방법 ○ 물질안전보건자료 및 경고표지를 이해하는 방법

(2) 교육 시기

근로자가 취급하는 화학물질의 유해위험성을 인지하고, 적절한 보호구 등을 준비할 수 있도록 화학물질을 취급 전에 실시한다.

1.2 안전보건관리책임자 등에 대한 교육

안전보건관리책임자는 안전에 관한 업무를 총괄관리는 하는 사람으로서 근로자의 안전보건교육에 관한 사항을 총괄한다. 또한 관리감독자는 경영조직에서 생산과 관련되는 업무와 그 소속 직원을 직접 지휘·감독하는 부서의 장 또는 그 직위를 담당하는 자로, 법에 따라 소속된 근로자의 작업복·보호구 및 방호장치의 점검과 그 착용·사용에 관한 교육·지도를 실시해야 한다.

1.2.1 교육 대상 및 시간

안전보건관리책임자 등은 채용된 후 3개월(보건관리자가 의사인 경우는 1년) 이내에 직무를 수행하는 데 필요한 신규교육을 받아야 하며, 신규교육을 이수한 후 매 2년이 되는 날을 기준으로 전후 3개월 사이에 보수교육을 받아야 한다.

교육 대상	교육 내용	
	신규교육	보수교육
가. 안전보건관리책임자	6시간 이상	6시간 이상
나. 안전관리자, 안전관리전문기관의 종사자	34시간 이상	24시간 이상
다. 보건관리자, 보건관리전문기관의 종사자	34시간 이상	24시간 이상
라. 재해예방 전문지도기관의 종사자	34시간 이상	24시간 이상
마. 석면조사기관의 종사자	34시간 이상	24시간 이상
바. 안전보건관리담당자	-	8시간 이상

1.2.2 교육 내용

산업안전보건법 시행규칙 별표 8의2의 규정에 따라 교육 내용이 제정되어 있으며, 주요 내용은 다음과 같다.

교육 대상	교육 내용	
	신규교육	보수교육
가. 안전보건 관리책임자	1) 관리책임자의 책임과 직무에 관한 사항 2) 산업안전보건법령 및 안전·보건조치에 관한 사항	1) 산업안전·보건정책에 관한 사항 2) 자율안전·보건관리에 관한 사항
나. 안전관리자 및 안전관리전문기관 종사자	1) 산업안전·보건법령에 관한 사항 2) 산업안전·보건개론에 관한 사항 3) 인간공학 및 산업심리에 관한 사항 4) 안전·보건교육방법에 관한 사항 5) 재해 발생 시 응급처치에 관한 사항 6) 안전점검·평가 및 재해 분석기법에 관한 사항 7) 안전기준 및 개인보호구 등 분야별 재해예방 실무에 관한 사항 8) 산업안전보건관리비 계상 및 사용기준에 관한 사항 9) 작업환경 개선 등 산업위생 분야에 관한 사항 10) 무재해운동 추진기법 및 실무에 관한 사항 11) 위험성평가에 관한 사항 12) 그 밖에 안전관리자의 직무 향상을 위하여 필요한 사항	1) 산업안전·보건법령 및 정책에 관한 사항 2) 안전관리계획 및 안전·보건 개선 계획의 수립·평가·실무에 관한 사항 3) 안전·보건교육 및 무재해운동 추진 실무에 관한 사항 4) 산업안전보건관리비 사용기준 및 사용방법에 관한 사항 5) 분야별 재해 사례 및 개선 사례에 관한 연구와 실무에 관한 사항 6) 사업장 안전 개선기법에 관한 사항 7) 위험성평가에 관한 사항 8) 그 밖에 안전관리자 직무 향상을 위하여 필요한 사항
다. 보건관리자 및 보건관리전문기관 종사자	1) 산업안전·보건법령 및 작업환경측정에 관한 사항 2) 산업안전·보건개론에 관한 사항 3) 안전·보건교육방법에 관한 사항 4) 산업보건관리계획 수립·평가 및 산업역학에 관한 사항 5) 작업환경 및 직업병 예방에 관한 사항 6) 작업환경 개선에 관한 사항(소음·분진·관리대상 유해물질 및 유해광선 등) 7) 산업역학 및 통계에 관한 사항 8) 산업환기에 관한 사항 9) 안전·보건관리의 체제·규정 및 보건관리자 역할에 관한 사항 10) 보건관리계획 및 운용에 관한 사항	1) 산업안전·보건법령, 정책 및 작업환경 관리에 관한 사항 2) 산업보건관리계획 수립·평가 및 안전·보건교육 추진 요령에 관한 사항 3) 근로자 건강 증진 및 구급환자 관리에 관한 사항 4) 산업위생 및 산업환기에 관한 사항 5) 직업병 사례 연구에 관한 사항 6) 유해물질별 작업환경 관리에 관한 사항 7) 위험성평가에 관한 사항 8) 그 밖에 보건관리자 직무 향상을 위하여 필요한 사항

교육 대상	교육 내용	
	신규교육	보수교육
	11) 근로자 건강관리 및 응급처치에 관한 사항 12) 위험성평가에 관한 사항 13) 그 밖에 보건관리자의 직무 향상을 위하여 필요한 사항	
바. 안전보건 관리담당자		1) 위험성평가에 관한 사항 2) 안전·보건교육방법에 관한 사항 3) 사업장 순회점검 및 지도에 관한 사항 4) 기계·기구의 적격품 선정에 관한 사항 5) 산업재해 통계의 유지·관리 및 조사에 관한 사항 6) 그 밖에 안전보건관리담당자 직무 향상을 위하여 필요한 사항

1.3 검사원 양성교육

사업장에서 유해·위험기계 등의 안전에 관한 성능검사 업무를 담당하는 사람은 안전보건공단이나 해당 분야 전문기관에서 양성교육을 이수해야 한다.

상세한 교육 내용은 산업안전보건법 시행규칙 별표 8의2의 규정에 서술되어 있으며, 주요 내용은 다음과 같다.

설비명	교육 과정	교육 내용
프레스 및 전단기	양성교육	○ 관계 법령 ○ 프레스 및 전단기 개론 ○ 프레스 및 전단기 구조 및 특성 ○ 검사기준 ○ 방호장치 ○ 검사장비 용도 및 사용방법 ○ 검사실습 및 체크리스트 작성 요령 ○ 위험검출 훈련
크레인	양성교육	○ 관계 법령 ○ 크레인 개론 ○ 크레인 구조 및 특성 ○ 검사기준 ○ 방호장치 ○ 검사장비 용도 및 사용방법

설비명	교육 과정	교육 내용
		○ 검사실습 및 체크리스트 작성 요령 ○ 위험검출 훈련 ○ 검사원 직무
리프트	양성교육	○ 관계 법령 ○ 리프트 개론 ○ 리프트 구조 및 특성 ○ 검사기준 ○ 방호장치 ○ 검사장비 용도 및 사용방법 ○ 검사실습 및 체크리스트 작성 요령 ○ 위험검출 훈련 ○ 검사원 직무

1.4 교육 강사 기준

산업안전보건법에서는 사업장 안전보건교육 강사 기준과 위탁교육기관 강사 기준을 지정하고 있다. 사업장안전보건교육강사는 직무와 자격을 중심으로 위탁교육기관 강사 기준은 자격기준을 적용하고 있다.

1.4.1 사업장 안전보건교육 강사 기준

가. 안전보건관리책임자
나. 관리감독자
다. 안전관리자(안전관리전문기관의 위탁 안전관리자 포함)
라. 보건관리자(안전관리전문기관의 위탁 안전관리자 포함)
마. 안전보건관리담당자
바. 산업보건의
사. 공단에서 실시하는 해당 분야의 강사요원 교육과정을 이수한 사람
아. 산업안전지도사 또는 산업보건지도사
자. 산업안전·보건에 관하여 학식과 경험이 있는 사람으로서 고용노동부장관이 정하는 기준에 해당하는 사람
  - 안전보건교육위탁기관 및 직무교육위탁기관의 강사와 같은 등급 이상의 자격을 가진 사람
  - 7급 이상 공무원으로서 산업안전보건 분야 실무 경력 3년 이상인 사람

- 사업장 내 관리감독자 또는 안전(보건)관리자 등 안전(보건)관계자의 지위에 있는 사람 또는 교육대상 작업에 3년 이상 근무한 경력이 있는 사람으로 사업주가 강사로서 적정하다고 인정하는 사람

1.4.2 위탁 교육기관 강사 기준

교육전문기관의 교육강사 기준이 정해져 있으나, 보수교육의 의무는 없다.

구분	교육 시간
자격	1. 산업안전(건설안전 분야) 지도사, 산업보건지도사, 건설안전기술사, 산업위생관리기술사 2. 건설안전기사 또는 산업안전기사 자격 소지자로서 건설안전 분야 실무경력이 7년 이상인 사람 3. 건설안전기사 또는 산업위생관리기사 자격 소지자로서 해당 실무경력이 1년 이상인 사람 4. 건설안전산업기사 또는 산업위생관리산업기사 자격 소지자로서 해당 실무경력이 3년 이상인 사람 5. 산업안전기사 또는 산업안전산업기사 소지자로서 건설안전 실무경력이 1년(산업안전산업기사의 경우 3년) 이상인 사람 6. 건설 관련 기사 소지자로서 건설 관련 실무경력이 1년 이상인 사람 7. 「건설기술 진흥법 시행령」의 특급건설기술자 또는 고급건설기술자
학위	1. 「고등교육법」 제2조에 따른 학교 중 4년제 대학의 건설안전 또는 산업보건·위생 관련 분야 학과를 졸업한 자(다른 법령에 따라 이와 같은 수준 이상의 학력이 인정되는 자를 포함한다)로서 해당 실무경력이 1년 이상인 사람 2. 「고등교육법」 제2조에 따른 학교 중 전문대학의 건설안전 또는 산업보건·위생 관련 분야 학과를 졸업한 사람(다른 법령에 따라 이와 같은 수준 이상의 학력이 인정되는 사람을 포함한다)으로서 해당 실무경력이 3년 이상인 사람
강의 경력	대학의 조교수 이상으로서 건설안전 분야에 관한 학식과 경험이 풍부한 사람
실무 경력	5급 이상 공무원, 산업안전·보건 분야 석사학위 이상 소지자 또는 산업전문간호사로서 산업안전·보건 분야 실무경력이 3년 이상인 사람

1.5 근로자 안전교육 방법

사업주는 사업장내 안전보건교육을 실시할 때 집체교육, 현장교육, 인터넷 원격교육 중 원하는 방법으로 실시할 수 있다. 다만 특별교육을 인터넷 원격교육으로 실시하는 경우에는 총 교육시간의 1/3 범위에서 실시해야 하며, 인터넷 원격교육의 기준은 고용부 고시로 별도 지정되어 있다.

구 분	요 건
강사 자격	근로자 안전·보건교육 강사기준에 적합한 자
교육생학습관리시스템	수강신청 시스템 평가 및 결과 확인 시스템 교육생 개인 이력 및 수강이력 시스템 질의 응답 시스템
전산시스템	하드웨어 : 교육과정에 대한 제반 정보를 최소 3년간 유지할 수 있는 방안을 제시할 것 소프트웨어 : 정보보안을 위해 방화벽과 보안 소프트웨어를 설치하고, 기술적·관리적 보호조치를 마련할 것
평가 및 수료기준	평가는 평가항목, 평가세부내역, 평가방법, 평가에 대한 채점기준 등이 명기되어 있을 것

1.6 안전보건교육 면제 조건 및 면제 시간

산업안전보건법상 교육 이수 시간에 따라 정기교육 등을 면제하여 주고 있으며, 주요 면제 조건과 시간은 다음과 같다.

대상교육	면제 조건	면제 시간
안전보건교육	안전·보건교육 위탁전문기관을 통한 교육 실시한 경우	교육이수 시간
정기교육	무재해운동 등 재해예방사업 관련 교육 실시 경우	교육실시 시간
	안전·보건관리자 선임 의무가 없는 사업장의 근로자가 근로자건강센터에서 실시하는 안전보건교육, 건강상담, 건강관리 프로그램 등 참여한 경우	참여시간
	안전체험교육장에서 체험교육을 실시한 경우	교육이수 시간
	전년도 산업재해 미발생 사업장의 당해 연도 근로자 정기교육	교육시간 50%
	고용노동부장관이 정하는 교육(검사원 양성교육, 전문화 교육, 통신교육 등)을 이수한 경우	교육이수 시간
채용 시의 교육	한국표준산업분류의 세 분류 중 같은 업종에 6개월 이상 근무 경력이 있는 근로자에 대한 채용 시 교육 실시한 경우	채용 시의 교육시간 50%
	고용노동부장이 실시하는 4기간 이상의 산업안전보건교육을 이수한 일용직 근로자 신규 채용하는 경우	교육이수 일부터 2년간 채용 시의 교육시간
	채용 시 교육을 이수한 근로자가 같은 도급인의 사업장내에서 이전에 하던 업무와 동일한 업무에 종사하는 경우	채용 시 교육시간 면제

대상교육	면제 조건	면제 시간
특별안전보건교육	특별안전보건교육 대상작업에 6개월 이상 근무 경험이 있는 근로자에 대해 1. 이직 후 1년 이내 신규 채용되어 이직 전과 동일한 특별교육 대상작업에 종사하는 경우 2. 근로자가 같은 사업장내 다른 작업에 배치된 후 1년 이내에 배치전과 동일한 특별안전보건교육 대상작업에 종사하는 경우	특별 교육시간 50%
	특별안전보건교육을 이수한 근로자가 같은 도급인의 사업장내에서 이전에 하던 업무와 동일한 업무에 종사하는 경우	특별안전보건 교육 면제

2. 화학물질관리법상 안전교육

화학물질관리법이란 2012년 9월 발생한 구미불산누출사고를 계기로 제정된 법률로써 유해화학물질관리법에서 안전에 대폭 강화된 법률이라 할 수 있다.

화학물질관리법에서도 안전교육이 강조되고 있으며, 화학물질 취급 및 화학사고 발생 시 효과적인 대응과 화학사고 예방 및 사고 피해를 최소화하기 위해 세부 교육 내용이 규정되어 있다. 안전교육에 대한 사항은 화학물질관리법 제33조 및 같은 법 시행규칙 제37조에 따라 실시된다.

화학물질관리법에 따른 교육은 화학물질안전원, 한국화학물질관리법회 등 환경부가 전문성을 인정하여 지정·고시하는 기관에서 전문적으로 실시한다.

2.1 유해화학물질 취급시설의 기술인력에 대한 교육

화학물질관리법에 따른 위해관리계획서, 작외영향평가 등을 작성할 수 있는 기술인력에 대한 교육으로 작성대상사업장의 기술인력 또는 작성전문기관에서 받을 수 있으며, 매 2년마다 16시간의 교육을 이수해야 한다.

또한 화학사고대응과정, 화학사고 예방과정, 화학사고수습과정에는 소방, 경찰, 군, 지자체, 환경청, 민간전문가 등이 교육을 받을 수 있다.

교육 과정		이수시간	대상자
장외영향평가서 작성자 교육		16시간	장외영향평가서 작성대상 사업장
위해관리계획서 작성자 교육		16시간	위해관리계획서 작성대상 사업장
화학사고 대응과정	일반교육	35시간	소방, 경찰, 군, 지자체, 환경청, 민간전문가 등
	실무교육	24시간	
	특별교육	24시간	
화학사고 예방과정	일반교육	35시간	
	실무교육	24시간	
화학사고 수습과정	일반교육	24시간	

기술인력이 되거나 유해화학물질관리자로 선임된 날부터 2년 이내에 안전교육을 받아야 한다.

교육 대상	교육 내용
유해화학물질 취급시설의 기술인력	가. 「화학물질관리법」 및 일반 화학안전관리에 관한 사항 나. 유해화학물질 취급시설 기준 및 자체점검에 관한 사항 다. 유해화학물질 유해성 및 분류·표시방법에 관한 사항 라. 유해화학물질 취급형태별 준수사항 및 취급기준에 관한 사항 마. 장외영향평가와 안전성 향상 방안에 관한 사항 바. 화학사고 시 대피·대응 방법 및 개인보호구 착용 실습에 관한 사항 사. 화학물질 노출 시 응급조치 요령에 관한 사항

2.2 유해화학물질관리자에 대한 교육

유해화학물질관리자의 경우, 취급시설의 유무에 따라 교육시간이 차등된다.

탱크, 배관 등 취급시설이 없는 판매업의 유해화학물질관리자는 매 2년마다 8시간의 교육을 이수해야 하며, 취급시설이 있는 유해화학물질관리자는 매 2년마다 16시간의 교육을 이수해야 한다.

유해화학물질관리자 자격을 취득하려는 경우, 다음과 같은 교육을 이수해야 한다.

교육 대상	교육 내용
유해화학물질 관리자 자격취득 대상자	가. 「화학물질관리법」 및 일반 화학안전관리에 관한 사항 나. 유해화학물질 취급시설 기준 및 자체점검에 관한 사항 다. 장외영향평가·위해관리계획 및 화학사고 시 영향범위 산정에 관한 사항 라. 화학물질의 유해성 분류 및 표시방법에 관한 사항 마. 화학물질이 인체와 환경에 미치는 영향에 관한 사항 바. 화학사고 시 대피·대응 방법에 관한 사항 사. 개인보호구, 방제 장비 등 선정 기준과 방법에 관한 사항
유해화학물질 관리자	가. 「화학물질관리법」 및 일반 화학안전관리에 관한 사항 나. 유해화학물질 취급시설 기준 및 자체점검에 관한 사항 다. 유해화학물질 유해성 및 분류·표시방법에 관한 사항 라. 유해화학물질 취급형태별 준수사항 및 취급기준에 관한 사항 마. 장외영향평가와 안전성 향상 방안에 관한 사항 바. 화학사고 시 대피·대응 방법 및 개인보호구 착용 실습에 관한 사항 사. 화학물질 노출 시 응급조치 요령에 관한 사항

2.3 유해화학물질 취급자에 대한 교육

유해화학물질 취급 담당자는 해당 업무를 수행하기 전에 안전교육을 받아야 하며, 교육시간 중 8시간을 화학물질안전원에서 실시하는 인터넷을 이용한 교육으로 대체 받을 수 있다.

유해화학물질 취급 담당자가 안전교육을 받아야 하는 날부터 2년 전까지의 기간에 「산업안전보건법」 제31조 제3항에 따른 특별교육 중 화학물질안전원장이 유해화학물질 안전교육과 유사하다고 인정하여 고시하는 교육과정을 16시간 이상 이수한 경우에는 유해화학물질 취급자 교육의 시간 중 50%를 인정받을 수 있다.

만약 유해화학물질관리자가 화학사고를 일으킨 경우에는 화학사고가 발생한 날부터 1년 이내에 8시간의 안전교육을 추가로 받아야 한다.

교육 대상	교육 시간
가. 유해화학물질 영업자가 고용한 사람으로서 유해화학물질을 직접 취급하는 사람	매 2년마다 16시간 (유해화학물질을 운반하는 자는 매 2년마다 8시간)
나. 법 제31조제1항에 따른 수급인과 수급인이 고용한 사람으로서 유해화학물질을 직접 취급하는 사람	매 2년마다 16시간 (유해화학물질을 운반하는 자는 매 2년마다 8시간)
다. 위해관리계획서 작성 담당자	매 2년마다 16시간
라. 그 밖에 환경부장관이 화학사고 예방 등을 위하여 필요하다고 인정하여 고시한 사람	매 2년마다 16시간

유해화학물질을 차량 등을 이용하여 운반하는 화학물질관리법에 의한 유해화학물질 취급기준을 준수해야 하며, 유해화학물질에 관한 안전교육을 이수하여야 한다.

교육 대상	교육 내용
유해화학물질 취급 담당자	가. 「화학물질관리법」 및 일반 화학안전관리에 관한 사항 나. 유해화학물질 취급시설 기준 및 자체점검에 관한 사항 다. 화학물질의 유해성 및 분류·표시방법에 관한 사항 라. 유해화학물질 상·하차, 이동, 취급, 보관·저장 시 준수사항 및 취급기준에 관한 사항 마. 화학사고 시 대피·대응 방법 및 개인보호구 착용 실습에 관한 사항 바. 화학물질 노출 시 응급조치 요령에 관한 사항
유해화학물질 운반자	가. 「화학물질관리법」 및 일반 화학안전관리에 관한 사항 나. 유해화학물질 운반차량 표시 및 운반계획서 작성에 관한 사항 다. 유해화학물질 상·하차, 이동 시 준수사항 라. 화학사고 시 대피·대응 방법 및 개인보호구 착용 실습에 관한 사항 마. 화학물질 노출 시 응급조치 요령에 관한 사항

2.4 종사자에 대한 교육

취급자 정기교육과정 대상자 외 해당 사업장의 모든 종사자는 유해화학물질관리자에 의한 안전교육을 이수해야 한다. 유해화학물질 안전교육(온라인 교육을 포함한다)을 매년 1회, 2시간 이상 받아야 한다.

교육 대상	교육 내용
유해화학물질 사업장 종사자	가. 화학물질의 유해성 및 안전관리에 관한 사항 나. 화학사고 대피·대응 방법 및 사고 시 행동요령에 관한 사항 다. 업종별 유해화학물질 취급방법에 관한 사항

2.5 교육의 보고

유해화학물질관리자가 주관하는 자체 교육은 영상자료, 사업장 자체 온라인 교육으로 실시 할 수 있다. 또한 교육결과는 매년 화학물질안전원 교육시스템을 통해 보고해야 한다.

2.5.1 보고 내용

(1) 유해화학물질 안전교육 내용 및 결과

① 종사자 교육을 실시한 교육 과목명, 교육 시간, 교육 목표, 주요 내용(자료 출처 포함)과 교육일시·장소, 대상 인원 등

② 유해화학물질 안전교육 강사 이력서

③ 유해화학물질 안전교육 이수자 명단

[교육일지 샘플]

<table>
<tr><th colspan="2">유해화학물질 안전교육</th></tr>
<tr><td colspan="2">과목명 : 화학사고 대응대책</td></tr>
<tr><td>강 사 : ○○○(유해화학물질 관리자 or 점검원)</td><td>교육시간 : 1시간</td></tr>
<tr><td>교육일시 및 장소 : 2018년 ○월 ○일, ○○대강당</td><td>대상인원 : ○○○명</td></tr>
<tr><td colspan="2">교육 목표 :
• 유해화학물질의 특성과 위험성을 이해하고 사고 대응 시 신속·정확하게 대처하고 한다.
• 화학물질이 인체에 어떤 손상을 주는지를 이해하고 효율적인 사고대응 방법을 알아보고자 한다.</td></tr>
<tr><td>주요 내용</td><td>▪ 화학사고 발생 징후 인지 및 사고회피 방법
• 외부 또는 열린 대기 환경
- 육안으로 분별 가능한 증기구름
- 벌크 컨테이너 또는 압력용기로부터의 유출
- 대량 액체 누출
• 내부 또는 제한된 대기 환경
- 저지대 구조
- 제한된 공간
- 인공 또는 자연 방벽
• 생물학적 지표(또는 상식 활용)

▪ 화학사고 발생신고 및 사고 상황전파 방법
• 누출차단 가능성 판단
• 화재 소화 시 위험성 판단
• 보고 및 신고
- 신고 및 전파, 초기조치 요령 등

▪ 인체 노출 시 응급조치 방법
• 유해화학물질의 특성
• 유해화학물질별 응급처치 방법 등</td></tr>
</table>

3. 연구실안전환경조성에 관한 법률상 안전교육

연구실안전환경조성에 관한 법률은 대학이나 연구기관 등에 설치된 과학기술분야 연구실의 안전을 확보함과 동시에 연구실 사고로 인한 피해를 적절하게 보상받을 수 있도록 제정되었다.

법에 따라 정부는 연구실 안전관리기술 고도화 및 안전사고 예방을 위한 연구개발을 추진하고, 유형별 안전관리 표준화 모델과 안전교육 교재를 개발·보급해야 하는 의무가 있으며, 연구활동 종사자에 대한 교육 훈련을 지도 및 감독하고 있다.

3.1 연구활동종사자 교육·훈련

연구활동종사자란 대학·연구기관 등이 과학기술분야의 실험실·실습실·실험준비실에서 과학기술분야 연구개발활동에 종사하는 연구원·대학생·대학원생 및 연구보조원 등을 말한다. 연구실 내에서 이루어지는 교육 및 연구개발활동은 연구실책임자가 주관하여야 한다. 연구실 책임자는 산업안전보건법의 관리감독자와 유사한 개념으로 연구활동종사자를 직접 지도·관리·감독하는 자를 말한다.

연구활동종사자 교육의 강사는 대학의 조교수 이상으로서 안전에 관한 경험과 학식이 풍부한 사람이거나 연구실 책임자 등이 실시하여야 하며, 기관에서 교육을 실시하지 않은 경우, 천만원이하의 과태료를 내야 한다.

3.1.1 신규교육 훈련

연구활동종사자의 근로자란 근로기준법에 따른 근로자로써, 예를 들어 기업연구소 혹은 국가연구소에 근무하는 사람들을 말한다.

<table>
<tr><th colspan="2">교육 대상</th><th>교육 시간</th><th>교육 내용</th></tr>
<tr><td rowspan="2">근로자</td><td>가. 연구실에 신규로 채용된 연구활동종사자</td><td>8시간 이상
(채용 후 6개월 이내)</td><td rowspan="2">• 연구실 안전환경 조성 법령에 관한 사항
• 연구실 유해인자에 관한 사항
• 보호장비 및 안전장치 취급과 사용에 관한 사항
• 연구실 사고사례 및 사고예방 대책에 관한 사항
• 안전표지에 관한 사항</td></tr>
<tr><td>나. 유해화학물질 혹은 유해인자 등을 취급하지 않는 연구실에 신규로 채용된 연구활동종사자</td><td>4시간 이상
(채용 후 6개월 이내)</td></tr>
</table>

교육 대상		교육 시간	교육 내용
근로자가 아닌 자	다. 대학생, 대학원생 등 연구개발활동에 참여하는 연구활동종사자	2시간 이상 (연구개발활동 참여 후 3개월 이내)	• 물질안전보건자료에 관한 사항 • 사전유해인자위험분석에 관한 사항 • 그 밖에 연구실 안전관리에 관한 사항

신규 교육 훈련을 받은 사람은 해당 반기의 정기교육을 면제 받을 수 있다.

3.1.2 정기교육 훈련

정기교육 훈련은 사이버교육의 형태로 실시할 수 있다. 이 경우 평가를 실시하여 100점을 만점으로 60점 이상 득점한 사람에 한정하여 교육이수를 인정하고 있다.

교육 대상	교육 시간	교육 내용
가. 유해화학물질 혹은 유해인자 등을 취급하는 연구실에 근무하는 연구활동종사자	반기별 6시간 이상	• 연구실 안전환경 조성 법령에 관한 사항 • 연구실 유해인자에 관한 사항 • 안전한 연구개발활동에 관한 사항 • 물질안전보건자료에 관한 사항 • 사전유해인자위험분석에 관한 사항 • 그 밖에 연구실 안전관리에 관한 사항
나. 유해화학물질 혹은 유해인자 등을 취급하지 않는 연구실에 근무하는 연구활동종사자	반기별 3시간 이상	

3.1.3 특별안전교육 훈련

연구실에서 사고가 발생하거나 연구내용 변경 등이 발생한 경우, 해당 연구활동종사자를 대상으로 2시간 이상의 특별안전교육을 실시하여야 한다.

교육 대상	교육 시간	교육 내용
연구실사고가 발생하였거나 발생할 우려가 있다고 연구주체의 장이 인정하는 연구실에 근무하는 연구활동종사자	2시간 이상	• 연구실 유해인자에 관한 사항 • 안전한 연구개발 활동에 관한 사항 • 물질안전보건자료에 관한 사항 • 그 밖에 연구실 안전관리에 관한 사항

3.2 연구실안전환경관리자 전문교육

연구실안전환경관리자란, 연구실 안전과 관련한 기술적인 사항에 대하여 연구주체의 장을 보좌하거나 연구실안전관리담당자를 지도하는 사람이다. 연구실 연구활동종사자 인원수에 따라 지정해야 하며, 전문교육을 이수해야 한다.

교육기관은 과학기술정보통신부장관이 정하여 고시하는 교육기관으로, 다음의 교육을 이수하고, 수료증을 발급받은 사람에 한정하여 연구실안전환경관리자 전문교육을 이수한 것으로 인정받을 수 있다.

3.2.1 신규교육

교육 시간	교육 시기 및 주기	교육 내용
18시간 이상	연구실안전환경관리자로 지정된 후 6개월 이내	• 연구실 안전환경 조성 법령에 관한 사항 • 연구실안전 관련 제도 및 정책 • 안전관리계획 수립·시행에 관한 사항 • 연구실안전교육에 관한 사항 • 연구실 유해인자에 관한 사항 • 안전점검 및 정밀안전진단 • 연구활동종사자 보험에 관한 사항 • 안전관리비 계상 및 사용 • 연구실사고 사례, 예방 및 대처 • 연구실 안전환경 개선에 관한 사항 • 물질안전보건자료에 관한 사항 • 그 밖에 연구실 안전관리에 관한 사항

3.2.2 보수교육

교육 시간	교육 시기 및 주기	교육 내용
12시간 이상	신규교육을 이수한 후 매 2년이 되는 날을 기준으로 전후 6개월 이내	• 연구실 안전환경 조성 법령에 관한 사항 • 연구실안전 관련 제도 및 정책 • 안전관리계획 수립·시행에 관한 사항 • 연구실안전교육에 관한 사항 • 연구실 유해인자에 관한 사항 • 안전점검 및 정밀안전진단 • 연구활동종사자 보험에 관한 사항 • 안전관리비 계상 및 사용 • 연구실사고 사례, 예방 및 대처 • 연구실 안전환경 개선에 관한 사항 • 물질안전보건자료에 관한 사항 • 그 밖에 연구실 안전관리에 관한 사항

연구실안전관자는 신규교육을 이수한 후 매 2년이 되면 보수교육을 이수해야 하며, 내용은 신규교육 내용과 동일하다.

4. 가스 관련 법령에 따른 안전교육

고압가스안전관리법, 도시가스사업법, 액화석유가스의 안전관리 및 사업법은 가스 3법이라 불리며 고압가스 관련 안전관리에 관한 사항이 포함되어 있다. 고압가스설비를 검사하는 검사자, 고압가스 취급자 등은 법에 따라 안전교육을 이수해야 한다. 가스안전에 관한 교육은 가스안전공사에서 매년 교육 계획을 수립하여 관할 시, 도지사에게 보고하게 된다.

법에 따라 전문교육 및 특별교육, 양성교육으로 구분되며, 교육 대상자가 된 사람은 그 날로부터 1개월 이내에 교육수강을 신청해야 한다.

<table>
<tr><th>구분</th><th>교육과정</th><th>교육주기</th><th>교육시간</th><th>관련법</th><th>교육대상자</th></tr>
<tr><td rowspan="15">전문
교육</td><td>고압가스특정제조시설</td><td rowspan="15">신규
종사 시
1회</td><td>22(3일)</td><td>고법</td><td rowspan="15">안전관리책임자
및 안전관리원</td></tr>
<tr><td>고압가스일반제조 · 충전 · 저장시설</td><td>22(3일)</td><td>고법</td></tr>
<tr><td>냉동 · 냉동기제조시설 및 검사기관</td><td>22(3일)</td><td>고법</td></tr>
<tr><td>용기 · 특정설비 제조시설 및 검사기관</td><td>22(3일)</td><td>고법</td></tr>
<tr><td>운반책임자</td><td>14(2일)</td><td>고 · 액법</td></tr>
<tr><td>LPG충전 · 저장 · 집단공급시설 및 검사기관</td><td>22(3일)</td><td>액법</td></tr>
<tr><td>가스용품제조시설</td><td>21(3일)</td><td>액법</td></tr>
<tr><td>가스판매시설 및 검사기관</td><td>22(3일)</td><td>액법</td></tr>
<tr><td>도시가스공급시설</td><td>22(3일)</td><td>도법</td></tr>
<tr><td>안전관리대행사</td><td>22(3일)</td><td>도법</td></tr>
<tr><td>배관안점점검원</td><td>14(2일)</td><td>도법</td></tr>
<tr><td>가스시설시공업 제1종</td><td>22(3일)</td><td>액 · 도법</td></tr>
<tr><td>가스시설시공업 제2종</td><td>22(3일)</td><td>액 · 도법</td></tr>
<tr><td>가스시설시공업 제3종</td><td>21(3일)</td><td>액 · 도법</td></tr>
<tr><td>가스사용시설 및 검사기관</td><td>7(1일)</td><td>고 · 액 · 도법</td></tr>
</table>

구분	교육과정	교육주기	교육시간	관련법	교육대상자
특별 교육	사용시설점검원	신규 종사 시 1회	6(1일)	도법	가스사용시설 점검원
	운반자동차운전자 및 LPG배달원		4(1일)	고·액법	가스운반자동차 운전자
	도시가스사용자동차운전자		4(1일)	도법	및 LPG배달원
	LPG사용자동차운전자		2(1일)	액법	도시가스사용자 동차운전자
	보수·유지관리원		12(2일)	도법	LPG자동차 운전자
	액화석유가스충전시설의 충전원		6(1일)	액법	도시가스시설 보수유지관리원
	LPG사용자동차정비·폐차작업종사자		6(1일)	액법	LPG충전소의 충전원
	도시가스사용자동차정비원		6(1일)	도법	LPG자동차 폐차 및
	도시가스사용자동차 충전시설의 충전원		6(1일)	도법	정비업 종사자

4.1 고압가스안전관리법

고압가스안전관리법이란 고압가스의 제조·저장·판매·운반·사용과 고압가스의 용기·냉동기·특정설비 등의 제조와 검사 등에 관한 사항 및 가스안전에 관한 기본적인 사항을 정한 법률로써 사업자등, 특정고압가스 사용신고자, 수탁관리자 및 검사기관의 안전관리에 관계되는 업무를 하는 자 등은 교육을 이수하여야 한다.

교육 과정	교육대상자	교육 시기
가. 전문교육	1) 안전관리책임자·안전관리원 2) 특정고압가스사용신고시설의 안전관리책임자 3) 운반책임자 4) 검사기관의 기술인력 5) 독성가스 시설의 안전관리책임자·안전관리원 6) 특정고압가스사용신고시설 중 독성가스 시설의 안전관리책임자	신규 종사 후 6개월 이내 및 그 후에는 3년이 되는 해마다 1회(검사기관의 기술인력은 제외한다)
나. 특별교육	1) 운반차량운전자 2) 고압가스사용자동차 운전자 3) 고압가스자동차 충전시설의 충전원 4) 고압가스사용자동차 정비원 5) 공기충전시설 안전관리 책임자가 되려는 사람	신규 종사 시 1회

교육 과정	교육대상자	교육 시기
다. 양성교육	1) 일반시설안전관리자가 되려는 사람 2) 냉동시설안전관리자가 되려는 사람 3) 판매시설안전관리자가 되려는 사람 4) 사용시설안전관리자가 되려는 사람 5) 운반책임자가 되려는 사람	

일부 교육일 이수한 경우, 면제 조항이 적용되며, 도시가스사업법, 액화석유가스의 안전관리 및 사업법에 따른 교육도 면제되기도 한다.

4.2 도시가스사업법

도시가스란 천연가스(액화한 것을 포함), 배관(配管)을 통하여 공급되는 석유가스, 나프타부생(副生)가스, 바이오가스 또는 합성천연가스를 지칭한다. 도시가스사업자, 시공자 및 특정가스사용시설의 사용자의 안전관리에 관계되는 업무를 행하는 자는 법에 따라 안전교육을 이수해야 한다.

교육 과정	교육대상자	교육 시기
가. 전문교육	1) 도시가스사업자(도시가스사업자 외의 가스공급시설설치자를 포함한다)의 안전관리 책임자·안전관리원·안전점검원 2) 가스사용시설 안전관리업무대행자에 채용된 기술인력 중 안전관리 책임자와 안전관리원 3) 특정가스사용시설의 안전관리 책임자 4) 「건설산업기본법 시행령」 제7조에 따른 제1종 가스시설 시공자에 채용된 시공관리자 5) 시공사(「건설산업기본법 시행령」 제7조에 따른 제2종 가스시설 시공업자의 기술 인력인 시공자 양성교육이수자만을 말한다) 및 제2종 가스시설 시공업자에 채용된 시공관리자 6) 온수보일러 시공자(「건설산업기본법 시행령」 제7조에 따른 제3종 가스시설 시공업자의 기술 인력인 온수보일러 시공자 양성교육과 온수보일러 시공관리자 양성교육이수자만을 말한다)와 제3종 가스시설 시공업자에 채용된 온수보일러 시공관리자	신규 종사 후 6개월 이내 및 그 후에는 3년이 되는 해마다 1회

교육 과정	교육대상자	교육 시기
나. 특별교육	1) 보수·유지 관리원 2) 사용시설 점검원 3) 도시가스사용자동차 운전자 4) 도시가스자동차 충전시설의 충전원 5) 도시가스사용자동차 정비원	신규 종사 시 1회
다. 양성교육	1) 도시가스시설 안전관리자가 되려는 자 2) 사용시설 안전관리자가 되려는 자 3) 가스시설 시공관리자가 되려는 자 4) 시공자가 되려는 자 5) 온수보일러 시공자가 되려는 자 6) 온수보일러 시공관리자가 되려는 자 7) 안전점검원이 되려는 자 8) 폴리에틸렌관 융착원이 되려는 자	

일부 교육의 경우에는 고압가스안전관리법에 따른 교육을 이수한 것으로 인정받을 수 있다.

4.3 액화석유가스의 안전관리 및 사업법

액화석유가스란 프로판이나 부탄을 주성분으로 한 가스를 액화(液化) 또는 기화(氣化)한 것으로 액화석유가스 사업자등과 시공자 및 액화석유가스 특정사용자의 안전 관리에 관계되는 업무를 하는 자는 안전교육을 이수해야 한다.

교육 과정	교육대상자	교육 시기
가. 전문교육	1) 안전관리책임자와 안전관리원 [2)의 대상자는 제외한다.] 2) 액화석유가스 특정사용시설의 안전관리책임자와 안전관리원 3) 시공관리자(「건설산업기본법 시행령」 제7조에 따른 제1종 가스시설 시공업자에 채용된 시공관리자만을 말한다) 4) 시공자(「건설산업기본법 시행령」 제7조에 따른 제2종 가스시설시공업자의 기술능력인 시공자 양성교육 또는 가스시설 시공관리자 양성교육을 이수한 사람으로 한정한다)와 제2종 가스시설 시공업자에게 채용된 시공관리자 5) 온수보일러 시공자(「건설산업기본법 시행령」 제7조에 따른 제3종 가스시설 시공업자의 기술능력인 온수보일러 시공자 양성교육 또는 온수보일러 시공관리자 양성교육을 이수한 사람으로 한정한다)와 제3종 가스시설 시공업자에게 채용된 온수보일러 시공관리자 6) 액화석유가스 운반책임자	신규종사 후 6개월 이내 및 그 후에는 3년이 되는 해마다 1회

교육 과정	교육대상자	교육 시기
나. 특별교육	1) 액화석유가스 사용자동차 운전자 2) 액화석유가스 운반자동차 운전자와 액화석유가스 배달원 3) 액화석유가스 충전시설의 충전원 4) 「건설산업기본법 시행령」 제7조에 따른 제1종 또는 제2종 가스시설시공업자 중 「자동차관리법」에 따른 자동차정비업 또는 자동차폐차업자의 사업소에서 액화석유가스를 연료로 사용하는 자동차의 액화석유가스연료계통 부품의 정비작업 또는 폐차작업에 직접 종사하는 자	신규종사 시 1회
다. 양성교육	1) 일반시설 안전관리자가 되려는 자 2) 액화석유가스 충전시설 안전관리자가 되려는 자 3) 판매시설 안전관리자가 되려는 자 4) 사용시설 안전관리자가 되려는 자 5) 가스시설 시공관리자가 되려는 자 6) 시공자가 되려는 자 7) 온수보일러 시공자가 되려는 자 8) 온수보일러 시공관리자가 되려는 자 9) 폴리에틸렌관 융착원이 되려는 자	

일부 교육은 고압가스안전관리법, 도시가스사업법에 따른 교육을 이수한 것으로 인정받을 수 있다.

5. 재난안전관리기본법에 의한 안전교육

재난안전관리기본법은 각종 재난으로부터 국토를 보존하고 국민의 생명·신체 및 재산을 보호하기 위하여 국가와 지방자치단체의 재난 및 안전관리체제를 확립하고, 재난의 예방·대비·대응·복구와 안전문화활동 등에 필요한 사항을 규정한 법령이다. 안전문화 활동에 안전교육, 안전훈련, 홍보 등이 포함되며, 재난안전분야 종사자는 전문교육을 이수하여야 한다.

안전교육의 경우, 국가 및 지방자체단체는 안전교육 전문인력양성을 위해 별도 시책을 수립하여 시행할 수 있다.

5.1 교육 대상

재난관리책임기관이란 재난관리업무를 하는 중앙행정기관 및 지방자치단체 또는 지방행정기관·공공기관·공공단체 및 재난관리의 대상이 되는 중요시설의 관리기관을 말한다.

<table>
<tr><th colspan="2">구 분</th><th>교육 시기 및 주기</th></tr>
<tr><td rowspan="2">관리자전문교육</td><td>재난관리책임기관에서 재난 및 안전관리 업무를 담당하는 부서의 장</td><td rowspan="3">교육기간 : 3일 이내
1년 이내 신규교육
매 2년마다 정기교육</td></tr>
<tr><td>시·군·구의 부단체장</td></tr>
<tr><td>실무자 전문교육</td><td>재난관리책임기관에서 재난 및 안전관리 업무를 담당하는 부서의 공무원 또는 직원</td></tr>
</table>

5.2 교육 내용

재난안전관리자들의 핵심역량을 제고하는 과정으로 구성할 수 있으며, 아래와 같은 과정이 운영된다.

구 분	교육 내용	교육 시간
재난관리 이해	• 국가위기관리체계의 이해 - 위기관리의 개념, 위기유형과 관리체계 등	2시간
	• 재난 및 안전관리기본법의 이해	2시간
	• 재난관리 매뉴얼 운영체계	2시간
핵심가치 습득	• 재난안전대책본부의 구성과 운영 - 중앙, 지역 재난안전대책본부, 통합지휘소 중점	3시간
	• 재난관리책임기관의 임무와 역할 - 예방, 대비, 대응, 복구 - 13개 기능별 상시협업체계 중점	2시간
	• 재난대비훈련 실무 - 매뉴얼숙달훈련, 월별훈련	2시간
과제도출 및 적용	• 재난안전을 위한 과제와 전략 - 진단 및 과제도출 실습	2시간
	• 재난안전을 위한 과제와 전략 - 분임토의 및 발표	3시간

6. 기타 법령에 대한 안전교육

국내 대형 재난사고를 계기로 안전문화 향상에 대한 사회적 필요성이 강화되고 있으며, 그에 따라 안전교육도 강화되고 있다. 기타 법령에 의한 교육을 정리하면 다음과 같다.

구 분	교육 대상	교육 내용
위험물안전관리법	이동탱크저장소에 의하여 위험물을 운송하는 자	응급처치 이론 및 실습 이동탱크저장소 구조 이동탱크저장소 설비작동법 등
	안전관리자·탱크시험자·위험물운송자 등 위험물의 안전관리와 관련된 업무를 수행하는 자	위험물안전관리법령 소방학개론 위험물 제조소등 시설기준 I (제조소) 소방시설의 종류 및 기준 등
광산안전법	광산근로자	1. 작업의 내용 및 방법 2. 작업을 위한 기계·기구·재료 등의 구조·성질 및 기능 3. 작업으로 인한 위험발생 시의 조치사항 등
민방위기본법	민방위 대원	1. 국가재난안전교육의 내용 및 시간 2. 국가재난안전교육의 홍보에 관한 사항
비파괴검사기술의 진흥 및 관리에 관한 법률	검사자	1. 기본교육 검사자로서 갖추어야 할 소양과 비파괴검사 관련 법령 또는 제도 등에 관한 교육 2. 전문교육 비파괴검사 분야의 전문기술능력의 향상을 위한 교육 3. 관리교육 비파괴검사의 계획·사업관리·품질보증 등에 관한 교육
석면안전관리법	석면건축물안전관리인	1. 해체·제거작업자의 개인보호구 지급 및 착용계획 2. 위생설비 설치 계획 3. 작업종료 후 작업복 및 호흡보호구 등 세척 방법 등
다중이용업소의 안전관리에 관한 특별법	다중이용업주와 종업원	1. 화재안전과 관련된 법령 및 제도 2. 다중이용업소에서 화재가 발생한 경우 초기대응 및 대피요령 3. 소방시설 및 방화시설(防火施設)의 유지·관리 및 사용방법 4. 심폐소생술 등 응급처치 요령

Chapter 4

[1]선진국의 안전교육제도

1. 미국의 안전보건 교육제도
2. 일본의 안전보건 교육제도
3. 유럽의 안전교육제도
4. 주요 국가의 안전교육제도 비교

1) 산업안전공단 안전보건 DB 참조 / 코리아 세이프티닷컴 / 해외자료

1. 미국의 안전보건 교육제도

1.1 미국 사업장의 안전보건 교육 활동

미국의 산업안전보건교육은 산업안전보건법(OSHAct : Occupational Safety and Health Act)에 근거하고 있으며, 29 CFR Part 1910에 안전보건교육에 대한 일반 사항이 기술되어 있다.

미국의 산업안전보건청(OSHA)[2]은 안전보건업무를 총괄하고 있으며, 사업장 감독, 사업주 교육 및 교육관련 컨설팅을 수행하고 있다. 사업장 감독은 재해발생률·안전보건상의 조치·근로자 교육 등 최근 안전보건활동 실적에 따라 감독범위를 설정하고 교육서류 검토·토론·근로자 면담 등을 통해 안전보건교육의 효과성을 판단한다. 사업장 감독 결과는 홈페이지에 공개하며, 법 또는 안전보건기준을 위반한 사업장은 민사처벌과 형사처벌을 받게 된다.

1.1.1 일반사항

보통 기업의 경우 안전관련 부서가 스탭이나 스탭－라인 조직으로 구성되어 있고 일반적으로 안전보건사항에 대해서는 이들이 직접 교육을 담당하고 각 공정별 안전보건사항에 대해서는 담당 관리감독자가 교육을 담당하고 있다. 우리나라와는 달리 특수한 유해위험작업 분야를 제외하고는 강사, 교육시간 및 교육방법 등을 구체적으로 규정하지 있지 않다. 근로자에 대한 안전보건 교육을 계획할 때는 전에 실시했던 안전보건 관련 규정에 의한 교육훈련내용, 실시 후의 근로자들의 반응들이 우선적으로 검토된다. 이미 교육을 실시한 작업분야에 대해서도 재교육을 규정하고 있으며 많은 규정들이 정확한 재교육 시간규정을 하고 있지 않지만 일 년 단위로 실시하는 것이 미국사업장들의 보편적 교육실시 형태이다. 재교육의 시기는 상해사고 및 직업병 발병률의 증가, 불안전한 작업수행 회수의 증가, 아차 사고의 횟수 증가, 안전보건 정책방향의 전환 등에 의해서 결정되는 것이 일반적이다.

교육자료의 경우는 교육대상자 수에 따라 교육자료나 방법이 달라지게 된다. 교육

---

2) 미국의 산업안전보건청(OSHA : Occupational Safety & Health Administration)으로 산업안전·보건업무를 총괄하는 노동부 기관으로 1970년 설립되었고 주요업무로는 ◦ 안전보건기준 제·개정 및 폐기 ◦ 사업장 안전보건실태조사 및 감독, 소환장(Citation) 발급 및 벌금부과 ◦ 사업주에게 안전보건 기록(통계적) 요청 ◦ 주정부 안전보건계획(State Plan) 검토 및 승인 ◦ 산업재해예방에 관한 상담 및 교육훈련 ◦ 주정부 안전보건 프로그램 개발을 위한 재정지원 ◦ 산업안전보건을 위한 통계프로그램 개발 등이 있다.

대상자의 수가 많아지면 외부기관에 의뢰해서 제작한 슬라이드나 영화 같은 자료들을 많이 활용하고 교육대상자가 제한되어 있는 경우에는 관리 감독자나 안전보건 관리자를 활용한 일대일 교육 등이 실시되고 있다. 주 정부에서는 근로자의 산재보험 관리차원이나 산재예방차원에서 기업이 쉽게 구입하거나 빌려볼 수 있는 다양한 교육 프로그램들을 제공하고 있고, 미국 연방 시청각센터(The National Audiovisual Center) 에서는 OSHA나 NIOSH[3])가 개발한 교육훈련 자료들을 제공하고 있다. 국립제조협회(The National Manufacture Associations)를 포함한 상공인 협회에서도 다양한 안전보건 세미나 개최를 후원하고 있다. 전미안전협회(The National Safety Council), 미국안전기술자협회(American Society of Safety Engineers), 미국산업위생협회(The American Industrial Hygiene Association)와 같은 안전보건관련 전문단체에서도 유료로 각종 안전보건 교육훈련자료와 프로그램을 보급하고 있다.

1.1.2 안전보건교육 프로그램

산업안전보건청의 법률 규정에 따라 근로자는 신규 채용 시, 기존 근로자의 업무 변경 시, 특정 유해작업 수행 전에 사고와 질병을 예방하기 위한 IIPP[4])(Injury and Illness Prevention Program) 교육을 받아야 한다. 이러한 교육은 정기적으로 실시해야하며, 제조업은 매 6개월마다, 건축업은 매 10일마다 실시하여야 한다.

구분	교육 내용
IIPP 프로그램	- 응급조치 및 화재예방에 대한 계획 - 안전하지 못한 환경, 업무 수행, 손상 그리고 추가적인 지시가 필요한 경우에 대한 보고 체계 - 적합한 복장(장갑, 신발, 개인 보호장비)의 착용 - 근로자들이 노출될 수 있는 화학적 위험요소에 대한 정보 - 기타 위험요소 의사소통 프로그램에 대한 정보 - 긴급상황 대처방법을 포함한 응급조치 및 의료서비스 제공 - 안전 실천에 대한 사업장 규정 - 시설관리 및 화재예방 - 청소, 수리, 정비 및 조절 장비, 기계에 대한 안전한 사용법 - 작업에 따른 안전 수행법 - 추락 방지 - 전기 위험요소(물기가 있는 장소에서의 작업 인지)

3) 미국 국립직업안전보건연구소(The National Institute for Occupational Safety and Health) : 미국의 산업안전보건법에 의하여 1972년에 설립되어 행정규제력이 없는 순수 연구기관이다. 주요 업무는 (1) 작업장 유해요인 조사, (2) 작업관련 안전보건 연구 및 권고안 제출, (3) 작업장 내 화학물질, 기계 등의 위험성 평가, (4) 산업안전보건청(OSHA) 또는 광산안전보건청(MSHA)에 적절한 기준 제시, (5) 산업안전보건 인력양성 등이 있다.

4) 전용일, 이명선, 산업안전보건교육 교육제도 개선방안 연구, 한국산업안전보건연구원, 2012.

구분	교육 내용
	- 기계, 기계 부품, 원동기 관리 - 공장폐쇄/차단 절차 - 물질 처리 - 운전자 안전 - 미끄러짐, 추락, 요통 - 인체공학적 위험요소(적합한 리프팅 기법, 사다리 작업, 장시간 구부정한 자세) - 개인 보호 장비 - 호흡 장비 - 위험 화학 절차 - 위험요소 의사소통 - 물리적 위험요소(온냉스트레스, 소음, 비전리방사선(마이크로파) 포함) - 혈액전염병원균과 기타 생물학적 위험요소

(1) 신규 채용 시 교육

기업에서 실시하고 있는 주요 안전보건교육내용은 OSHA법에서 규정하고 있는 근로자의 책임과 권리를 주지시키고 필요한 경우 OSHA 기준을 준수하게 하기 위한 것이 대부분이다. 대부분 기업에서 예외 없이 다루고 있는 주요 교육내용은 다음과 같다.

① 응급조치와 비상시 조치절차
② 상해사고, 질병, 재산상의 손해 또는 비상해사고까지 모든 사고의 보고 필요성
③ 위험상태 또는 행동에 대한 보고의 필요성
④ 사내 및 부서별 안전보건규칙과 실제 작업에서의 적용
⑤ 해당 근로자의 작업장에서 상존하는 위험을 예방하는 방법
⑥ 위험작업으로부터 근로자를 보호하기 위하여 필요한 조치, 주의
⑦ OSHAct 하에서의 근로자의 책임, 권리에 관한 교육
⑧ 회사의 일반 및 부서별 안전보건규칙에 관한 신규 채용자 교육
⑨ 해당 작업에 적용되는 OSHAct의 안전보건 관련규정에 관한 신규 채용자 교육

미국의 기업에서 가장 중요하게 여기는 신규 근로자 교육은 해당 근로자가 근무하게 될 작업부서의 직상급자가 실시하는 경우가 보통이다.

(2) 작업 변경 시 안전교육훈련

작업 변경 시 또는 새로운 임무 부여 시에 실시되는 교육이다. 상대적으로 잠재 위험성이 낮은 작업의 경우는 직상급 관리감독자의 간단한 주의 환기 정도로 교육을 대신하고 있다. 그러나 잠재 위험성이 높고 새로운 복잡한 작업의 경우에는 구체적

인 교육 훈련과 실천방법 등이 병행되고 시험도 실시된다. 철저하게 분석된 작업공정과 절차, 이와 관련된 안전보건관련 규정들에 대해 이론교육, 현장실습 및 작업수행 중 교육 등이 병행 실시된다.

(3) 관리, 감독자 교육훈련

신규 감독자나 승진자들이 교육훈련대상자에 해당되며 주로 근로자들에 대한 감독자로서의 안전보건 책임, 근로자에 대한 교육, 비상시의 대응, 안전관련 회의의 주관, 사고의 조사 및 안전보건 관련규정의 올바른 이행을 위한 교육이 실시된다. 이러한 교육과정들은 교육훈련내용에 안전보건에 관련되는 전문적 사항 외에 관련 서류의 작성, 보고서의 제출 등 행정적 사항까지 포함되어 있다.

(4) 체험식 교육

일부기업의 경우, 안전과 관련된 장비(보안경, 보호복, 안전화, 응급처치 장비, 건설 및 교통안전 장비)를 활용하여 안전교육체험 센터를 개설하여 운영하고 있다. 교육방법은 온라인, 본사강의, 현장 방문식 등으로 수행하고 있으며, 체험교육과 시뮬레이터 구성은 다음과 같다.

구 분	교육 내용[5]
체험관 구성	• 폐쇄 공간(Confined Space) • 유틸리티와 에너지(Utilities and Energy) • 건설(Construction) • 중금속 구조물(Heavy Metal Fabrication) • 석유와 가스(Oil and Gas) • 긴급 구조원(First responders) • 상영관(Theater) • 협력실(Collaboration room)
체험교육 시뮬레이터	• 인양 장치(Aerial Lift) • 좁은 통로(Cat Walk) • 옥상 시뮬레이터(Roof-top Simulator) • Lock-out/Tag-Out 시뮬레이터 • 타워 오르기(Climbing Tower) • 유정탑(Oil Derrick) • 풍력 터빈(Wind Turbine) • 선박 폐쇄 공간(Confined Space Vessel) • 폐쇄 공간 시뮬레이터(Confined Space Simulator) • 굴착 파이프 받침대(Drilling Pipe Rack)

5) Honeywell CEC 체험관 홈페이지: http://www.honeywellsafety.com/USA/Training/CEC/

1.1.3 교육방법

(1) 교육시기

교육의 시기는 신규 채용 시, 작업내용 변경 시, 반복교육 필요시 등 관련법규에서 규정한대로 실시함이 보통이다. 이러한 교육은 관계자에게 일정한 책임을 부여하기 전에 실시하는 것이 일반적이다. 안전보건교육의 목적대로 근로자에 대한 효과적인 교육훈련 시기는 원칙적으로 책임과 권리를 부여하기 전단계인 작업시작 전이다.

(2) 교육장소

강의실이 주로 이용되나 25명 이상이 한방에 들어가도록 배치하지는 않으며 안전관계자나 관리감독자의 경우 외부에서 개최되는 각종 활동에 적극적으로 참여하고 있고 회사에서도 이들의 참석을 적극적으로 지원해 주는 것이 보통이다.

1.1.4 건설안전교육

건설공사의 안전보건교육 역시 OSHA의 규정을 준수하는 것이 대부분이다. 교육장소나 방법은 안전교육과 크게 다를 것이 없으나 건설 현장의 안전교육은 특히 신규근로자의 직상급자인 관리감독자로부터의 교육이 강조된다.

건설현장 근로자의 안전교육은 주로 현장의 관리감독자나 안전관계자에 의해 실시되며 OSHAct 규정 중 특수 작업마다 언급된 교육관련 규정의 준수와 발주자의 요구에 의해 작성되고 이행되어야 하는 안전계획서중 기준의 준수, 안전규칙의 설명, 발주자 안전정책 및 정보의 전달, 원도급자 비상대피 계획 설명, 안전장비와 화재예방장비의 설치위치와 사용 등에 관한 모든 근로자에 대한 안전 오리엔테이션 및 교육훈련 계획서를 근거로 하여 근로자에 대한 안전보건교육은 물론 필요한 관리감독자의 안전교육도 실시한다.

1.1.5 안전관련 회의

미국의 기업에서 자주 찾아볼 수 있는 안전교육 방법 중의 하나로 안전관련 회의를 들 수 있는데 이러한 회의가 안전관련 문제만을 다루는 것이 아니라 하더라도 회의시의 안전문제 언급은 종종 안전교육 시에 얻는 것 이상의 효과를 얻을 수 있다. 근로자들과 함께 하는 소그룹 현장회의(Toolbox safety meeting), 관리감독자 등 라인의 책임자가 참여하는 주간 안전회의, 안전계획, 예산 등 주요사항의 결정을 위하여 개최되는 안전관련 간부회의 또는 안전보건위원회(Safety committee) 등을 들 수 있다.

(1) 그룹 현장회의(Toolbox safety meeting)

소그룹 현장미팅은 동일한 현장에서 종사하는 근로자들과 그들의 직상급자가 아침 또는 점심식사 후 작업시작 전에 간단히 만나 그날의 작업량과 작업방법을 이야기 하면서, 혹시 발생할지도 모르는 잠재 위험에 대해서 지적하고 최선의 안전조치 방법 이나 대책을 이야기할 수 있는 일종의 안전 교육훈련 방법이다.

정해진 규칙은 없지만 통상 일주일에 한번부터 많게는 하루에 한 번씩 하기도 하며, 한 번에 약 15분 정도로 가볍게 진행된다. 될 수 있으면 아침 일찍 모임을 갖는 것을 권장하고 있다. 이러한 미팅은 주로 근로자의 직상급자의 주도 하에 진행하나 관리감독자 또는 그 상위 직급의 사람에 의해서도 진행된다. 건설현장의 경우 현장감독자나 공사책임자에 의한 소그룹미팅도 개최된다. 이러한 소그룹 현장회의가 기대하는 또 다른 효과는 위험을 직접 체험하는 근로자 본인들의 안전에 대한 생생한 아이디어를 얻을 수 있고 그로 인해 근로자들이 안전 활동에 흥미를 갖고 직접 참여하고 싶은 동기를 유발시킬 수 있다는 것이다.

(2) 관리감독자 안전회의(Supervisory Safety Meeting)

안전회의의 주된 토의내용은 근로자에 대한 것이다. 이는 대부분의 근로자들이 그들의 일상 작업에서 상해사고를 일으킬 수도 있는 작업조건에 처할 수 있기 때문이다. 때론 안전회의가 현장의 관리감독자를 대상으로 하는 것이 더 적절할 때가 있다. 관리감독자 안전회의는 현장의 관리감독자가 참석대상이 된다. 이 회의에는 현장의 관리감독자 외에 직반장과 건설현장의 경우 하도급자의 직반장까지 통상 참석한다. 이 회의는 현장근로자가 아닌 관리감독자들이 참석하는 회의로 회의 진행방식도 다른 일반 회의와는 다르다. 이 회의는 주로 공사관리자나 안전부서장의 주재로 열리는데 특수한 토의 주제에 대해서는 미리 지정받은 관리감독자가 발표하는 형태로 운영한다. 대체적으로 관리감독자 안전회의는 한 달에 한번정도 개최되는데 토의의 주제는 주로 일반적 사항에 초점이 맞춰진다.

(3) 전사 안전회의(Company Safety Meeting)

상당수 회사들이 1년에 1회 또는 2회의 만찬회의를 갖는다. 이런 회의들은 교육적 목적으로 정기적으로 열리는 다른 일반적 교육과는 다르다. 이와 같은 회의를 겸한 만찬은 일 년 동안 회사의 안전을 위해 공헌한 사람들을 격려하고 축하하며, 일 년 동안의 안전활동을 결산하는 자리가 된다. 안전회의에서는 특별히 관리감독자들의 주의의 대상이 된다. 물론 만찬회의 가장 중요한 내용은 일 년 동안 안전활동 성적이 탁월한 사람들에게 주어지는 상이 된다. 그룹의 회장 또는 회사의 대표자가 대회사를 발표하고 그 주제는 당연히 안전이 된다. 이러한 행위는 관리감독자들에게 회사가 얼마나 안전을 중시하고 있으며 앞으로 안전을 위해서 노력하는 관리감독자는 언제라도 상을 받을 수 있다는 인식을 주게 되는 것이다.

1.2 교육훈련에 관한 노·사·정의 책무

1.2.1 정부의 책임(OSHAct 제2조)

산업안전보건청에 부여된 여러 가지 임무 중 교육 훈련 관련 사항으로는 "산업안전보건 분야에 종사하는 사람들의 수를 증가시키고 자질을 향상시키기 위하여 훈련 프로그램을 제공"하여 안전하고 건강한 작업조건을 만들고 노동인력을 보존해야 하는 임무를 규정하고 있다.

1.2.2 사업주의 책임(OSHAct 제5조 a항)

사업주는 이 법에서 정하는 각종 안전보건 규정을 숙지해야 하고 모든 근로자에게 안전·보건에 관한 필요한 정보를 제공해야 함은 물론, 작업절차를 설정하거나 변경하는 경우 근로자가 그에 따른 안전보건수칙을 준수하도록 그 내용을 알려야 할 의무를 가진다.

Section 5

(a) Each employer −

(1) shall furnish to each of his employees employment and a place of employment which are free from recognized hazards that are causing or are likely to cause death or serious physical harm to his employees;

(2) shall comply with occupational safety and health standards promulgated under this Act.

1.2.3 근로자의 책임(법 제5조 b항)

근로자는 그의 작업과 관련이 있는 산업안전보건기준, 규정, 규칙 및 명령을 준수해야 함은 물론 사업장의 안전보건상 위험요소와 독성물질에 폭로되거나 재해가 발생하였을 때 취해야 할 조치에 대한 정보를 사업주에게 요청할 수 있다. 미국의 OSHAct는 근로자의 책임과 권리에 대해 많이 언급하고 있지만 그렇다고 해서 근로자들의 의무 위반으로 그들을 소환하거나 처벌하지 않는다.

> (b) Each employee shall comply with occupational safety and health standards and all rules, regulations, and orders issued pursuant to this Act which are applicable to his own actions and conduct.

2. 일본의 안전보건 교육제도

일본의 산업안전보건교육과 관련하여 주요 법령은 노동기준법(1947년 제정), 노동안전위생법(1972년 제정), 작업환경측정법(1972년 제정) 등이 있다. 안전보건교육은 노동안전위생법에 따라 이행되며, 신규 채용 시 교육(제59조 제1항), 작업내용 변경 시 교육(제59조 제2항), 위험 또는 유해한 작업에 관련 특별교육(제59조 제3항, 진폐법 제6조), 직장교육(제60조), 건설현장의 신입자에 대한 교육(제30조)으로 구분될 수 있다.

2.1 노동안전위생법

2.1.1 근로자 안전위생교육(법 제59조)

사업자는 근로자를 고용할 때는 해당 근로자에 대하여 노동성 령에 정해진 것에 따라 그 종사하는 업무에 관한 안전 또는 위생에 필요한 교육을 행하지 않으면 안 된다. 동법 시행규칙의 관련 조항은 고용 시 안전위생교육(안위칙 제35조), 특별교육을 필요로 하는 업무(안위칙 제36조), 특별교육의 과목 생략(안위칙 제37조), 특별교육기록보존(안위칙 제38조), 특별교육에 관한 경과조치(안위칙 부칙 제16조), 특별교육세목(안위칙 제39조) 등이 있고, 안전·보건특별교육은 안전위생 특별교육 규정(1972년 노고 제92호), 보일러(규칙 제92호), 소형 보일러취급업무 특별교육규정(1972년 노고 제115호), 크레인 취급 업무 등 특별교육규정(1972년 노고 제118호) 등 여러 가지 규칙이나 고시 등에 나타나 있다. 「벌칙」은 법 제59조 제1항을 위반하였을 때에는 30만 엔 이상의 벌금(제120조 제1항), 제3항을 위반하였을 때에는 6월 이하 징역 또는 30만 엔 이하의 벌금(제119조 제1항)으로 되어 있다.

교육 대상자	교육 유형	시간	근거
특정 작업장의 근로자 (유해사업장의 신규 채용자)	정기/비정기 교육	7시간 (약 1일)	노동안전위생법 제59조

제59조 (안전위생교육) 1. 사업자는 근로자를 고용할 때에는 당해 근로자에 대하여 노동성 령으로 정하는 바에 따라 그 종사하는 업무에 관한 안전 또는 위생교육을 실시하여야 한다.

2. 전항의 규정은 근로자의 작업내용을 변경하였을 때에도 준용한다.
3. 사업자는 위험 또는 유해한 업무로써 노동성 령으로 정하는 곳에 근로자를 채용할 때에는 노동성 령이 정하는 바에 따라 당해 업무에 관한 안전 또는 위생 특별교육을 실시해야 한다.

2.1.2 지도 감독자 안전위생교육(법 제60조)

국내 산업안전보건법상 관리감독자와 같은 지도감독자에 대한 직무 교육도 법으로 규정되어 있다. 교육 내용으로는 작업방법과 인력배치에 관한 사항, 근로자 지도방법에 관한 사항, 기타 재해를 방지하기 위해 필요한 사항 등이 포함되어 있다.

제60조 사업자는 그 사업장의 업종이 정령에 정하는 것에 해당될 때에는 새로운 직무를 하게 되는 직장 기타 작업 중의 근로자를 직접 지도 또는 감독하는 자(작업 주임자를 제외한다)에 대하여 다음 사항을 노동성 령에서 정하는 바에 따라 안전 또는 위생을 위한 교육을 해야 한다.

(1) 작업 방법의 결정 및 근로자의 배치에 관한 것
(2) 근로자에 대한 지도 또는 감독의 방법에 관한 것
(3) 노동재해를 방지하기 위한 필요한 사항으로써 노동성령으로 정하는 것

이 조문은 신임 직장 또는 감독자 등에 대해서 작업방법의 결정 및 노동자의 배치, 근로자에 대한 지도 감독 방법 등에 관한 교육을 하여야 함을 정하고 있다.

교육 대상자	교육 유형	시간	근거
- 교육대상 근로자 - 안전 감독자 - 보건 감독자 - 안전 및 건강증진관리자 - 건강 증진 관리자 - operations chiefs - 현장 안전 감독자(건설)	- 신규채용 - 재배치된 근로자 교육 - 정기/비정기 교육	7시간 (약 1일)	노동안전위생법 제60조

2.1.3 유해·위험 작업자 안전위생교육(법 제60조의2)

사업주는 법 제60조 제2항에 정하는 것 이외 그 사업장에 있어서 안전위생 수준의 향상을 도모하기 위하여 위험 또는 위생에 필요한 교육을 행하도록 노력해야 한다고 규정되어 있으며 교육을 적절하고 유효하게 실시하도록 하기 위하여 필요한 지침을 공표하여야 한다고 규정한다.

제60조의2 1. 사업자는 전 2조에서 정하는 것 외에 그 사업장의 안전위생의 수준을 향상시키기 위해 위험하거나 유해한 업무현장에 취업하는 자에 대하여 그 종사하는 업무에 관한 안전 또는 위생을 위한 교육을 하도록 노력하여야 한다.
2. 노동대신은 전항의 교육을 적절하고 유효하게 실시하도록 필요한 지침을 공표한다.
3. 노동대신은 전항의 지침에 따라 사업자 또는 그 단체에 대하여 필요한 지도를 할 수 있다(소 63 법 37. 추가).

2.1.4 중 고령자에 대한 배상(법 제62조)

사업자는 중 고령자, 기타 노동 재해방지상 그 취업에 따라서 특히 배려를 필요로 할 자에 대해서는 이러한 자의 심신조건에 따라서 적정한 배치를 행하는데 노력하지 않으면 안 된다.

2.1.5 국가 지원(법 제63조)

국가는 사업자가 행하려는 안전 또는 위생에 필요한 교육의 효과적 실시를 도모하기 위하여 지도원의 양성 및 자질향상을 위한 조치, 교육지도 방법의 정비 및 보급, 교육자료의 제공, 기타 필요한 시책에 충실토록 노력한다. 본 조항은 사업자가 행할 안전위생교육이 효과적으로 실시되도록 국가가 시책을 충실히 노력하도록 하는 것을 선명하게 하는데 그 취지를 두고 있다. 이 조문은 사업자가 실시할 안전위생교육의 원활한 추진을 도모하기 위하여 국가가 행할 지원 조치에 대해서 정하고 있다. 이 시책의 일환으로서 안전위생교육의 지도원을 양성하기 위하여 시설(안전위생교육센터)은 국가가 설치하고 중재방(중앙재해방지협회)에게 그 운영을 위탁하고 있다.

2.1.6 노동안전 위생규칙

(1) 고용시 등의 교육(규칙 제35조)

제35조 사업주는 근로자를 고용 또는 근로자의 작업 내용을 변경하였을 때는 당해 근로자에 대하여 지체없이 다음 사항 중 당해 근로자가 종사하는 업무에 대한 안전 또는 위생을 위해 필요한 사항에 대해서 교육을 하지 않으면 안 된다. 단, 령 제2조 제3호에서 정하는 업종/사업장의 근로자에 대해서는 제1호부터 제4호까지의 사항에 대한 교육을 생략할 수 있다.

1) 기계 등, 원재료 등의 위험성 또는 유해성 및 이것들의 취급 방법에 대한 것
2) 안전장치, 유해물 억제장치 또는 보호구의 성능 및 이것들의 취급 방법에 대한 것
3) 작업 순서에 대한 것
4) 작업개시 할 때의 점검에 대한 것
5) 당해 업무에 관하여 발생할 우려가 있는 질병의 원인 및 예방에 대한 것
6) 정리, 정돈 및 청결 유지에 한 것
7) 사고 시 등에 있어서의 응급조치 및 대에 대한 것
8) 위 각호에 포함된 것 외에 당해 업무에 대한 안전 또는 위생을 위해 필요한 사항

(2) 특별교육의 생략(규칙 제37조)

제37조 사업주는 법 제59조 제3항의 특별 교육(이하 「특별 교육」이라 함)의 과목 전부 또는 일부에 대해 충분한 지식 및 기능을 갖고 있다고 인정되는 근로자에 대해서는 해당 과목에 대한 특별 교육을 생략할 수 있다.

(3) 특별교육 실시(규칙 제39조)

제39조 앞 2조에 정한 것 외에, 제36조 제1호에서 제13호까지, 제27호 및 제30호에서

제33호까지에 해당하는 업무와 관계되는 특별 교육의 실시에 대해서 필요한 사항은 노동부장관이 정한다.

3. 유럽의 안전교육제도

EU에서는 유럽연합회원국들의 협의에 의하여 1989년 12월에 마련한 "작업장에서 근로자들의 안전·보건의 증진을 도모하기 위한 방법 도입에 관한 협의회 지침(89/391/EEC)"을 모체로 하여 이 지침의 상세한 실천 요구사항이나 개정사항 등에 관한 지침을 마련하여 회원국들이 수행하도록 권장하고 있다. 유럽연합 회원국의 안전교육·훈련에 관한 사항은 Council Directive(89/391/EEC)의 제12조에 규정되어 있다. 제12조(Article 12) 및 제13조의 제목은 각각 근로자의 훈련(Training of workers), 근로자의 의무사항(Workers Obligations)으로 되어 있고 그 내용은 다음과 같다.

3.1 근로자의 훈련(제12조)

경영인은 신규 모집에 관한 것이나 직무의 교체 또는 변화에 관한 것, 새로운 작업기계·기구의 도입이나 기계·기구의 변화에 관한 것, 신기술의 도입에 관한 것과 같은 상황일 경우에는 작업장이나 작업에 관한 것은 특별한 정보와 지시의 형태로 적절한 안전과 보건에 관한 교육·훈련을 근로자들에게 제공해야 하며 훈련은 새롭다거나 변화된 위험에 대해 적용이 되어야 하며 필요하다면 주기적으로 반복해야 한다.

근로자들의 안전과 보건을 보호하는 특수한 역할을 하는 근로자들의 대표는 적절한 훈련을 받아야 한다. 위에서 언급된 훈련은 근로자들에게 비용을 부담하거나 근로자들의 대표에게 비용을 부담해서는 안 되며 훈련은 작업시간 중에 수행되어야 한다. 그리고 훈련은 작업시간에 수행하거나 내부 또는 외부 전문기관이나 국가에서 실시하는 규정에 따라야 한다.

3.2 근로자의 의무(제13조)

근로자 및 그 공동체의 활동 중 자신의 안전·보건 및 다른 근로자의 안전·보건을 위하여 주의하여야 하는 것은 각각 근로자의 책임이다. 이런 목적에서 근로자들은 특히 그들의 사업주에 의한 훈련과 지시에 따라서 기계, 기구, 공구, 위험한 물질, 운송 기구 그리고 다른 생산기구를 정확히 사용해야하며 그들에게 제공한 개인 보호구를 정확히 사용하고, 사용 후에는 그것을 적당한 장소에 보관 하여야 한다. 또한 독단적으로 기계, 기구, 공구, 구조물 등을 분리, 변경 또는 제거하지 말아야 하고, 이러한 기구 등을 정확히 사용해야 한다. 작업 시 안전과 건강에 대해 심각하고 긴급한 위험이 있거나 그 방호장치 등에 결점이 있다고 생각되는 경우에는 즉시 근로자들의 안전과 건강에 특수한 책임이 있는 경영인 및 근로자들에게 알려야 한다. 그리고 근로자는 회원국의 법률에 따라, 관할 당국은 근로자들이 작업을 수행하는 중에 그들의 안전과 건강을 보호하기 위해 근로자들의 안전과 건강에 대해 특별히 책임이 있는 경영인 및 근로자들과 협력하여 필요한 조치를 강구하여야 한다. 마지막으로 근로자는 회원국의 법률에 따라, 경영인이 작업환경과 작업 상태가 안전하고 그들의 활동 분야에서 안전과 건강에 대한 위험을 없애도록 하기 위하여 필요한 기간 동안, 근로자들의 안전과 건강에 대해 특별한 책임을 갖는 경영인과 근로자들이 협력해야 한다.

3.3 국가별 안전교육 일반

3.3.1 프랑스

프랑스의 교육·훈련제도는 사업주로 하여금 근로자를 채용한 경우와 작업 또는 기술내용을 변경한 경우 또는 산업보건의의 권고 등에 의하여 일정한 기간(최소 21일) 동안 작업을 중지하였다가 작업을 재개시하는 경우에 적절한 안전·보건교육·훈련을 실시하도록 법에서 정하고 있다. 그리고 이러한 교육·훈련에 대한 실시 여부 및 적정성 또는 효율성은 사업장 안전·보건위원회 또는 근로자 대표 등으로 하여금 평가·감독하도록 하고 있다. 사업장의 교육·훈련은 의무적으로 실시하도록 되어 있으나 언제, 어디에서, 어떻게 실시되어야 하는 것은 구체적으로 언급이 없다. 그러나 사고 시 안전교육을 실시하지 않았을 때에는 벌금이나 그에 대한 강한 책임을 묻거나, 보험료 등이 크게 상승하는 등의 방법으로 사업주가 안전·보건 교육을 실시하지 아니할 수 없도록 하고 있다. 안전교육에 관하 규정은 노동법전 제2권 3편에 제 L.231-3-1조에는 모든 사업주는 근로자 채용 시, 작업 또는 기술내용 변경 시, 제 L.124-2조 a항까지에 정한 경우에 근로자가 사용할 때 또는 산업보건의 권고로 근로자가 최소 21일간의 작업 중지후 작업 재 개시에는 적절한 안전교육을 실시하여야 하며, 제L.231-2조의3에 정한 조치의 시행에 있어 어떠한 권리의 침해도 있어서는 아니 된다고 명시하고 있다. 교육과정 관련 활동비용은 사업주측이 부담하도록 하고 있다. 안전교육관련 특별활동은 재해의 종류에 따라 일부 사업장 군에서 똑같이 실시되며 법에서 정한 의무교육 범위는 사업장 규모, 사업의 형태, 재해의 종류 및 당해 근로자의 직무 형태 등에 따라 다양하다. 제L.231-2조 규정에 의한 공공관리법규는 본 조항에 정한 교육의 실시 및 면제 조건 등을 규정하고 있다.

3.3.2 독일

독일도 다른 유럽연합 국가들과 같이 근로자 및 안전관리자의 의무 교육·훈련을 규정하고 있다. 법(VBG 제121조)에 의하면 사업장의 안전관리자는 법에서 정한 안전·보건 교육을 의무적으로 이수하도록 의무화하고 있다. 그러나 프랑스와 같이 정해진 시기나 시간, 정해진 교육과정은 없다. 정해진 기간 안에 안전관리자로서 알아야 할 내용을 이수하면 된다. 신규 채용자나 작업내용변경을 명받은 근로자의 안전교육은 의무화되어 있고, 일반근로자의 안전교육도 법 규정(UVB1)에 의하여 한 해에 한 번 이상의 안전교육을 이수하도록 되어 있다. 특히 위험물질에 관한 안전 교육은 필히 이수하여야 한다. 위험물질로 인한 사고는 생명을 위협하기 때문이다. 만약 위험물질로 인한 사고가 발생하였을 경우 산재보험조합에서는 안전교육을 실시한 자료를 요구하고 사고자가 일 년 안에 위험작업 물질에 대한 안전교육을 받았을 때에는 문책이 없지만 그렇지 않을 경우에는 크게 문책을 받고 보험료가 아주 크게 올라간다. 그렇기 때문에 독일의 사업주는 안전교육을 시키지 않을 수 없다. 즉, 사업주들은 법적인 의무 이행도 중요하지만 안전교육·훈련은 기업경영에 크게 영향을 받을 수 있으므로 경영원칙에 입각하여 자율적인 안전 교육을 실시하고 있다. 각 회사나 안전교육 관련 교육·훈련기관에서는 아주 다양한 교육프로그램을 개발하여 연중 다양하게 안전·보건 교육·훈련을 실시하고 있다.

독일 기업의 기본 안전교육은 안전관리자가 실시하는 것이 보통이다. 기본 안전교육은 대부분의 회사들이 작업안전 지침서를 바탕으로 하여 실시한다. 교육에는 강의식이나 구두적인 표현보다는 시각적인(OHP, Film, 영화상영) 방법을 사용하고 있으며, 근로자로 하여금 안전에 대한 동기를 유발할 수 있도록 실질적인 자료를 이용하여 교육하고 있다. 특별안전교육은 보통 작업AREA의 선임자의 주도 아래 실시되는 것이 일반적이다. 또한 독일에는 선임자 교육 제도가 있다. 선임자의 안전교육은 독일 산재보험조합에서 실시하며, 안전관리자는 각 선임자와의 충분한 면담을 통하여 세미나 주제를 정하고, 선임자들을 산재보험 조합에서 안전교육을 받도록 배려한다. 다음은 독일 기계 제조업 및 금속제조업 부문 산재보험조합의 관리감독자 교육과정의 교육내용인데 우리의 일반적인 교육내용(2박3일 일정의 보통의 안전교육 SCHEDULE) 비교하면 여러 면에서 상이점을 발견할 수 있다.

고급 관리감독자를 위한 산업안전보건 기초교육과정

1. 제1부(3일) ▸ 기초 세미나

[교육내용]

- 업종별 지역별 산재보험조합, 산업안전보건 감독기관
- 사업장 산업안전보건조직
- 산재예방을 위한 책임과 벌칙
- 기계·기구·설비 구매신청에 있어서 관리감독자 임무로서의 산업안전보건과 사고예방
- 산업안전보건 교육조직과 관리

2. 제2부(3일) ▸ 기초 세미나

[교육내용]

- 사업장 설계
- 인간공학 기초(조명, 채색, 소음)
- 사업장 신설 및 개조계획에 있어서 관리감독자의 임무로서의 산업안전과 사고예방
- 계획적 예방보수정비를 통한 산업안전
- 화재예방과 화재시의 대책
- 사업장에서 위험물질의 안전한 취급

3. 제1부(3일) ▸ 산업안전보건 심리학

[교육내용]

- 사고원인의 도해와 평가(사례연구)
- 사업장 조직이 동료 작업원의 인간관계와 관행에 미치는 영향
- 안전동기 유발매체
- 안전동기 유발대책의 적용형태와 영향
- 안전동기 유발대책의 사업장 상황에의 적용
- 작업장 위험에 관한 작업형태별 정보의 개발

4. 제2부(3일) ▸ 산업안전보건 심리학(산업안전의식 고취를 위한 동기유발 전략)

[교육내용]

실무적인 사례에 근거하여 산업안전 향상을 위한 성공적인 여러 기업들의 전략을 다룬다. 심리적 요인과 그 미치는 영향과의 연관 관계를 다루고, 그 결과의 개인적인 책

임한계와 작업에 미치는 당연한 결과들을 연역하여 이끌어 낸다.
- 앞의 "산업안전보건 심리학 제1부"의 요약 반복
- 사업장내에서의 인간관계의 형성 및 진행의 동기
- 산업안전보건활동 목표에 영향을 미치는 요인들
- 사업장 내에서의 인간관계의 형성 및 진행과 관리감독의 개념
- 산업안전보건 향상을 위한 기업의 전략

5. 산업안전보건에 있어서 관리감독자의 역할(2일)

[교육내용]
- 산업안전보건에 있어서 교육학적, 심리학적인 전문지식의 적용/응용
- 사업장 내에서의 인간관계의 형성 및 진행의 변화를 위한 전략의 개발
- 관리감독자로서 동료 작업원을 지도하고 동료 작업원에게 동기를 부여하기 위한 방법
- 사고원인분석과 위험성분석의 방법(사고원인과 위험요인들이 미치는 영향)
- 교육내용을 사업장 사고예방에 적용/응용하기 위한 개념

4. 주요 국가의 안전교육제도 비교

미국과 일본 우리나라의 경우는 안전보건관련 교육제도가 서로 비슷한 면이 많은데 이는 각국의 역사적 관계에 기인한 면이 많다. 특히 우리나라의 경우는 일본이나 미국의 선진제도나 법을 상당부분 응용하거나 도입한 예가 많아 일본의 법률과 매우 유사하다. 위에서 알아본 각국의 안전교육 제도를 살펴보면 미국의 경우는 매우 구체적이고 실용적인 제도 운영과 함께 자율에 따른 책임을 강조하는 면이 많고, 일본의 경우는 우리나라와 매우 유사하게 운영되고 있음을 알 수 있다. EU의 특징은 EU 각국에 공통으로 적용되는 구체적이지는 않으나 포괄적인 지침에 －경우에 따라서는 추상적이고 상당한 유권해석이 필요한 면이 있으나－ 따라 각국의 여건을 가미한 제도 운영을 그 특징으로 볼 수 있다. 선진 외국의 경우 산재보험료 인상과 안전교육을 연계하여 오랫동안 발전시킨바 안전교육의 질적 수준은 상당히 높은 것으로 판단된다. 아래는 위에서 설명한 각국의 안전교육 관련 법규를 중심으로 정리한 것이다.

주요 국가의 안전교육제도 비교

항목＼국가	한 국	미 국	일 본	유럽연합 공 통	유럽연합 프랑스	유럽연합 독 일
법규명	산업안전보건법	산업안전보건법	노동안전위생법	근로자 안전/보건 증진을 도모하기 위한 방법 도입에 관한 협의회 지침에서 출발	산재예방 증진에 관한 법률	유럽연합과 동일
주요 교육명	– 정기교육 – 신규 채용자 교육 – 작업내용 변경 시 교육 – 관리감독자교육 – 특별안전교육	– 상시근로자 기본교육(부정기근로자) – 신규 채용자 교육 – 작업내용 변경 시 교육 – 관리감독자교육 – 개인보호구 안전교육	– 정기교육 – 신규 채용자 안전위생교육 – 작업내용 변경 시 안전위생교육 – 유해위험작업자 안전위생교육 – 지도감독자 교육	– 신규작업/교환/변화에 관한 교육 – 새로운 작업/기계, 기구의 도입이나 변화에 관한 교육 – 신기술 도입에 관한 훈련	– 채용 시 교육 – 작업 또는 기술내용 변경 시 교육 – 일정기간 작업중지(최소 21일) 후 재개시하는 경우 교육	– 일반근로자 안전교육 – 신규 채용자 교육 – 작업내용 변경 시 교육 – 위험물질에 관한 교육
교육시간, 내용 등	– 법상 교육담당자 • 안전보건관리책임자 • 관리감독자 • 안전 및 보건관리자 • 산업보건의 • 사업장안전보건강사 • 사업장내 안전관계자의 지위에 있는 자로 사업주가 인정한 자 – 교육시간 • 정기교육 건설, 제조 2 h/월 사무직 1 h/월 관리감독자 16 h/년 • 채용 시 교육 건설 1 h 기타업종 8 h • 작업내용 변경 시 교육 건설 1 h 기타업종 2 h • 특별교육 건설 2 h 기타업종 16 h – 공통 교육내용 • 산업안전보건법령에 관한 사항 • 표준안전작업방법에 관한 사항 • 근로자 건강증진 및 산업보건에 관한 사항 • 물질안전보건자료에 관한 사항 • 보호구 및 기타 안전장치 취급에 관한 사항 • 기타 안전보건관리에 필요한 사항	– 상시근로자 기본교육 • 관리감독자로부터 40시간 이상 현장실습 부정기근로자는 24시간 이론교육과 하루 이상 현장교육 – 신규근로자 교육 • 작업하게 될 부서의 직상급자가 하루 동안 교육하는 것이 일반적 – 작업내용 변경 시 교육 • 상대적으로 잠재위험이 적은 근로자는 간단한 주의, 환기주고 잠재위험 높고 새롭고 복잡한 작업근로자는 구체적 교육훈련과 실천방법(실습)교육 – 개인보호구 안전교육 • 2일 이상 현장교육 및 충분한 적응훈련 – 관리감독자교육 • 최소 40시간, 3일 현장 교육과 8시간 전문교육/안전보건에 관한 사항 외 행정적 사항(서류, 보고서)에 대한 교육 별도 실시 – 주요 교육내용 • 응급조치 및 비상시 조치절차 • 모든 사고(손해, 아차사고 포함)의 보고 필요성 • 위험상태 행동에 대한 보고의 필요성 • 위험작업으로부터 근로자를 보호하기 위한 필요한 조치, 주의 • 안전보건규칙과 실제작업에서의 적용 • 작업장에서 상존하는 위험 예방 방법 • OSHAct하에서의 근로자 책임, 권리사항	– 주요 내용 한국과 유사 – 주요 안전교육(신규) 내용 • 기계 등, 원재료 등의 위험성 또는 유해성 및 이것들의 취급 방법에 대한 것. • 안전장치, 유해물 억제장치 또는 보호구의 성능 및 이것들의 취급 방법에 대한 것. • 작업 순서에 대한 것. • 작업개시 할 때의 점검에 대한 것. • 해당 업무에 관하여 발생할 우려가 있는 질병의 원인 및 예방에 대한 것. • 정리, 정돈 및 청결 유지에 한 것. • 사고 시 등에 있어서의 응급조치 및 대에 대한 것.	– 교육기준(내용, 원칙) 1. 새롭다거나 변화된 위험에 대해 적용되어야 하고 2. 필요하다면 주기적으로 반복되어야 한다.	– 좌동	– 기준은 좌동 – 위험물질에 관한 교육은 필수
교육시기, 장소, 담당자	– 교육시기, 장소, 담당자에 대한 구체적인 내용은 없음. 다만 신규 채용 시와 같이 일반적인 제시만 되어 있음.	– 교육시기는 관계자에게 책임을 부여하기 전에 실시(보통은 작업시작 전에 교육) – 유해위험작업분야에는 구체적으로 강사, 시간, 방법을 규정하고 있으나 그렇지 않은 경우에는 별도 규정 없고 강의실이 주로 사용되나 한 room에 25명 이상 들어가지 못하도록 조정	– 한국과 유사	– 언제, 어디서, 어떻게 해야 하는지는 구체적 언급이 없음.	– 좌동	– 좌동
기타 특이사항, 벌칙 등	– 500만 원 이하의 과태료	– 벌금이나 과태료 금액이 커 적발 시에는 엄청난 경제적 부담 발생. 예) 반복위반(Repeated Violation)의 경우 위반 사항당 최고 $70,000까지의 벌금을 부과하며, 최초 벌금의 산정 시 위반 횟수에 따라 원래의 벌금에 2배, 5배, 또는 10배까지의 가중 벌금이 부과됨.	– 30만 엔 이상 또는 이하 벌금 적용 – 교육실시결과를 4월 1일부터 익년 3월 31일까지의 교육결과 보고 의무(채용, 변경, 관리)	– 사고 발생 시 안전교육 미실시 경우 벌금이나 강한 책임 묻고 산재보험료 등이 크게 오름	– 좌동	– 좌동 – 사고 발생 시 산재보험 조합에서 안전교육 실시자료 요구

※ 위의 비교표는 개략적인 비교표이므로 구체적인 법조항이나 실제 내용을 복합비교 하는 데는 한계가 있음.

Chapter 5

안전교육 실무론

1. 안전교육 일반
2. 분야별 안전교육
3. 안전 교육계획서
4. 교육 강의안 작성
5. 교육 기법
6. 교육(훈련)기법 실무

1. 안전교육 일반

1.1 안전교육의 목적

안전교육(Safety education)의 목적을 이해하기 위해서는 다양한 안전에 대한 견해들을 알아볼 필요가 있다. [1]"안전이란 위험의 가능성, 혹은 사고를 제거하는 것을 목적으로 하는 인간의 행동에서 발생하는 용태, 또는 위험의 가능성을 없애고 사고의 제거를 목적으로 하는 물리적 환경의 설계에서 발생한 상태"라고 한 견해에 따르면 그러한 상태를 유지하기 위한 지식과 기능을 습득시켜 근로자는 심신이 안전한 상태를 유지하게 하는 것이며, 사용자는 심신이 건강한 근로자를 통하여 궁극적인 생산성 향상과 더불어 이윤을 얻을 수 있도록 하기 위한 것이다. 또한 [2]최영일이 기술한 바와 같이 스트라저(Strasser)나 아론(Aaron) 및 본(Bohn)과 같은 학자는 "안전은 인간 행동의 변화로 인한 상태 조건이다. 그리고 위험의 가능성을 축소하는 물리적 환경의 조정에 의해 사고를 줄이는 것"이라 하면 물리적 환경의 조정을 통해 사고를 줄일 수 있도록 인간에 대하여 지식, 기능을 학습시키는 것이라 할 수 있다. 그리고 예방안전관리 차원에서 보면 자신의 의사와는 관계없이 생명을 희생당하거나 신체적 상해를 입지 않도록 위해 일상의 교육을 통하여 신체의 부상이나 때로는 생명을 위협할 수도 있는 모든 요인을 미리 알려주고 사전에 스스로 예방하게 함으로써 사고나 상해를 입지 않도록 하는 것이라 볼 수도 있다. 또 다른 시각에서 보면 [3]'개인의 안전을 위해 필요한 것들을 이해시키는 지식교육, 위험요소를 예측하고 예방하거나 신중히 행동하는 태도의 교육, 안전하게 행동할 수 있는 기능의 교육이 함께 포함된 것'이라는 견해도 있다. 이러한 안전교육에 대한 견해들은 협의적 또는 광의적으로 매우 다양하고 폭넓게 형성되어 있으며 궁극적으로 인간의 본질적 안전에 관한 접근이라 볼 수 있다. 그러나 적극적인 차원의 안전교육의 목적은 영리를 위하여 산업(생업)에 종사하는 근로자에 대하여 지식, 기능, 태도 교육을 통하여 산업재해로부터 신체, 정신상의 안전을 확보하고 재해로 인한 직·간접의 경제적 손실을 방지하고 근로자 안전 확보를 통한 생산성 향상과 근로자 가정의 안정(행복)을 도모함이라 할 수 있다.

---

1) 최인범, 안전교육, 정민사, 1982.
2) 최영일, 초등학교 안전교육에 관한 연구, 한국교원대학교대학원(석사학위논문), 1998.
3) 한국산업안전공단, 안전·보건교육지도안－초등학교 교사용, 1995.

1.2 안전교육의 특징

안전교육이 갖는 특징은 90년대 초반까지 체계적인 교육과 훈련을 받은 전문가가 없었기 때문에 안전교육을 포함한 안전관리 전반에 대한 체계적인 접근이 없었고 대부분의 경우는 필요에 의해 유사한 직종이나 유휴인력에 의해 안전관리의 기초가 형성되었다는 데서부터 출발한다. 일반적으로 안전교육의 특징은 그 대상이 너무나 포괄적이고 광범위하기 때문에 기술교육 차원에서 접근하기에는 안전교육의 본질적 접근에서 멀어지고 일반교육 차원에서 접근하기에는 기술적 사항이 배제되는 결과를 초래하게 된다. 따라서 교육의 범위와 내용에 있어서 기준을 잡기가 매우 어려운 특성을 갖고 있다. 법으로 정한 교육내용 중심으로 교육하던 시대에는 교육 내용에 대한 원리적인 접근은 생략되었고 또 그러한 것이 일반적이었으나 적극적인 예방 안전관리 시대에는 위험에 대한 논리적 이해를 도모하고 직접적으로 안전관리 사항에 대한 언급이 없더라도 이해된 지식을 바탕으로 불안전한 상태나 태도를 근로자 스스로가 교정하도록 하는 것이 안전교육의 방향이다. 그러나 너무나 다양하고 폭넓은 분야가 갖고 있는 위험은 그 위험을 예방하고 적극적으로 안전을 확보하고 유지할 수 있도록 하기위해 교육으로서 접근하기에는 너무나 어려고 다양한 면이 많다. 결국 전문적인 교육을 받은 안전관계자들의 노력과 접근이 담보될 때에만 가능한 일이다.

또한 안전교육은 나이, 성, 숙련도, 근속, 직급을 고려한 교육이 되기에는 너무나 세분화되기 어려운 특성을 갖고 있다. 대부분의 교육은 교육대상을 구분하여 비슷한 지식의 정도를 갖고 있거나 아니면 나이가 유사한 연령으로 제한하거나 같은 성끼리 분류하거나 하여 교육효과를 높이기 위한 노력을 경주한다. 그러나 안전교육을 그렇게 시키기 위해서는 시간적 경제적 부담이 크고 그러한 체계를 갖춘 조직을 찾아보기도 힘들다. 그 이유는 특히 기업에 있어서 안전교육을 세분화하여 실행하기에는 경제적 부담이 크다. 안전교육으로 얻을 수 있는 이익은 계량적으로 쉽게 접근하기 어려운 특성과 함께 기업은 선 지출을 감수해야 하는 어려움을 요구한다. 100명의 작업자에게 1시간의 안전교육을 실시할 경우 근로자를 모이게 하고 교육 시키고 다시 직무에 투입하여 일정한 생산성이 나오기 까지는 1시간 30분 가까운 시간이 소요되는 것이 보통의 경우이다. 이때 1시간 30분의 시간손실에 따른 생산량의 감소는 1일 8시간을 일하는 근로자 16명이 일을 하지 않은 결과와 같다. 결국 기업주가 체감하는 손실은 안전교육으로 얻는 이익(넓은 의미에서는 더 클지 모르나)과 비견하여 더 현실적으로 결정할 수밖에 없다. 때문에 시간을 축소하거나 횟수를 줄이거나 아예 기록으로만 교육결과를 남기고자 하는 유혹을 이겨내기 힘들다. 즉, 안전교육은 기업주의 높은 안전의식이 바탕이 되어야 만 실효성을 기대할 수 있는 것이다.

마지막으로 안전교육은 그 결과가 즉각적으로 나타나기 힘들고 안전지식과 안전에 대한 인식제고가 되었다고 해서 태도나 행동이 변하기까지는 개인적 편차가 크고 모호한 면이 많다. 더군다나 일회성 교육으로는 그 결과를 예측하기 더욱 힘들다. 때문에 교육실시자나 근로자 모두가 안전교육에 대해 회의적인 마음을 갖기 쉽고 교육에 대한 신뢰도가 떨어지기 쉽다. 더욱이 사무직 근로자나 비 위험 작업 근로자들에게 교육시키기는 매우 어렵고 집중시키기도 쉽지 않다. 근골격계 질환이 문제가 되고 있는 요즘에도 순수 사무직 근로자들에 대한 교육은 그 실효성이 떨어지는데 그 이유 또한 위와 같은 이유 때문이다. 결과가 모호하고 시간이 소요되고 운이나 재수로 돌리기 쉬운 특성을 갖는다는 것은 그만큼 어렵다는 반증이다. 오랜 시간동안 안전교육은 특별한 자격이나 체계적인 교육을 받지 않은 사람들이 실시해온 관행과 더불어 어려서부터 안전교육이나 안전인식에 대한 교육이 부족했던[4](최근에는 교육과정에 포함) 것 때문이기도 하다.

1.3 안전교육 실시원칙

안전교육의 목적이나 특징을 감안한 교육 실시원칙은 일반적인 교육의 실행원리와 유사한 면이 많다. 그러나 일반교육이 갖는 장기적이고 지속적인 교육 형태와는 근본적으로 다른 것이 안전교육이다. 1회 교육시간이 통상 2시간을 넘지 않고 관리감독자나 안전관계자에 대한 전문교육도 3일(1일 8시간)을 초과하기 어려운 것이 안전교육의 특징이다. 그리고 교육 횟수도 가장 짧은 주기라도 1개월 주기가 대부분인 것이 현실이다. 안전관계자 입장에서 반드시 숙지해야만 하는 안전교육 실시 원칙을 알아보면 다음과 같다.

1.3.1 학습자의 입장에서 준비된 교육이 되어야 한다.

안전교육의 실질적 수혜자 또는 실행자는 강사가 아니라 학습자이다. 따라서 강사는 학습자의 입장에서 그들에게 실질적으로 필요한 내용이 무엇이며 어떤 자료와 눈높이로 교육할 것인지를 고민해야 한다. 학습자의 태도 변화를 유도하기까지는 철저히 수혜자 중심의 교육준비가 되어야 하는 것이다. 그러기 위해서는 단순히 지식과

4) 우리나라 제6차 교육과정을 기초로 유아를 위한 안전생활지도의 목표를 제시하면 다음과 같다.
① 안전에 대한 바른 습관 및 태도를 기른다.
② 안전사고를 예방하기 위한 규칙이나 구체적인 방법을 알고 지킨다.
③ 안전사고가 일어났을 때 상황을 파악하고 그에 대처하는 능력을 기른다.

사례 전달에서 벗어나 학습자의 현실과 상황이해가 선행되어야 한다.

1.3.2 학습자에게 동기부여를 해줄 수 있어야 한다.

일방적으로 진행되는 안전교육은 실적으로는 유용성이 있을 수 있으나 실효성면에서는 별다른 기대를 하기 어렵다. 특히 요즘처럼 불법취업자, 고학력자 등 교육대상의 다양성에 비춰볼 때 안전교육에 대한 또는 안전교육을 통한 동기부여가 전제되지 않는다면 아무리 많은 교육준비와 시설을 갖추고 열성을 다해 교육한다 해도 교육효과는 의문을 가질 수밖에 없다. 동기부여이론으로 유명한 Dean R. Spitzer의 "효율적 교육을 위한 20가지 동기부여 전략"을 보면 훌륭하게 개발되고 시행된 교육 프로그램이 자주 실패하는 이유는 단지 학습 개발이나 프레젠테이션, 강사 등에 문제가 있는 것이 아니라 교육생들에 대한 동기부여, 혹은 동기부여의 부족에 있다고 말한다. 다소 교육과정이 부실해도 학습자는 성공적으로 동기를 부여할 수 있다면 그 교육은 성공할 수 있으며 반대로 충분치 않은 동기부여는 훌륭한 강의에도 불구하고 교육의 성과를 저해할 수 있다는 것이 그의 논리이다. 그러한 논리의 바탕에서 학습자들에게 동기부여를 해주기 위한 전략 중 안전교육을 위한 동기부여 차원에서 간추려 보면 다음과 같다.

(1) 교육의 중요성을 전달해야 한다.

어떤 프로그램에 학습자가 흥미를 느끼게 하기 위해서는 교수자는 그 교육에 가치를 부여해야만 하고 학습자가 자신들이 받고 있는 안전교육이 얼마나 중요한 교육인가를 인식할 수 있도록 해야 한다.

(2) 학습을 위해 적절한 스케줄을 적절히 배정해야 한다.

많은 회사나 기관들은 교육에 많은 돈을 쏟아 붓고 다른 활동 사이에 또는 다른 교육시간 사이에, 아니면 자투리 시간에 안전교육을 배치함으로써 그 투자가치를 떨어뜨리고 있다. 만약 안전교육이 정말로 중요하다면 적절한 시간이 확보되어져야만 한다. 밀어붙이기식의 교육은 동기부여를 해칠 수도 있다. 단체나 개인이 안전교육에 그 가치를 부여하고 있음을 나타내는 방법은 교육시간을 학습자의 스케줄에 맞추는 것이 가장 효과적이다.

(3) 교육은 시기적절하게(Just-in-time) 이루어져야 한다.

교육에 대한 진정한 필요성은 시기적절한 교육(Just-in-time Training, 이는 전통적인 "Just-in-case" 교육과는 비교되는 개념)을 통해 확실히 할 수 있으며 배우고자 하는 열의가 가득할 때, 즉 새로운 스킬에 대한 필요성에 대한 의식이 고조되었을 때 교육시켜야 한다. 결국 안전교육 담당자는 필요성을 느끼게 하는 교육으로서 Just-in-time이 되어야 하는 것이다.

(4) 핵심사항에 교육의 포커스를 맞추어야 한다.

요즘에는 안전교육도 정보투매(information-dumping)로 평가절하 되고 있는 시대이다. 이는 학습에 좀 더 잘 활용될 에너지를 낭비하는 결과를 초래하기 쉬우며 스마트한 조직들은 직무기능 교육의 초점을 몇 안 되는 핵심사항에 맞춘다. 각 직종에 있어 이러한 중요한 성공의 요소들은 직원들에게 성공을 위한 도구로써 인식되어질 수 있을 것이다. 결과적으로 그러한 조직의 직원들은 핵심사항들에 대한 학습으로써 동기부여를 받을 것이다.

(5) 학습에 대한 금전적 인센티브를 제공해야 한다.

만약 모든 교육이 본질적으로 동기가 부여된다면 매우 바람직한 일이지만, 그러나 실제로 대부분의 사람들은 금전적 인센티브에 긍정적이다. 지식에 대해 보상해야 한다는 생각이 대부분 지배적이기 때문이다. 지식에 대한 보상(Pay-for-knowledge) 계획은 여러 수준의 직무지식과 기능을 반영하기 위해 기본보상단위를 설정한다. 지식에 대한 보상(Pay-for-knowledge)안을 활용하고 있는 기업들은 이 보상안이 직원들을 학습에 좀 더 열성적일 수 있게 도와주는 효과 있는 방안이라고 한다(이는 우리나라나 외국이나 동일한 현상이다). 그러나 잠재적인 단점도 있다. 만약 그러한 계획안이 제대로 관리되지 않으면 단순히 활용가치가 없는 증명서의 축적이나 불필요한 기능의 습득에 그치고 말 것이다.

(6) 교육에 재미를 부여해야 한다.

교육에 재미를 부여하는 것은 교육생들의 흥미를 불러일으킬 뿐 아니라 교육생들이 좀 더 정열적이고 생산적인 학습을 할 수 있도록 해준다. 창조적인 교육자들 몇몇은 그들의 교육과정을 활성화시키기 위해 다양한 게임형태를 사용하고 있다. 이러한 방법을 이용한 과정은 재미있을 뿐 아니라 특별한 학습결과를 도출하기도 한다.

(7) 교육에 있어 다양성을 활용해야 한다.

지루한 강의에 흥미를 가지라는 것은 힘든 주문이다. 학습에 대한 열의를 자극하고 유지하길 위해서는 프로젝터, 차트, 비디오, 컴퓨터 등과 같은 다양한 매체를 활용해야 한다. 또한 시뮬레이션, Role-plays, 그룹토의, 질의응답과정, 현장학습, 강사초빙과 같은 다양한 교육기법을 활용도 중요하다.

(8) 사회적 상호작용(social interaction)을 제공해야 한다.

전형적으로 인간은 사회적 상호작용을 통해 고도로 동기부여 되길 원하고 교육은 이를 위한 수많은 기회를 제공한다. 그러나 교육 중의 상호작용은 쉬는 시간의 적용보다도 더 많이 이루어져야 한다. 즉, 이는 소그룹토의, 시뮬레이션, 공동문제해결, 협동학습 등을 통해 교육자체에 포함되어져야 한다.

(9) 전문성을 공유해야 한다.

전문성의 공유는 동기를 유발시키는 좋은 자극제이기 때문이다. 몇몇 기업에서는 동년배학습(Peer-tutoring)과 [5]Mentoring을 통하여 불충분한 교육자원을 보완하고 직원들의 전문성을 공유하는 좋은 방법으로 활용하고 있다. Mentoring이 전문직원과 비전문직원간의 장기적 관계에 도움이 되는 반면에 [6]동년배교육(Peer-tutoring)은 일반적으로 단기교육, OJT, 일대일 교육 등을 포함한다.

(10) 초기성공에 대해 격려해야 한다.

교육의 효과나 진전은 동일한 기본 전제가 있다. 구성요소를 익히는 최선책은 그것들이 순서적으로 수행된다는 것이다. 그리고 그러한 초기효과나 성공에 대하여 격

---

5) 멘토(Mentor)는 그리스 신화 오디세이에 나오는 이름으로써 기원전 1200년 고대 그리스의 이타이카 왕국의 왕, 오디세이가 트로이 전쟁에 출전하면서 그의 사랑하는 아들을 가장 믿을만한 친구에게 맡기고 떠나는데 그의 이름이 멘토였다. 오디세이가 전쟁에서 돌아오기까지 무려 10년 동안 멘토는 왕자의 선생, 친구, 상담자 때로는 아버지가 되어 그를 잘 돌보아 주게 된다. 이 후로 멘토라는 그의 이름은 지혜와 신뢰로 한 사람의 인생을 이끌어 주는 지도자의 동의어로 사용되어 왔다. 멘토는 한 마디로 믿고 따르며 본받을 만한 의논 상담자라고 할 수 있다. 따라서 Mentoring이란 한 사람이 다른 사람과 일정한 관계를 맺으므로 그 사람을 세워주는 일련의 과정이라 할 수 있다. 멘토에게 지도를 받는 사람을 가리켜 Mentoree, Mentee 혹은 Proteze라고 부른다. Mentoring은 가르치기 보다는 인생을 나누는 작업이다. 멘토링은 관계를 가지고 만나게 된다. Mentoring은 지식을 획득하고 전달하는 것이 아닌 삶의 경험을 나눈다. 또한 Mentoring은 제한된 시간이 아닌 평생동안 지속되는 작업이다. Mentoring 자체가 관계지향적이기 때문이다. 따라서 사랑이 많고 이해심이 많은 선배, 형님의 이미지라고 할 수 있다. 보통 Mentoring은 2~3명 이내가 정당한 수준이다.
멘토(Mentor) : 돕는 자, 멘제(Menger) : 도움 받는 자, 멘토링(Mentoring) : 멘토가 멘제를 돕는 활동

6) 급우 개인 지도(Peer-tutoring)
급우 개인 지도는 인지적 그리고 행동적인 교수-학습 상황 둘 다에 광범위하게 사용되어져 왔다. 급우 개인 지도의 변형들은 다음과 같다 : 즉, 높은 학년의 학생들이 그보다 어린 학생들을 가르치는 것(cross-age tutoring); 같은 급우를 가르치는 것; 일반 학생들이 특수한 요구를 가진 학생을 가르치는 것 그리고 그 반대로 하는 것; 그리고 학생들의 성인 가르치기이다. 급우 지도 연구, 특히 학습에 어려움을 가진 학생을 위한 연구의 고찰에서 급우 개인 지도의 효과가 큰 것이 나타났다. 즉, 학습 성취, 가르치는 자와 학습자 양쪽의 자부심, 배우려는 동기부여, 그리고 인지적인 과정 기술 등이다. 급우 개인 지도는 많은 다른 교수-학습 상황에서와 같이, 학교에서 사용될 수 있고 학습 내용에 관한 개인 지도는 하교 동료를 상용함으로써 이루어질 수 있다.

려하고 축하하는 것은 학습자에 대하여 훌륭한 동기부여가 될 수 있고 초기성공에 고무된 개인은 차후에 좀 더 높은 성과달성을 준비할 것이다. 좀 더 어려운 일을 처리하기 전에 쉬운 일의 처리하는 전략은 또한 직장에서 고도의 동기부여식 학습을 위한 열쇠이다. 세일즈사관학교로 불리는 브리태니커회사의 경우 첫 매출을 올린 직원의 경우 "ice break"이라 하여 모든 직원이 모인자리에서 축하하고 격려하는 전통이 있다. 이러한 행위를 통하여 첫 세일을 기록한 직원에게 초라한 실적이라도 또 다른 큰 실적의 밑바탕이 되며 이는 모든 실적은 첫 실적에서 비롯됨을 일깨우며 다른 직원들에게도 ice break에 대한 욕구, 동기부여의 이유가 되도록 하는데 있다.

1.3.3 쉽고 적은 양의 내용을 핵심적으로 반복해서 교육해야 한다.

안전교육을 시행하는 입장에서 가장 범하기 쉬운 실수는 욕심을 내는 것이다. 다른 교육에 비해서 자주 있는 것도 아니고 특히 안전사고라도 일어난 경우에는 마음이 앞서 예방관리 차원의 많은 양의 교육내용을 급하게(또는 내용에 비해 빠르게) 교육하려는 경향을 보이기 쉽다. 그러다 보면 실적, 양 위주의 교육이 되기 쉽고 핵심적인 사항을 교육하기보다는 이것저것 모두를 얘기하고 모호한 교육진행을 하기 쉽다. 그리고 반복적으로 교육해야 인식과 행동에 직접적인 효과를 볼 수 있다는 사실을 망각하기 또한 쉽다. 그러나 반복적인 교육은 교수자나 학습자 모두에게 부담스러운 일이기 때문에 어지간한 준비와 진행으로는 오히려 그간에 형성된 학습효과 마저 잃어버리기 쉬우며 얼마 되지 않는 교육 시간에 반복학습을 하기에는 교수자가 느끼는 부담이 만만치 않다. 따라서 반복학습을 시킨다는 것은 많은 노력과 준비과정이 담보되어야 함을 의미하므로 조심스러운 접근자세가 필요하다.

1.3.4 모든 교육내용(이론)은 실무적인 접목과 현장성이 있어야 하다.

학습자의 입장에서 보면 교육내용이 좋다는 것은 자기가 일하고 있는 곳 또는 자기업무, 자기위치에서 바로 적용 할 수 있는 교육이다. 예를 들면 사고사례나 안전직무교육의 내용이 내가 현재 일하고 있는 것과 같거나 유사한 경우 분명히 교육효과는 커지게 마련이고 당연히 현장성도 있게 된다. 맥도날드 매장에서 crew(아르바이트 종업원)를 교육시킬 때 가장 많이 이용하는 방법은 그 종업원이 일할 장소, 기계 옆에서 실제적인 교육과 안전 유의사항을 교육 시키는 방법이다. 이는 현장성과 실무적 접목을 동시에 노릴 수 있기 때문이다. 안전교육도 획일적인 장소에 몇 십 명씩 모아놓고 하는 교육은 지양해야 하며 가능하다면 TBM과 같이 Field에서 그 작업에 종사하는 근로자를 대상으로 그들의 작업과 연관된 내용으로 교육하는 것이 가장 효과적인 교육이 될 수 있다는 뜻이다. 어떤 교육도 실무와 동떨어진 내용으로 실시하는 것은 교육을(또는 교육효과를) 포기한 것과 같다.

1.3.5 감동이 있는 교육이 되어야 한다.

교육효과는 학습자가 감동 되었을 때에 가장 크다. 그러나 학습자의 감동은 교수자의 진심과 정성이 마음으로 전달되어 질 때에만 가능한 일이다. 건성으로 말하는 위로나 관심 없는 판에 박힌 인사나 염려는 학습자의 마음을 움직일 수 없다. 학습자가 느끼기에 충분한 어떤 모습이 지속적일 때 비로소 마음이 열리는 것이다.

회사가 해야 할 일은 안하면서 근로자의 의무만을 요구한다거나 교수자가 모범을 보이지 못하면서 학습자의 개선, 변화를 역설한다면 아무리 좋은 교육기법이나 언변이 있다 해도 학습자는 외면하게 된다. 감동이 있는 교육은 어느 날 갑자기 할 수 있는 것이 아니다. 그리고 감동교육의 특징은 개인적인 노력으로도 충분히 가능하다는데 있다.

어떤 안전관리자는 비협조적인 작업자 100여명 이름과 신상 명세를 외우고 현장에서 지속적인 인사와 안전보호구 착용을 독려하자 작업자들이 안전관리자 얼굴보기 미안하다며 안전보호구 착용을 서로 권유했다는 이야기나 근로자 개인 경조사를 챙기거나(물론 적은 액수지만) 상담실은 설치하고 개개인의 문제를 상담하고 작업에 적용해 준다거나 하는 일들은 감동교육에 적용될 수 있는 여러 가지 활동들이다. 그러나 무엇보다 중요한 것은 교수자 즉, 안전관리자(관리감독자)들이 진심어린 마음과 자세로 근로자(학습자)를 대하고 존중해야 하는 것이다.

2. 분야별 안전교육

2.1 분야별 안전교육 일반

안전관리자가 필요한 분야는 매우 광범위하다. 법적인 안전관리자에서 실무적인 안전관리자(자격증은 없지만 안전업무를 보는 자), 그리고 학교나 여러 기관에서 안전관리를 주관하고 담당하는 사람들까지를 포함한다면 실제로 안전관리자가 필요한 분야는 일일이 열거하기 조차 힘들 정도로 많은 것이 사실이다. 결국 안전관리가 필요한 곳에는 안전교육이 수반될 수밖에 없고 안전관리와 안전교육은 같은 맥락에서 이해해야 한다. 때문에 안전을 전공한 사람이나 비전공자 모두가 어떤 분야에 있어서는 거의 제로상태에서 접근해야 하는 어려움이 있다. 기본적이고 공통적인 사항은 누구나 쉽게 접근할 수 있으나 그 외의 사항은 너무나 광범위하기 때문에 어렵다. 그러나 학교안전이나 어린이 안전, 수영안전 등과 같이 기관이나 모임에서 주관하는 안전관리나 교육은 법적 강제사항이라기 보다는 포괄적 관리 차원의 자발적 안전관리 활동인 경우가 대부분이기 때문에 실무적 접근의 필요는 크지 않다.

정부 부처별 안전관련 법규

해당 부처와 관계된 소관 안전법률을 나열한 것으로 전체적 이해를 도모하고자 하는 목적이기 때문에 법률개수나 명칭은 다소 차이가 날 수 있음.

부처명	기 능	소관 안전법률
행정안전부	안전 및 재난에 관한 정책의 수립·총괄·조정, 비상대비, 민방위 및 방재에 관한 업무	재난 및 안전관리 기본법, 국민안전교육 진흥기본법, 보행안전 및 편의증진에 관한 법, 소규모 공공시설 안전관리 등에 관한 법률, 승강기시설 안전관리법, 어린이놀이시설 안전관리법, 저수지·댐의 안전관리 및 재해예방에 관한 법률
산업통상자원부	상업, 무역 및 무역진흥 공업, 에너지 및 지하자원에 관한 업무	고압가스안전관리법, 액화석유가스의 안전 관리 및 사업법, 도시가스사업법, 광산피해의 방지 및 복구에 관한 법률, 전기공사업법, 산업표준화법, 송유관 안전관리법, 전력기술관리법, 에너지이용합리화법, 고압가스 안전관리법 등
고용노동부	근로조건의 기준, 직업안정, 직업훈련, 실업대책, 고용보험, 산업재해보상업무, 노사관계의 조정 기타 노동에 관한 업무	근로기준법, 산업안전보건법, 진폐예방 및 진폐근로자 보호 등에 관한 법률 등
환경부	자연환경 및 생활환경의 보전과 환경사고 예방 등에 관한 업무	대기환경보전법, 물환경보전법, 하수도법, 폐기물관리법, 환경오염시설의 통합관리에 관한 법률, 화학물질관리법, 화학물질의 등록 및 평가 등에 관한 법률
과학기술정보통신부	과학기술진흥을 위한 기본정책의 수립, 기술협력 및 원자력과 기타 과학기술진흥에 관한 업무	원자력진흥법, 한국원자력안전기술원법, 핵융합에너지 개발진흥법, 연구실 안전환경 조성에 관한 법률 등
소방청	행정안전부 산하 독립 외청 기관. 소방 및 방화(防火), 방재, 대국민 신변안전관리 및 감독, 재난대비 및 복구관리, 사후관리대책 등	소방기존법, 화재예방, 소방시설 설치·유지 및 안전관리에 관한 법률, 위험물안전관리법, 다중이용업소의 안전관리에 관한 특별법, 초고층 및 지하연계 복합건축물 재난관리에 관한 특별법, 소방시설공사업법
국방부	국방에 관한 군정 및 군령과 기타 군사에 관한 업무	군용항공기 비행안전성 인증에 관한 법률 시행규칙, 군용항공기 운용 등에 관한 법률 시행규칙 등

부처명	기 능	소관 안전법률
농림축산식품부	농업, 잠업, 식량, 농지, 수리 및 축산에 관한 업무	농약관리법, 농어업재해대책법, 동물위생시험소법, 농어업인의 안전보험 및 안전재해예방에 관한 법률 등
보건복지부	보건위생, 방역, 의약, 약정, 생활보호, 자원지원, 여성복지, 아동, 노인, 장애인 및 사회보장에 관한 법률	공중위생관리법, 환자안전법, 공공보건의료에 관한 법률, 인체조직안전 및 관리 등에 관한 법률, 보건의료기본법 등
국토교통부	국토종합개발계획의 수립, 조정, 국토 및 수자원의 보전 이용 및 개발, 도시, 도로 및 주택의 건설, 하안의 간석, 육운 해운 및 항공에 관한 업무	건축법, 건설산업기본법, 시설물의 안전 및 유지관리에 관한 특별법, 건설기계관리법, 교통안전법, 철도안전법, 항공보안법, 자동차관리법 등
해양수산부	수산, 해운, 항만, 해양환경보전, 해양조사, 해양자원개발, 해양과학기술연구개발 및 해난 심판에 관한 업무	선박안전법, 어선법, 농어업재해대책법, 국제항해선박 및 항만시설의 보안에 관한 법률 등

영리를 목적으로 정신적, 육체적 근로를 제공하는 근로자를 대상으로 하는 안전이야 말로 실질적 안전관리의 주체이다. 그리고 대부분의 안전관리는 이렇게 안전관리에 주체인 근로자를 대상으로 하고 있는 것이 사실이다. 우리나라의 안전관리는 법으로 강제되는 부분이 대부분이고 위의 표에서 보듯이 소관부처별 안전관련 법률이 있다 해도 결국 안전관리 업무를 총괄하는 노동부나 건설교통부 정도가 실무적 강제를 띤 관리활동을 하고 있는 실정이다. 따라서 순수하게 안전관리 차원의 관리·감독은 노동부가 유일하다고 볼 수 있을 것이다.

안전교육은 예방 안전관리의 핵심이다. 안전점검은 사전 안전성 확보와 개선에 그 목적과 필요가 있으나 안전교육은 그 대상과 범위에 따라 사실상의 안전관리 전반을 포함하고 있기 때문에 안전교육만 제대로 이뤄지고 그 교육에 대한 환류만 올바르게 시행된다면 안전관리의 주체가 되는 대상(근로자)의 안전은 확보될 수 있다. 위에서 언급한 노동부나 건설교통부 등이 관장하는 법률의 대상은 명백히 근로자나 현장 또 공장과 관련한 제3자(일반인 포함) 등으로 제한하고 있다.

안전과 관련하여 사후관리 차원에서 접근해 보면 산업재해보상보험법의 대상인 근로자(제한적 사용자의 포함)로 대표되는 산업계 분야와 각종 생명, 상해보험에 의해 보호되는 일반인으로 나누어 볼 수 있다. 일반인과 가장 밀접한 것은 교통재해이고 근로자의 경우는 산업재해에 대부분 노출되어 있다. 근로자는 일반인들에 비해 사고나 재해에 노출되기 쉬워 집중적인 안전관리 활동이 필요한 주 대상이다.

이러한 이유에서 볼 때 실무적인 차원에서 안전교육의 대상은 근로자가 주요 대상이고 그 근로자의 주요 장(場)이 되는 산업계에서 필요한 안전교육의 공통내용과 산업계 중에서도 제조업과 건설업으로 대표되는 주요업종의 안전교육 공통사항과 세부사항을 살펴보는 것은 가치 있는 일이다.

2.2 산업부분 안전교육 공통분야

산업분야나 직종, 본사, 현장, 사무, 생산직을 불문하고 안전관리를 위해 공통적으로 교육해야 하는 사항으로 각 산업이 공통적으로 적용하고 동일하게 적용 가능한 교육사항을 말한다.

2.2.1 산업 분야(직종) 관련 법규 교육

(1) 해당 산업, 직종과 관련한 법적 신고사항
업종마다 고유한 법적 신고사항이나 사전에 신고해야 할 것들에 대한 사항
(2) 관공서 안전관련 신고양식 작성법 및 신고요령
(3) 관련 규정 위반에 따른 강제사항, 벌칙사항
최신 변경법규 규정에 따른 기업 의무사항이나 벌칙사항에 대한 실무적인 내용
(4) 해당법규에서 규정하고 있는 안전, 보건기준(세부적인 사항)

2.2.2 사내 규정 및 지침에 대한 교육

(1) 사내 안전보건관리규정 및 안전에 관한 규정, 지침
(2) 사내 특별 위험시설, 지역과 관련한 안전 규정, 수칙 및 그에 따른 준수사항
(3) 안전/보건관리 일반사항
- 안전관리일반(재해율, 사고원리, 통계 등 …)
- 개인 안전장구 사용법 및 사내 위험예방시설물의 위치와 사용법
- 사내 재해 및 안전관리와 관계된 통계 설명
- 위험시 대처요령(사내) 및 응급구급법 등
(4) 사내 시설물, 위험지역 등 자사의 물적 사항이나 인적사항에 관한 사항
- 안전보건관리조직 및 비상조직, 비상연락망 등
- 사내 위험시설의 개요 및 각종 시설의 특성
- 각 시설 및 지역에 따른 안전작업 및 이동요령
(5) 안전수칙, 주요 필요 인식사항(다변적이고 탄력적인)
- 계절별, 시기별 안전관리 주요사항 중 안전수칙 필요사항
- 각 고유작업별 작업별 안전수칙
- 사내 각종 안전표식의 종류와 의미
(6) 동종업계 재해사례, 안전/보건관리 현황 등

특히 경쟁관계나 동종 선도업체의 안전/보건관리 활동이나 기법, 재해사례 등과 관련한 사항은 내부 목표관리나 경쟁심 고취 차원에서도 필요하다.

- 동종업계 재해사례 전파(동종재해 발생 억제)
- 동종업계 재해통계 전파(안전의식 고양)
- 동종업체 안전/보건 활동사항

(7) 정부 및 정부산하기관 등의 안전 활동과 관련한 사항

각 회사마다 관공서 등에서 주관 또는 권고하는 안전관리 활동에 관하여는 자체적인 지침에 따라 실시하는 경우가 대부분이며 특히 관리감독자들에게는 이러한 사항에 대한 사전 교육이 필요하다.

- 안전점검의 날(개요, 활동요령, 노동부 감독사항)
- 무재해운동(개요, 실시요령, 주의사항)
- 안전보건 11대 수칙 관련한 사항(개요, 현황, 준수요령 등)
- 계절별, 취약시기별(동절기, 해빙기, 장마철, 혹서기 등) 안전관리 실무
  시기별 안전관리 실무사항은 매우 구체적이고 세부적인 교육이 필요하다. 특히 관리감독자들의 경우에는 자신들이 관할하고 있는 공정이나 area에 대하여 최종적인 지휘·감독권자이기 때문에 반드시 교육하고 feed back 하여야 한다(이는 협력업체 관리감독자에 대하여도 동일하다).

(8) 공정별 표준 안전작업지침 및 기술상의 지침과 관련한 사항

각 공정별 '표준안전 작업지침'은 건설업종과 관련한 가설공사 표준안전 작업 지침 외 10여개 지침과 제조업과 관련한 전기재해예방을 위한 '기술상의 지침' 등의 관련규정이 고시되어 있어 산업안전기준에 관한 규칙과 더불어 법적 안전실무 사항으로 교육해야 할 사항이다.

건설업 분야 표준안전 작업지침 예

1. 가설공사 표준안전 작업지침 2015/09/25(개정) 고용노동부고시 제2015-50호
2. 굴착공사 표준안전작업지침 2015/09/25(개정) 고용노동부고시 제2015-57호
3. 발파작업 표준안전작업지침 2015/09/25(개정) 고용노동부고시 제2015-56호
4. 벌목 표준안전 작업지침 2015/09/20(개정) 고용노동부고시 제2015-45호
5. 운반하역 표준안전 작업지침 2015/09/20(개정) 고용노동부고시 제2015-47호
6. 철골공사 표준안전작업지침 2015/09/25(개정) 고용노동부고시 제2015-55호
7. 추락재해방지 표준안전작업지침 2015/09/25(개정) 고용노동부고시 제2015-53호
8. 콘크리트공사 표준안전작업지침 2015/09/25(개정) 고용노동부고시 제2015-51호
9. 크레인작업 표준신호지침 1994/06/18 고시 제1994-27호

10. 터널공사 표준안전작업지침-NATM공법 2015/09/25(개정) 고용노동부고시 제2015-54호
11. 해체공사 표준안전작업지침 2015/09/25(개정) 고용노동부고시 제2015-52호

2.3 제조업

제조업의 경우에는 인적, 물적 안전관리 사항이 비교적 정형적이고 한번 설치하거나 사용하는 경우에 대부분이 변동이 없고 쉽게 적응할 수 있다는 특성이 있으나 분야가 너무나 다양하고 복잡하여 일일이 열거하기에는 많은 문제가 있다. 요즘에는 산업범위와 생산품에 따른 분야가 더욱 확대되고 세분화 하고 있는 추세여서 그에 따른 안전관리 기준이나 요령, 실무에 관련한 자료가 부족한 것이 현실이다. 따라서 제조업 분야의 안전/보건교육 내용을 일괄적으로 말하기 어렵고 기능적 분류에 의해 전기, 화학, 기계, 통신, 장비, 자재 등 자기 산업분야의 특성을 고려하여 구분하고 그에 따른 통일된 교육 기본사항을 정하여 교육하는 것이 바람직하다. 각 산업분야별 안전교육 내용을 정하기란 쉬운 일이 아니며 딱히 정할 필요성도 크지 않다. 교육필요가 있을 때에 해당 작업분야의 기존자료나 신규 자료를 참조하면 되고 가장 쉽게 접근할 수 있는 방법은 각종 안전수칙을 활용하여 교육 내용을 설계하는 방법이다. 대부분의 안전관리 주요사항은 각종 안전수칙에 취합, 정리되어 있으며 급작스런 안전교육 수요가 있을 때 산업안전에 관한 기준이나 안전수칙은 유용한 교육 자료의 원천이 될 수 있는 것이다. 생소한 분야의 안전수칙을 이용한 교육자료는 다음과 같은 형태로 응용 가능하다.

예) "전동용 공구 작업수칙"을 참고하는 경우

전동용 공구 작업수칙(일반적인 경우 사용하는 수칙)	교육 착안 사항
1. 공구는 작업개시 전 잘 점검하고 불안전한 것이나 파손된 것은 절대로 사용하지 말 것 2. 또 사용 중에는 끊임없이 공구의 상태에 주의할 것 3. 사용 후 청소를 잘하여 다음 사용에 지장이 없도록 할 것 4. 공용 공구는 관리책임자를 선임하여 보관에 확실을 기할 것 5. 주 1회 정기적으로 공구의 일제 검사를 실시할 것 6. 벤치는 균열이 유무를 확인한다. 7. 드라이버는 날의 모양 및 손잡이 부분이 파손 여부를 확인한다. 8. 몽키는 웜 기아부분의 마모상태를 확인한다. 9. 칼은 칼의 연결부분의 찌그러짐을 파악한다. 10. 장선 바이스는 핸들, 접합부의 파선을 파악한다.	1. 기본적인 공통 준수사항 확인 2. 주요 위험요점 정리 및 부분 참고자료 별도 정리 3. 용어나 기호는 풀이하여 정리해 놓음 4. 전동용 공구 "재해사례" 정리 5. 작업자 준수 및 회사 준수 사항 정리하여 설명

전동용 공구 작업수칙(일반적인 경우 사용하는 수칙)	교육 착안 사항
11. 망치는 나무 자루의 연결부분을 파악한다. 12. 파이프렌치는 날의 마모, 핸들의 파악하고, 줄은 가루의 균열을 파악 조치 후 사용한다. 13. 전기드릴은 절연저항 1 MΩ 이상 스위치바 및 코드(단, 100 V용, 200 V용, 0.3 440 V용)를 점검한다. 14. 토오치 램프 : 기름의 누설과 분출공의 막힘 등을 확인한다. 15. 마그네트 공구(MAGNET TOOL) 1) 마그네트는 필히 전면을 밀착시켜서 사용해야 한다. 흡착시킬 장소는 먼지나 기름, 물기가 없도록 깨끗하게 하여 두어야 한다. 2) 마그네트는 흡착하려는 판이 약간의 고온이라도 흡착해서는 안 된다. 3) 마그네트는 횡방향의 힘과 진동에는 약하므로 그 방향에서는 하중을 걸지 않는다. 4) 시계 혹은 정밀기기는 자력에 의해 흔들릴 염려가 있으므로 사용할 때 주의한다. 5) 스위치 콘센트 등을 포함하여 그 보전에는 충분한 주의가 필요하다.	

2.4 건설업

건설업은 물적 위험상태나 근로자의 변동이 수시로 발생하는 산업특성으로 인해 비정형적이고 탄력적인 안전/보건교육 활동이 요구되며, 공종별 또는 사업장 단위의 안전교육 사항이 매우 다양하고 포괄적인 내용을 다루어야 한다. 건설현장의 교육대상이 되는 작업자들의 특성 또한 오랜 기간 동일한 작업을 하기보다는 단발성 작업이 대부분이고 근속기간 또한 아주 특별한 경우를 제외하고는 몇 개월을 넘기기가 어렵다. 작업내용 또한 작업 형태는 동일하나 내용은 매우 다양한 특성을 가지고 있다. 목공이라는 직종의 근로자가 나무와 기계(수작업을 포함)를 이용하여 목공으로서의 작업을 하지만 장소적 변화(지하, 지상, 내부, 외부, 습윤 지역 등)와 내용적 변화(대형 거푸집작업, 발판제작, 부착물 제거 등)가 많아 목공작업의 일반 안전작업수칙과 더불어 그날그날의 상황에 따른 타 작업이나 위험요소를 고려한 탄력적 교육이 필요하게 된다.

이와 같이 건설업의 가장 큰 특징은 장소적, 내용적 변화가 크다는 것이며, 한 장소 한 공정에 여러 직종의 근로자가 같이 작업하게 될 개연성이 많아 이점 또한 건설업 안전교육에 애로사항이 되기 쉽다. 따라서 건설업 안전교육은 이러한 특성을 충분히 수용할 수 있는 방향으로 진행되어야 그 효과를 얻을 수 있다.

2.4.1 주요 분야 안전교육 사항

건설업의 경우는 사고유형별로 안전교육을 실시하는 것이 일반적이다.

(1) 추락 재해 예방분야

- 추락 재해 발생의 주요원인
- 추락 재해 위험 시설물에서 안전작업 요령
- 고소작업, 추락 위험 작업의 산업안전에 관한 기준
- 추락 방지를 위한 주요 안전시설물 종류와 설치 기준(해당 현장)
- 추락 위험 안전점검 요령 및 비상시 대처 요령
- 동종 재해 사례

(2) 낙하·비래 재해 예방분야

- 낙하·비래 재해 발생의 주요원인
- 낙하·비래 재해 위험 시설물에서 안전작업 요령
- 고소작업, 낙하·비래 위험 작업의 산업안전에 관한 기준
- 낙하·비래 방지를 위한 주요 안전시설물 종류와 설치 기준(해당 현장)
- 낙하·비래 위험 안전점검 요령 및 비상시 대처 요령
- 동종 재해 사례

(3) 거푸집 동바리 및 비계 재해 예방분야

- 거푸집 동바리 및 비계 재해 발생의 주요원인
- 거푸집 동바리 및 비계 재해 위험 시설물에서 안전작업 요령
- 거푸집 동바리 및 비계 위험 작업의 산업안전에 관한 기준
- 거푸집 동바리 및 비계 재해 예방을 위한 주요 안전시설물 종류, 설치 기준(해당 현장)
- 거푸집 동바리 및 비계 위험 안전점검 요령 및 비상시 대처 요령
- 동종 재해 사례

(4) 토사붕괴 재해 예방분야

- 토사붕괴 재해 발생의 주요원인
- 토사붕괴 재해 위험 시설물에서 안전작업 요령(해당 현장)
- 토사붕괴 위험 작업의 산업안전에 관한 기준

- 토사붕괴 재해 예방을 위한 주요 안전시설물 종류와 설치 기준
- 토사붕괴 위험대비 안전점검 요령 및 비상시 대처 요령
- 동종 재해 사례

(5) 감전 재해 예방분야

- 전기안전 일반사항(특성, 성질, 계절별 위험 등)
- 전기 작업용 안전장구 사용요령
- 감전 재해 발생의 주요원인
- 간이 전기시설물의 위치 및 특성, 위험요인
- 활선작업의 특성 및 이동전선 관리 요령
- 감전 재해 위험 시설물에서 안전작업 요령
- 감전 위험 작업의 산업안전에 관한 기준
- 감전 재해 예방을 위한 주요 안전시설물 종류와 설치 기준(해당 현장)
- 감전 위험 안전점검 요령 및 비상시 대처 요령
- 동종 재해 사례

(6) 질식 및 화재, 폭발 재해 예방분야

- 질식 및 화재, 폭발 재해 발생의 주요원인
- 질식 및 화재, 폭발 재해 위험 시설물에서 안전작업 요령
- 질식 및 화재, 폭발 위험 작업의 산업안전에 관한 기준
- 가스종류별 특성 및 위험, 관리요령
- 질식 및 화재, 폭발 예방을 위한 주요 안전시설물 종류와 설치 기준(해당 현장)
- 질식 및 화재, 폭발 위험작업 및 시설의 안전점검 요령 및 비상시 대처 요령
- 동종 재해 사례

(7) 건설기계 및 장비 재해 예방분야

- 건설기계 및 장비 재해 발생의 주요원인
- 건설기계 및 장비의 종류와 특성 안전수칙(해당 현장)
- 건설기계 및 장비 재해 위험 시설물에서 안전작업 요령
- 건설기계 및 장비사고 위험 작업의 산업안전에 관한 기준
- 건설기계 및 장비 재해 예방을 위한 주요 안전장치의 종류와 설치 기준(해당 기계)
- 건설기계 및 장비 위험작업 및 시설의 안전점검 요령 및 비상시 대처 요령
- 동종 재해 사례

(8) 발파작업 재해 예방분야

- 현장 내 위험물 관리장소와 관리자 통보(인식)
- 사용화약 및 발파기법의 특성과 위험성
- 발파작업 재해 위험작업의 종류와 안전작업 요령
- 발파 위험 작업의 산업안전에 관한 기준
- 발파 재해 예방을 위한 주요 안전장치의 종류와 설치 기준(해당 작업)
- 발파 위험작업의 안전점검 요령 및 비상시 대처 요령
- 동종 재해 사례

(9) 지하철 굴착작업 재해 예방분야

- 지하철 굴착작업 재해 발생의 주요원인
- 굴착작업 지역의 특성과 위험요인 설명(해당 지역)
- 굴착작업의 특성과 위험성(굴착작업 일반)
- 굴착 재해 위험 작업의 종류와 안전작업 요령
- 굴착 위험 작업의 산업안전에 관한 기준
- 굴착 재해 예방을 위한 주요 안전시설과 기준(해당 작업)
- 굴착 위험 작업의 안전점검 요령 및 비상시 대처(위험신호) 요령
- 동종 재해 사례

(10) 잠함작업 재해 예방분야

- 잠함작업 재해 발생의 주요원인
- 잠함작업 도구의 특성과 위험요인 설명(해당 작업)
- 잠함지역의 특성과 위험성(해당 지역)
- 잠함 안전작업 요령
- 잠함작업의 산업안전에 관한 기준
- 잠함 재해 예방을 위한 주요 안전시설과 기준(해당 작업)
- 잠함작업 안전점검 요령 및 비상시 대처(위험신호) 요령
- 동종 재해 사례

(11) 중량물 취급 및 운반 작업 재해 예방분야

- 중량물 취급 및 운반 작업 재해 발생의 주요원인
- 중량물 취급 및 운반 작업의 특성과 위험요인 설명(해당 작업)
- 중량물 취급 및 운반 작업의 안전작업 요령

- 중량물 취급 및 운반 산업안전에 관한 기준
- 중량물 취급 및 운반 예방을 위한 현장 내 주요 안전시설(해당 현장)
- 중량물 취급 및 운반 작업 시 안전점검 요령 및 비상시 대처(위험신호) 요령
- 동종 재해 사례

(12) 작업장 등의 재해 예방분야

- 작업장, 통로, 계단에서의 재해 발생 주요원인
- 작업장, 통로, 계단의 특성과 위험요인 설명(해당 현장)
- 작업장, 통로, 계단에서의 안전이용 요령
- 작업장, 통로, 계단의 산업안전에 관한 기준
- 작업장, 통로, 계단에서의 재해 예방을 위한 현장 내 주요 안전시설(해당 현장)
- 작업장, 통로, 계단지역의 안전점검 요령 및 비상시 대처(위험신호) 요령
- 동종 재해 사례

(13) 기타 해당 현장에 적용 가능한 유사재해 분야와 관련한 사항

- 재해 발생 주요원인
- 안전작업 요령 등

3. 안전 교육계획서

3.1 교육계획서

안전/보건교육이란 교육 대상자를 실무적으로 행동화하도록 도와주는 교육과정이므로 대상자의 요구에 알맞은 정확한 계획의 수립이 안전교육 목표에 도달하는데 중요한 요소가 되기 때문에 안전/보건교육에 임하는 모든 안전교육 담당자는 교육계획을 올바로 수립해야 할 필요가 있다. 통상적으로 교육계획 과정은 교육대상자의 교육요구를 파악한 후 구체적인 학습목표를 설정하고 학습내용, 시간, 방법 등을 교육계획서의 주요내용으로 설계하는 것이 일반적이다. 일반학교나 정규 교육기관의 경우에는 이러한 원칙이 비교적 성실하게 적용되고 있는 것이 사실이나 현장에서 대부분 실시되는 안전교육의 경우에는 교육계획서를 작성하여 구체적인 계획 하에 안전교육을 시행하기 보다는 안전관계자 개인에 의한 임의교육 형태가 대부분이고 교육

계획서가 있다 해도 일 년에 한번 정도 작성하거나 전체적인 교육명, 시간, 비용 등을 총괄적으로 나열한 정도에 불과하다. 이는 교육실시 결과(실행)만을 중요시하고 교육을 시키기 위한 준비단계나 교육 자료의 질적인 면 또는 교육계획서의 작성이나 feed back 등을 무시해온 현실과 무관하지 않다. 그러다 보니 안전교육을 주관하는 안전관리자들도 번거롭고 복잡한 안전교육계획서 작성을 꺼리거나 생략하는 일이 다반사로 일어날 수밖에 없다.

그러나 교육대상자의 수준이나 하는 일의 내용과 범위가 날로 복잡해지고 새로운 형태의 위험과 사고방식을 갖는 신세대가 점차 늘어나고 있는 산업현장의 안전교육 현실은 지금까지의 패러다임으론 접근하기 힘들다. 전문성을 살린 안전교육, 실효성이 있는 안전교육은 체계적인 준비와 계획서에 의한 진행이 필요하다. 이는 개인의 자질과 노력에 의지하던 종래의 안전교육에서 System에 의한 교육으로의 전환을 의미하는 것이다.

일반적인 경우에 적용할 수 있는 교육계획서 수립은 1단계로 교육니즈의 파악단계이다. 이는 현상을 파악하고 교육니즈와의 대조 및 그를 통한 교육목적을 결정하는 단계이다. 2단계는 교육내용을 결정하는 단계로 교육주제, 내용, 범위와 수강자의 주관적 니즈를 고려하여 교육의 중요도·긴급성·효과 등을 고려한 순위를 결정하는 단계이다.

3단계는 교육실행을 위한 순서, 방법, 자료의 검토 단계로 이 단계에서는 교육내용, 실시방법을 상세하게 정하고 사용할 텍스트, 자료 등을 검토한 후 각 사항에 대한 체크리스트를 작성하는 단계다. 마지막으로 4단계는 3단계까지 고려한 사항들을 종합하여 실행 교육계획서를 작성하는 단계이다.

3.1.1 교육요구 파악(Assesment of the Educational Need)

교육적 요구는 현 상태와 바람직한 상태 사이의 차이가 지식, 기술, 태도의 결함에 기인할 때 발생하게 된다. 이러한 교육적 요구는 첫째, 현재 상태(current status/what it is)와 바람직한 상태(desired status/what should be)간의 차이(gap)이며 둘째, 현재 상태의 문제(problem) 또는 미래에 대비한 기회(opportunity)의 형태로 나타난다. 기업 안전교육의 목적은 단순히 실시 그 자체가 아니라, 실제 업무의 향상으로 연결시켜 조직의 성과를 높이는데 있다. 실제업무 수행의 향상을 위해 필요한 것(요구)이 과연 무엇인가를 알아내는 작업이 요구파악이고 조직성과를 향상시키는 방안은 매우 다양하며 교육/훈련은 그 중의 한 가지에 불과하다. 파악된 요구들 중 우선순위를 정하여 해결해야 할 중요과제를 밝히는 일이 교육요구 파악의 중요점이다. 그렇다면 교육요구 분석은 왜 필요한가? 그것은 교육요구 분석을 통해 교육적으로 필요부분만을 도출함으로서 투자 낭비를 줄일 수 있고 프로그램 자체, 대상자에 대한 평가준거를 마련하여 문제해결책을 정확하게 규명하는데 도움이 되며 설계나 개발단계에 드는 시간을 줄일 수 있다. 또 교육 대상자를 명확히 하여 실제 필요한 사람에게 필요한 교육을 제공·조직의 목표달성에 기여 할 수도 있다. 마지막으로 조직과 개인이 일체감을 가질 수 있고, 문제에 대한 의식을 공유하도록 해준다.

(1) 교육 요구분석의 특징

- 요구분석은 현존상태와 바람직한 상태 사이의 차이로 인하여 영향을 받거나 그 차이에 영향을 주는 사람들로부터 정보를 수집하는 체계적인 과정이다.
- 요구분석은 계속적인 과정이다. 이는 자료를 제공하는 집단의 필요와 주변 상황이 계속적으로 변화함에 따라, 정보의 계속적인 수집과 분석이 요구되기 때문이다.
- 요구분석은 그 범위나 규모에 있어 다양한 형태로 나타날 수 있다.
- 요구분석에서 얻어진 자료는 객관적이면서 동시에 주관적인 것이다.
- 요구분석은 그 과정에 참여하는 사람들에게 문제에 대한 주의와 문제해결 과정에 관심을 갖게 함으로써 그 과정만으로도 여러 가지 형태의 변화를 가져올 수 있다.

교육을 계획하는 첫째 단계에 속하는 것은 무엇이 교육으로 변화시켜야 할 안전/보건과 관련된 문제인가 찾아내는 단계이다. 이는 안전관리자들이 자기 현장이나 공장, 소속기업의 안전보건에 대한 기업과 개인의 니즈(Need)가 무엇인지를 찾아내는 단계이다. 찾아낸 문제와 필요, 요구사항을 교육으로 해결할 수 있는 문제가 무엇인지를 찾아내는 것이 교육요구 파악 단계라고 할 수 있다. 교육의 필요성을 파악하고 교육적 해결을 요하는 문제(Problem)가 있는지 파악하여 분석계획을 수립하고 분석대상, 분석기간, 분석방법을 결정하는 것이다. [7]아래는 일반적인 경우의 니즈(Need) 분석 방법별 필수항목을 나타낸 것이다.

(2) 설문조사나 질문내용(필수항목/추가적 내용 가능)

- 현재 문제가 무엇인가?
- 현재 문제와 관련하여 교육적으로 해결되기를 바라는 부문은 무엇인가? (Should be)
- 문제에 대한 나름대로 해결책은 무엇인가?
  * 교육적 접근방법 외에 다른 방법도 고려(시스템, 동기부여, 제도개선 등)

7) 교육설계의 이론과 모형 p219(1998)

- 설문조사의 경우 효과적인 설문지 작성의 단계는 다음과 같다.
  ① 누구로부터 무슨 정보를 필요로 하는지 밝힌다.
  ② 효과적인 문항을 작성한다.
  ③ 지시사항을 알기 쉽게 작성한다.
  ④ 인사말을 작성한다.
  ⑤ 질문지 작성자를 위한 체크리스트를 활용한다.
  ⑥ 타당성을 검증한다.

(3) 면담(인터뷰)은 다음과 같은 점에 유의해야 한다.

- 조사내용을 융통성 있게 조절해야 한다.
- 관련자와 직접 접촉하므로 깊이 있는 자료를 얻을 수 있도록 해야 한다.
- 최초에 의도하지 않았던 정보를 얻을 수도 있다.
- 정보를 계량화하기 어려움으로 정량적 접근 노력을 해야 한다.
- 숙련된 면접기술이 필요하다.
- 결과 해석 시 조사자의 편견이 개입되기 가장 쉬우므로 주의 요한다.

(4) 관찰의 경우는 제3자의 입장에서 객관적으로 학습자의 상태나 교육적 필요를 파악할 수 있으나 주관적인 결론에 이를 수 있다는 문제가 있다.

- 융통성 있게 파악가능하다.
- 최초 의도보다 더 많은 정보 또는 의외의 정보를 얻을 수 있다.
- 현업에 대해 직접적으로 느낄 수 있으나 관찰자의 객관적인 노력이 담보되어야 한다.

(5) Focus Group 조사

- 3, 4명 정도가 모여 문제에 대한 서로 다른 관점을 가지고 종합적인 견해를 도출한다.
- 참여자 간의 문제에 대한 공감대 형성
- 내용전문가 집단이 모일 경우 해결책의 우선순위를 결정할 수 있음
- 소집단회의를 이끄는 기술이 필요

3.1.2 학습목표 설정(Learning Objectives Setting)

목표가 뚜렷해야 방법과 내용이 나올 수 있다. 학습목표(Learning Objectives)는 어떤 종류의 교육에서든지 교육의 전반적인 과정을 방향 짓고 제한된 시간 내에 목표한 꼭 필요한 것 이외의 방향으로 이탈하지 않도록 억제해 주는 역할을 한다. 교육

으로 꼭 변화(change)시켜야 할 지식(knowledge), 태도(attitude), 습성(health habit) 등을 전제로 한다. 불필요하거나 주요성이 떨어지는 내용 때문에 시간을 낭비하지 않기 위해 올바른 학습목표 설정은 교육의 성패에 가장 중요한 요소가 된다. 뚜렷하고 구체적인 학습목표가 없다면 교육자는 대상자를 대하고 무엇을 어떻게 얼마만큼 가르치고 어떤 방법으로 변화하였는지를 평가할 것인가에 대해서 아무런 기준도 없기 때문에 교육자에게 있어서 구체적이고 뚜렷한 학습목표 설정은 중요한 부분이다. 그러나 학습목표와 관련하여서는 앞에 기술한 바와 같이 교육자(안전관계자)들이 학습목표 설정의 필요성을 인식 못하고 있고 학습 목표 설정에 대한 부담감 또한 없다. 실제로 대상자가 꼭 알아야 할 지식이나 잘못된 태도, 올바르지 못한 습관, 꼭 알아야 할 안전정보를 구체적인 목표설정 없이는 알게 하기 힘들다. 교육자가 학습목표를 구체적으로 설정하지 않고 바람직한 결과를 기대하는 것은 욕심에 불과하다. 또 다른 문제는 학습목표를 설정하는 경우에도 그 목표가 너무나 광범위하고, 일반적인 것이어서 실제로 그 목표가 무엇을 어떻게 하여야 하고 어떻게 평가할 것인지에 대한 기준을 제공하지 못하는 점이다. 교육을 담당하는 안전관리자들이 학습내용이나 학습범위, 학습량을 구분하지 못하고 동일하게 생각하고 있는 문제이다. 학습목표는 교육 후 학습자에게 기대하는 변화의 최종 "행동"이어야 하나 반대로 교육자 자신의 교육목표를 설정하고 있다는 데에 문제에 핵심이 있는 것이다.

(1) 학습목표가 갖추어야 할 조건

① 교육 후 변화하고자 하는 목적과 직접적인 관련이 있어야 한다.

② 목표는 논리적으로 기술되어야 한다.

③ 명확하게 설정되어야 한다. "설명할 수 있다.", "기술한다.", "구분한다." 등의 명확한 최종 목표도달 상태를 기술해 줌으로써 받아들이고 이해하는데 혼선이 없도록 목표가 설정되어야 한다.

④ 학습을 통해서 실현 가능한 목표가 목표로 설정되어야 한다.

⑤ 학습목표 도달 유무를 관찰할 수 있는 관찰 가능하고 평가 가능하도록 구체적으로 설정되어야 한다.

3.2 교육계획서의 작성

교육계획서란 말 그대로 교육을 계획적으로 또는 효과적으로 수행하기 위하여 사전에 교육진행의 순서, 강의 개요 따위를 요약한 교안을 말한다. 교육에 익숙한 숙련자의 경우에는 교육계획서 작성에 별다른 어려움이 없지만 초보자의 경우에는 교육

계획서의 유무에 따라 교육진행과 내용이 차이가 많이 날 수밖에 없다. 그리고 익숙하고 전문적인 교육자라 하더라도 체계적이고 발전적인 차원에서 접근하기 위해서는 항상 교육 계획서를 작성하고 개선하는 노력을 기울여야 한다. 계획서를 작성하기 위한 계획서의 형식과 사용법은 지도자에 따라 각양각색이지만 메모식, 카드식, 매뉴얼식 등이 일반적인데 아래와 같은 내용을 포함해서 작성한다.

3.2.1 교육계획서의 내용

(1) 교육의 명칭
(2) 교육목적과 그 교육의 초점
(3) 강사, 강의주제, 강의내용, 주된 항목
(4) 사용하는 교재, 자료
(5) 교육 중에 활용하는 교육기법
(6) 진행상의 시간 배분, 평가부분 등

3.2.2 교육계획서 작성 POINT

안전교육의 핵심은 수강자가 안전교육 내용이나 교육의도를 이해하지 못하고 또한 교육에서 배운 것을 업무수행에 활용하려는 의욕이 일어나지 않는다면 아무 의미가 없다. 당연한 이치이지만 교육에 있어서의 주역은 어디까지나 교육수강자, 즉 근로자이며, 강사·교수자인 안전관리자나 관리감독자는 교육의 목적을 실현시키기 위한 안내지역에 불과하다. 안내자에게는 수강자를 교육목표에 확실하게 도달시키기 위한 확고한 지도 계획과 지도 기술이 필요한데 교육계획서를 작성할 때 다음과 같은 사항을 염두에 두고 작성한다면 효과적일 수 있다.

(1) 잘 짜여진 교육계획서에 의해 교육을 실행한다 해도 근로자가 이해하기 어렵거나 판서된 글씨가 잘 보이지 않으면 아무 소용없는 일이다. 따라서 교육계획서를 작성할 때 다음과 같은 사항을 확인해 두어야 한다.
① 교육장의 크기와 면적, 특성을 확인하여 계획서에 참조한다.
(마이크의 유무, 자기의 음성으로 교육생에게 의사전달 가능여부 등 확인)
② 참가대상 인원수는 몇 명이고 직종이나 특성을 확인한다.
③ 판서도구를 확인하고 글씨 크기나 교육내용을 미리 써 본다.

(2) 등단하는 방법과 도입부, 동선, 시선 등의 포인트를 생각해 적어 놓아야 한다. 교육을 하게 되면 화법이나 내용에 대하여 많은 신경을 쓰게 마련인데 교육생은 강사가 과연 어떤 사람인지를 판단하기까지는 극히 짧은 시간 내에 무의식적으로 이뤄지게 된다. 따라서 교수자의 태도나 표정, 또 인사하는 방법 등, 극히 세

세한 부분에서 영향을 미치게 됨을 고려, 아래사항을 계획서 작성 시 참고하여 포인트를 기록해 놓는다.

① 교육장의 강사 중심자리까지 걸음걸이는 어깨를 쭉 펴고 침착하게 걷는다.

② 등단해서 바로 입을 열어 인사하지 말고 2~3초의 시차를 두고 마음속으로부터 인사하는 기분으로 가볍게 그러나 분명한 어조로 인사한다.

③ 시선은 정면만을 바라보지 말고, 전열 좌측에서 우측으로 또 시선을 좌측 손으로부터 우측 손이 있는 사람까지 향하도록 유의해야 하고 수강자수가 많을 때에는 특히 눈높이(시선)가 중요함으로 강의도중 내 내 신경을 써야 한다.

④ 도입부는 대개 인사말이나 자기소개를 하는 것이 일반적이지만 포인트는 시원시원하고 분명해야 한다. 그 요령은 보통음성의 높이보다 의식적으로 한 옥타브 높게 하고, 소리가 교육생 전원에게 잘 들리는지 그리고 수강자의 반응을 확인한 후에 본론에 들어간다.

(3) 계획서에 도입강의의 진행법과 요령을 메모해 놓아야 한다.

교육의 본 주제에 들어가는데 있어서 교육생의 흥미와 관심을 갖게 하기 위하여 도입부의 화법이 대단히 중요하다. 여기서의 화제는 그 사람 나름의 내용의 것을 선택하면 되지만, 일반적인 몇 가지 패턴을 알아보면 다음과 같다.

① 계절에 관한 이야기, 뉴스에 관한 화제로부터 들어간다.
시간적 여유가 있는 경우에는 꺼내기 쉽고, 비교적 무난하다.

② 교육요구에 부합되는 화제로 바로 도입한다.
단시간의 강의의 경우에는 본론에 들어가기 쉽게 하기 위해 도입부에서 미리 말뜻의 의도적인 복선을 깔아 놓는다.

③ 뜻밖의 화제로부터 들어간다(시나리오를 작성 또는 표기 해 놓는다).
교육생에게 극적인 흥미나 관심을 불러일으키기 위해서 교육주제나 내용과는 전혀 관계가 없는 사항이나 속담, 격언 따위를 도입부에 가져온다. 어떤 방법이건 간에 어디까지나 본론에 들어가기까지의 도입단계이기 때문에, 너무 많은 화제를 번거롭게 늘어놔서 이야기가 산만해지지 않도록 주의해야 한다.

④ 교육계획서로 교육을 원만히 하기 위해 다음 사항을 확인해 보는 것도 필요하다.

㈀ 서론 부분에서 너무 시간을 잡고 있지 않은가?

㈁ 이것저것 잔뜩 늘어놓으려고 욕심 부리고 있지 않은가?

㈂ 더 줄일 부분은 없는가?

가장 우수하고 효과적인 교육은 간단하면서도 중요한 핵심을 학습자(근로자)에게 인식하고, 행동을 유발할 수 있게 해야 한다는 것이다. 그러기 위해서는 교육내용이나 계획상 불필요하거나 군더더기를 얼마나 잘 빼낼 수 있느냐가 중요하다. 무조건 내용을 줄이는 것이 능사가 아니라 효과적인 교육 효과를 위한 군살빼기가 필요하다는 얘기이다.

㈃ 더 적당한 예는 없는가?

㈄ 내용이나 용어 따위가 이해하기 어려운 점은 없는가?

㈅ 이야기가 지나치게 완곡하거나 독선적인 곳은 없는가?

㈆ 결론에서 임팩트가 들어가 있는가?

(4) 교육 내용이 교육목표에 부합하기 위해 유의해야 하는 사항

교육을 하다보면 때로는 자기가 다음에 해야 할 이야기의 실마리를 잊을 때가 있다. 특히 교육에 숙달되지 않은 때에는 이런 경우가 가끔 있다. 이것을 방지하기 위해서도 강의할 내용에 대한 재검토, 교육 계획서의 작성이 꼭 필요하다. 그러나 막상 그 단계에 이르면 교안에 쓰여 있는 것조차도 눈에 보이지 않는 경우가 흔히 있다. 그것을 피하기 위해서는 이야기의 골자를 머릿속에 기억해 두고, 각 포인트의 첫 부분을 다른 말로 바꾸어서 미리 여러 번 마음속에서 순서대로 쌓아두어야 한다.

(5) 계획서상 교육의 효과는 들려주는 것 반, 보여주는 것 반 정도로 할 때 극대화됨을 고려하여야 한다. 교육생의 청각만을 자극하는 소리의 억양과 말만의 강의는 자칫 변화가 없고 단조로 와질 우려가 있다. 칠판, 보드, 프레젠테이션 화면, 혹은 동영상 등을 활용하면 강사의 표정, 태도, 동작 따위에 변화를 줄 수 있어 교육생의 시각에의 의식적 작용을 일으키게 하는 것이다. 통상 인간이 5감을 써서 외부로부터 정보를 획득하는 비율은 시각 60%, 청각 20%, 촉각 15%, 후각 약 3%, 미각 2% 정도라는 학설이 정설로 보는데 교육 시 이런 사실을 염두에 두고, 교육보강을 위한 여러 도구의 이용계획을 세워 적용하는 것은 결국 교육효과를 높이는 일이다.

3.2.3 교육계획서 작성 기본 방향

(1) 사고 예방

안전교육은 사후관리 중심이 되어서는 안 된다. 기본적으로 사고예방 중심이 되어야 하며 물적, 인적 예방관리 차원에서 회사와 근로자가 해야 할 일과 하지 말아야 할일 그리고 알아야 할 사항들을 교육을 통해 진행되어야 하고 이는 교육계획서에 녹아있어야 한다.

(2) 표준 작업

물적 불안전 상태에 대한 적극적인 방어는 근로자가 표준 안전작업 지침에 따라 작업(행동)하는 것이다. 자기 작업에 대한 표준 안전작업방법을 알고 시행하는 일이 중요하며 관리감독자 역시 작업자들의 작업이 그에 따라 실행되고 있는지를 감독하기 위해서는 지속적인 교육이 필요하다.

(3) 안전 의식

인적 불안전 상태를 개선하고 예방하는 교육이 안전의식 교육이며, 근로자 입장에서는 가장 효과가 있는 교육방향이나 안전관리자나 교육자 입장에서 보면 가장 힘든 교육방향이다. 강사는 계획서를 작성할 때 이러한 사항이 어떻게 하면 효과적으로 교육과정 중에 전달될 수 있을지 고민해야 한다.

(4) 법

산업안전보건법령 및 기업특성에 따른 관계 법규의 준수사항, 벌칙사항 등을 고려하여 가장 적절하고 핵심적인 사항만을 발췌하여 교육계획서에 기술해야 한다. 여기서 특히 중요한 것은 법적사항을 나열하는 정도의 계획서 작성은 지양해야 한다는 것이다. 교육대상자들이 구체적으로 무엇을 알아야하고 어떻게 법적사항을 준수해야 하는지가 구체적으로 나타나야 한다.

(5) 기업

자기 사업장이나 회사, 현장 또는 그룹의 교육특성이나 당해 사업장에만 관련된 시설, 규칙, 인적, 물적 상황이 명확하게 나타나야 하며 결국 안전교육은 해당 기업의 근로자와 그들이 하는 일에 관한 안전이기 때문에 기업의 요구와 현실이 계획서에 적극 반영되어져야 한다.

(6) 직종

각 교육 대상 직종과 관련한 고유 또는 공통사항을 고려하여 교육대상자들이 동질감과 현실적 참여를 높일 수 있도록 해야 한다.

(7) 기타

기타 교육대상자나 강사에 따라 혹은 기업의 여건, 상황에 따라 필요한 사항을 교육 내용에 포함해야 한다. 특히 사회적 이슈나 관심사가 적적히 녹아 있는 교육계획서는 분명 교육효과에서도 기여하는 바가 크기 때문이다.

3.2.4 교육계획서 작성사례

(1) 사례1 (제조업/신입사원 안전교육 1일 교육)

① 교육명 : 2018년도 신입사원 안전교육
② 교육목표 : 업무 수행에 필요한 신입사원으로서의 기본 안전지식과 태도를 습득케 한다.
③ 테마 : 신입사원이 업무에 적용할 수 있는 안전지식, 태도 함양
④ 일시 : 2018년 ○월 ○일 (목) 09:00～18:00(8H)
⑤ 교육장 : 본사3층 교육실(좌측 스피커 상태 불량 → Recheck 할 것)
⑥ 대상자 : 2018년도 신입사원(대졸 남자 12명, 여자 8명, 계 20명)
⑦ 교육방법 : 강의, 그룹토의, 역할연기, VTR(기본 안전활동)

항 목	진행방법·내용
[도입] 1. 인사(15분)	• 강사 자기소개(유인물 사용) • 교육목표와 교육의 진행방법(OPEN MIND 기법 적용)
2. 신입사원 자기소개 (60분)	• 2인1조에 의한 타자 소개 → 깜짝 퀴즈 활용 (성명, 출신교, 취미, 특기, 장점, 단점, 포부 등)
3. [과제토의](55분)	「학교생활과 회사생활과의 차이점」(워크시트①) • 개인워크(10분)·그룹별 토의(15분) → 강사 이동하면서 지침 필요 • 전체발표와 코멘트(약 30분)
<휴식 10분>	
4. [강의](40분)	「회사 안전조직 및 안전일반에 대하여」 1. 회사 안전조직의 구조와 책임 대하여 2. 안전관리 기본지식과 기본 법률(선물 4개 준비, 퀴즈 6개)
중식(60분)	구내식당(전체식사 15분 전에 미리 식사토록 조치)
5. [강의](60분)	「노동관계법과 안전관리」 1. 노동관계법 일반(근로기준법, 산업안전보건법 외) 2. 노동관계법의 안전관리 적용법 조항 이해, 사례(OHP)
<휴식 15분>	
6. [역할연기](120분) → 교육적 신상명세확인 조장급 미리 확인	「안전관리 기본활동 역할연기」 • 조별(5명) 주제 설정 역할 분담 요령 설명(10분) • 조별 테마분석 및 역할연기 시나리오 작성(60분) • 조별 발표(30분) • 강평 및 토의(20분)
7. [교육소감발표](30분)	개인별 교육소감 발표
8. (설문지 작성)	개인별(30분)

(2) 사례2 (건설업 정기 안전교육 계획서/월 2시간 이상)

공 통 사 항
① 교육명 : 1월 정기 안전교육 ② 교육목표 : 향후 2주간의 주요 작업내용과 작업내용별 위험포인트와 대처요령을 이해한다. ③ 일시 : 2018년 ○월 ○일 (목) 11:00~12:00(1H) ◂ 실제교육은 50분 정도 시행 ④ 교육장 : 103동 지하식당(장소 협소한 관계로 관리감독자 요소 배치) ⑤ 대상자 : 현장 전체 근로자(8개 직종 84명 예상) ⑥ 교육방법 : 강의식, OHP 사용, 근로자 시연 등(우수근로자 시상 병행)

진행순서	교육담당	교육내용	진행시간
1. 시작	- 안전관리자	★ 교육 시작 인사와 교육내용 설명	3분
2. 현장소장 당부사항	- 총괄책임자 (현장소장)	★ 지난 1개월간의 당 현장 안전 활동에 대한 소장 강평과 당부 ▸ 안전파트에서 기본자료 2일전 제공	7분
3. 현황설명	- 안전관리자 - 아차사고 경험자	★ 기간 중 발생된 재해 및 타 현장 유사재해 분석, 전파 ★ 기타 노동부 및 본사 최근 지시사항 설명	7분
4. 중점 안전사항 전파		★ 다음 주까지 중점적으로 해결해야 할 안전관리사항 설명 ★ 현재까지 잘 시행되지 않는 점 구체적으로 지적하고 추가 사항 설명 ▸ OHP 사용할 내용 필름 COPY 및 아차사고자 확인 및 설명할 내용 조정	15분
5. 재해사례 전파		★ 중대재해속보 중 현장과 유사한 사례를 발췌하여 그림으로 설명하면서 가급적 세부적으로 이해시켜 동종재해 예방시키며, 현장 내 사고 날 뻔 한 경험자의 사례전파	10분
6. 신규 채용자 등 소개	- 관리감독자 - 안전관리자	★ 신규 채용자 및 협력업체별로 그 자리에서 일어나 간단하게 목례(답례로 박수유도)	3분
7. 포상실시	- 현장소장	★ 우수 근로자 및 업체에 대한 현장 자체 포상 실시 ★ 무재해 구호제창 3회하고 정리	3분
8. 폐회	- 안전관리자	★ 교육사항의 종합요약 및 회의종결 선포 후 미리 준비된 테이블에 참가자 서명날인 및 기록을 하면서 폐회	5분

3.2.5 교육계획서에 작성 시 준비서류

교육계획서를 작성할 때에 필요한 서류는 교육계획서 Sheet와 안전보건 교육일지, 안전교육 실시 확인서, 신규 채용자 교육이수 및 안전장구 수령확인서 등을 준비한다. 아래에 제시한 양식들은 일반적인 경우의 양식들로 현장이나 공장의 여건이나 상황에 따라 변용하여 사용 가능하며, 안전교육 관련 양식에 대한 일정한 규정은 따로 있지 않다.

(1) 안전/보건 교육일지

안 전 보 건 교 육 일 지

결재	담당		소장

일 시 : 20 년 월 일

교육 종류	□ 정기안전보건교육 □ 특별안전보건교육		□ 작업내용 변경 시 교육 □ 신규 채용 시 교육		
교육 시간		교육 대상	ㅇㅇ 근로자	교육 장소	
교육 인원	명	교육 강사			
교육 내용					
관련규정 : 산업안전보건법 시행규칙 제33조제1항에 의거 기준 시간 이상 실시 안전보건교육(월 2시간), 신규 채용자 교육/작업내용 변경 시 교육(1시간 이상), 특별안전보건교육(2시간 이상)					
사 진					

(2) 안전교육 실시 확인서

교 육 실 시 확 인 서

1. 소속사업장 개요
   ◦ 사업장명 :
   ◦ 대 표 자 :

2. 교육의 개요

교육의 종류	교육일자	교육시간	교육내용	교육이수자(명)

「산업안전·보건교육규정」 제11조에 따라 교육이수를 위와 같이 확인합니다.

년 월 일

(근로자 안전·보건교육 위탁전문기관의) 장 (인)

(3) 안전교육 실시 결과보고서(본사 보고용)

안전교육 실시 결과보고서 보고일자 : . . .	결 재	담 당			

교육일시	년 월 일 요일
	시간( )
교육장소	

교육대상	교육구분	교육과정	교육시기
근로자	□	정기교육	매월
	□	채용 시 교육	신규 채용 후 작업종사 전
	□	작업내용 변경 시 교육	작업내용 변경 전
	□	특별안전보건교육	안전담당자 지정 작업배치 전 (령 별표 2)
관리감독자	□	정기교육	년 시간

교육인원	구 분	남	여	계	교육 미이수 사유
	교육대상자				
	교육이수자				
	교육미이수자				

교육내용			
교육방법			
강사	소 속	직 위	성 명
교육평가			
기타			

(4) 신규 채용자 교육 이수 및 안전장구 수령 확인서

신규 채용자 교육 이수 및 안전장구 수령 확인서

소 속 : 주민등록번호 :
직 종 : 연 락 처 :
성 명 : (인)

[안전교육 내용]

1. 현장(공장) 배치현황, 공사개요, 위험요소, 출입금지구역, 보호구 착용 및 소화기 사용방법을 준수한다.
2. 산업안전보건법상 근로자의 의무, 제반안전수칙을 준수한다.
3. 안전보건표지의 종류 및 내용을 숙지하고 적용한다.
4. 안전모, 안전대, 안전화 등 개인보호구 착용을 철저히 한다.
5. 작업 중 음주, 흡연 금지한다.
6. 고소작업 및 양중작업 시에는 작업책임자의 지시에 따른다.
7. 작업 중 불안전한 상태를 발견 시에는 즉시 작업을 중단하고 시정조치를 한다.
8. 작업 중 동료들의 안전을 위해 최선을 다하고 불안전한 행동은 금한다.
9. 재해발생 시 즉시 보고, 즉각적인 응급조치로 피해를 최소화 하는데 최선을 다한다.
10. 조회 및 교육은 반드시 참석하며 현장 내 안전시설은 훼손하지 않는다.
11. 모든 작업은 선 안전조치 후 작업을 하며, 재해발생위험이 높을 때에는 작업을 거부하고 적절한 조치를 받은 뒤 작업을 한다.
12. 법으로 정한 근로자 준수사항은 성실히 이행한다.
13. 상기사항을 성실히 이행하며 만일 그렇지 않은 경우에는 회사의 조치에 따른다.

■ **지급받은 장구** : 1. 안전모( ) 2. 안전화( ) 3. 안전벨트( )
4. 보안경( ) 5. 기 타( )

1. 안전장구 착용을 성실히 할 것이며, 퇴근 시에는 현장에서 지정한 장소에 보관하며 작업 시에는 본인이 보관, 관리한다.
2. 지급받은 장구가 불량 혹은 파손 시에는 즉시 현장 사무실에 교환을 요구한다.

위의 각호를 성실히 이행할 것을 서약합니다.

서 약 인 : (인)

3.2.6 안전교육관련 양식 작성 예

(1) 안전일지 1(건설업)

안전교육일지

2018년 ○○월 ○○일 월요일 맑음

결재	담 당		팀(소)장

1. 교육현황(건설업 흙막이 작업 예정근로자 대상)

구 분	인 원	강 사	교육장소	교육시간	비 고
정기 교육	47	안전관리자	1층 식당	60분	교육 불참 근로자 3명 관리감독자가 전달 교육 예정

2. 교육내용(주요내용만 기술함)

1. 흙막이 공사 시 예상되는 재해의 유형.
   1) 엄지말뚝, 띠장, 버팀대 등 부재의 손상, 변형, 탈락 등에 의한 토류벽 붕괴.
   2) 엄지말뚝 근입장 부족에 의한 토류벽 붕괴.
   3) 어스 앵카 정착불량으로 토류벽 붕괴.
   4) Boiling, Heaving 현상에 의한 토류벽 붕괴.
   5) 지하수위 상승, 지표수유입 등 토사중량 증가로 인한 토류벽 붕괴.
2. 흙막이 공사 시 안전기준.
   1) 모든 부재는 토압, 수압 등에 의한 구조검토 후 조립도에 의하여 설치.
   2) 띠장과 버팀대는 정척물을 사용하여 이음을 견고하고 줄 바르게 설치.
   3) 접합부의 형상은 간단히 하고 견고히 고정철물(스티프너)로 보강.
   4) 지하수위가 높은 경우 근입장을 깊게 하여 시공.
   5) 주변지반, 도로, 건설물 등의 침하, 균열유무를 근접하여 점검.
   6) 지하수 배수 및 지표수 유입방지 시설설치.
   7) 견고한 구조의 승강설비(가설발판, 사다리 등) 설치.
   8) 흙막이벽 상단부에 토사, 자재 등 중량물 적치금지.
   9) 토류판배면 뒷채움은 다짐 등을 실시하여 침하방지 조치.
   10) 가능한 계측시공 실시. －. 수위계 －. 경사계 －. 응력계 －. 침하계
3. 흙막이 공사시 근로자 안전수칙.
   1) 작업장 출입 시 안전한 통로를 사용하고 가설구조물 사용을 금한다.
   2) 작업발판은 견고한 구조로 설치하고 발판재는 철저히 고정한다.
   3) 추락이 예상되는 곳에서의 작업은 반드시 안전난간대 설치 및 안전대를 착용한다.
   4) 장비사용 시 신호수배치 등 안전 수칙 준수.
   5) 작업시작 전 특별안전 교육을 실시한다.
4. 작업장 정리정돈 및 안전보호구 착용에 관한 사항
5. 동종재해사례 OHP 설명(재해원인과 대책 중심)
6. 기타 안전관리에 관한 사항(발주처 요구사항 중심)
7. 첨부
   1) 재해사례 사진 2) 교육자료

3. 교육사진

"교육사진은 현상 즉시 부착 예정임"

(2) 안전일지 2(제조업)

안전교육일지

2018년 ○○월 ○○일 월요일 맑음

결재	담 당		팀(소)장

1. 교육현황(제조업 일반근로자 대상)

구 분	인 원	강 사	교육장소	교육시간	비 고
관리감독자교육	16	안전팀장	3층 회의실	120분	변경 산업안전보건법 특별 교육

2. 교육내용(주요내용만 기술함)

1. 법률에 정한 근로자의 의무(산업안전보건법 제6조)
   "근로자는 이 법과 이 법에 의한 명령에서 정하는 산업재해 예방을 위한 기준을 준수하여야 하며 사업주 기타 관련단체에서 실시하는 산업재해의 방지에 관한 조치에 따라야 한다."
2. 법률에 정한 근로자의 준수사항
   1) "근로자는 안전 및 보건에 관한 사업주의 조치로서 노동부령이 정하는 사항을 준수하여야 한다." (산업안전보건법 제25조)
   2) "근로자는 사업주가 실시하는 건강진단을 받아야 한다." (산업안전보건법 제43조 제2항)
3. 상기 관련근거에 의하여 안전수칙을 위반한 근로자에 대해서는 다음과 같이 과태료를 징수함.
   1) 과태료 부과 금액
      (1) 안전보호구 미착용등 해당 근로자에게만 영향을 미치는 경우 : 5만원
      (2) 장비 등을 시동을 걸어놓거나 운행 중에 운전위치 이탈 등 타인에게까지 영향을 미치는 경우 : 5만원
   2) 과태료 부과 방법
      1차 적발 시 경고장을 발부하고 전국 지방노동사무소에 전산입력 후 1차 적발 시 과태료 부과
   3) 개별 위반사항별 과태료 부과 기준

위반내용	과태료 금액
(1) 안전모, 안전대등 각종 보호구 미착용	5만원
(2) 출입금지 장소의 출입	"
(3) 건강진단을 받지 않을 경우	"
(4) 양중기 작업 시 신호 미준수 또는 운전자의 운전위치 이탈	5만원
(5) 차량계 하역운반 기계, 건설기계 등의 유도자의 신호 미준수, 운전위치 이탈	"
(6) 항타기 또는 항발기에 하중을 건 상태에서 운전위치 이탈 또는 신호 미준수	"
(7) 굴착작업 시 덤프 등 운반기계, 장비의 운전 시 유도자의 신호 미준수	"

   4) 과태료 부과 시기 : 2018.○○.○○부터 시행
4. 작업장 정리정돈 및 안전보호구 착용에 관한 사항
5. 동종재해사례 OHP 설명(재해원인과 대책 중심)

3. 교육사진

"교육사진은 현상 즉시 부착 예정임"

(3) 안전교육 실시 결과보고서(지사, 공장 또는 현장일 경우)

<table>
<tr><td rowspan="2">안전교육 실시 결과보고서

보고일자 : 2018. ○○. ○○.</td><td rowspan="2">결
재</td><td>담 당</td><td></td><td></td><td></td><td></td></tr>
<tr><td></td><td></td><td></td><td></td><td></td></tr>
</table>

<table>
<tr><td rowspan="2">교육
일시</td><td>2018년 ○○월 ○○일 수요일</td><td>교육
대상</td><td>교육
구분</td><td>교육
과정</td><td>교육
시기</td></tr>
<tr><td rowspan="1">시간(1시간)</td><td rowspan="4">근로자</td><td>■</td><td>정기교육</td><td>매월</td></tr>
<tr><td rowspan="4">교육
장소</td><td rowspan="4">공무동 안전 교육실</td><td>□</td><td>채용 시 교육</td><td>신규 채용 후
작업종사 전</td></tr>
<tr><td>□</td><td>작업내용
변경 시 교육</td><td>작업내용
변경 전</td></tr>
<tr><td>□</td><td>특별안전보건
교육</td><td>안전담당자지정
작업배치 전(령 별표 2)</td></tr>
<tr><td>관리
감독자</td><td>□</td><td>정기교육</td><td>년 16시간</td></tr>
</table>

<table>
<tr><td rowspan="4">교육
인원</td><td>구 분</td><td>남</td><td>여</td><td>계</td><td>교육 미이수 사유</td></tr>
<tr><td>교육대상자</td><td>60</td><td>10</td><td>70</td><td rowspan="3">도장부분 3명(남)과 판금부분 2명(여)
긴급 작업관계로 교육 미 참석</td></tr>
<tr><td>교육이수자</td><td>57</td><td>8</td><td>65</td></tr>
<tr><td>교육미이수자</td><td>3</td><td>2</td><td>5</td></tr>
<tr><td>교육
내용</td><td colspan="5">“별첨” 참조(근골결계 질환 예방을 위한 안전작업 방법 외)</td></tr>
<tr><td>교육
방법</td><td colspan="5">강의, OHP, VTR 상영</td></tr>
</table>

<table>
<tr><td rowspan="2">강사</td><td>소 속</td><td>직 위</td><td>성 명</td></tr>
<tr><td>안전관리과</td><td>대 리</td><td>박문수</td></tr>
<tr><td>교육
평가</td><td colspan="3">교육 후 공장별 구두 TEST 및 무작위 작업방법 시연시킴</td></tr>
<tr><td>기타</td><td colspan="3">- 교육 미이수자는 각 반별 반장이 교육 후 결과 보고 하기로 함
- 첨부된 교육자료(노동부 제공 “근골격계 질환 예방 지침”)</td></tr>
</table>

(4) 안전교육 자료 작성 예(근로자 배부용/강사자료는 별도작성)

산업피로와 휴식

◈ 교육목적 ◈

1. 작업에 따른 사업피해를 이해하고 당일 해소하고자 하는 인식을 제고시킨다.
2. 스트레칭의 실시 요령 및 효과를 이해한다.

◈ 교육내용 ◈

1. 산업피로의 개념 및 예방대책

㉮ 산업피로

산업피로란 "고단하다"는 주관적인 느낌이 있고 능률이 떨어지고, 생체기능의 변화를 가져오는 현상으로 산소, 영양소 등의 에너지원의 소모되어 물질대사에 의한 노폐물의 체내축적 되는 현상을 말하며 체내에서의 물리화학적 변화와 더불어 여러 가지 신체 조절기능의 저하 등이 발생하는 것을 말한다.

㉯ 산업피로의 발생요인

근로자들에게 발생되는 산업피로는 작업강도, 작업량, 작업속도, 작업시간, 작업자세, 작업환경 등의 외부적인 요인과 근로자의 체력부족, 신체허약, 작업미숙, 작업적응성 부족, 작업의욕상실 등의 근로자측 요인 그리고 인간관계와 사회경제적 요인 등이 서로 관련되어 있다.

㉰ 피로의 종류와 증상

피로의 종류는 크게 정신피로와 신체피로로 나눌 수 있고, 정신적 피로는 아주 정밀한 작업, 어려운 계산 등 정신적 긴장을 요하는 작업을 할 때 주로 발생하며 신체피로는 육체적 노동에 의한 근육의 피로를 말한다. 피로로 인하여 주로 느끼는 자각증상은 작업과 동작의 종류에 따라 개인의 상태에 따라서도 달라지나 일반적으로 피로는 그 정도에 따라 일반적인 보통피로, 과로 및 곤비 상태의 3단계로 나누며, 보통 피로는 하루 정도 충분한 수면을 취하고 나면 완전히 회복할 수 있는 정도의 것을 말하고, 과로가 다음날까지도 피로상태가 계속되는 것을 말하며, 과로상태가 축적된 상태를 곤비라 한다. 피로는 순환기능의 변화, 호흡기능의 변화, 신경기능 변화, 혈액 및 소변의 변화, 체온변화, 자각증상 등이 나타난다.

㉱ 산업피로의 예방대책

과로로 인한 직장인의 건강장해를 예방하기 위하여 사업장에서는 작업환경관리, 작업관리 그리고 건강관리가 조화롭게 함께 이루어져야 한다.

- 적정 근로시간 및 휴식시간 준수(특히 유해위험작업 근로 시)에는 철저히 준수 필요
- 교대근무자의 경우 생체리듬을 유지하기 위한 교대 작업일정 작성
- 물리적 스트레스를 완화하기 위한 유해·위험환경의 개선

- 정신적 스트레스 완화를 위한 쾌적한 직장 분위기 조성
- 작업 후에는 목욕을 실시하여 혈액순환을 좋게 하고 피로를 회복
- 고위험 근로자(혈중 콜레스테롤수치가 높거나 평소 혈압이 높은 사람)의 철저한 건강관리

2. 스트레칭의 필요성

작업장에서 근로자의 동작은 많은 경우 같은 동작이 반복되며 특히 요즈음은 생산자동화, 사무자동화 정적 작업이 증가되고 있어 스트레칭 또는 체조실시의 필요성이 더욱 증가 되고 있다.

3. 스트레칭의 실시 요령 및 효과

㉮ 스트레칭은 왜 하는가?

- 근육의 긴장을 완화하고 신체를 상쾌하게 함 ▸ 관절의 가동범위 확대 혈액순환 촉진
- 작업이나 운동실시에 따른 부상예방 ▸ 격렬한 활동용이, 신체의 인지도 발달

㉯ 스트레칭이 필요한 때

작업 시작 전에, 작업 중 휴식을 할 때, 몸이 찌뿌둥하고 뻐근할 때, 작업 후 긴장 해소를 위해, 운동하기 전·후에 실시

㉰ 스트레칭을 실시하는 방법

스트레칭은 장소, 시간 등 형식에 구애 받지 않고 실시하며 가능하면 배경음악을 들으면서 자발적으로 유쾌히 하도록 한다.

- 동작은 크게 천천히 근육을 쭉 편 자세로 10~30초 동안 그 상태를 유지한다. 또한 이때 반동을 주어서는 안 된다.
- 신전(늘여 펼친)된 신체부위에 의식을 집중시키고 그 부위의 근육이 풀려가는 감각을 느낀다.
- 자세를 유지하고 있는 동안에 호흡은 평상시와 같이 하되 근육은 숨을 뱉을 때 이완되는 경향이 있기 때문에 천천히 내뱉는 숨에 힘을 주어 호흡을 계속한다.
- 미소를 띠면서 스트레칭 하는 것이 효과적이다. 왜냐하면 고통의 표정을 지으면 얼굴만이 아니고 이완시켜 할 근육까지 반사적으로 수축되어 버리기 때문이다.

㉱ 스트레칭의 효과

- 근력의 기능 향상

  근섬유가 굵어지게 되어 근력이 증가할 뿐만 아니라 근육의 모세혈관이 발달되어 혈액순환이 좋아지므로, 필요한 양소와 산소를 운반하는 능력이 향상되어 근지구력이 향상 된다.
- 폐의 기능 강하

  폐활량이 증가되어 분당 환기량 및 최대산소 섭취량 등 폐기능이 강화된다.
- 혈관 심장의 기능향상

  심장의 용적은 일반적으로 700~800 mL 정도이나 운동으로 훈련된 사람의

심장은 크기가 커져 1,100 mL를 넘는 경우도 있으며 한 번의 펌프작용으로 많은 혈액을 내보내어 1분의 심박수가 감소한다. 따라서 심장의 박동을 적게 하면서도 온몸에 혈관의 탄력성이 향상되고 혈관수가 증가하여 원활한 혈액 공급이 가능해지고 몸의 구석구석까지 산소를 운반하여 신체활동을 더욱 활발하게 할 수 있게 된다.

- 비만 예방과 치료에 효과

운동부족과 식습관의 불균형으로 인해 발생하는 비만은 우리 몸에 필요 이상의 지방이 축적된 상태를 말한다. 운동을 하면 대사 작용에 소비되지 않는 지방이 신체 각 조직에 축적되는 것을 막아줌으로써 비만이 해소된다.

- 몸의 노화속도 완화

운동을 지속적으로 실시하면 생체기능의 노화정도가 감소되어 몸의 노화속도를 늦추어 주며 스트레스를 제거하여 정신건강에도 효과가 있다.

㉮ 스트레칭 전 유의사항(아래의 증상이 있으면 운동을 하지 않는 것이 좋다)

- 가슴이 조이는 듯이 아플 때
- 토할 것 같을 때
- 숙취가 있을 때
- 어지러울 때
- 설사를 하거나 조짐이 있을 때
- 안정 시 맥박수가 90회/분 이상일 때
- 수면이 부족할 때
- 안정 시임에도 심장이 두근두근 뛸 때
- 하체가 부들부들 떨릴 때

4. 스트레칭 프로그램(시연하면서 학습시킴)

㉮ 손의 반복 작업 전·후 스트레칭

㉯ 작업 전·후의 스트레칭

㉰ 의자를 이용한 스트레칭

㉱ 의자에 장시간 앉아 있은 후의 스트레칭

㉮ 프로예방 스트레칭

4. 교육 강의안 작성

안전교육을 시행하는 안전관계자에 입장에서 볼 때 교육생(근로자 또는 관리감독자)에게 무엇을 어떻게 가르칠 것인가? 하는 문제는 핵심적인 문제이다. 이를 해결하고자 하는 일차적인 노력의 하나가 교육 강의안을 작성하는 일이다. 강의안에 대한 관점도 두 가지 입장이 있다. 하나는 강의안이 불필요하다는 입장으로 학습자의 자유로운 학습활동을 구속하여 틀에 박힌 교육이 되기 쉽고, 학습자의 개성을 억제한다는 것과 강사 자신도 강의안에 구속되어 활발한 교육활동이 제한을 받는다는 이유에서 형식적이고 일률적인 강의안 작성을 반대하는 입장이다. 두 번째는 강의안의 절대 필요하다는 입장이다. 이것은 사전 교육계획을 통해서 학습의 요건을 빠짐없이 다룰 수 있고, 교육내용의 부실을 방지하고, 임시응변식의 교육을 예방할 수 있다는 이유에서 모든 교육 활동은 계획성이 있어야 한다는 입장이다. 그 구체적인 계획 활동(준비활동)이 바로 강의안을 작성하는 것이다. 그 강의안에 안전교육에 필요한 모든 사항을 치밀하게 계획, 작성하여야 한다. 강의안은 「교육목표로, 교육내용을, 어떤 차례나 내용으로 교육할 것인가를 계획하여 그것을 보기, 이용하기 쉽게 기재한 것」이라고 정의할 수 있다. 따라서 강의안을 작성할 때에는 교육내용의 성질, 교재의 종류, 학습자의 요구수준, 학습 환경, 공장이나 현장의 여건 등에 따라 그 특성을 고려하여야 한다. 뿐만 아니라 안전교육의 실제적 과정은 강사의 교육관, 인격, 안전에 대한 전문적 지식, 안전관 등 강사의 자질이 종합적으로 반영되는 것이기 때문에 강사 자신의 여러 여건도 충분히 고려하여 다각적인 측면에서 종합계획으로 수립되어 있어야 한다.

안전교육을 위한 강의안은 강사가 직접적으로 교육생들에게 교육하기 위한 모든 것이 들어가 있는 것이다 그렇기 때문에 실질적으로 교육계획서보다는 보다 현실적이고 실무교육 중심적으로 교육내용과 강의기법 요령, 중간 중간의 코멘트 등 구체적인 강사의 준비된 모든 교육과 관련한 내용이 기술되게 된다.

4.1 강의안 작성의 효과

(1) 강사가 의도한 대로 실수 없이 강의할 수 있다.
(2) 강의내용에 대하여 자신감과 안정감을 갖고 강의할 수 있다.
(3) 시간활용(배분과 조정)과 내용(교육효과 증대)에 충실해 질 수 있다.
(4) 강의기술이 체계적으로 향상될 수 있다.
(5) 교육 자료를 체계적으로 관리 할 수 있다.
(6) 교육에 따른 시행착오(반복된 실수, 교육내용, 방법 개선효과)를 줄여 갈 수 있다.

4.2 강의안 필수내용

강의안에는 정도나 반드시 이러해야 한다는 원칙이 있는 것은 아니다. 그러나 강의안을 작성할 때에 필수적으로 들어가야 하는 내용은 있을 수 있다. 이는 초보강사나 숙련된 강사 모두가 어느 정도의 교육효과를 담보 할 수 있게 하기 위하여 필요한 것으로 다음과 같은 내용이 강의안에 들어가야 한다.

(1) 강의 제목(단원)
(2) 교육목표 또는 강의 개요
(3) 배정시간(강의 소요시간 및 각 단계별 시간배정계획)
(4) 도입단계에 해당하는 사항(전체 시간의 5～15%)
- 인사와 강의 전체적인 개요(윤곽)
- 사전지식 또는 경험의 확인(구체적인 설명 가능성)
- 교육내용의 중요성(교육 핵심사항)
- 강의 진행계획(교육내용의 흐름)

(5) 전개단계 단계에 해당하는 사항(전체 시간의 35～50%)
- 강의 내용 기술은 보통 개조식과 시나리오식 중 택일하여 기술한다.
- 질문내용과 답(Open, Close 질문, 유도 질문 등)
- 내용과 관계된 사례, 유머, 경험담, 동종 사고사례 등
- 실연 또는 실습문제(실시하는 경우)
- 판서계획(개조식 강의안일 경우 그대로 판서)
- 기타 OHP나 설문지, 그림 등 보조자료 활용계획

(6) 확인 및 요약단계에 해당하는 사항(전체 시간의 25～35%)
- 교육효과나 feed back을 유도할 내용의 질문이나 내용
- 교육목표 도달 여부를 확인할 수 있는 간단한 질문
- 전체적인 그날의 강의내용의 요약과 결론 적용 관련한 사항

4.3 강의안의 작성원칙

4.3.1 구체성(具體性/concrete)

강의안은 구체적으로 상세하게 작성하여야 한다. 같은 주제를 여러 차례 반복하게 될 경우 주어진 강의시간을 고려하여 기본 강의안으로부터 강의시간과 청중의 수준에 맞게 내용을 발췌, 요약하여 강의를 하게 되므로 기본 강의안은 자료를 최대한 집대성하여 완벽하게 구체적으로 작성해 두어야 한다. 이는 보다 효과적인 강의가 되기 위한 첩경이기도 하며 강사 자신에게도 교육내용에 대한 깊고 넓은 인식의 근거가 되기 때문이다.

4.3.2 논리성(論理性/logicality)

타당성 있는 논리가 배제되어 있는 강의안은 그 효용성이 반감할 수밖에 없다. 강사로서의 독특한 주장이나 메시지가 중요하기는 하지만 그렇더라도 비논리적인 억지 주장이어서는 안 되는 것이다. 강의안은 그것을 그대로 옮겨놓기만 해도 좋은 글이 될 수 있을 만큼 객관적이고 보편타당한 것이어야 하며, 체계적이고 규칙적이며 모든 문제가 논증될 수 있어야 한다. 결국 이론이나 정보가 분명한 논리와 근거를 담보해 주어야만 살아날 수 있으며 그래야만 강사의 강의에도 힘이 실리고 교육을 준비하는 자세에도 진정성과 다각도의 노력이 수반된다.

4.3.3 명확성(明確性/clearly)

교육을 위한 강의안은 반듯하고 깨끗하게 작성해야한다. 내용이 명확해야 할 뿐 아니라 강의안 자체가 잘 정리되고 알아보기 쉽게 작성되어 있어야 한다. 아무리 노련한 강사라 할지라도 막상 강단에 서게 되면 강의안의 내용이 잘 들어오지 않는다. 특히 현장에서 이뤄지는 안전교육의 경우에는 장소적 한계와 날씨에 따라 준비된 강의안을 능숙하게 보면서 하기는 더욱 어렵다. 그리고 강의 중 당황하기라도 하면 강의안을 쉽게 파악하기 힘들다. 따라서 강의안은 강사 자신이 강의 중 쉽게 알아 볼 수 있도록 글자는 또렷하고 분명하게 써야하며 내용을 한눈에 식별할 수 있도록 색도 등을 사용하여 명확하게 작성해야 한다. 그리고 한 장의 강의안에 너무 많은 내용을 넣거나 작을 글씨로 쓰거나 자기만 알아볼 수 있게 작성하는 강의안은 지양(止揚)해야 한다.

4.3.4 실용성(實用性/Practical)

강의안은 강사의 고유한 교육 자료이다. 때문에 형식이나 내용의 질적인 저하만 발생하지 않는다면 그 강의안의 폼이나 기재방법, 배열, 종이의 질, 기타 형식에 구애받아 강의 효과를 떨어뜨리는 일이 없도록 강사 자신이 사용하기에 편리한 실용적인 강의안을 만들어야 한다. 보관이나 내용보충, 변경 등에 용이하게 작성된다면 어떻게 만들더라도 문제 될 것이 없다. 교육에 능숙한 안전관리자는 사용하는 강의안 역시 실용적이면서 편리한 강의안을 갖고 있는 것이 일반적이다.

4.3.5 독창성(獨創性/originality)

강사가 교육하는 내용은 수많은 사람들에 의하여 이미 교육되었고 대부분의 경우는 누구나 쉽게 구할 수 있다. 그리고 안전교육을 위한 각종 교육자료(정보)는 이미 인터넷상이나 교재, 책자 등을 통하여 얼마든지 선택 할 수 있다. 경우에 따라서는 같은 내용을 수차에 걸쳐 각기 다른 회사의 안전관리자들을 통해서 이미 교육받았을 개연성 또한 크다. 결국 같은 교육내용(교육시켜야 할)을 어떻게 어떤 방법으로 해야 하는지는 강사가 선택해야 할 문제이다. 교육생의 수준을 고려하여 누구나 쉽게 이해할 수 있도록 적절한 어휘를 선택 한다던가 논리의 전개를 위해 어떤 예화나 기법을 사용 할 건지 또는 내용 해석이나 표현방법 등은 어떻게 할 건지는 강사의 고유한 권한이자 부담이다. 모든 것은 교육효과를 얼마나 볼 수 있냐에 달려 있으며 이때 필요한 것이 강의안에 담긴 강사의 독창성이다. 명강사의 강의는 내용보다 접근과 설명에 있으며 교육생의 교육효과는 그러한 강사의 독창적 준비와 노력이 같이할 때 극대화 될 수 있는 것이다.

4.4 강의안 구성

강의의 논리전개는 가장 일반적인 서론, 본론, 결론의 3단계 구성과 도입, 제시, 적용, 평가 및 사후지도의 4단계법 그리고 논리전개로 진행되는 5단계법이 있다. 3단계법은 비교적 짧은 시간의 스피치에 적당한 논리전개 방법이다. 4단계법은 직업교육 방법으로 이용되는 것으로 연설식 강의보다는 학교식 강의에 적당하다. 장시간에 걸친 연설식 강의 즉, 강연과 같은 형태의 강의를 하고자 할 때는 5단계 구성을 이용하는 것이 용이하다.

4.4.1 3단계 구성

3단계 구성이라 해서 반드시 서론, 본론, 결론의 형식에 집착 할 필요는 없다. 물론 강의안이 짜임새가 있어야 하고, 이를 위해 '처음'은 처음다워야 하고 '끝'은 끝다워야 한다는 점에서 '처음, 중간, 끝'의 자연스러운 흐름이 있어야 하겠지만, 규격화된 틀이 정해져 있는 것은 아니다. 흔히 말하는 '서론, 본론, 결론'이라는 '3단계 구성'은 강의안이 지닐 수 있는 여러 형식 중 하나일 뿐이다. 특히 이 형식의 고착화된 틀에 얽매이다 보면 상투적인 강의안이 되거나 군더더기가 들어갈 수 있다.

보통 서론에서는 논지를 제기하고, 본론에서는 논지를 해명하고, 결론에서는 그 결말을 지으면서 요약·정리·강조하는 것이 기본적인 3단 구성의 방법이며 자세한 적용은 아래와 같다.

(1) 서론(도입단계)

강사의 소개, 강의의 목적과 필요성 또는 중요성, 본론에서 다루어질 내용에 대한 암시 내지는 대략적인 소개가 이 단계에서 이루어진다. 즉, 서론부분은 주의 집중(Attention)단계, 동기부여(Motivation)단계, 강의개요(Overview)단계로 교안을 작성한다. 서론은 전체 강의시간의 10~15% 정도를 할애할 수 있는 분량으로 강의안을 만든다.

서론 전개의 유형

- 문제 제기
- 시사적인 내용 언급
- 교육의 주제를 분명히 제시하거나 암시
- 관계되는 어구 인용
- 핵심 용어 개념 설명
- 교육생의 관심을 환기하는 질문 유도
- 교육 동기나 목적, 교육 전개 방식 소개
- 관련 있는 자신의 체험 제시

(2) 본론(전개단계)

교육목적을 달성해야 하는 핵심단계로 본론의 시간배분은 전체내용의 70~80% 정도이다. 본론에서 논리를 전개할 때 유의해야 할 때에는 잘 아는 내용에서 모르는 내용의 순으로 전개하는 것이 좋으며 가능한 한 쉬운 것에서부터 시작하여 어려운 것으로 전개하고 구체적인 것에서 추상적인 것으로 설명해 나가야 한다. 특수한 사실로부터 일반적인 원리로 전개하고 단순한 것에서 복잡한 것, 청중의 수준에 맞춰 흥미 있게 전개하고 부차적인 것을 강조하여 중점을 흐려서는 안 된다.

본론 전개의 유형

- 상대방의 주장에 논박
- 문제의 원인을 규명
- 조건 검토
- 자기의 입장을 옹호
- 영향 예측
- 문제 해결 방안이나 목표 달성 방안 및 방향 제시

(3) 결론(종결단계)

강의의 전체 내용 중 중점을 요약, 재인식시켜 강의의 효과를 극대화시킨다. 강의에 있어서 종결단계는 일종의 끝맺음에 불과하나 연설식 강의에 있어서는 종결단계가 오히려 강의의 클라이맥스를 이루는 경우가 많으므로 그 점을 유념하여 강의안을 만든다. 대개의 경우 종결단계에서는 요약(Review), 재동기부여(Remotivation), 결언(Closure)으로 끝맺는다. 종결단계의 시간배분은 5～10% 정도가 되도록 강의안을 만든다.

결론 전개의 유형

- 본론을 요약·강조
- 제언 또는 전망 제시
- 주제를 일반화
- 교육생에게 행동 및 태도 변화를 당부
- 절정에서 종결
- 여운을 남기기

4.4.2 4단계 구성

4단계 구성은 3단계 구성의 본론 부분을 전개와 발전으로 양분하여 네 개의 부분으로 만든 것으로 '도입단계, 진술단계, 증명단계, 정리단계' 혹은 '기승전결(起承轉結)'의 네 부분으로 이뤄진다. 4단계 구성은 전개 부분(증명단계)에서 변화를 일으키는 효과가 있어 논리적 일관성만을 추구하는 3단계 구성보다는 한 차원 더 깊은 논리구성 방법이라 할 수 있다. 즉, 전개부분의 변화가 교육생의 흥미를 불러일으키거나 관심을 유도할 수 있다는 장점이 있다. 4단계 구성의 핵심은 전개부분에 달려 있다고 볼 수 있다.

아래는 안전/보건 교육을 4단계 구성으로 강의안을 작성하는 경우의 작성 예를 잡은 것이다. 가장 일반적인 경우의 작성방법으로 3단계 구성의 발전 전 형태로 이해하면 된다. 특히 유의할 것은 전개단계에서 지식, 태도, 기능 교육에 관한 내용이 적절하게 녹아나야 한다는 것이다.

강의안 4단계 구성

단계	1단계	2단계	3단계	4단계
	도입단계	전개(제시)단계	정착(적용)단계	확인(평가)단계
	왜?	무엇을/어떻게?	할 수 있는 방법은?	해야 할 일은?
주요 내용	교육의 목적, 목표에 따른 교육내용 도입 (배경, 기준, 규칙 등)	- 재해예방의 원칙 지식, 기능, 태도에 대한 교육 - 위험요소, 확인 - 개선, 방지요령 - 질의, 응답 등	- 과제 토의, 실습 - 테마선정, 요령 설명, 주지 - 토의 지도 - 토론, 강평 - 실습	- 교육내용 정리와 보충 강의 - 기대와 바람 제시 - 구체적 실천사항 제시 등

4.4.3 5단계 구성

5단계 강의안 구성은 그리 많이 쓰이지 않는 구성이나 사고(思考)과정을 고려하여 동기요인의 순서로 설득하는 방법에 따라 강의안을 만드는 것으로, 4단계 구성보다 세분화 한 것이라 할 수 있다.

(1) 제1단계(주의 환기)

교육생의 주의를 끄는 도입단계로서 듣는 사람에게 흥미와 관심을 불러 일으켜야 한다. 보통 대담하고 기발한 표현을 쓰거나 유머나 위트, 놀라운 사실(뉴스)을 얘기하거나 청중의 반응을 위한 질문, 개인적인 경험담이나 사건 참고품, 증거물, 실물을 이용하는 등 주의 환기를 위한 적극적인 방법을 사용하는 것이 일반적이다.

(2) 제2단계(필요 제시)

흥미나 관심을 보이기 시작하는 교육생들에게 그 관심과 흥미에 확신과 방향을 제시하는 단계이다. 교육 주제에 대한 목적과 윤곽을 제시하거나 문제에 대한 흥미유발 요소를 제시, 또는 청중이 인정(기 인식하고 있는)하는 사실이나 사건과의 연관성을 나타내 주는 단계이다.

(3) 제3단계(필요 만족)

교육생의 교육적 필요를 만족시키는 단계로 어떻게 하면 교육생이 이미 생겨난 교육적 흥미와 관심의 깊이를 더하여 줄 수 있는가에 대하여 강사는 어떤 형태(방법)로 유도 할 것인가를 생각, 강의안을 작성하여야 한다. 교육 내용의 핵심이 되는 중심적인 의견(論)을 표현하거나 교육 논지의 중심인 본론의 구체적인 전개, 주제를 이해시키는 사건, 인물제시, 원인과 결과의 설명을 이때 한다.

(4) 제4단계(구체화)

구체화의 단계로서 문제해결의 방법보다 구체적 핵심적 내용을 그대로 제시하는 단계이다. 그러한 이유와 증거를 제시하거나 사실, 통계, 조사, 보고서의 결론적 사항을 제시한다. 이때 위인이나 전문가의 말을 인용하거나 극적이고도 감동적인 예화, 사고사례, 사실을 제시하는 것도 좋은 방법이다.

(5) 제5단계(행동 유도)

행동촉구 단계로 듣는 사람들에게 결의를 유도할 수 있도록 강의안을 구성하는 단계로 간추린 주제를 재확인해 준다거나 교육생에게 가족과 연계한 감정에 호소한다던가 하는 것이다.

4.5 강의안 기술(記述)

강의안을 기술하는 방식은 강사에 따라 수없이 많아질 수 있다. 정형화된 강의안 작성법이 있어 반드시 그렇게 해야 한다면 모르나 형식상 구분이 있는 정도이기 때문에 안전교육을 시행하는 안전관리자의 입장에서는 크게 고려할 사항이 아닐 수도 있다. 그러나 교육효율과 전문성의 차원에서 또는 지속적인 안전교육 활동의 발전이라는 측면에서 보면 강의안을 만드는 것이 바람직하다. 사실상 강의안은 학교교육을 전담하고 있는 교사나 교수들에 의해서 작성되고 발전되어 왔다. 그리고 제도권 교육기관에서는 정형화된 교육안 작성이 필수적이다.

매 시간마다 강의안을 사용하는 것은 아니지만 대부분의 교사나 교수들은 강의안을 작성, 사용하고 있는 것이 사실이다. 그러나 안전교육이나 일반 사회교육을 담당하는 강사들의 경우는 대부분이 사내 직무담당자나 법적 담당자들이 특별한 전문교육을 받지 않은 상태에서 담당했기 때문에 법적 조건을 충족하거나 직무교육을 시킨다는 의미만 있지 그 내용과 과정, 질적인 면은 고려할만 한 입장은 아니었다. 90년대 들어와서야 기업에서도 직무교육을 담당하는 직원들을 사내 강사양성과정이나 전문 강사교육과정에 입소시켜 전문성(직무전문성이 아니 강의 전문성)을 키우게 했고 교대나 사대가 아닌 일반 대학에서도 전공과 관련한 교육과정의 전문성을 인식하기에 이르렀다.

안전교육을 위한 강의안의 기술방식은 여러 종류가 있지만 공통적인 사항을 묶어 정리해 보면 강사가 강의할 내용을 부분적으로 상세히 기재하는 방식인 시나리오식이 있고, 강의할 내용을 정리하여 핵심사항만을 항목별로 구분하여 간결한 문장으로 정리, 기재하는 방식인 조목열거식(개조식)으로 기술하는 방법이 있으며 시나리오식이나 조목열거식을 절충하여 기술하는 혼합형 기술방법으로 나눌 수 있다.

4.5.1 시나리오식 방법(초보자형)

강사가 교육하고자 하는 교육내용을 상세히 이야기하는 방식으로 적거나 구체적인 교육 내용을 모두 적어 참고할 수 있도록 하는 방식이다. 아래가 그 작성 예이다.

> **피로의 종류와 단계**
>
> 피로의 종류는 크게 정신피로와 신체피로로 나눌 수 있고, 정신적 피로는 아주 정밀한 작업, 어려운 계산 등 정신적 긴장을 요하는 작업을 할 때 주로 발생하며 신체피로는 육체적 노동에 의한 근육의 피로를 말한다. 피로로 인하여 주로 느끼는 자각증상은 작업과 동작의 종류에 따라 개인의 상태에 따라서도 달라지나 일반적으로 피로는 그 정도에 따라 일반적인 보통피로, 과로 및 곤비 상태의 3단계로 나누며, 보통 피로는 하루 정도 충분한 수면을 취하고 나면 완전히 회복할 수 있는 정도의 것을 말하고, 과로가 다음날까지도 피로상태가 계속되는 것을 말하며, 과로상태가 축적된 상태를 곤비라 한다. 피로는 순환기능의 변화, 호흡기능의 변화, 신경기능의 변화, 혈액 및 소변의 변화, 체온변화, 자각증상 등이 나타난다.

4.5.2 조목열거식 방법(개조식/전문가형)

교육 할 내용을 항목별로 구분하여 핵심적인 주요사항을 간결하게 요점 정리하여 기술하는 방식으로 필요에 따라 판서를 할 경우에는 그대로 강의안을 기록하면 된다. 아래는 조목열거식(개조식) 강의안 작성 예이다.

> **피로의 종류와 단계**
>
> 1. 피로의 종류
> ① 정신피로 ② 신체피로
>
> 2. 피로의 3단계
> ① 보통피로 : 하루정도면 회복 ② 과로 : 다음날까지 계속 피로상태
> ③ 곤비 : 과로 상태가 축적된 상태

4.5.3 혼합형 방법

교육 할 내용을 항목별로 구분하여 핵심적인 주요사항을 간결하게 요점 정리하여 기술하는 방식인 조목열거식(개조식) 강의안 작성이 강의에 익숙한 교수자들이 선호하는 강의안 작성방식이다. 그러나 강의할 내용이 복잡하거나 그때그때 필요에 따라 보강해야 하는 내용이 많을 경우에는 조목열거식(개조식) 강의안을 작성한 후 부기

하는 식으로 하거나 핵심사항에 관한 구체적인 정보를 복사하여 붙이는 방법 또는 포스트잇을 이용하여 붙여 놓는 방법을 이용한다. 근래에 들어서는 OHP식 차트 형태로 작성하여 부기하는 방법이나 파워포인트 프로그램을 이용하는 등 다양한 방법을 적용하는 사례가 늘어나고 있다.

4.5.4 강의안 작성 사례

(1) 시나리오식 강의안

강의내용	준비물
1. 도입(5분) 산업피로와 문제점을 바로인식 할 수 있는 그림을 보여주면서 강의를 시작한다.	(예) 사진 슬라이드
(1) 산업피로의 개념 및 예방대책 ① 산업피로 산업피로란 "고단하다"는 주관적인 느낌이 있고 능률이 떨어지고, 생체기능의 변화를 가져오는 현상으로 산소, 영양소 등의 에너지원의 소모되어 물질대사에 의한 노폐물의 체내축적 되는 현상을 말하며 체내에서의 물리화학적 변화와 더불어 여러 가지 신체 조절기능의 저하 등이 발생하는 것을 말합니다(▸ 앞서 보여 주었던 그림과 대비하여 설명하고 조선일보에 보도된 통계치를 보여 준다.).	
② 산업피로의 발생요인(▸ 근로자들이 생각하는 발생 요인을 물어 본다). 근로자들에게 발생되는 산업피로는 작업강도, 작업량, 작업속도, 작업시간, 작업자세, 작업환경 등의 외부적인 요인과 근로자의 체력부족, 신체허약, 작업미숙, 작업적응성 부족, 작업의 의욕상실 등의 근로자측 요인 그리고 인간관계와 사회경제적 요인 등이 서로 관련되어 있습니다.	질문 (Open형 질문)
2. 전개(20분)	
③ 피로의 종류와 증상 피로의 종류는 크게 정신피로와 신체피로로 나눌 수 있고, 정신적 피로는 아주 정밀한 작업, 어려운 계산 등 정신적 긴장을 요하는 작업을 할 때 주로 발생하며 신체피로는 육체적 노동에 의한 근육의 피로를 말합니다. 피로로 인하여 주로 느끼는 자각증상은 작업과 동작의 종류에 따라 개인의 상태에 따라서도 달라지는데 일반적으로 피로는 그 정도에 따라 일반적인 보통 피로, 과로 및 곤비 상태의 3단계로 나누어지며 보통 피로는 하루 정도 충분한 수면을 취하고 나면 완전히 회복할 수 있는 정도의 것을 말하고, 과로가 다음날까지도 피로상태가 계속되는 것을 말하며, 과로상태가 축적된 상태를 곤비라 합니다. 피로는 순환기능의 변화, 호흡기능의 변화, 신경기능의 변화, 혈액 및 소변의 변화, 체온변화, 자각증상 등이 나타납니다.	강조사항 질문사항

강의내용	준비물
④ 산업피로의 예방대책 과로로 인한 직장인의 건강장해를 예방하기 위하여 사업장에서는 작업환경관리, 작업관리 그리고 건강관리가 조화롭게 함께 이루어져야 합니다. 적정 근로시간 및 휴식시간 준수해야 합니다. 특히 유해위험작업 근로 시 여러분께서는 이를 철저히 준수해야 합니다. 교대근무자의 경우에는 생체리듬을 유지하기 위한 교대 작업일정을 작성하여야 합니다. 또한 회사는 물리적 스트레스를 완화하기위한 유해·위험환경의 개선하고 정신적 스트레스 완화를 위한 쾌적한 직장 분위기 조성하는 노력을 기울여야 하고 작업자 또한 작업 후에는 목욕을 실시하여 혈액순환을 좋게 하고 피로를 회복하는 개인적 노력을 해야 합니다 그중 가장 간단하게 할 수 있는 것이 스트레칭입니다. 스트레칭의 실시요령과 효과에 대해 알아보면 다음과 같습니다.	질문 선물 (손전등)
(2) 스트레칭의 실시 요령 및 효과 ① 스트레칭은 왜 하는가(스트레칭을 알고 있는 사람에게 선물을 증정하여 집중 유도) 스트레칭은 근육의 긴장을 완화하고 신체를 상쾌하게 합니다. 관절의 가동범위를 확대시키며 혈액순환을 촉진하며 작업이나 운동실시에 따른 부상을 예방해 줍니다.	
② 스트레칭이 필요할 때 작업 시작 전에, 작업 중 휴식을 할 때, 몸이 찌뿌듯하고 빼근할 때, 작업 후 긴장 해소를 위해서 운동하기 전·후에 실시해야 합니다.	OHP 대형그림
③ 스트레칭을 실시하는 방법(▸ 기본 설명(그림부착)후 작업자 2명을 지명하여 실연한다.) 스트레칭은 장소, 시간 등 형식에 구애 받지 않고 실시하며 가능하면 배경음악을 들으면서 자발적으로 유쾌히 하도록 해야 합니다. 동작은 크게 천천히 근육을 쭉 편 자세로 10~30초 동안 그 상태를 유지하도록 해야 하고 이때 반동을 주어서는 안 됩니다. 신전(늘여 펼친)된 신체부위에 의식을 집중시키고 그 부위의 근육이 풀려가는 감각을 느끼도록 해야 합니다. 자세를 유지하고 있는 동안에는 호흡은 평상시와 같이 하되 근육은 숨을 뱉을 때 이완되는 경향이 있기 때문에 천천히 내뱉는 숨에 힘을 주어 호흡을 계속해야 합니다. 그리고 스트레칭은 미소를 띠면서 하는 것이 효과적입니다. 왜냐하면 고통의 표정을 지으면 얼굴만이 아니고 이완시켜야 할 근육까지 반사적으로 수축되어 버리기 때문입니다.	
3. 결론, 요약, 질문사항(5분) : 상기 강의한 내용 중 중점을 요약, 재인식 시킨다.	
▸ 이하 기술 생략	

(2) 조목열거식(개조식) 강의안

조목열거식(개조식) 지도안

1. 교육과목 : 재해 발생 시 사후관리
2. 교육목표 : 재해 발생 시 사후관리를 적절하게 할 수 있도록 한다.
3. 교육시간 : 2018년 ○○월 ○○일 ○○시부터 ○○시까지(60분)
4. 교육대상 : 현장 관리감독자 18명
5. 교육장소 : 안전교육실
6. 교육교재 : 차트, OHP, 유인물

단계	교육요점	교재/법규	방법	시간
제1단계 도 입	① 호기심을 유도와 OPEN MIND ② 교육내용과 절차를 간략히 소개 ③ 사후관리에 관한 질문(교육생 수준 파악)		강의(질문) Game 준비	5～10 분
제2단계 전 개	① 재해 발생시 조치사항 Ⓐ 재해 발생 작업설비 즉시 정지 Ⓑ 피해자 구출 응급조치 Ⓒ 2차 재해 억제 조치 Ⓓ 의사나 관계자(상사, 감독자)에 보고 Ⓔ 현장 보존(재해조사) Ⓕ 작업자 안정, 평상심 유지 유도 ② 재해 원인조사 Ⓐ 재해 조사보고서 작성(주요사항) ⓐ 피해자, 목격자 인적사항 ⓑ 재해 발생상황(6하원칙) ⓒ 재해 원인별 조사 ③ 주요 관리점 Ⓐ 2차 재해 예방 조치요령 Ⓑ 관리, 감독 주요사항 Ⓒ 피해자와의 원만한 관계의 중요성	사내규정 산안법 제시	강의(질문) 사례 필름 법규 필름 실패 사례 OHP기기	30～40 분
제3단계 적 용	① 질문 : 재해 발생 시 조치는 어떻게 하는 것이 적절한가? 재해조사 요령과 유의점은? : 사후관리 시 관리자들이 유의해야 할 점은?		질문/토의	5～10 분
제4단계 확 인	① 사후관리는 현장감독자의 체계적 대응에 있음을 강조 ② 응급조치 요령과 재해조사 방법 재설명 ③ 인사 후 계속적인 관리감독 활동 당부하며 종료		강의	5～10 분

5. 교육 기법

효과적인 교육 진행을 위해서는 강사의 능력과 화술에만 의존할 수는 없다. 교육을 효과적으로 진행하는 일은 모든 교육자의 추구하는 바이며, 이를 위해 수 없이 많은 시행착오와 다각도의 시도가 있어 온 것이 사실이다. 때문에 시대나 상황을 불문하고 교육효과에 대한 교육자의 관심은 클 수밖에 없다. 제도권에 있는 일반 학교 교육의 경우는 교대나 사대를 통해 체계적인 교육방법과 기술을 습득할 수 있으나 일반 사회교육이나 기술교육 나아가 기업교육의 경우는 현실적으로 체계적인 교육기술에 대한 정보나 접근이 제한적 일 수밖에 없었다. 교육을 전문적으로 하는 사람들이 아니기 때문에 교육기술에 대한 욕구도 크지 않았고 필요 또한 크지 않았다. 그러나 사회 여건이 성숙되고 전문가 시대에 들어선 21세기에 들어서는 우리나라에서도 교육은 교사나 교수만이 독점하고 그들만이 전문가라는 인식이 점차 쇠퇴해가고 있으며 일인다역의 시대, 비전공자의 전문가화, 다기능 업무능력의 시대가 오고 있다. 또한 교육의 수혜자들인 학습자들의 교수자에 대한 욕구도 커져 지식이 많은 교육자보다 알고 있는 지식을 쉽고 효과적으로 교수하는 교육자를 선호하는 시대가 되었다. 대학에서는 교수의 강의를 학생들이 평가하는 시대가 되었고, 기업에서는 직원들의 직무능력 극대화를 위해 교육 강사 전문과정, 교육기법 전문화 과정이니 해서 사내교육을 담당하는 직원들의 전문성을 높이기 위해 시간과 비용을 아끼지 않는다. 이는 결국 인적자원 특히 교육인적 자원이 회사나 학교의 경쟁력이 된다는 인식에서 출발하는 이유인 것이다.

교육기법은 개인의 교육능력을 더욱 배가 시킬 수 있는 도구이다. 또 다원화, 글로벌화, 전문화된 인적자원이 일반화되어 있는 기업의 입장에서는 개인의 교육능력보다는 시스템에 위한 교육, 교육기법을 적용한 교육에 의존하는 것은 당연한 결과이다. 그리고 교육기법은 어떤 한 분야의 교육 효과를 극대화하기 위해 존재 한다기보다는 보다 포괄적이다. 교육내용보다는 어떤 교육이든지 그 교육을 통한 목적(효과)에 중점이 있기 때문에 교육기법은 여러 교육내용에 포괄적으로 사용해도 무방하다. 영업신장을 위한 교육기법이 안전교육에도 효과적일 수 있고 리더십 유형을 판단하는 교육기법이 생산직 직무교육에도 적용 가능하다. 결국 모든 교육훈련 기법에 대한 정확한 이해와 응용능력이 있다면 어떤 분야 어떤 직종의 교육에도 서로 호환되어 사용 될 수 있다는 얘기다. 따라서 안전교육을 담당하는 안전관계자들은 가장 흔하고 쉬운 강의법에서부터 토의법, 견학법, 시청각 교육법, 브레인스토밍 등 다양한 교육훈련 기법을 안전교육에 어떻게 적용하고 응용할 것인가를 고민해야 할 것이다.

교육훈련 기법을 하나라도 자신의 것으로 하여, 목적에 부합된 기법을 잘 활용하는 것은 바람직한 일이다. 그러나 여기서 명심할 것은 교육기법이란 어디까지나 교육효과를 높이기 위한 하나의 수단, 하나의 도구이지 그 자체가 교육훈련의 중심 주제는 아니라는 것이다. 기법은 이해한다 할지라도 교육 전체에서 살펴보면, 결국은 지엽에 불과하다. 오히려 중요한 것은 기업내 교육활동 중에서 교육기법이 무슨 특징이 있으며, 어떤 경우에 그것을 활용할 것인가를 이해하는 일이며 그 핵심은 결국 교육기법을 적용하여 교육을 시행하는 교육자의의 몫인 것이다.

5.1 교육(훈련)기법의 종류

교육(훈련)기법은 그 기법을 통해 어떤 목적을 실현하고자 하느냐에 따라 종류가 달라질 수 있다. 모든 교육은 교육대상자(근로자 또는 일부 사용자)의 능력개발을 목적으로 하는 것이 일반적이다. 교육생의 어떤 능력을 개발하고자 하느냐만이 다를 뿐이다. 안전교육의 대상자는 사업주는 물론 안전관리자, 관리감독자, 정규직 근로자, 비정규직 근로자로 사실상 모든 계층을 포함하고 있다. 기업뿐만 아니라 학교 안전교육도 교사와 학생 모두를 포함하고 있어 그 대상은 학교관계자와 학생 전체가 그 대상이 된다. 따라서 안전교육의 대상은 사실상 말귀를 알아듣는(만 4살 정도) 모든 국민이 대상이라고 해도 과언이 아니다. 이렇듯 모든 계층을 포함하고 그 대상이 너무나 포괄적인 측면이 있는 안전교육은 그 어떤 교육보다도 다양한 교육(훈련)기법과 방법이 필요해질 수밖에 없다. 가정 안전교육이나 학교 안전교육은 상대적으로 위험요소나 상태가 지속적으로 노출되는 측면이 적기 때문에 사실상의 안전교육은 기업과 관련한 근로자 안전교육에 중점 되는 것이 현실이다. 안전교육에 있어서 교육(훈련)기법의 선택은 아래에서 보듯이, 우선 계획된 교육훈련에서 대상자들의 어떤 능력의 개발·향상을 바라고 있는지 그 점이 교육기법 선택의 중요한 포인트가 있다. [8]보통 업무수행상 요구되는 능력은 주로 아래와 같이 지식부여와 관련한 것, 태도·행동변화와 관련한 것, 창조적·문제 해결능력과 관련한 것, 관리능력의 향상과 관련한 것 등으로 나눌 수 있다.

8) 교육공학연구소(IET) HRD 자료 참조

능력개발의 목표와 교육기법의 종류

목표	필요한 능력	활용 가능한 교육기법
업무수행 능력의 향상	지식의 부여	강의법, 토의법, 통신교육, 견학, CC 테스트, 시청각 교육 등
	태도·행동 변화	역할연기(Role Playing), ST, TA, 매니지리얼 그리드, 보행(步行)랠리, 각종 체험학습 등
	창조성·문제해결 능력의 개발	브레인스토밍, KJ법, NM법, KT, Case Study, Incident Process, In-Basket 법, 교육게임, QC기법, 위험예지활동 등
	관리능력의 향상	면접, 카운슬링, MTP, JST, TWI 등

5.2 계층별 교육기법

사실상 안전교육을 포함하여 기업에서 이뤄지는 교육은 계층에 따라 구분되는 것이 보통이다. 나이보다는 교육대상자의 기업 내 직위나 직급에 따라 교육대상자를 구성하고 교육하는 것이 대다수의 기업이 공통적으로 대상을 구성하는 방법이다. 교육기법은 실제로 교육 프로그램 속에 도입할 때에 교육 대상자의 조직에 있어서의 역할기능을 고려할 필요가 있다. 교육대상자의 역할기능이란 예컨대 최고경영층(Top Class)이라면 조직 전체의 장래 비전을 구축하고, 그것을 추진하기 위한 전략적 역할이 요구되는 것이다. 중간계층(Middle Class)의 관리감독자라면 최고경영층의 방침을 구현해 나가기 위한 계획의 수립, 문제 해결과 같은 전술적인 역할이 필요하며, 또한 하부층(Bottom Class)의 사원에게는 실제의 업무수행에 필요한 실무능력이 요구된다. 따라서 각 계층별로 필요한 교육방법과 도입되는 기법이 다르게 된다.

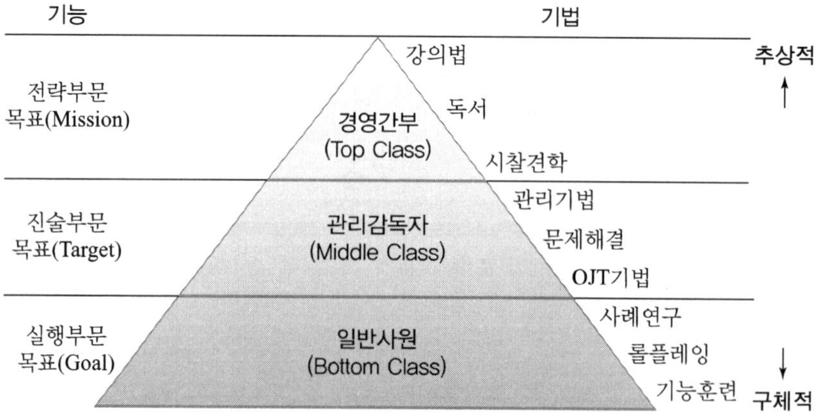

≫ 계층별 역할과 교육기법

또한 각 계층별 교육을 계획·실시할 때에 어느 계층에 어느 교육기법이 일반적으로 활용되는지 그 적용도는 아래와 같다.

계층별 교육과 교육기법 1　　◎ 적정 ○ 선택

대상계층 \ 교육기법		지식부여를 위한 기법						태도·행동변화를 위한 기법					창조성 개발·문제해결 능력향상을 위한 기법			
		강의법	토의법	통신교육	독서법	시청각교육	CC테스트	Role Playing	ST	TA	매니지리얼그리드	보행랠리	브레인스토밍	KJ법	NM법	ZK법
경영간부		◎	◎		○	◎	○		○	○	◎	○	○	○	○	○
관리감독자		◎	◎	◎	◎	◎	◎	○	◎	◎	◎	◎	◎	◎	◎	◎
중견사원	7~10년 이상	◎	◎	◎	◎	◎	◎	◎	○	◎	○	◎	◎	◎	◎	◎
	5~7년	◎	◎	◎	◎	◎	○	◎		○		◎	◎	◎	◎	◎
	입사 3~5년	◎	◎	◎	◎	◎	○	◎				◎	◎	◎	○	◎
신입사원		◎	◎	◎	◎	◎		◎				◎	◎	◎		

계층별 교육과 교육기법 2

계층 \ 효과적 기법		창조적 개발·문제해결 능력향상을 위한 기법								부하지도·관리 능력향상을 위한 기법				
		Family Training	케프너트리고법	Case Study	Incident Process	인바스켓법	교육훈련게임	문제해결토의법	QC기법	면접·카운슬링	OJT	MTP	JST	TWI
경영간부		○	◎	◎	◎	◎		◎	○	◎	○			
관리감독자		◎	◎	◎	◎	◎		◎	◎	◎	◎	◎	◎	○
중견사원	7~10년 이상	◎		◎	◎	○	◎	◎	◎	○	◎	○	○	◎
	5~7년	◎		◎	◎		◎	◎	◎		◎			○
	입사 3~5년	◎		◎	○		◎	◎	◎		◎			
신입사원		◎		◎			◎		◎					

5.3 교육 방향별 교육기법

5.3.1 지식교육에 효과적인 기법

(1) 강의법

가장 많은 교육자가 선호하는 교육기법이 강의법이다. 많은 교육기법 중에서 가장 일반적으로 쓰이는 기법으로 장점은 많은 사람을 대상으로 비교적 손쉽게 많은 지식과 정보를 제공할 수 있으며 가장 오래되고 누구나 쉽게 접근할 수 있다는 것이다. 반면 단점은 듣는 사람이 수동적이 되기 쉽고 학습자의 능력의 차이나 학습의욕에 따라 그 이해나 적응에 차이가 생기기 쉽다. 강의법에는 설명형 강의(Presentation type), 토의형 강의(Conference type), 정형훈련형 강의(Programmed training type), 기능형 강의(Skill training type) 등이 있다.

(2) 토의법

토의법은 강의법과 더불어 잘 쓰이는 기법이다. 토의법에는 문제해결 토의법, 정형(定型)토의법, 자유토의법, 디베이트(Debate), 패널 토의(Panel Discussion), 심포지엄(Symposium), 포럼(Forum) 등 여러 가지 종류가 있으며, 진행법과 참가자 수에 따라 그 방법도 달라진다. 어느 토의법에서나 공통된 장점은 참가자가 주체적으로 토의에 참가하여 발언할 수 있으며, 서로의 대화중에서 상호개발이 이루어질 수 있다는 것이다. 반면 단점은 강의법과 비교해 시간이 걸린다는 것이다. 그렇기 때문에 토의 방향이 탈선하지 않도록 사회자, 지도자가 잘 조절해야 한다.

(3) CC 테스트(Concept Clarification Test)

CC 테스트(Concept Clarification Test)도 엄밀하게 나누면 토의법의 한 종류라고 볼 수 있는데 이해촉진 테스트 또는 이해촉진 토의법이라고도 한다. 테스트란 단어가 붙어 있지만 학습내용을 되돌아보고 중요부분의 재확인을 목적으로 하는 테스트를 하는 집단토의법의 한 종류이다. 주요내용은 사전학습 단계, 테스트를 사용한 개인학습 단계, 그룹연구 단계, 정답의 제시 단계, 전체토의 단계, 오답(誤答) 확인 단계 등의 과정을 거쳐, 서로의 의견교환을 통해서 체험적으로 이해도를 높여 나가는 방법으로 프로그램 학습방식의 요령으로 텍스트(Text)나 강의내용에서 문제를 만들어내기 때문에, 문제작성에 시간이 걸리고 전문적 지식을 필요로 한다.

(4) 시청각 교육

강의와 토의법을 제외하고는 과거의 교육기법 중 가장 선호하고 유일했던 진보된 교육기법으로 지금까지도 학교기관에서 가장 선호하는 교육기법 중 하나이다. 시청각 교재의 활용은 상대방의 시각과 청각을 작용함으로 호소력이 강하고, 전달효과와 학습효과가 높다. 현재 교육 장소에서 활용되는 시청각 교재에는 OHP와 VTR 프로젝터 등이 주류이며 요즘은 PC를 활용한 시청각 교육방법이 많이 이용되고 있다. 가장 일반적인 PC, OHP, VTR 비교해 보면 아래와 같다.

PC, OHP, VTR 일반 비교

학습(교육)내용	PC	OHP	VTR
지식교육	◎	◎	◎
토의 결과의 발표	◎	◎	
Presentation(프레젠테이션)	◎	◎	
Role Playing(롤플레잉)	◎		◎
행동변화			◎
자습	◎		◎

(5) 독서법

독서법에는 사전에 지정도서를 교육생에게 통보하고, 교육생들이 독서 후에 미리 제시한 과제에 대하여 각자가 독후감 형태나 문제를 풀이하는 형태로 보고하게 하여, 연구 토의하게 하는 방법과 교육생 전원을 한자리에 모아 놓고 선정도서를 읽으면서 토의하는 방법 등이 있다. 단독 교육 프로그램보다는 보완적인 프로그램 성격으로 많이 쓰이는 교육(훈련) 기법이며, 교육의 사전학습으로서 전자의 방식이 현재 많이 쓰이고 있으며, CC 테스트에서도 독서 후 테스트 방식을 사용한다. 교육생의 지식수준을 일정하게 갖추게 하는 점에서 이점이 있으며 교육의 초점과의 관련성 유지에 어려움이 있다.

(6) 견학

견학이란 학습자가 교육의 일환으로 지역사회나 특정의 현장에 가서 관찰한다든가 참가하여 구경, 체험하는 활동으로 실지견학, 현장학습이라는 말을 쓰기도 한다. 이와 같이 견학이란 학습자들이 현실적으로 움직이고 있는 사회 속에 들어가, 현장 그 자체를 교재로 삼아 학습하고 그 속에 포함되어 있는 의미를 발견한다든가, 또는 학습에 의해 배운 이론들을 실제로 적용해 본다든가 하는 점에서 시각적·청각적 학습활동으로서 매우 중요한 의의가 있다. 견학이란 교육적인 경험으로서의 가치는 그것에 의해서 지식을 얻음과 더불어 참가자의 태도에 영향을 미치게 되는 점이다. 즉, 견학은 모든 학습활동에 현실적인 의미를 갖게 해준다.

(7) 통신교육

통신교육은 통신수단의 다양함만큼이나 광범위한 것이라고 볼 수 있으나 교육자가 피교육자를 직접 대면해서 가르치지 않고 의사전달의 수단을 개입시켜 교육한다면 모두 통신교육이라고 할 수 있다. 역사적으로 보면, 플라톤이 시라쿠사의 왕 디오니시스 1세에게 편지로 가르쳤다는 기록이 있고, 한국에서는 퇴계 이황(李滉)이 편지를 통해서 제자들을 가르쳤다는 기록이 그의 저서 《일성록(日省錄)》에 있다. 그러나 근대적인 통신교육의 발달은 우편제도의 발달과 밀접한 관련이 있는데, 1940년 영국의 I. 피트먼이 속기법을 가르칠 때 엽서를 이용한 것이 효시라고 한다. 그 후 대학 등에서 대학 확장 사업의 일환으로 이용되었다. 우리나라의 경우는 통신강의록 형태로 오래 전부터 민간 차원의 통신교육을 실시하였으며, 한국방송통신대학교와 방송통신고등학교 등에서 방송교육과 병행하여 제도화한 통신교육을 실시하고 있다. 또한 컴퓨터와 통신의 결합으로 인터넷을 이용한 원격교육이 다양하게 시도되고 있다. 요즘에는 인터넷 문화에 익숙한 만큼 정보 교류에도 활발해 스스로 인터넷 학습매체를 찾아 학습하는 것이 일반적인 현상이며 기업에서도 적극적으로 인터넷을 이용한 교육을 실시하고 있으며 더욱 확대될 것으로 보인다.

5.3.2 태도·행동변화에 효과적인 교육기법

(1) Role Playing

Role Playing(역할 연기법)은 집단심리요법의 하나로서, 자기 해방과 타인 체험을 목적으로 하는 체험적인 활동을 통해 대인관계에 있어서의 태도 변용이나 통찰력, 자기이해를 목표로 개발된 기법이다. 우리는 생활 속에서 타인과의 관계 속에 살고 있으며 각각 자기가 속해 있는 집단속에서 주위로부터 기대를 갖고 있다. 이와 같이 문화 속에서 규정되어지는 역할, 인간들이 펴내는 상황 역할 장면을 연출해 보는 것이 역할 연기법인 것이다. 규정된 상황에서 어떤 인물이 되어 그 인물의 뜻과 심정을 실감해 보고 즉흥적이고 유동적으로 다른 사람의 상황에서 다른 경험을 통해 진정으로 자신을 해방하고 이웃을 체험하며 문제해결의 실마리를 찾을 수 있다.

① 일반적인 경우 진행방법

㈀ 장면 설정단계

연출할 이야기의 장면에 대해서 전체 참여자들이 토의, 서로 대립하는 입장 견해에 대한 가장 바람직한 상황들을 설정하고 2~3명의 등장인물에 의하여 연출 되는 장면을 설정, 그 장면은 간결하고, 즉흥성이 높게 작성 한다.

㈁ 역할 선정의 단계

인물의 성격에 대하여 전체 참여자들이 토의한다. 배역에 대하여 등장인물의 한 사람에 대하여 성격을 토의해 나간다. 연기할 때 인물들의 특색을 파악해서 잘 나타낼 수 있도록 한다. 인물의 독특한 성격, 역할, 과제를 설정한다.

㈂ 연기도입의 단계

연기를 무르익게 하기 위해서 뜸 들이는 단계로 연기자에게 특히 필요한 단계이다. 타인에 의해서 연기를 맡게 하고 그 역할에 대하여 잘 이해하고 자신의 방어선을 놓고, 마음을 열어 몰입해야 한다. 연기에서는 연기자를 하는 사람 이외의 참여자들의 역할이 중요하다. 보조자, 비판자, 관찰자들에게 확인시켜 주는 역할을 통해 참가자들에게 동기를 부여시켜 주어야 한다.

㈃ 연기의 단계

연기를 하는데 정해진 대사는 없다. 많은 참여자들이 얼마만큼 실감 있게 표현하느냐에 중점을 두고 각자 역할을 자유롭게 하게 한다. 연출시간은 너무 길지 않게 하는 게 좋다. 토의할 자료가 나왔다고 판단되면 끝내도 무방하다.

㈄ 탈 연기의 단계

하던 연기의 모습에서 자신을 본래의 자기로 돌아가는 단계이다. 함께 소감을 나누고 이야기 한다.

㈅ 전체토의 단계

관찰자의 피드백 활동도 토의에 들어간다. 토의는 분석적인 비판을 곁들인다. 서로 배역을 바꾸어서 토의한다. 관찰자가 질문하고 연기자가 답변한다.

② 역할연기 교육기법의 특징(효과)

㈀ 학습내용의 적용을 위한 연습이 가능하다.
㈁ 연기하지 않는 타 훈련생의 관심과 참여도를 높일 수 있다.
㈂ 잘못 알고 있는 내용을 파악하여 수정할 수 있다.
㈃ 자신의 약점을 분명하게 파악할 수 있다.

주의할 점은 어디까지나 학습을 위한 것이므로 활동을 탄력적으로 해야 한다. 문제제기 화면에서는 극을 중단하고 토의하며 명확하게 규정한다. 그리고 다시 계속해서 하는 등 운영의 묘를 살릴 수 있어야 한다.

(2) 보행랠리(Walk Rally)

오리엔티어링과 유사한 체험학습기법으로 도보 O/L이라고도 하고 또는 'walk rally'라고도 부른다. 일본에서 오리엔티어링을 보급하기 위해 만들어진 O/L로서 지도를 보다 쉽게 표기하여 누구나 이해할 수 있도록 포인트 O/L과 라인 O/L의 두 가지 형태를 기본으로 하여 구간별로 나누어 약도화한 지도를 사용한다. 이는 참가자가 다양한 페어 또는 그룹이 되고, 지도와 포인트체크 카드를 갖고 지정된 복수의 체크 포인트를 지정받은 속도로 돌아가는 경기로, 목표지점 도착 후 시간점과 과제점으로 집계하여 순위를 결정한다. 체크 포인트는 5～7개 장소에 2～7 km의 간격으로 설치한다. 참가자로서는 포인트 간의 거리는 알 수 없지만 지정된 속도로 걸으면 포인트를 알 수 있게 된다. 팀워크의 중요성을 깨닫게 하고, 목표달성의 의욕을 육성하는데 대단히 유용하며 리더십과 상황 판단력을 강화하는 경우에도 활용이 가능하다. 관리·감독자연수 중에 실시하는 경우가 많으며 개인과 집단의 문제 해결 능력을 야외에서의 체험학습을 통해서 향상시킴을 목적으로 하는 행동게임 방식의 기법이다.

(3) ST훈련(Sensitivity Training)

감수성훈련(Sensitivity Training/ST)은 Laboratory Training이라고도 불리며 1974년 전 미국협회(NTL)가 중심이 되어 인간상호심리 작용을 이해하고 집단 응집력과 조직개발, 인간관계개선, 리더십능력을 개발하기 위한 경영 교육훈련과정이다. 종래의 강의 위주의 교육방식을 과감하게 탈피하여 전 참가자의 경험, 지혜를 상호 교환하면서 정형화된 ST학습과 체험학습을 통하여 느끼고 깨달은 것을 즉시 실천할 수 있도록 인간심리를 이해하고 인간관계와 리더십 능력을 조직혁신에 촉진자 역할을 수행하게 된다. 사람은 태어나면서부터 자기중심적으로 성장하면서 자기 보호의 높은 방어의 담벽을 쌓아 놓고 있다. 그러면서도 자신을 잃어버리고 자기가 추구하고 쌓아 놓은 방어선 뒤에서 두려워 떨고 있는 존재가 된다. 이러한 나의 장벽을 무너뜨리고 자유로운 나로서의 삶의 의미를 다시 찾고 내가 맡은 일에 최선을 다하며 그곳에서 나의 인격을 되찾게 하는 것이 감수성 훈련이다. 감수성 훈련, 인간이해 훈련으로 특징은 트레이너(Trainer)가 있기는 하지만, 참가 멤버에게는 토의과제나 대화의 규칙(Rule)을 일체 제시하지 않고 모든 멤버간의 상관관계 속에서 훈련 프로그램을 전개해 나가는 것이다. 그렇기 때문에 프로그램 진행 중 일어나는 대인관계 속에서의 정신적인 갈등, 대립 등이 발생하게 된다. 이러한 갈등의 해결이나 대인관계의 경험을 통해서 자기통찰, 감수성의 개발이 촉진되고, 상황에 적합한 태도·행동을 취하게 되도록 본인의 능력을 개발함을 목적으로 하고 있다.

(4) TA 훈련(Transactional Analysis)

교류분석(TA : Transactional Analysis)은 정신분석의 창시자인 프로이트의 이론을 바탕으로 미국의 에릭 번(Eric Berne : 1910~1970) 박사에 의해 개발된 임상심리 분석시스템으로서, 인간관계 교류를 분석하는 것으로 인간관계가 존재하는 모든 장면에 적용할 수 있는 이론이다. TA를 Berne은 다음과 같이 정의하고 있다. "상호 반응하고 있는 인간 사이에 이루어지고 있는 교류를 분석하는 것이라는 뜻이다. 여기서 교류라고 말할 때, 단순히 표면상의 언어의 교환뿐만 아니라 마음속 깊이 전해지는 미묘한 의미, 정교한 의도, 숨겨진 느낌 등, 여러 측면을 포함한 깊은 수준의 의사소통을 의미하는 것이다." TA의 이론에 의해 J. M 듀세이가 고안한 TA 에고그램테스트(Egogram Test)는 알기 쉽고 이해하기 쉬운 질문에 응답함으로써 응답자의 성격을 분석하는 방법이다. 에고그램테스트는 복잡한 사람의 성격을 5가지 영역으로 구분하여 TA(교류분석법)를 바탕으로 5가지 마음 중 어느 부분이 자신에게 영향을 끼치는지에 따라 사고방식이나 행동이 달라진다고 규정하고 있다. 5가지 마음은 비판적인 마음 CP, 용서하는 마음 NP, 부모의 마음 A, 자유로운 어린이의 마음 FC, 순응하는 마음 AC이다. 이 다섯 가지 마음의 비율이 개인의 성격을 결정하며 학습자는 그에 따라 자기의 상태에 의거해 응답하며 이후 자신이 갖추어야 할 자세를 그려보고 또한 다른 사람과의 관계에 있어 자신의 태도에 수정을 가해감으로서 보다 높은 자기실현을 목표로 하는 것을 목적으로 하고 있다. 에고그램에 따른 자아상태(마음)의 구성요소와 기능적 양면성은 아래 그림과 같이 구분해 볼 수 있다.

① 자아상태(마음)의 구성요소

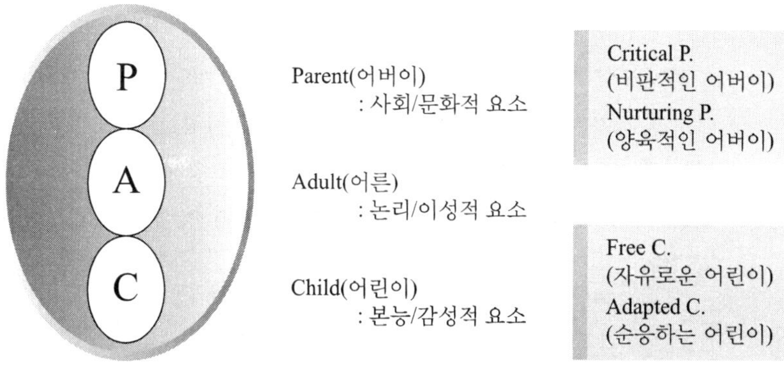

② 자아상태(마음)의 기능적 양면성

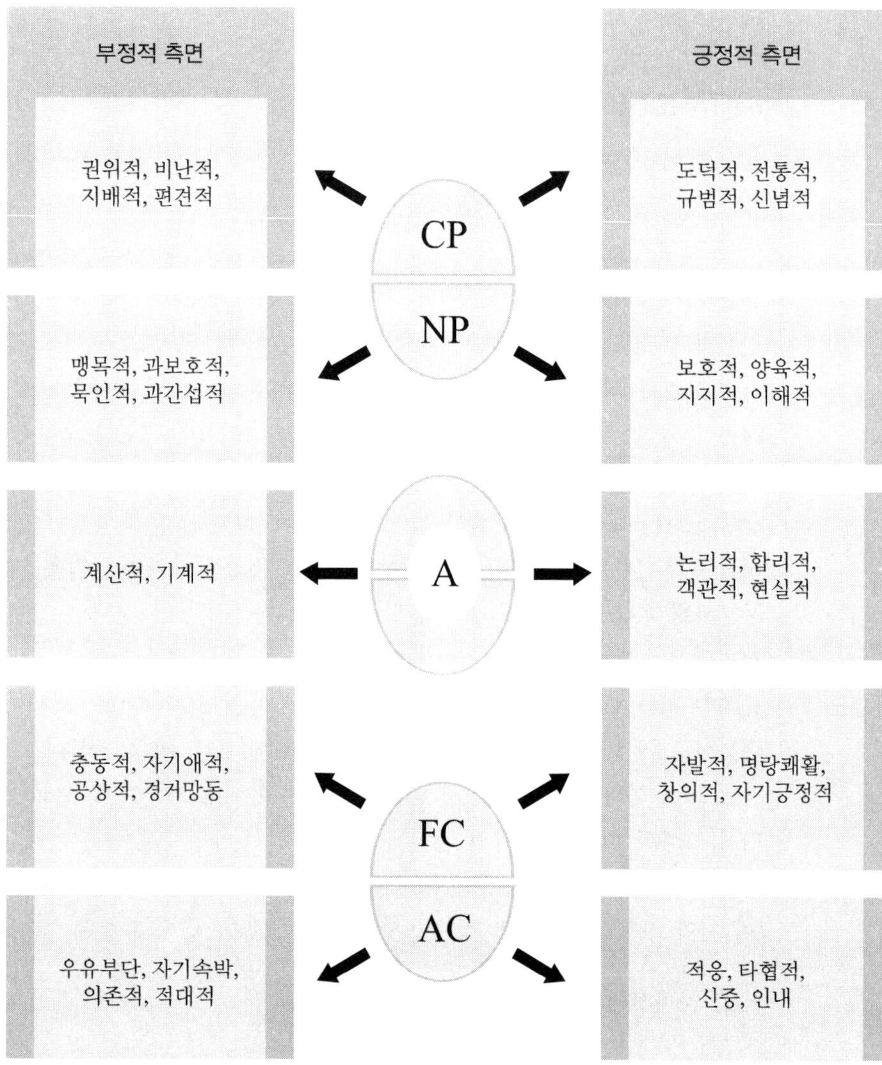

위와 같은 TA 에고그램 TEST는 분석 받은 개인이 자기의 현재 상태를 인식할 뿐 아니라 각자가 자신의 것으로 활용(개선과 발전의 자기 노력)할 수 있으며 안전관리자는 직·반장이나 장기 계속 근로자 또는 제조업체의 근로자에 대한 안전교육 전에 활용하면 적용성을 높일 수 있는 교육기법이며 아래는 에고그램 평가문제와 평가방법이다.

에고 그램 평가(Ego Gram Test)

다음 문항들을 살펴보고, [전혀 그렇지 않다]·[그렇지 않다]·[그렇다]·[매우 그렇다]의 네 가지 항목 중 자기에게 맞는 것에 답하시오.

■ CP

1. 상대방을 깔보는 경향이 있다.
   1) 전혀 그렇지 않다( ) 2) 그렇지 않다( ) 3) 그렇다( ) 4) 매우 그렇다( )
2. 남의 무례한 태도를 보고 화가 치밀어 주의를 주고 싶어진다.
   1) 전혀 그렇지 않다( ) 2) 그렇지 않다( ) 3) 그렇다( ) 4) 매우 그렇다( )
3. 책임감이 강하다.
   1) 전혀 그렇지 않다( ) 2) 그렇지 않다( ) 3) 그렇다( ) 4) 매우 그렇다( )
4. 좋고 나쁨을 확실히 가려서 행동한다.
   1) 전혀 그렇지 않다( ) 2) 그렇지 않다( ) 3) 그렇다( ) 4) 매우 그렇다( )
5. 아이들이나 아랫사람에게 사리를 분간해서 행동하도록 지도한다.
   1) 전혀 그렇지 않다( ) 2) 그렇지 않다( ) 3) 그렇다( ) 4) 매우 그렇다( )
6. ~를 해야 된다고 자신의 생각을 남에게 강요하는 경향이 있다.
   1) 전혀 그렇지 않다( ) 2) 그렇지 않다( ) 3) 그렇다( ) 4) 매우 그렇다( )
7. 정해진 규칙이나 룰은 엄격히 지킨다.
   1) 전혀 그렇지 않다( ) 2) 그렇지 않다( ) 3) 그렇다( ) 4) 매우 그렇다( )
8. 이상이나 목표가 높아서 그것이 낮은 사람에게는 뭐라고 한마디하고 싶어진다.
   1) 전혀 그렇지 않다( ) 2) 그렇지 않다( ) 3) 그렇다( ) 4) 매우 그렇다( )
9. 자신의 의견에 대해선 신념을 갖고 주장한다.
   1) 전혀 그렇지 않다( ) 2) 그렇지 않다( ) 3) 그렇다( ) 4) 매우 그렇다( )
10. 남의 실패나 결점을 용서하지 않는 경향이 있다.
    1) 전혀 그렇지 않다( ) 2) 그렇지 않다( ) 3) 그렇다( ) 4) 매우 그렇다( )

■ NP

1. 능률적으로 일을 척척 해낸다.
   1) 전혀 그렇지 않다( ) 2) 그렇지 않다( ) 3) 그렇다( ) 4) 매우 그렇다( )
2. 현실을 잘 보고 행동한다.
   1) 전혀 그렇지 않다( ) 2) 그렇지 않다( ) 3) 그렇다( ) 4) 매우 그렇다( )
3. '누가' '어디서' '왜'라는 식의 말을 자주 쓴다.
   1) 전혀 그렇지 않다( ) 2) 그렇지 않다( ) 3) 그렇다( ) 4) 매우 그렇다( )
4. 계획을 세우지 않고는 행동하지 않는다.
   1) 전혀 그렇지 않다( ) 2) 그렇지 않다( ) 3) 그렇다( ) 4) 매우 그렇다( )
5. 이야기 도중에 감정적으로 되는 일이 없다.
   1) 전혀 그렇지 않다( ) 2) 그렇지 않다( ) 3) 그렇다( ) 4) 매우 그렇다( )

6. 남의 이야기를 정확히 들을 수 있다.
   1) 전혀 그렇지 않다( ) 2) 그렇지 않다( ) 3) 그렇다( ) 4) 매우 그렇다( )
7. 침착하게 상대의 얼굴을 보면서 이야기 한다.
   1) 전혀 그렇지 않다( ) 2) 그렇지 않다( ) 3) 그렇다( ) 4) 매우 그렇다( )
8. 사물을 정확히 판단하는 편이다.
   1) 전혀 그렇지 않다( ) 2) 그렇지 않다( ) 3) 그렇다( ) 4) 매우 그렇다( )
9. 항상 냉정하고 이성적이다.
   1) 전혀 그렇지 않다( ) 2) 그렇지 않다( ) 3) 그렇다( ) 4) 매우 그렇다( )
10. 어떤 것이 손해이고 어떤 것이 이익인가를 즉시 알 수 있다.
   1) 전혀 그렇지 않다( ) 2) 그렇지 않다( ) 3) 그렇다( ) 4) 매우 그렇다( )

■ A

1. 발랄하고 자유롭고 천진난만하다.
   1) 전혀 그렇지 않다( ) 2) 그렇지 않다( ) 3) 그렇다( ) 4) 매우 그렇다( )
2. 표현에는 감정이 풍부하다.
   1) 전혀 그렇지 않다( ) 2) 그렇지 않다( ) 3) 그렇다( ) 4) 매우 그렇다( )
3. 주위 사정을 생각하지 않고 하고 싶은 말은 솔직히 한다.
   1) 전혀 그렇지 않다( ) 2) 그렇지 않다( ) 3) 그렇다( ) 4) 매우 그렇다( )
4. 제멋대로의 성품이 있다.
   1) 전혀 그렇지 않다( ) 2) 그렇지 않다( ) 3) 그렇다( ) 4) 매우 그렇다( )
5. 무슨 일이건 흥미를 나타내고 호기심이 강하다.
   1) 전혀 그렇지 않다( ) 2) 그렇지 않다( ) 3) 그렇다( ) 4) 매우 그렇다( )
6. 남이 어떻게 생각하든 신경을 쓰지 않는 타입이다.
   1) 전혀 그렇지 않다( ) 2) 그렇지 않다( ) 3) 그렇다( ) 4) 매우 그렇다( )
7. 이성적으로 정하지 않고 직감으로 정한다.
   1) 전혀 그렇지 않다( ) 2) 그렇지 않다( ) 3) 그렇다( ) 4) 매우 그렇다( )
8. 불쾌한 일이 있어도 곧 잊어버린다.
   1) 전혀 그렇지 않다( ) 2) 그렇지 않다( ) 3) 그렇다( ) 4) 매우 그렇다( )
9. 잠시라도 그냥 있으면 불안하다.
   1) 전혀 그렇지 않다( ) 2) 그렇지 않다( ) 3) 그렇다( ) 4) 매우 그렇다( )
10. 생각할 겨를도 없이 행동해 버린다.
   1) 전혀 그렇지 않다( ) 2) 그렇지 않다( ) 3) 그렇다( ) 4) 매우 그렇다( )

■ FC

1. 불쾌한 일이 있어도 참는다.
   1) 전혀 그렇지 않다( ) 2) 그렇지 않다( ) 3) 그렇다( ) 4) 매우 그렇다( )
2. 어느 쪽인가 하면 소극적이다.
   1) 전혀 그렇지 않다( ) 2) 그렇지 않다( ) 3) 그렇다( ) 4) 매우 그렇다( )

3. 주의 사람의 안색이나 평가에 신경을 쓴다.
   1) 전혀 그렇지 않다( ) 2) 그렇지 않다( ) 3) 그렇다( ) 4) 매우 그렇다( )
4. 조심성이 많아 자신의 생각을 입에 담지 못한다.
   1) 전혀 그렇지 않다( ) 2) 그렇지 않다( ) 3) 그렇다( ) 4) 매우 그렇다( )
5. 일이 제대로 되지 않았을 때 남을 심하게 책망하지는 않는다.
   1) 전혀 그렇지 않다( ) 2) 그렇지 않다( ) 3) 그렇다( ) 4) 매우 그렇다( )
6. 비관적으로 생각하는 경향이 있다.
   1) 전혀 그렇지 않다( ) 2) 그렇지 않다( ) 3) 그렇다( ) 4) 매우 그렇다( )
7. 실패했을 때에는 솔직히 사과한다.
   1) 전혀 그렇지 않다( ) 2) 그렇지 않다( ) 3) 그렇다( ) 4) 매우 그렇다( )
8. 자신보다도 남의 일을 우선한다.
   1) 전혀 그렇지 않다( ) 2) 그렇지 않다( ) 3) 그렇다( ) 4) 매우 그렇다( )
9. 남들이 즐거워해도 자신은 그다지 즐거워하지 않는 편이다.
   1) 전혀 그렇지 않다( ) 2) 그렇지 않다( ) 3) 그렇다( ) 4) 매우 그렇다( )
10. 남들이 능력이나 실력 이상으로 크게 보인다.
   1) 전혀 그렇지 않다( ) 2) 그렇지 않다( ) 3) 그렇다( ) 4) 매우 그렇다( )

■ AC

1. 상대가 강압적이면 상당히 감정적이 된다.
   1) 전혀 그렇지 않다( ) 2) 그렇지 않다( ) 3) 그렇다( ) 4) 매우 그렇다( )
2. 남에게 지고 싶지 않은 기질이 강하다.
   1) 전혀 그렇지 않다( ) 2) 그렇지 않다( ) 3) 그렇다( ) 4) 매우 그렇다( )
3. 남에게 불평불만을 자주 늘어놓는다.
   1) 전혀 그렇지 않다( ) 2) 그렇지 않다( ) 3) 그렇다( ) 4) 매우 그렇다( )
4. 화를 내거나 심통을 부리는 경향이 있다.
   1) 전혀 그렇지 않다( ) 2) 그렇지 않다( ) 3) 그렇다( ) 4) 매우 그렇다( )
5. 억울하면 분발한다.
   1) 전혀 그렇지 않다( ) 2) 그렇지 않다( ) 3) 그렇다( ) 4) 매우 그렇다( )
6. 기분 나쁜 말을 들으면 곧 성을 낸다.
   1) 전혀 그렇지 않다( ) 2) 그렇지 않다( ) 3) 그렇다( ) 4) 매우 그렇다( )
7. 남의 탓으로 돌리는 일이 흔히 있다.
   1) 전혀 그렇지 않다( ) 2) 그렇지 않다( ) 3) 그렇다( ) 4) 매우 그렇다( )
8. 곧장 남들과 경쟁한다.
   1) 전혀 그렇지 않다( ) 2) 그렇지 않다( ) 3) 그렇다( ) 4) 매우 그렇다( )
9. 뛰어난 사람을 만나면 반발심이 생긴다.
   1) 전혀 그렇지 않다( ) 2) 그렇지 않다( ) 3) 그렇다( ) 4) 매우 그렇다( )
10. 겉으로 드러내지는 않지만 기분 나쁜 경우가 많다.
   1) 전혀 그렇지 않다( ) 2) 그렇지 않다( ) 3) 그렇다( ) 4) 매우 그렇다( )

■ 평가산출 방법

[전혀 그렇지 않다] 0점, [그렇지 않다] 1점, [그렇다] 2점, [매우 그렇다] 3점으로 하여 여섯 유형별로 문항들의 점수를 합산하여 계산한다.

(각각 30점이 만점) 그 다섯 가지의 각기 다른 점수들을 꺾은 선 그래프로 그려보면 그것이 평가대상자의 에고그램이 된다.

■ 평가 예

우리 자체인 자기(self)에는 자아(ego)가 포함되어 있는데 이 '에고'는 다음 세 가지 모습을 가지고 있다.

① [양친의 모습을 닮으려는 자아(parents ego)]
② [어른스러운 모습의 자아(adult ego)]
③ [어린아이를 닮으려는 자아(chile ego)]이 세 가지 모습은 좀 더 세부적으로 나눠질 수 있는데 즉, [양친의 모습을 닮으려는 자아] 비판적이고 권위적인 어버이의 모습(CP)
④ 자상하고 부드러우며 인자한 어머니의 모습(NP) [어른스러운 모습의 자아] 현실에 충실한 자기의 모습(A) [어린아이를 닮으려는 자아] 천진난만한 어린이의 모습(FC) 부모에게 순종적이고 환경에 순응적인, 모범생 같은 어린이의 모습(AC) 구속받길 거부하고 자유롭고자 하며 반항적인 어린이의 모습(RC) 등이다.

유형별 점수는 평가대상자의 경향성을 나타낸다고 볼 수 있으며 낮은 점수를 나타나는 것을 키워줄 필요가 있으며 어떤 특성들이 높을 때 옳은 것이라는 기준은 없으나, 대체적인 윤곽은 다음과 같다. [자상하고 부드러우며 인자한 어머니의 모습-NP], [현실에 충실한 자기의 모습-A], [천진난만한 어린이의 모습-FC]가 높을 때 비교적 바람직한 유형이라 할 수 있겠고(NP-타인에 대한 배려심, 이해심, 자상함/A-현실적이고 이성적인 자기 FC-낙천적이고 밝은 모습), 예술가적 기질이 농후한 사람들은 FC(어린아이의 순수한 동심 같은 …)와 RC(어떤 정형성을 거부하는 …)가 높다고 볼 수 있다. 또한 CP(권위적 모습)와 RC(반항적 기질)이 너무 극단적으로 높을 때(각각 25점 이상일 때)는 나르시스즘에 빠질 우려가 높다고 볼 수 있다.

(5) 매니지리얼 그리드(Managerial Grid : 관리격자이론)

리더의 행동유형을 더욱 구체화하고 효과적인 리더십행동을 기르기 위한 기법으로 개발한 이론으로, 교육 시 일반적으로 매니지리얼 그리드라고 부를 때에는 관리자의 관리스타일을 체험적으로 측정하여, 바람직한 관리행동으로의 변혁을 촉진시키는 기법으로 적용되는 것이 일반적이다. 관리자의 관리스타일을 일에 대한 관심의 고저와 사람(부하)에 대한 관심의 고저로 교차 결합하여 기본적 스타일을 5가지로 나눈 후 각기 학습하게 하여 현재 자기의 스타일을 체크하여 자기평가, 상호평가의 장을 통해서 자각시키면서 이상적 관리자상을 변용시켜 나가는 기법이다. 즉, 경영자, 관리자의 관리스타일을 '일에 대한 관심'과 '인간에 대한 관심'의 조화에 의해 식별할 수 있고 이 관심의 정도를 측정하는 척도로 이용되는 것이 아래와 같은 Grid 좌표이다. Grid에서 다섯 가지로 유형화된 스타일은 1.1형(무관심형), 1.9형(인간관계 지향형), 5.5형(견실 지향형), 9.1형(업무 지향형), 9.9형(이상형)이 있다. 부·과장급을 대상으로 하는 자기평가, 상호평가에 의한 체험학습이기도 하다. 이 기법의 장점은 기업전체를 대상으로 하였다는 것과 체계적이고 구체적이라는 점이며 실제 방식도 알기 쉽게 설계되어 있다는 점이다. 단점은 장기간에 걸친 기법이므로 당사자의 의욕이 오래 계속되기 어렵고 형식적이 될 위험성도 있다는 점이다. 이러한 기법은 관리감독자 안전교육 중에 리더십 유형을 파악하고 관리 감독자들의 작업자들에 대한 리더십을 개선하고 동기부여를 유발하기 위한 목적으로 이용 가능한 기법이기도 하다.

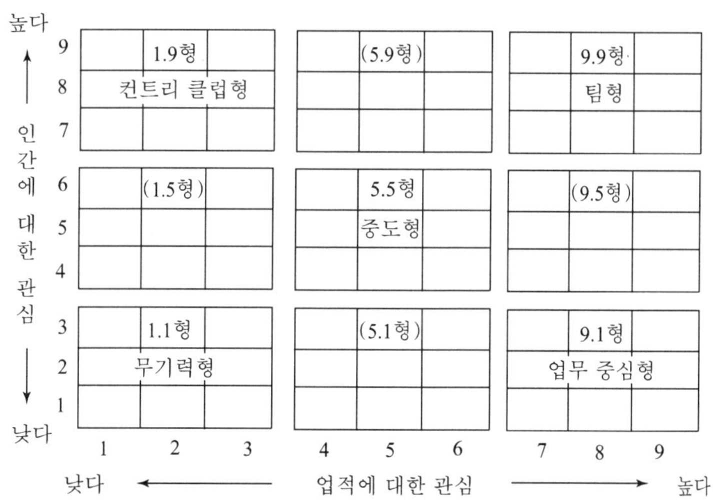

■ **실시요령(작성 사례)**

리더십 행동의 체크리스트 자기 진단의 방법은 다음에 게시된 자기진단의 20개 항목에 대해서 실제로 어떠했는가를 돌이켜보고 각 항목의 1~5가운데에서 가장 가까운 것을 골라 1~5에 ○표로 표시한다. 작성 결과를 20항목 전체의 정답 작성이 끝나면 자기의 리더십 행동이 어디에 해당되는가를 정리한다. 각 항목의 회답번호(1~5)는 다음과 같이 그대로 점수로 되어 있다.

① …… 1점　② …… 2점　③ …… 3점　④ …… 4점　⑤ …… 5점

20개의 질문 항목에서 홀수 항목은 업무 관리면의 행동 항목이며 그 합계 점수가 업무 관리 면에서의 작용의 강도를 나타내고 있다. 한편, 짝수 항목은 인간 관리면의 행동 항목이며 그 합계 점수가 인간관리면의 작용 강도를 나타낸다. 정리 방법은 우선 짝수 항목과 홀수 항목의 각각의 합계 점수를 낸 후 1.1형에서 9.9형까지의 어느 타입에 해당하는가를 확인한다.

자기 진단 질문항목/사례

1. 전례대로 업무를 추진하는데 만족하지 않고 새로운 방법을 연구해서 시도하게 한다.
   ① 그런 일은 거의 없다.
   ② 때에 따라 그렇게 하고 있다.
   ③ 때때로 그렇게 하고 있다.
   ④ 그런 일이 많다.
   ⑤ 언제나 그렇게 하고 있어 정평이 있다.
2. 업무가 잘 되고 있을 때에는 자기는 한 발 뒤로 물러서 그 공로를 부하에게 돌린다.
   ① 그런 일은 거의 없다.
   ② 때로는 그렇게 하는 정도
   ③ 때때로 그렇게 한다.
   ④ 대개의 경우 그렇게 하고 있다.
   ⑤ 언제나 그렇게 하고 있다.
3. '이번에는 이것을 꼭 해보자' 하고 새로운 구상이나 개선안을 상사나 상층부에 제시하고 설득하여 주장을 관철한다.
   ① 그런 일은 거의 없다.
   ② 이따금 그렇게 한다.
   ③ 때때로 그렇게 한다.
   ④ 상당히 빈번하게 그렇게 한다.
   ⑤ 어떤 안을 끊임없이 제시하고 설득한다.
4. 부하로부터 하찮은 제안이라도 훌륭한 안으로 만들어 낸다.
   ① 아직 그 정도까지는 못하고 있다.
   ② 때로는 그렇게 할 때도 있다.
   ③ 쓸모 있는 안(案)이면 그렇게 하고 있다.
   ④ 그렇게 하는 경우가 많다.
   ⑤ 아주 쓸모없는 안이 아닌 이상 그렇게 하고 있다.
5. 회사가 처해 있는 상황, 상층부의 방침에 대해 부하와 솔직히 대화하고 의논한다.
   ① 그런 일은 거의 없다.
   ② 때에 따라 하는 정도
   ③ 때때로 하고 있다.

④ 상당히 빈번하게 하고 있다.
⑤ 언제나 하고 있다.

6. 업무와는 관계없는 부하의 개인적 고민에도 적극적으로 의논상대가 되어준다.
① 개인적인 문제에는 간섭하지 않는다.
② 그런 일은 좀처럼 없다.
③ 때때로 그런 일도 있다.
④ 대개의 경우 그렇게 하고 있다.
⑤ 바빠도 그렇게 하고 있다.

7. 부하에게 일을 시킬 때에는 기한을 명확히 제시하여 엄격히 지키게 한다.
① 그렇게 엄하게 하는 일은 좀처럼 없다.
② 엄격히 하는 수도 있으나 관대히 보아 넘겨주는 수도 있다.
③ 그저 보통 정도로 엄격하게 하고 있다.
④ 엄격히 하고 있으나 때로는 관대하게 보아 넘긴다.
⑤ 항상 엄격하게 하고 있으며 예외는 인정 않기로 하고 있다.

8. 부하로부터의 제안을 관철시키기 위해 상층부와 적극적으로 접촉한다.
① 그렇게 까지는 하고 있지 않다.
② 그런 일도 있으나 극히 적다.
③ 때때로 그렇게 하고 있다.
④ 대개의 경우 그렇게 하고 있다.
⑤ 항상 그렇게 하고 있다.

9. 자기 일은 희생하더라도 직장의 실적을 위해 노력하도록 부하에게 요구한다.
① 그런 일은 거의 없다.
② 때로는 그런 일도 있다.
③ 때때로 그런 일도 있다.
④ 자주 그렇게 하고 있다.
⑤ 언제나 그렇게 하고 있다.

10. 일에 서툰 부하의 장점을 살리려 그가 할 일을 연구해 자신감을 갖게 한다.
① 아직 거기까지는 하지 못하고 있다.
② 그런 일도 있지만 적은 편이다.
③ 때때로 그렇게 한다.
④ 상당히 자주 그렇게 하고 있다.
⑤ 언제나 그렇게 하고 있다.

11. 선배·후배의 서열을 무시하더라도 실력 있는 부하에게 중요한 일을 시킨다.
① 그런 일은 하지 않고 선배·후배의 서열을 지키고 있다.
② 그런 일은 드물고 보통 선배 격의 부하를 우선한다.
③ 때때로 그렇게 하고 있다.
④ 대개의 경우 그렇게 하고 있다.
⑤ 언제나 그렇게 하고 있다.

12. 부하의 생각대로 일을 추진했으나 제대로 안 된 경우에는 그 부하의 입장이 곤란해지지 않도록 커버한다.
   ① 좀처럼 그런 일은 하지 않는다.
   ② 그렇게 하는 경우도 있으나 적은 편이다.
   ③ 그렇게 하는 경우도 있고 하지 않는 경우도 있다.
   ④ 대개의 경우 그렇게 하고 있다.
   ⑤ 언제나 그렇게 하고 있다.
13. 기대한 것만큼의 일을 하지 않는 부하가 있으면 엄격히 비판하고 질책한다.
   ① 그런 일은 거의 하지 않는다.
   ② 어쩌다 그렇게 하는 정도이다.
   ③ 때때로 그렇게 하고 있다.
   ④ 상당히 빈번히 그렇게 하고 있다.
   ⑤ 언제나 그렇게 하고 있다.
14. 업무상 용건이 아니더라도 부하에게 말을 걸고 잡담을 나눈다.
   ① 그런 일은 거의 하지 않는다.
   ② 어쩌다 그렇게 하는 정도이다.
   ③ 때때로 그렇게 하고 있다.
   ④ 상당히 빈번히 그렇게 하고 있다.
   ⑤ 언제나 그렇게 하고 있다.
15. 부하가 불만이나 다른 의견이 있어도 자기 계획대로 추진되도록 강력히 밀고 나간다.
   ① 그런 일은 좀처럼 없다.
   ② 그렇게 할 때도 있으나 적은 편
   ③ 때때로 그렇게 하는 수가 있다.
   ④ 그러한 일은 상당히 빈번하다.
   ⑤ 언제나 그렇게 하고 있다.
16. 자기가 자세히 지시하는 편이 일이 빠르고 틀림없는 일이라도 굳이 부하에게 맡겨 자유롭게 시켜 본다.
   ① 그런 일은 거의 하지 않는다.
   ② 때에 따라서는 그렇게 하고 있다.
   ③ 때때로 그렇게 하고 있다.
   ④ 상당히 그렇게 하고 있다.
   ⑤ 대체로 그렇게 하고 있다.
17. 작은 실수라도 가차 없이 따져 책임을 명확히 한다.
   ① 그런 일은 거의 하지 않는다.
   ② 때에 따라 그렇게 하고 있다.
   ③ 때때로 그렇게 하고 있다.
   ④ 대개의 경우 그렇게 하고 있다.
   ⑤ 항상 그렇게 하고 있다.

18. 능력이 다소 떨어지더라도 부하에게 여러 가지 일을 시켜 폭넓은 경험을 쌓게 한다.
    ① 그런 일은 거의 없다.
    ② 때에 따라 그렇게 하는 정도
    ③ 때때로 그렇게 하고 있다.
    ④ 상당히 빈번히 그렇게 하고 있다.
    ⑤ 항상 그렇게 하고 있다.
19. 직장에서 일어난 부하들이 결정한 일은 작은 일이라도 보고하도록 한다.
    ① 그런 일은 거의 없다.
    ② 그렇게 시키는 경우도 있으나 적다.
    ③ 때때로 그렇게 시킬 정도
    ④ 대개의 경우 그렇게 시킨다.
    ⑤ 항상 그렇게 시키고 있다.
20. 부하와 의견이 대립되었을 때 자기의 의견은 접어 두고 부하의 의견을 채택한다.
    ① 그런 일은 아직 없다.
    ② 때에 따라 그렇게 하고 있다.
    ③ 때때로 그렇게 하고 있다.
    ④ 아주 빈번히 그렇게 하고 있다.
    ⑤ 언제나 그렇게 하고 있다.

9.9형

업무 관리나 인간 관리 모두가 철저한 타입이다. 상식적으로는 나무랄 바가 없는 이상형이며 실제로 유능한 관리자로서의 평가가 높은 사람이 이 타입에 속해 있는 예가 많으나, 그렇지 않은 경우도 있다. 그 하나는 '지나치다'라고 하여 싫어하게 되는 경우이며, 또 하나는 혼자서 척척 처리하는 독단과 독선에 치우치는 경우이다. 실제로 이렇게 한다는 것은 대단한 일이며 하고 싶어도 할 수 없는 것이 보통이다.

9.5형

업무 관리는 철저하고 안간 관리는 그런대로 수준 이상인 타입이다. 특히 라인부문 관리자들에게 그런 경향이 많다.

5.9형

인간 관리는 잘 하고 있으며 업무관리도 수준급이라고 할 타입이다. 업무 면에서 전향적(轉向的)이고 도전적인 시도를 하는 것이 특징이며 노련한 관리자에 비교한다.

9.1형

인간 관리는 적당히 얼버무리고 오직 업무 면에서만 눈을 돌려 남보다도 엄하고 의욕적이며 또 도전적인 타입. 추진력이 강하고 능숙한 타입이다. 이 타입의 관리자도 9.5형에 지지 않을 정도로 평가가 높은 경우가 많다. 다만 인간 관리가 너무 약하면 반감을 사게 되어 실패하는 수도 적지 않다.

1.9형

인간 관리에만 신경을 써 업무 관리는 약한 타입. 여성이 많은 직장에서는 이런 타입으로도 잘 되는 수가 있으나, 남성 중심의 일반 직장에서는 대체로 평이 좋지 않아 유능한 관리자에는 이런 타입이 적다.

5.5형

업무 관리나 인간 관리에서 모두 좋지도 나쁘지도 않은 무실점 형. 활동력은 약하나 인화를 존중하는 회사에 비교적 많다.

(6) 체험학습

일반적으로 체험학습이라고 하는 기법은 원래 Laboratory Method에 의한 트레이닝이라고 부른다. "Laboratory"는 타인과의 관계 속에서의 주체적인 학습의 장이라고 할 수 있는데 과거 누군가가 획득한 지식을 교육자가 전달하여 그것을 기억하는 형식으로 배우는 방법을 「개념학습」 혹은 「지적학습」이라고 하는데 반해, Laboratory Method에 의한 학습은 "지금 여기서"의 자신의 체험을 타인과 함께 종합적으로 검토함으로써 변화 middot 성장을 산출하는 형식이므로 「체험 학습」 혹은 「태도적 학습」이라고 부른다. 체험학습이 탄생한 계기는 1946년 미국 코네티컷 주에서 일어난 [9]교

9) 미국 사회에서 인종편견의 제거문제에 대해서 교육관청의 의뢰를 받은 사회심리학자인 레빈(Levin, K.) 등은 사회사업 종사자 및 교육관계자, 직장인의 합동 연수를 실시했다. 연수는 강의, 롤플레잉, 그룹토의 등의 방식으로 진행되었다. 연수 중 어느 날, 스태프 미팅에도 참가하고 싶다는 참가자로부터의 건의를 받은 레빈은 이를 쾌히 승낙하여, 스태프(연구자 및 관찰자)와 참가자가 함께 그룹토의시의 진행상황에 대해서 이야기를 나누기로 했다. 그랬더니 스태프, 참가자 각자가 연수중에 체험한 감정이나 마음의 움직임, 사실인식에 대해서 상호 큰 차이가 있다는 것을 알게 되었다. 그래서 스태프와 참가자가 그때 그 시점에서 느낀 감정 등의 움직임에 대해서 솔직하게 의견을 냄으로써 그룹 안에서 일어나고 있는 것이 명백해지고 자기 자신과 타인과의 관계, 더 나아가 그룹 전체와의 관계에 대하여 보다 깊이 이해할 수 있게 된 것이다. 이 방식은 그 후, 전미교육협회에 속하는 NTL(National Training Laboratories)이 1947년부터 메인州 베셀에서 개최된 「T그룹(Human Relation Laboratory)」로 발전하여 사회적 감수성과 커뮤니케이션 스킬의 개발이나 리더십 훈련, 조직개발(Organization Development)등에 응용하게 되었다. * T그룹 : NTL이 주최하는 Laboratory Method에서 탄생, 이름 지어진 그룹 어프로치. T그룹의 T라고 하는 것은 Training의 T자임. T그룹에서는 그룹의 과제나 특정화제는 미리 정해져 있지 않고 "지금, 여기서" 체험하고 있는 것을 자유롭게 이야기를 나누면서 며칠 또는 일주일, 때로는 몇 주 동안 계속 회합을 갖는 것이 특징이다. 멤버는 그때의 그룹 프로세스를 관찰 middot 분석하고, 솔직한 자기전개나 피드백을 하면서 상호 이해와 신뢰의 관계를 조성하여 집단지도의 기술을 습득해 나가는 것을 학습한다.

육훈련에서였다. 이 방식은 자신들의 문제를 자신의 손으로 해결해 나가는 주체가 자신이 된다는 곳이라는 뜻으로 Laboratory(실험실)이라는 말이 사용되었다. 그래서 체험학습을 Laboratory Method에 의한 Training이라고 부르게 된 것이다. 결국 체험학습이란 학습된 정보나 현상을 실제 현장에서 직접 관찰하거나 조사하면서 전개하는 학습 방법으로 다음과 같은 교육적 의의가 있다. 첫째, 자연적, 사회적 현상을 직접 체험하게 함으로써 학습자의 관심을 높이고 자주적인 학습 태도를 기를 수 있다. 둘째, 학습자들로 하여금 생생한 현장에서 감각적 인식을 가능하게 하여 사회적 태도나 능력을 육성할 수 있고 사회인으로서의 행동 양식을 체득할 수 있게 한다. 셋째, 다양한 환경에 대한 통찰력을 깊게 하고 새로운 의미를 발견할 수 있어 사고력 신장 및 창의성을 기를 수 있다. 넷째, 교수자와 학습자가 공동으로 계획·실행·평가 등의 제반 활동을 함께 함으로써 학습의 주체자가 되고 교육적 경험을 풍부히 하며 지식을 심화·확대할 수 있다.

5.3.3 창조성·문제해결 능력개발에 효과적인 교육기법

(1) 브레인스토밍(Brainstorming)

브레인스토밍(BS : Brainstorming)은 Alex F. Osborn 박사가 창안한 창조성 개발 기법으로 일명 '오스본법'이라고도 한다. 1939년 GE사의 창조성훈련과정을 진행하는 중에 기술자들의 행동을 관찰한 오스본 박사가 그 일부를 광고계에 도입한 것이 시초라고 한다. storming은 회오리바람을 일으킨다는 의미로 브레인스토밍은 리더, 기록자 외에 10명 이내의 참가자(stormer)들이 기존의 관념에 사로잡히지 않고 자유로운 발상으로 아이디어나 의견을 내는 것이다. 보통의 회의와 다른 점은 타인의 아이디어나 의견에 대해 판단하지 않고(비판금지), 자유분방한 아이디어나 의견을 내며, 질보다 양을 추구하여 다수의 아이디어를 내고, 타인의 아이디어에 의견을 결합하여 새로운 아이디어와 의견을 발상하는 4가지 원칙을 적용하는 것이다. BS의 장점은 쉽게 실행할 수 있고, 거의 모든 경우에 적용하여 다양한 아이디어를 얻을 수 있는 것이고, 단점은 타인에게 의지하여 진지하게 생각하지 않는 참가자가 나올 수 있고, 리더에 따라서 성과가 좌우되며, 여러 사람 앞에서 발언을 잘하지 못하는 사람의 능력을 살리기 어렵다는 점 등이다. 이 기법은 현실적으로 가장 많이 그리고 가장 폭넓은 계층과 집단에서 창조성 개발이나 문제해결을 위해 적용하는 기법이다. 그 일반적인 적용방법을 제시하면 다음과 같다.

① 기본 규칙

㈀ 창출된 아이디어를 비난하거나 평가해서는 안 된다.
아이디어의 산출을 저해하는 비판이나 평가 또는 판단을 마지막까지 피해야 한다는 것이다. 이 규칙은 비판엄금, 비판금물, 평가보류, 평가유보라는 단어로 사용되기도 하는데, 사용하는 사람에 따라 약간의 차이는 있지만 '평가유보'의 개념으로 받아들이는 것이 가장 일반적이다. 브레인스토밍의 장점을 판단을 유보하는 데 있다. 대개 사람들은 자기중심적으로 생각하는 경향이 있어서 다른 사람이 아이디어를 내면 일단 흠을 잡으려고 한다. 아이디어를 낸 사람은 흠이 잡히면 실망하게 되고 나왔던 아이디어마저 쑥 들어가고 결국 입을 다물어 버리기도 한다. 그러므로 아이디어가 좋든 나쁘던 간에 수용하고, 평가는 보류해야 한다. 브레인스토밍을 진행하는 동안 비난하는 것을 경고하기 위해 호루라기를 불거나 종을 치거나 빨간색 깃발을 사용하기도 한다.

㈁ 아무리 우스꽝스러운 아이디어라도 수용해야 한다.
창의적인 사고는 자유로운 분위기에서 일어난다. 자유로운 느낌이나 생각을 표현하게 함으로써 두뇌활동은 더욱 촉진되고, 더 많은 양의 아이디어를 낼 수 있다. 그리므로 다소 어리석어 보이거나, 엉뚱하거나 유머러스한 아이디어도 수용해야 한다.

㈂ 아이디어는 많을수록 좋다.
질 높은 아이디어보다는 많은 양의 아이디어가 더 중요하다는 것인데, 이는 많은 양의 아이디어 속에서 질 높은 아이디어가 나올 수 있다고 보기 때문이다. 그러므로 어떤 평가도 내리지 않고, 생각할 수 있는 모든 아이디어를 떠올려 보는 것이 중요하다.

㈃ 제안된 아이디어로부터 다른 아이디어를 이끌어 낼 수 있도록 해야 한다.
타인의 아이디어로부터 착안하여 자신만의 아이디어를 생각해 내거나, 2개 이상의 아이디어를 결합하여 제3의 아이디어를 내놓는 것을 의미한다. 이는 타인의 아이디어를 비판 없이 받아들이는 것이 아니라 취사선택하여 자신의 아이디어로 낼 수 있다는 점에서 매우 중요하다고 볼 수 있다.

이러한 4가지 규칙을 설명할 때는 참가자들이 쉽게 이해할 수 있도록 반드시 예를 들어 구체적으로 설명해 주고, 한 번에 한 가지 규칙을 익힐 수 있도록 지도하는 것이 바람직하다.

② 진행 방법

(ㄱ) 사전준비

- 집단 구성
  브레인스토밍은 혼자서 해도 무방하고, 2~3명, 6~7명 정도도 좋고, 때에 따라서는 수백 명이 함께 참여할 수 있어, 인원수에 규제를 둘 필요는 없지만, 적정인원은 10명 내외라고 할 수 있다. 구성인원은 짝수보다는 홀수가 좋다. 그 이유는 브레인스토밍이 끝난 후 아이디어를 평가할 때 찬성과 반대의 수가 동일한 경우를 피하기 위해서이다.
- 집단 배치
  가능한 모든 참가자가 원형으로 앉는 것이 바람직하나, 원형 배치가 불가능할 경우 구성원이 서로 마주볼 수 있는 형태를 취하는 것이 좋다. 남녀 수준이 다른 구성원들을 섞어 집단을 구성하는 것이 문제에 대해 폭넓은 시각을 갖고 다양한 아이디어를 산출하는데 도움이 된다.
- 진행 시간
  시간제한은 없으나, 보통 30분에서 1시간 정도 진행할 수 있으며, 브레인스토밍에 대한 경험의 유무, 주제, 연령 등에 따라 융통성 있게 조정하는 것이 필요하다.

③ 진행 과정

(ㄱ) 사전활동

- 전체 참가자를 5~7명 정도의 소집단으로 구성한다.
- 토의한 날짜와 참가한 유아의 이름을 적는다.
- 둥근 책상이나 좌석조정을 해서 앉아 마주 볼 수 있도록 하고, 느긋한 자세로 긴장을 풀게 한다.
- 조별로 브레인스토밍 기록지와 필기도구를 나누어 준다.
- 소집단별로 큰 브레인스토밍 기록지를 모두가 잘 볼 수 있는 곳에 붙이거나 통일된 위치에 붙이도록 한다.
- 소집단의 리더를 선정하여 브레인스토밍을 진행하도록 한다.
- 소집단의 아이디어를 기록할 수 있는 기록자를 선정한다.
- 지도자는 브레인스토밍의 4가지 규칙, 목적, 소요시간 등을 설명한다.

④ 본 활동

- 토의를 시작하고 진행한다.

- 발언은 반드시 리더의 허락을 받아서 하도록 한다.
- 리더는 누군가가 비난을 하거나(아이디어가 좋지 못하다든지, 부적절하다든지) 비웃을 때는 호루라기나 빨간 깃발을 사용하여 경고한다.
- 리더는 15~25분 정도 되었을 때 더 이상 아이디어가 나오지 않는 '아이디어 고갈 상태'에 이르면 그때까지 나온 내용을 읽어주고 그것을 바탕으로 새로운 생각을 떠올릴 수 있도록 도와준다.
- 끝으로 각 소집단에서 토의한 내용을 모두 모인 자리에서 읽어보고, 추가하고 싶은 내용이나 의문 나는 내용이 있으면 좀 더 발표하도록 한다.
- 아이디어를 내는 사람이 더 이상 없다면 리더는 참가자에게 토의를 마쳐도 좋을지 물어보고, 모든 사람이 동의할 경우에는 발표된 아이디어를 모아서 정리한다.
- 참가자의 협조에 감사를 표하고 토의를 마친다.

⑤ 사후활동

창출된 아이디어를 복사하여 나누어 갖는다. 이는 나중에 더 깊이 탐구하여 생각을 결합하고 앞으로 유용한 아이디어의 최종적 선택을 위해 사용할 수 있는지를 위해 나온 아이디어의 의견을 들으면서 종류별로 구분하는 것이 좋으며 색깔별로 아이디어를 묶어서 구분하거나 다른 방법으로는 나온 아이디어에 대한 평가를 시도하여 가장 좋은 해결책을 찾아본다.

(2) KJ법

KJ법은 정의동경공업전문대학 문화인류학과 교수이던 가와키타 지로(天喜田二郎, KawakitaJiro)가 1964년 브레인스토밍(Brain Storming)을 수년간해 오면서 수많은 시행착오 끝에 독자적으로 개발한 발상법으로 그의 이름 머리글자를 따서 KJ법으로 명명한 것이다. KJ법의 기본 원리는 많은 데이터 및 정보가 각각의 의미를 가진다고 가정하고 이들 데이터 및 정보를 분류, 집약해서 새로운 문제의 구조를 착안하는 발상법으로 'Data 및 정보 그 자체와 대화를 주고받으며 어떻게 그 Data 및 정보를 개별적, 집약적으로 처리할 수 있을까.' 하는 것이다. KJ법에서는 우리들의 사고 작용에는 본능적, 감정적, 직감적인 것과 의식적, 이론적, 논리적인 것의 두 가지 종류가 있다고 보아 전자를 일차 신호계라고 하며 후자를 이차 신호계라고 한다. 곧 성을 내고 감정을 폭발시키는 사람은 일차 신호계가 강한 사람이고, 말이 막히면 이론을 앞세우며 변명을 잘 하는 사람은 이차 신호계가 강한 사람이다. KJ법에서는 이 같은 두 가지 신호계를 잘 결합시키는 것이다. KJ법에서는 제일차 신호계로부터 되도록 많은 아이디어를 끄집어내고 대충 보면 아무 관계가 없이 보이는 산산이 조각난 데이터를 제이차 신호계에서 요약하고 종합하여 잘 마무리하는 방법이다. 이같이 마무리한 것을 기반으로 하여 재차 아이디어를 내는 것으로서 지금까지 도저히 생각하지 못했던 좋은 것이 나오게 되는 것이다. 간단히 말해 조사하고 관찰한 것을 카드화하고, 이 카드와 흡사한 것을 모아 대립되는 것 등을 정확히 표시하여 표와 같이 도형화해 두어야 한다. 카드화는 BS(브레인스토밍)법을 실시한 후에 발언을 카드화하거나 소비자관찰의 카드화, 소비자 조사나 그룹인터뷰 조사의 발언 카드화, 크레임의 카드화, 이와 같이 여러 가지 방법으로 카드화된 정보를 KJ법으로 정리하는 식으로 발상법의 실제 이용은 상당히 복합적으로 이뤄진다.

(3) NM법

창조공학연구소장 나카야마 마스카즈(中山正和)가 고든의 시넥틱스(Synectics)와 파블로프의 조건반사이론, 뇌의 신호계 모델의 가설을 바탕으로 고안한 類比에 의한 발상법으로서 NM은 명칭은 中山正和의 영문머리글자이다. 창조적인 인간이 자연적으로 거쳐 가는 숨겨진 사고의 프로세스를 시스템화, 스텝화 하여 그 순서에 따라 이미지발상을 해가는 발상법이다. 類比사고법은 문제해결 및 창의성 개발 기법으로서 연수중에도 활용하게 되었으며, 기법의 특수성 때문에 대상자는 기술자인 경우가 많다. NM법은 NM-T형이 잘 알려져 있고 활용되고 있는데, 카드법 때문에 KJ법 등과 자주 혼동된다. KJ법과 근본적으로 다른 점은 이미지를 창조적으로 확대 재상산해 간다는 점에 있다. NM법의 기본은 제품개발과 개량을 목적으로 한 H형이지만, 소프트한 주제에 적용하는 T형(힌트기법), 공간배치를 위한 A형, 스토리 제작을 위한 S형 등이 있다. MN법은 다음과 같은 순서로 실시된다.

① 키워드를 결정한다(KW).
② 테마의 본질을 생각하고 해결해야 할 요소를 키워드로 한다. 이것을 동사나 형용사로 표현하는 것이 발상을 다양하게 만드는 경우가 많다.
③ 아날로지(Analogy : 유사)를 찾는다(QA).
④ 키워드의 아날로지를 생각하고 이미지를 확대한다.
⑤ 아날로지의 배경을 생각한다(QB).
⑥ QA의 배경이나 주변을 다시 머릿속에 떠올려 본다.
⑦ 구체적인 아이디어로 완성시킨다(QC).
⑧ 확대한 이미지를 구체적인 아이디어로 완성. 이것을 Question Concepton(QC)이라고 한다.
QA → QB 비행기에는 의자가 있다. → QC 의자에 천을 씌운다.

QA → QB 의자에는 안전벨트가 있다. → QC 안전벨트를 만든다.

이런 식으로 계속 구체적인 상품의 이미지를 만들어 나간다.

(4) ZK법

ZK법은 시스템 공학자인 카타가타 젠지 박사가 고안한 문제해결, 창조성 개발기법이다. ZK라 함은 카타가타 박사의 이름(Zenji Katagata)의 첫 글자를 따서 명명한 것이다. ZK법의 특징은 동양적 사고법인 명상과 과학적인 시스템사고를 조화하여 단계별로 문제를 해결할 수 있도록 프로그램화 하였다는 점이다. 진행순서를 요약하면 ① 해결해야만 되는 테마를 머릿속에 그리며 3분간 명상 ② 그 사이에 떠오른 아이디어를 4분간 시트에 기입 ③ 이 작업을 8회 반복 ④ 기입한 아이디어 중 유사한 것을 모아, 이를 다시 문제의 명확화 및 해결을 위한 실시방법을 작성해 간다. 즉, 아이디어 유발 부문과 실천절차 부문으로 나뉘어 발상의 응시 → 명상과 사색 → 상호작용 → 실천으로의 충동이라는 순서로 문제해결을 해나간다. 부분적으로는 개인사고도 있지만, 집단으로 실시하는 장면에서는 창의성이 촉발된다. 변형으로 간략ZK법, 미니ZK법이 있다.

(5) Family Training[전직장적(全職場的) 훈련]

Family Training은 계층별 훈련 때처럼 여러 직장·부문의 집합방식이 아니고 하나의 직장이나 부문을 단위로 하여 원칙적으로는 그 직장의 장(長)이 리더가 되어 자기의 일터의 문제점에 초점을 맞추어 진행하는 훈련이다. 직장에 요청되는 변화를 주체적으로 파악하여 지장집단의 어떤 일을 바꾸면 좋은가를 발견해서 직장 스스로가 그것을 해결하고 실현시키는 능력을 개발할 수 있도록 하는 '직장개발'의 한 수법으로서 중요시되며 종국적으로는 조직체의 질·풍토의 개혁을 지향하는 것이다. 조직 전체 또는 부문을 단위로 하여 원칙적으로는 그 조직의 장이 리더가 되어 자기 일터의 문제점에 초점을 맞추어 진행하는 훈련이다. 말단 사원에서부터 최고 경영자에 이르기까지 전체가 함께 연수 활동에 참여하는 방식의 훈련기법이다.

(6) Kepner & Tregoe법

의사결정의 품질을 높이는 기법 가운데 하나로 케프너(Kepner)와 트리고(Tregoe) 두 박사가 NASA의 우주선 프로젝트를 효율적으로 추진하기 위하여 개발한 것이 바로 그들의 이름 첫 글자를 따서 만든 K-T기법이다. 이 기법은 우선 무슨 일이 일어나고 있는가? 하는 상황분석(Situation Appraisal)과 두 번째는 무슨 문제가 있는가?

하는 문제분석(Problem Analysis) 세 번째는 무엇을 결정하려 하는가? 하는 결정분석(Decision Analysis), 네 번째는 어떠한 잠재적인 문제가 발생 가능한가? 하는 잠재적 문제분석(Potential Problem Analysis)의 결정 4단계 과정을 밟아서 의사결정을 하는 것이다. 훌륭한 의사결정자들은 모두 이러한 4단계를 거쳐서 의사결정을 한다. 앞의 3단계는 생략하더라도 마지막의 잠재적 문제 발생 가능성만 짚어보아도 대부분의 큰 잘못이 없는 의사결정을 하게 된다. 발생할 가능성이 있는 문제는 사전에 예방하는 것이 의사결정의 품질을 높이는 첫걸음이다.

(7) CASE STUDY

사례연구란 기업에서 실제 일어났었던 여러 상황을 기술한 사례를 정독한 후 해당 기업 및 상황에 대한 문제점과 다양한 해결방안을 도출, 이에 대한 토의를 통해 경영자적 입장에서 생각해 보는 능력을 신장시켜가는 학습을 말한다. 이러한 사례 연구의 구성요소에는 사례 그 자체, 사례 분석 및 사례 토의가 반드시 수반되어야 한다. 사례연구는 많은 실제 사례를 수집하여 제한된 변화요인을 통계적으로 분석하면서 일반적 경향을 밝히려는 표본연구나 통계적 연구와는 달리 한 대상의 여러 변화요인을 동시에 심층적으로 연구한다는 특징을 가진다. 사례연구는 한 대상을 깊이 있게 연구하고 그 영향요인들이 어떻게 작용하는지 그 과정을 생생하게 그려낼 수 있는 장점이 있으나 사례가 제한되어 있기 때문에 결론을 일반화하는데 한계가 있는 단점이 있다. 일반학습으로 원리를 강의나 교과서에 의해서 학습시키는 것이 아니라, 실제의 구체적인 사례를 통하여 연구하도록 함으로써 사례의 현상과 관련 원리를 이해, 발견하도록 하는 교수상의 한 방법으로 케이스메소드(case method)라고도 한다.

(8) Incident Process법

인시던트 프로세스법(Incident Process)은 MIT 교수인 폴 피고스·훼이스 피고스 부부가 고안한 사례연구법(Case Method)의 변형을 말한다. 이 기법은 관리감독자를 대상으로 한 문제해결, 의사결정, 휴먼 어세스먼트(Human Assessment) 등의 연수에 도입되는 경우가 많다. 사례연구법과 같은 문제해결형의 사례연구이지만, 사례연구법이 실제사례와 배후의 사실이 사전에 제시되는 것에 비하여 인시던트 프로세스에서는 실제사례(인시던트)만 제시되고, 배후에 있는 사실관계와 정보는 질문에 의해 수집해가는 방법으로 진행한다. 사례연구법과 같이 방대한 사례를 읽지 않고서도 질문에 의해 순차적으로 사실과 현상이 드러나게 되므로 수강자에게는 흥미를 유발하는 사례연구라고 말할 수 있다. 요즘에는 다양한 변형 인시던트 프로세스법이 소개되고 있다.

(9) 인 바스켓법(In-Basket)

인 바스켓이라 함은 서류의 미결재함을 의미하는 것으로서, 미결재함에 들어 있는 각종 안건을 교육생들에게 일정시간 읽게 한 후 처리해가는 의사결정능력, 문제해결 능력을 배양하는 훈련기법이다. 진행방법은 통상 참가자들에게 상황시트와 처리해야만 되는 20～30건의 안건 정보를 배포한 후 우선 개인이 이를 처리하게 한다. 다음으로 6～7명 전후가 하나의 그룹이 되어 문제의 본질에 대해 토의하고 중요도 및 긴급도를 검토한 가운데 각 안건의 최적의 처리순서를 결정해간다. 그룹별 발표 후 인스트럭터가 문제의 본질과 최적의 처리순서를 해설해가며 추가적으로 강의를 실시한다. 인 바스켓법의 목표는 현실장면에 가장 근접한 상황을 설정하여 관리자의 문제 분석력 및 의사결정능력 신장에 있으나 사례 작성 시 연구여하에 따라 중견 사원층에도 적용가능하다

(10) 교육·훈련 게임

강의식이나 토의식의 결점을 보완한 기법으로 어떤 모의 사항을 게임을 통해서 참가자에게 체험시키고 그 게임 중에 참가자들의 사고, 행동, 태도 등을 분석, 정리, 이론화시켜 실제상황에서 일어날 수 있는 사례를 모의적으로 체험하면서 그 사례와 대응방법을 학습해 가는 교육기법으로 게임이라 하면 '놀이'를 연상하기 때문에 가볍게 보는 사람도 있지만, 게임을 통하여 업무의 원리원칙을 증명하고 간접적인 체험을 하게하는 기법으로 생각하면 이점을 알 수 있다. 다만, 게임은 현실과는 다른 체험이기 때문에, 교육내용에 결부짓는 사전 디자인이 필요하다. 대상에 따라 communication 게임, image 교환게임, information 게임, 협력게임, 계획게임, 조직게임 등 다양하게 활용할 수 있다.

(11) 문제해결 토의법

대립된 의견을 통합시키기 위하여 집단 구성원이 각자의 의견을 제시하고, 그 시비(是非)를 논의하는 과정을 토의라 하는데 의견의 통일을 위한 하나의 수단이지만, 동시에 대립된 의견과 맞서는 과정에서 논리적 모순을 발견하여 각자의 의견을 보강하는 효과를 가진다. 학술적 토의는 전적으로 후자를 목표로 하는데, 여기에서는 토의하는 과정 자체가 목적이 된다. 이와 같은 토의의 효과는 교육에도 도입되어 토의의 과정을 통하여 지식을 흡수함과 동시에 바른 사고(思考)를 배우게 되며 이러한 토의는 특정한 문제에 대해 서로 비판적인 의견을 교환함으로써 올바른 결론에 도달하는 학습방법이기도 하다. 상호이해를 깊이 하고 서로의 입장을 존중하면서 공동으로 문제의 해결을 모색하는 민주적인 생활기술·생활태도의 양성을 목적으로 한다.

그 형식에는, ① 자유로운 집단토의(informal group discussion), ② 수명의 구성원만이 토론에 직접 참여하는 패널디스커션(panel discussion), ③ 토론회(debate meeting), ④ 토론의 입장이 찬·반 양론이 아니라 3개 이상의 다른 의견으로 나뉘어 각 의견의 대표에 의해 토론되는 심포지엄 포럼(symposium forum), ⑤ 위원회 형식(committee meeting) 등이 있다.

일정한 테마에 관하여 회의형식을 채택하고, 구성원의 자유발언을 통한 아이디어의 제시를 요구하여 발상을 찾아내려는 방법인데, 1915년 파카(S. C. Parker)가 문답법을 개선하여 회화법이라 부른데서 연유하여 오늘날 까지 널리 사용되고 있다. 문제해결을 위한 토의법은 공동학습의 형태로 학급조직을 비형식적인 토의집단으로 구성해서 자유로운 토론을 통하여 문제해결에 협력하고, 집단사고를 통한 집단적 결론으로 이끌어가는 학습방법이다.

(12) QC 기법(Quality Control)

소비자가 진실로 원하고 있는 품질의 제품을 가장 경제적·합리적으로 만들어 내기 위한 기법의 체계를 말한다. 일본의 경우 미국에서 도입한 QC를 최고경영진에서부터 현장근로자까지 포함한 전원참가의 품질관리로 발전시켜 일본 공업제품의 품질을 높이는 원동력이 되었다. QC는 과학적으로 품질을 관리하는 방법으로서 일정한 원자재로 만들어지는 제품의 품질이 변동되는 원인을 통계분석해서 경향을 찾아내고 각 제품의 품질에 나타내는 변동원인의 조사필요성 여부를 검증, 미비점을 보완하고 품질을 개선한다. 품질관리에서 말하는 품질이란 제품에 국한하여 다루고 있기는 하지만 제품의 품질이 아니라 단순히 '질(質)'이라고 정의하는 것이 옳다. 그런 의미에서 본다면 그것을 '업무의 질'로 해석하는 것이 가능하며 오히려 그것이 보다 발전적 해석이라 할 수 있는 것이다. 제품품질이라는 것은 업무의 결과로 나타나는 물질상의 특징에 불과하다. 더욱이 '질'은 현대과학이 강조하는 양(量)보다는 상위의 개념이며 반드시 정량적으로 표현되는 것은 아니다. '업무의 질'을 향상시키려면 자원의 적절한 활용, 물질적 품질의 향상, 생산의 안정, 소비자에 대한 양호한 서비스 등을 목표로 하여야 하며 이를 통하여 제품품질의 향상은 물론 판매량의 증가로 그 결과가 나타나게 된다. 따라서 '업무의 질' 또는 '생활의 질'을 향상시키는 것이 기업 체질개선의 요체가 된다고 할 수 있다. 이상과 같이 품질개념이 보다 광범위하게 적용되고 개선대상에 대한 초점을 보다 포괄적이고 전체적인 관점에서 관찰하게 되었다. 따라서 SQC를 탈피하여 TQC로의 변화를 추구했으며 품질의 개념은 물리적인 차원을 벗어난 전체 조직 내의 전원 참여를 통한 계획적이고 체계적인 품질보증 활동의 도입이 강조되었다.

(13) 위험예지훈련

안전의 선취를 위한 팀워크훈련으로서의 위험예지훈련은 직장의 팀워크로 안전을 전원이 빨리, 올바르게 선취하는 훈련이다. 이는 위험에 대한 개별훈련인 동시에 팀워크 훈련이다. 감수성 훈련, 집중력 훈련, 문제해결 훈련이기도 이다. 위험예지훈련은 직장이나 작업의 상황 속에 숨은 위험요인과 그것이 초래하는 현상을 직장이나 작업의 상황을 묘사한 도해를 사용하여 직장에서 실제로 작업을 시키거나 해보이면서 직장소집단에서 다함께 대화하고 생각하며 합의한 뒤 위험 포인트나 중점 실시항목을 지적확인(제창)하여 행동하기 전에 해결하는 훈련이며, 이것을 습관화하기 위하여 매일 훈련하는 것이다. 도해 속에 그려진 작업의 상황 속에 '어떠한 위험이 잠재하고 있는가?'에 대하여 직장 동료 간에 대화를 나누고 해결점을 찾아 나가는 훈련기법이다. "TBM을 이용한 예지훈련", "삼각위험예지훈련", "One Point 위험예지훈련", "단시간미팅 예지훈련", "즉시 위험예지훈련" 등도 위험예지훈련의 종류들이다. 위험예지훈련을 진행하는 방법은 직장이나 작업의 상황 속에 숨은 위험요인과 그것이 초래하는 현상을 직장이나 작업의 상황을 묘사한 도해를 사용하여 직장에서 현물을 작업 시키거나 해보이면서 직장 소집단에서 다함께 대화하고 생각하며 합의한 뒤 위험의 포인트나 중점 실시항목을 지적확인(제창)하여 행동하기 전에 해결할 수 있도록 습관화하기 위하여 매일 훈련하는 기법이다.

5.3.4 부하지도 능력향상에 효과적인 교육기법

(1) 면접

면접은 면접자가 파악하고자 하는 연구과제에 대해 언어를 매개로 자료를 수집하는 의사소통을 통한 교육기법이다. 그래서 면접은 일상적 대화와 큰 차이를 보이는데 일상적 대화가 우연적이고 일상적이며 기록을 하지 않고 의미분석 등을 하지 않는 반면 면접은 분명한 의식과 목적을 갖고 기록으로 유지하면서 의미분석 작업을 한다는데 큰 차이점이 있다. 이와 같이 면접은 언어를 매개체로 한 일대일 또는 일대다수에 의한 직접대면을 통한 교육기법이다. 면접법에는 고려해야 할 두 가지 요소가 있는데, 질의방법과 응답방식이다. 질의방법은 문항의 순서를 어떻게 하느냐이고, 응답방식은 응답자가 응답할 진술의 폭이 어느 정도이냐이다. 여기서 질의방법이 구조화되었다는 것은 면접을 할 때 문항 순서에 따라 질문한다는 것이고, 응답방식에 있어 진술 선택의 폭이란 단답적이냐 복합 진술적이냐의 정도를 정하는 것을 의미하는 것으로 교육자가 학습자에게 면접법을 이용한 교육을 진행시키고자 할 경우에는 반드시 고려해야 할 사항이다.

(2) 카운슬링

카운슬링은 사람이 문제해결을 하도록 돕거나 사람의 행동을 개선하도록 유도하는 조건을 만들도록 돕는 방식으로 교육효과를 유도하는 기법이다. 카운슬링은 생각과 실행, 인간본성 인지, 타이밍, 성실, 동정심, 친절이 포함되며 문제에 대해 단순히 무엇을 할까를 얘기하는 것 이상이 포함된다. 리더는 효과적 카운슬링을 하기 위해 다음 특질(quality)을 보여주어야 한다. 종업원을 존중해야 하는 것과 자기인식(Self-Awareness), 신용(Credibility), 감정이입(Empathy)이 그것인데 결국 카운슬링의 실질적 이유는 조직과 개인의 목표를 달성키 위해 직원을 돕는 것이다. 때때로 카운슬링은 정책에 의해 지시되지만, 때때로 리더는 직원개발을 위해 행해져야 한다. 카운슬링의 특성에 상관없이 리더는 효과적 카운슬링(존경, 자기인식, 신뢰, 감정이입)의 특징을 보여주어야 하고 커뮤니케이션 스킬을 적용해야 한다.

카운슬링 단계는 문제를 확인(Identify the problem)하는 단계, 행동에 영향을 주는 힘을 분석하는 단계, 세션을 계획하고 조정하고 조직하는 단계, 세션 중, 역효과를 초래한다고 작업자가 믿는 것이 무엇이고, 이의 변경을 위해 무엇이 필요한지를 결정하는 단계, 모든 사실을 활용하여, 문제를 수정하기 위한 결정과 조치계획을 만드는 단계가 있으며 카운슬링에는 두 가지 형태가 있다. 지시적(directive), 형태와 비지시적(nondirective) 형태이다. 지시적 카운슬링에는 카운슬러가 문제를 확인하고 피면담자(counselee)에게 무엇을 할 것인지를 말한다. 비지시적 카운슬링은 피면담자가 문제를 확인하고 카운슬러의 도움으로 이의 솔루션을 결정하는 것을 뜻한다. 카운슬러는 각 상황에 맞춰 이 두 방법 중 어느 것으로 할 것인지 혹은 두 가지를 적절히 혼합할 것인지를 결정하여야 한다.

(3) OJT(On-the-Job Training)

OJT(On-the-Job Training)이란 가장 오래된 훈련 형태의 하나로 직장 내 교육이라고 번역된다. 다시 말해 '업무를 통한 교육 훈련'이며 업무에 종사시키면서 윗사람과 선배가 개별적으로 지도 훈련하는 것이 OJT다. 인간의 능력을 개발할 때는 각자 자주성을 가지고 의욕적으로 학습함으로써 능력을 육성하는 것이 이상적이다. 그러므로 많은 기업에서는 자격이나 기능 점검 취득을 장려하거나, 통신교육이나 자주적 학습화 등 다양한 알선과 지원이 있다. OJT의 강점은 유연성과 휴대성에 있어서 비공식적이고 보다 인간적인 형태로 유지된다. OJT의 가장 본질적인 면은 바로 적시교육(Just-in-time-training)이라고 할 수 있다. 모든 조직이 다 각기 나름대로의 OJT를 실행하고 있으나 그것은 비조직적인 것이므로 정상적인 OJT는 아니라고 보아야 한다. 그래서 OJT란 직무현장에서 직무를 수행하면서 직무성과 실현에 필요한 자질과 조직 적응에 필요한 조직 문화를 관리자가 구성원에게 습득시키는 계획적 학습활동이다.

(4) MTP(Management Training Program)

관리자 양성의 대표적인 정형훈련으로 1950년에 주일 미공군으로부터 통산성을 통해 산업계에 보급되었으며, 이후 평균 4년에 1번의 비율로 개정되어 오늘에 이르고 있다. MTP의 목적은 관리의 기본적인 지식을 넓은 범위에 걸쳐 종합적으로 연구하고 동시에 관리자로서의 업무관리능력 및 동기부여 능력을 육성하는 것이다. MTP는 회의식으로 추진하는 20회의(40시간)가 기본코스로서 6부로 구성되어 있는데, 제1부 관리의 기초, 제2부 업무의 개선, 제3부 업무의 관리, 제4부 부하의 육성, 제5부 인간관계, 제6부 관리의 전개(리더십)이다. 관리의 기본을 익혀야 하는 과장·대리에게는 필수라고 할 수 있다. 기업 내에서 실시할 경우에는 MTP Instructor 과정 이수자가 진행하는 것이 보통이다.

(5) JST(Jinjin Supervisor Training)

공무원과 공공기업에 종사하는 사무직원들의 감독자를 훈련시키기 위해 1951년에 일본 人事院에서 고안하였다. 주요내용은 감독자의 기본적 직능으로서의 작업관리, 감독자의 보완적 직능으로서의 작업개선, 부하 지도육성, 부하통솔법 등 네 부문으로 구성되고, 회의식으로 진행하며 13회의 26시간이 표준이다(8회의 16시간 또는 4회의 8시간으로 단축할 수도 있음).

(6) TWI(Training Within Industry for Supervisor)

감독자 능력 개발과정위주로 생산부문의 일선감독자 훈련을 위하여 제2차 세계대전 중에 미국 전시노동력위원회가 고안하였고, 전후 산업 내 훈련으로 각국에 보급되어 일반화되었다. TWI의 목적은 현장관리자의 역할, 기능, 이해와 자세를 확립하고 현장관리를 위한 실천능력을 개발하고 작업지도 개선과 인간관계 관리기법을 익히도록 하는데 있다. 주요 특징으로는 감독자를 위한 정통교육과정으로서 작업지도, 작업개선, 인간관계 등 감독자에게 요구되는 기본기능과 필수 관리요소를 체계적으로 습득케 하고 토의식, 실습식으로 진행하여 기능의 체득화를 목표로 하는 과정이라는데 있다. 개발훈련의 구체적인 내용은 ① 감독자의 기술지도능력 향상을 위한 J.I.(Job Instruction : 작업지도법) ② 생산관리능력 향상을 위한 J.M.(Job Method : 작업개선법) ③ 민주적 리더십 향상을 위한 J.R(Job Relations : 부하 통솔법) ④ 안전관리능력 향상을 위한 J.S(Job Safety : 안전관리법) 등이 있다. 훈련 방식은 1반을 10~15명으로 구성하고, 계열별로 5회의(회의당 2시간) 10시간씩 회의식으로 진행한다(JS는 5회의 12시간). 훈련의 내용이나 방법이 수강자의 수준에 맞추어 표준화·정형화 되어 있어 실시가 쉬운 반면, 지나친 정형화로 현실에 맞추기가 어렵다는 결점도 있다. 유사한 감독자훈련 과정으로 J.I.T.(Job Instruction Training), J.S.T.(Jinjin Supervisor Training) 등이 있다.

5.4 교육(훈련)기법 적용 시 유의점

교육(훈련)기법은 그 기법을 실제 교육현장에서 적용하는 하는 일은 생각만큼 쉬운 일이 아니다. 아무리 좋은 기법이 있다 할지라도 그 기법을 적용하기 위한 자세와 준비가 제대로 되어 있지 않는다면 그 효과를 제대로 볼 수 없다. 유능한 안전관계자는 여러 분야의 자료와 방법을 적절히 안전교육에 적용하여 교육 효과를 높이지만 그렇지 못한 사람은 훌륭한 교육기법을 적용하면서도 교육효과를 떨어뜨리기도 한다. 특히 교육기관과는 다른 일선 현장이나 공장에서 근로자를 대상으로 하는 안전교육을 시키는 경우에는 그 차이가 더욱 커지기 쉽다. 아래는 교육기법 적용 시 유의해야 할 사항이다.

5.4.1 교육(훈련)기법에만 얽매서는 안 된다.

교육(훈련)기법은 교수가 학습자에게 가르쳐야 할 내용을 보다 효과적으로 학습시키기 위한, 교육효과를 고양시키기 위한 하나의 수단이며 도구이다. 교육기법에만 얽매여서 추구해야 할 교육목표, 방향을 놓친다면 교육기법을 적용하는 의미가 없어지게 된다. 특히 흥미를 유발시키는 교육게임이나 비즈니스 게임 또는 경영학적인 측면의 기법을 적용하여 교육할 때에는 본래의 교육목표를 확실하게 인지하고 그 범위를 벗어나지 않도록 유의해야 한다.

5.4.2 교육(훈련)기법은 여러 가지 기법, 내용 등을 조합해서 사용해야 한다.

교육현장은 그 장소나 교육생의 구성, 상태에 따라 매우 가변적인 교육환경이 될 수밖에 없고 매우 유동적이다. 때문에 아무리 우수한 교육(훈련)기법이라도 하나의 기법만 가지고 의도하는 모든 교육을 실시하기는 어렵다. 문제해결에 적합한 교육기법이 문제 해결능력을 향상시키기 위한 기법으로는 유용할 수 있으나 다른 부분에 대한 능력 향상에는 덜 효과적일 수 있다. 그러므로 교육담당자나 교수자는 기존에 적용하고 있는 각종 교육기법이 갖는 장단점과 특징을 잘 파악해서 어느 부분에서 어느 기법을 어떻게 조합시키면 상승효과가 나타나는지 알아두어야 한다.

5.4.3 교육(훈련)기법을 통한 현장 활용성을 높일 수 있도록 사용해야 한다.

어떤 교육기법이든지 그것을 사용하기 위한 순서가 있고, 어떻게 적용해야 현장 적용성을 높일 수 있느냐는 그 교육기법이 갖는 기본을 올바르게 인식하고 습득하느냐에 따라 달라진다. 그러나 교육의 장소에서 학습한 방법을 실제로 현장에서 사용하려고 하면 시간적, 물리적 제약 때문에 순서대로 잘 되지 않는 경우도 있다. 교육기법의 순서는 어디까지나 하나의 약속에 불과하지 절대적인 것은 아니다. 중요한 것은 나름대로 교수자가 연구, 적용하여 학습자가 자기 현장에서 업무를 수행할 때 어떻게 적용해야 하는가를 제대로 학습토록 해주어야 한다.

6. 교육(훈련)기법 실무

무수히 많은 각종 교육(훈련)기법은 그 내용과 성향에 따라 지식부여에 효과적인 기법, 태도·행동 변화에 효과적인 기법, 창조성·문제해결 능력 습득에 효과적인 기법, 부하지도 관리능력 향상에 효과적인 기법 등으로 나눠짐을 알 수 있다. 전기(前記)한 바와 같이 각종 교육기법은 그 필요에 따라 개발되다 보니 나름대로의 특성과 한계를 갖고 있는 것이 사실이다. 그리고 지식부여에 효과적인 교육기법을 제외하고는 대부분의 교육기법들은 기업체나 기관의 경영적인 필요에 의해 개발되다 보니 기법의 적용, 대상에 한계를 나타내기도 한다.

안전교육을 위한 교육기법은 위에서 기술한 네 가지 분야에 모두 해당되는 경우가 대부분이다. 근로자나 관리감독자 사용자에 이르기까지 모든 직종, 분야의 근로자와 사용자가 모두 교육 대상이 되다 보니 다양한 교육기법이 필요하게 되고 사실상 교육효과를 위해 다각도의 기법 적용이 이미 일반화되어 있다. 그 중에서도 강의법과 토의법을 근간으로 해서 OJT, CASE STUDY, 통신교육(인터넷 교육), 게임기법, 체험학습, 위험예지훈련 등이 안전교육 현장에서 폭넓게 적용되고 있다. 따라서 이하에서는 안전교육 일선 현장에서 중요하게 적용되는 교육(훈련)기법을 세부적으로 알아보고 현장 적용성을 높일 수 있는 방법과 교육 전, 중, 후의 동기유발에 관한 알아보기로 한다.

6.1 강의법(lecture method)

6.1.1 강의법 일반

강의는 역사적으로 가장 오래되고 많이 사용되는 교육(훈련)방법이다. 강의의 역사는 고대 희랍시대까지 거슬러 올라간다. 당시 사람들은 웅변의 효과적인 방법이 무엇인지를 탐색하는 데 관심을 기울였다. 또 다른 측면으로는 [10]강의의 근원을 인쇄술이 발달하지 못했던 시대에 많은 사람들에게 집단적으로 사본(寫本)하는 방법으로 사용된 데서 비롯되었다고 보는 측면이 있다. 즉 강사가 원본을 읽으면 수강자가 필기하므로 수강자 수만큼 사본을 만들 수 있는 것이다. 이후 오늘에 이르기까지 강의는 강사 중심적 교수방법으로 사용되어 왔다. 강의는 강사가 학습자에게 지식이나 기능을 구두로 전달하고 이해시키는 형태이다. 강의는 많은 학습자를 대상으로 짧은 시간에 동시에 가르칠 수 있어 경제적이면서 용이한 교수기법이다. 주로 강사의 의도 하에 정보나 지식을 체계적으로 가르칠 수 있다.

강사와 교육생이 직접적으로 대면하고 상호작용하기 때문에 양자 간의 감정 교류가 활발할 수 있어 동기유발이 비교적 용이하다. 강의내용을 강사가 적절히 조정할 수 있으며, 전체적인 전망을 제시하거나 요약하거나 강조하고자 할 때 유용하다. 학습 보조자료, 즉 시청각 자료 등을 적절히 제시하면 보다 효율적일 수 있다. 자료를 소개하고 정보를 제시하며 개념을 설명하는 데 있어서 효과적이고 유용한 방법이다. 반면에, 강의는 강사 중심으로 수업이 전개되기 때문에 교육생들의 적극적 참여가 결여되고 수동적이 되기 쉽다. 대부분의 경우에 강사가 교육생을 획일적으로 대하게 되므로 교육생들의 개인차나 특성을 고려한 수업을 기대할 수 없다. 강사의 교수 능력에만 전적으로 의존하기 때문에 전문지식의 결여나 전달능력이 부족할 경우 실패하기 쉬우며, 강사가 일방적으로 수업을 진행하기 때문에 학습자의 창의력이나 응용력 사고를 조성하기가 힘들다는 단점이 있다. 강의법은 학교의 형식교육에서 가장 먼저 보편화된 교수법으로서 교수법이라는 말은 강의를 연상할 만큼 누구에게나 익숙해져 있고, 설명법, 명시법, 직접수업법 등으로 일컬어진다.

강의를 이용하면 단시간 안에 넓은 범위의 정보를 다룰 수 있으며, 다수의 학생들을 대상으로 하기 때문에 가장 경제적인 교수법으로 볼 수 있다. 강의는 말의 뜻을 설명하여 가르치는 과정, 또는 가르치는 이의 설명에 의해서 이루어지는 수업이다. 강의는 교사중심의 교수－학습 방법으로서 학습자들에게 가르칠 내용을 자세하고 체계적으로 설명하거나 주입시키는 방법, 또는 교사가 학습자에게 지식과 기술을 전

10) 양재길(梁在吉), 정보교육연구원, 강의법

달하거나 이해시키면 학습자들은 그것을 듣고 생각하면서 학습하게 하는 교수법이다. 강의법의 형식적 모양은 종교지도자에 의한 설교나 강론과 같이 기본적으로 교수자의 독백형식이다. 형식적 강의가 이루어지는 동안에는 강사가 어떤 방해도 받지 않고, 질문도 거의 없다. 효과적인 형식적 강의의 집중할 수 있는 적정시간은 대상에 따라 달라진다. 학습자들이 집중할 수 없는 경우 강의를 즉시 마치는 것이 좋다. 강의의 목적을 효과적으로 달성하기 위해서는 다른 교수-학습 전략과 병용하는 것이 바람직하다. 대화식 강의의 과정에서는 교수가 학습자에게, 또는 학습자가 교수에게 질문을 자주 한다. 그 과정에서 던져지는 질문은 교수-학습의 주제나 문제에 학습자들의 관심을 끌어들인다. 특히, 학습자들이 묻는 질문이나 교수의 질문에 대한 학습자들의 대답은 학습자들이 교육 내용을 이해하고 있는 정도를 확인하는 수단이 될 수 있다. 그러나 안전교육의 경우에는 이러한 측정이 매우 제한된다는 문제를 안고 있는 것이 사실이다. 교육을 성공적으로 수행하기 위해서는 그 내용 및 그와 관련이 있는 세부지식을 잘 알고 있어야 한다. 그러므로 강의를 준비하기 전에 자신이 그 내용과 세부지식을 얼마나 잘 알고 있는지 생각해보아야 한다. 그러나 지식을 많이 갖고 있다고 해서 좋은 강의의 필요 충분한 조건이 되는 것은 아니다.

좋은 강의는 강사의 준비된 기술에 의해서 좌우된다. 한 가지 생각을 여러 가지 방법으로 설명하고, 설득력이 있는 예를 제시하고, 모형과 비유법을 적절하게 활용하며, 학생들이 학습하기 어려워하는 부분을 잘 인식하는 방식으로 이루어지는 강의가 좋은 강의이다. 이하에서는 보다 세부적인 강의법의 기술에 대한 알아보기로 한다.

6.1.2 강의법의 장, 단점

강의법은 교육 현장에서 가장 쉽고 가장 많이 이용되는 교육 기법이다. 그렇기 때문에 강사는 강의를 하는데 있어서 그 기법이 갖는 장점과 단점을 충분히 염두에 두고 연구하여, 장점은 더욱 발전시키고 단점은 개선해 나가는 노력을 기울여야 한다. 강의법의 장점과 단점을 비교해 보면 아래와 같다.

장 점	단 점
• 다수에게 한꺼번에 많은 지식과 정보를 전달	• 수강자를 피동적이고 지루하게 만듦.
• 전체적인 교육내용을 제시하는데 유리	• 고등정신기능 함양에 미흡
• 교수자의 베이스(Base)대로 진행 가능	• 개인차를 고려한 학습이 곤란
• 시간 조정이 용이	• 수강자의 의욕, 능력에 따라 흡수도 이해도 차이남.
• 수강자에 교수자 생각 직접적 주입 가능	• 수강자 개개인의 강의 이해정도 파악 어려움.
• 특별한 교재나 교구를 필요로 하지 않음	• 강사 화술의 우열에 따라 강의 효과가 좌우
• 비용이 적게 듦.	• 수강자의 집중이 어렵고 내용 잊기 쉬움.
• 난해한 문제를 평이하게 설명 가능	• 학습자의 개성과 능력이 무시되기 쉽다.

6.1.3 강의법의 특징

강의법은 설명법(expository teaching), 명시법(explicit), 또는 직접(direct) 수업법 등으로 불리기도 한다. 모든 교육 기법은 교육대상이나 상황에 따라 효과가 다르다. 다시 말해서, 언제 어디서나 효과적인 교육 기법이란 존재할 수 없으며, 주어진 상황에 적합한 교수법이 다를 수밖에 없다. 지식의 습득보다 실험 능력의 숙달이 교육의 목표일 경우, 혹은 학습자들의 참여가 필수적인 상황 등에서는 강의법이 부적절하다. 일반적으로 강의법은 교수가 다른 교육방법을 사용할 수 없는 경우에 사용하는 것이 용이하다. 짧은 시간 내에 많은 양의 정보를 전달해야 할 때는 다른 어떤 방법보다 강의법이 효과적이다. 강의법이 적합한 경우는 학습자들이 지식이나 정보를 알아야 하고 이를 제공할 수 있는 유일한 사람이 교수자일 때, 지식이나 정보의 축적이 학습자들에게 중요할 때 또는 강의가 학습자들이 지식을 습득하는 가장 쉬운 방법일 때이다. 반대로 강의법이 부적절한 상황은 전기한 바와 같이 지식 습득 이외의 교수-학습 목표가 더 강조될 경우나 장기적인 파지가 필요한 과제일 경우, 고차원적인 학습 과제일 경우, 교수-학습 과정에 학습자들의 참여가 필수적일 경우에는 적절하지 못하다. 이와 같은 강의법의 특징은 단정적이지는 않으나 교수자의 사전 인지가 필요한 부분이다.

6.1.4 강의법 사용시 유의점

강의법을 사용할 경우, 효과적인 학습자 구성인원은 15명에서 35명이 적합한 것으로 나타난다. 15명 이하일 경우에는 학생들이 적극적으로 참여할 수 있는 다른 교수 방법이 더 좋고, 35명 이상일 경우에는 강의 도중 학생들의 질문이나 토론 등 상호작용적인 활동이 힘들어지므로 형식적인 강의가 될 가능성이 커진다. 강의법은 가장 보편화된 교수법임에도 불구하고, 한편으로는 가장 좋지 않은 교수법 혹은 당장 버려야 할 교수법으로 평가되기 한다. 우리의 교육 현실을 고려할 때 현실적으로 강의법을 교육 현장에서 완전히 배제하는 것이 불가능하므로, 강의법이 안고 있는 본질적인 문제에 대한 한계와 비판을 수용하고, 이를 개선하려는 부단한 노력이 요구된다. 강의법으로 강의를 진행할 때의 중요한 포인트는 다음과 같다.

(1) 학습자가 교육시간에 소극적이지 않도록 유도해야 한다.

강의법의 가장 큰 단점은 강의 그 자체가 일방적으로 흐를 경향이 많다는 것이다. 그렇기 때문에 학습자가 상당한 학습의욕이나 호기심, 관심 등을 갖지 않으면 교육을 받는 것 자세가 소극적이고 피동적이게 될 우려가 있다. 분위기나 상황에 의해 소극적이게 될 수도 있으나 학습자의 천성적 성격이나 집단의 성향에 따라서도 가능한 일이다. 교수자는 강의 전에 강의 대상자에 대한 면밀한 조사나 사전이해의 노력을 기울여야 한다. 결국 교육현장에서 일어날 수 있는 학습자의 교육에 대한 리스크 요인을 줄여나가는 노력이 필요하다는 것이다. 교육 목표에 따른 교육효과는 적극적인 학습자, 긍정적이고 능동적으로 학습자를 유도하는 교수자에 의해 커질 수 있는 것이다.

(2) 교수자의 화술(話術/Speech)개발에 평소 노력을 기울여야 한다.

화술이란 스피치를 하는데 필요한 기술을 말하며 Speech는 주어진 시간과 장소에서 다수의 사람을 대상으로 기술적으로 말하는 것을 뜻한다. 강의는 학습자를 대상으로 하지만 강의를 이끌어 가는 사람은 교수자이다. 그 교수자가 자신의 강의에 걸맞은 화술을 갖고 있지 못한다면 준비된 강의도 그 효과를 보기에는 매우 제한적일 수밖에 없다. 보통 화술은 Tone, Tempo, Volume, Pause, Rhythm, Accent에 유의해서 평소 노력을 기울여야 한다.

(3) 학습에 효과적이고 내용과 연관성이 있는 질문을 계획적으로 사용해야 한다.

전기(前記)한 강의법의 단점을 보완하기 위해서는 수강자의 의견이나 생각을 끌어낼 수 있고 호기심을 자극할 수 있는 질문을 강의 도중에 적절하게 던져서 학습자들이 의식적으로 교육에 동참하도록 유도해야 한다. 질문의 방법은 학습자 전원에게 질문하거나 학습자 중 한명을 지명해서 하는 방법이 일반적으로 사용된다. 요즘에는 그룹을 구성하여 토의를 거쳐 답을 유도하는 방법도 많이 사용되고 있다. 이렇게 하는 것만으로도 학습자의 참여의식과 교육 분위기는 훨씬 달라질 수 있다. 강의를 일방적으로 진행하지 않는 학습자와의 양방향으로 주고받는 형식으로 진행하는 것이 중요하다.

(4) 시간배분을 고려한 강의 진행이 되어야 한다.

강의기법의 주안점은 학습자의 주의력을 어떻게 집중시키느냐에 있다. 강사가 학습자에게 자기의 생각을 명확하게 전달하고 이해시키기 위해서는 무엇보다도 학습자가 강사를 주목하고 경청하는 자세가 전제되어야 하기 때문이다. 강의시간에 학습자의 주의력이 분산되거나 잠을 잔다는 것은 일차적으로 강사의 책임이다. 점심식사 이후(대개 오후 1시부터 4시 사이)에는 생리적으로 졸음이 올수 있으나 강사로서는 강의시간 내내 교육생의 의지력을 확보할 수 있어야 하며 그런 강의가 될 수 있도록 철저한 준비와 노력이 있어야 한다는 애기다.

아무리 내용이 훌륭한 강의라 할지라도 이것을 한 시간 동안 가만히 앉아서 듣고만 있기에는, 심리적으로 육체적으로 상당히 피로를 느끼게 된다. 일반적으로 인간이 신경을 집중시킬 수 있는 시간은 20분 정도라고 한다. 이는 학생들의 학습 집중시간을 조사해 보아도 대략 일치하는 결과를 나타낸다. 20~30분 정도의 집중 가능한 시간을 고려한 강의기법 적용이 필요하다는 것이다. 강의가 1시간을 지속할 경우 어떤 내용에 60분을 할애하는 것보다는 60분을 20분씩 3등분해 강의 내용을 구성해 나가는 것이 학습자가 이해하기 쉽다. 판서도 강의내용을 3등분 하여 나간다면 학습자로서는 강의 내용을 보다 더 쉽게 받아들일 수 있게 되는 것이다.

그러나 너무 시간 배분에 얽매어서 강의를 진행할 필요는 없다. 자연스럽게 진행하되 가능하면 20분 정도의 주기로 강의 내용이나 판서, 방법 등에 변화를 주는 것이 강의법의 효과를 더욱 높일 수 있는 것이다.

(5) 학습자의 개인차에 관심을 가져야 한다.

일반적으로 학습자는 각각 다른 학습 속도, 사전 지식, 인지 구조를 형성하고 있고, 다양한 관심과 흥미를 가지고 있다. 학습자의 특성은 학습 내용의 선정 및 조직, 학습 전략의 선택에 영향을 미친다. 이러한 학습자의 개인차를 고려하여 강의를 보조할 수 있는 다양한 시청각 자료를 적절하게 사용한다거나 내용을 전달할 때에도 음성을 다양하게 사용하거나 다정하고 유머 있게 교육하고자 하는 내용에 대한 전문적인 지식을 쉽게 설명해야 한다. 동일한 집단을 일정한 기간 집합적으로 교육하는 학교와 같은 교육기관의 경우는 학습자에 대한 개인차를 비교적 쉽게 고려, 적용 가능하나 안전교육과 같이 사회교육의 형태일 경우에는 개인차에 대한 고려가 쉽지 않다. 때문에 교수자는 평상시 학습대상자에 대한 면밀한 관찰과 관심이 필요하고 교육 중에라도 개인차에 대한 판단과 고려를 잊지 말아야 한다. 특정한 집단을 폄하하거나 신체적 장애에 대해 유머화 또는 상대적으로 열악하거나 떨어지는 지적 능력을 갖고 있는 집단이나 개인을 무시하는 등의 행동은 학습자의 개인차를 고려하지 못한 행동이다. 개인차에 대한 보이지 않는 관심과 배려가 녹아난 열정은 학습자의 학습에 긍정적인 영향을 미친다.

(6) 신체언어 사용을 적절하고 효과적으로 해야 한다.

학습자는 강의내용보다는 오히려 그것을 전달하는 강사의 표정이나 몸짓 등 말 이외의 신체적인 모션이나 움직임에 더 민감하게 반응하는 경우가 많다. 실제로 우리는 우리가 의사소통을 한다고 말할 때 대부분 사람들은 언어적 의사소통(verbal communication)을 가정하는 경우가 많다. 그러나 의사소통은 크게 언어적 의사소통과 비언어적 의사소통(nonverbal communication)으로 나눌 수 있는데 Albert Mehrabian은 우리가 다른 사람에게 전달하는 메시지의 전체적 영향을 언어적(verbal) 메시지(단어들) 7%, 음성적(vocal) 메시지(크기, 억양, 리듬 등) 38%, 신체적(body) 메시지(대계가 안면 표현들) 55%로 나타난다고 주장하였다. 이는 우리가 실제적인 언어를 통하여 다른 사람에게 전달하는 메시지는 단지 7%에 불과하다는 뜻이다. 따라서 강사가 학습자에게 강의를 하거나 그들과의 대화 또는 강의 중 토론 등은 강사의 신체의 전부를 사용하고 있다는 것을 인식하여야 한다. 부동자세로 단정하게 움직임 없이 강의하는 것도 한 방법이기는 하나 그러한 방법은 정태적(情態的)이기에 수강자에게 시각적인 자극을 줄 수가 없다. 그렇기 때문에 강의 도중 강조하는 부분에 대해서는 의식적으로 집게손가락을 세운다거나 중요한 것을 강조할 때에는 모션을 크고 확실하게 모든 신체언어를 사용하여 신체언어와 소리 억양의 신축성을 더하여 호소해 나가는 것이 보다 효과적이라는 것을 알아야 한다. 그러나 내용 없이 또는 강조점 없이 신체언어만을 사용하거나 너무 자주 신체언어를 사용하는 경우에는 오히려 역효과를 내기 쉽다. 강사는 늘 교육대상자들의 학습 성향과 자신의 신체언어 사용습관 또는 의도적인 사용방법, 시점 등을 늘 염두에 두어야 한다.

6.1.5 강의법의 원리

강의법을 적용하여 교육할 때 일반적으로 적용 가능한 원리는 다음과 같다.

(1) 교육 중에 결론을 내지 말고, 문제해결에 필요한 법칙이나 암시만을 준다.

학습자에게 학습의 의욕과 이유를 갖게 하고 교육시간을 통해 배운 원리나 지식을 통해 학습자 스스로 결론에 도달하게끔 해야 한다. 성급한 결론이나 미리 제시하는 정답 등은 학습자에게 해가 되기 쉽다. 경우에 따라서는 답을 주고 그 답을 유도해 나가는 방법의 교육법이 있기는 하나 그 사용에는 신중해야 한다.

(2) 학습 자료를 개념 발달의 원리에 따라 제시한다.

일반적으로 개념(concept)은 공유된 특성을 근거로 함께 묶여질 수 있으면서 동시에 어떤 일정한 명칭으로 불릴 수 있는 대상이나 상징, 그리고 사건의 집합체라고 할 수 있다. 개념발달의 특성에 따라 학습 자료를 제시하는 경우에는 단순제시방법보다 혼합제시방법이 더 효과적으로 사용될 수 있다. 왜냐하면 혼합제시방법을 통해 사례와 비 사례를 같이 제시함으로써 변별기능을 강화시켜 줄 수 있고, 변별기능의 강화를 통해 지나친 일반화의 오류에 빠지지 않도록 해 줄 수 있기 때문이다. 반면에, 분석성이 높은 사람은 사물을 분류하는데 있어 다양한 근거를 사용하려고 하기 때문에 개념의 결정적 속성보다는 가변적 속성에 상대적으로 더 많은 주의를 기울일 가능성이 높다. 이들의 개념학습에서는 혼합제시방법뿐만 아니라 개념의 결정적 속성에만 주의를 기울이도록 함으로써 일반화 능력을 강화시켜주는 단순 제시방법도 효과적일 수 있다.

(3) 교수자와 학습자에게 핵심적인 문제를 제기한다.

교수자 스스로도 강의내용에 대한 핵심적인 질문을 제기하여 결론을 도출하고 이끌어가는 동기를 만들고 학습자에게는 교육결론에 도달할 수 있는 다양한 방법과 관심을 유도하기 위해 필요하다.

(4) 학습자가 문제제기나 질문을 유도하게 한다.

질문이나 문제제기가 담보될 수 있는 학습자는 분명한 교육결과를 기대할 수 있다. 따라서 교수자가 교육을 통해 의도하고 있는 결론에 학습자들이 도달할 수 있도록 문제제기나 질문을 자연스럽게 유도하는 노력이 반드시 필요하다.

(5) 선행조직자를 제시함으로써 수업을 시작한다.

선행조직자란 교육에서 학습자의 이해를 쉽게 하고 인지구조를 강화하기 위하여 수업이 시작될 때 제공되는 어떤 단서나 전체적인 구조 등을 의미하고, 이러한 방법으로 강의하는 것이 선행조직자 강의이다. 과거 학습의 회상, 관련 스키마(도식[圖式, Schema]), 일반적으로는 내용을 어떤 형식에 따라 과학적으로 정리 또는 체계화시키는 틀을 이르는 말)의 제시, 학습내용의 위계적이 구조 도표, 그림 등이 선행조직자로서 사용될 수 있다.

(6) 강의 순서를 논리적으로 조직하고 활기차게 진행하고 분명하게 끝낸다.

강의순서가 뒤죽박죽이고 앞, 뒤의 내용연결이 되지 않는 강의는 교육이 목적이 되는 강의가 아니다. 철저히 준비된 시나리오에 의한 내용전개가 필수이며 특히 강의 중에는 긍정적이고 확신에 찬 태도를 학습자에게 보여 주어야 한다.

(7) 강의법이 타 기법에 비해 유리한 측면을 효과적으로 적용하여야 한다.

강의법이 갖는 장점은 대부분이 강사의 능력과 철저한 준비가 담보될 때 얻게 되는 것들이다. 때문에 능력개발이 안 되었거나 소홀한 준비, 착각(자신이 강의능력에 대한)은 오히려 강의법의 장점을 퇴색시키고 역효과까지 초래하기 쉽다. 교수자는 타기법과 비교하여 강의법이 갖는 유리한 점을 효과적으로 적용할 수 있도록 노력해야 한다. 아래는 타 기법 대비 강의법의 유리한 측면을 나타낸 것이다.

강의법의 유리한 측면

강의법이 유리한 측면(타 교육기법 대비)		
교수-학습의 목적 측면	교수-학습의 내용 측면	학습자의 특성 측면
• 특정 태도나 가치 고취 위해 설득력 있는 교수가 필요할 때 • 논쟁 여지없는 사실적, 기본적 정보 개념을 짧은 시간에 명확히 전달하고자 할 때 • 단기적 파지가 필요한 과제를 학습시킬 때	• 교재나 참고자료 없는 새로운 내용, 정보, 자료를 학습시키고자 할 때 • 내용이 복잡하여 이해하기 어려워 체계성 있는 전달이 필요할 때 • 전체의 내용을 개괄하거나 요약할 때 • 다른 교수-학습의 해설 단계로서 학습 과제에 대한 일반적 정보, 방향 제시 경우	• 학습자가 모호함을 잘 견디지 못할 때 • 학습자가 내성적일 때 • 학습자가 심리적으로 경직되어 있고, 융통성이 없고, 근심걱정이 많을 때 • 학습자가 맹종하거나 순응하는 스타일 일 때

6.1.6 강의법 적용 교수-학습 이론

강의법에서 고려될 수 있는 몇 가지 교수-학습 이론을 살펴보면 다음과 같다.

(1) 유의미 수용학습(Meaningful reception learning) 이론

유의미 학습은 새로운 정보와 학습자의 기억 속의 지식이 연관되어 개념이나 원리를 학습하는 것을 의미한다. 유의미학습은 학습자가 가진 지식의 체계에 새로운 지식을 관련시킬 때 일어난다. 학습자가 가진 지식의 체계는 이전에 학습된 개념이나 이론, 원칙 등으로 구성되며, 이것을 인지구조(Cognitive Structure)와 인지과정(cognitive processes)으로 나누어 볼 수 있는데, 인지구조는 학습자의 의식 내부에 존재하고 있는 조직화된 개념이나 아이디어의 집합인데, 이 개념이나 아이디어가 조직되어 있는 모습은 위계성을 띤 것으로서 가장 포괄적인 개념이 상층에 있고 아래로 갈수록 특수한 개념이 놓여 있다. 이러한 인지구조가 외부로부터 투입되는 논리적 유의미학습과제를 포섭하는 매개기능을 한다.

새로이 접촉하는 학습과제를 어떤 형식으로든 포섭할 수 있는 인지구조가 학습자의 의식내부에 있으면 유의미학습을 촉진할 잠재력을 지닌다고 한다. 인지과정은 포섭(subsumption)과 동화(assimilation)의 과정으로 설명된다. 포섭이란 새로운 명제나 아이디어가 학습자의 머릿속에 이미 조직되어 존재하고 있는, 보다 포괄적인 인지구조 속으로 동화되는 과정을 말한다. Ausubel은 인지구조에서 포섭자라는 용어를 개념이나 아이디어를 포함하는 뜻으로 사용하고 있다. 포섭은 그 포섭하는 모양에 따라 파생적 포섭과 상관적 포섭으로 나누어진다. 파생적 포섭은 학습자료가 이전에 학습한 일반적 명제를 지지하거나 예시해 주는 관계에 있을 때 생기는 포섭을 뜻하며 상관적 포섭이란 새로운 학습과제를 학습할 때 볼 수 있다. 만약, 학습이 현존 인지구조에 관련되지 않으면, 그것은 기계적 반복 학습에 불과하다. 이 기계적 반복 학습으로는 새로운 지식이 현존 지식 체계에 정착하기도 힘들며, 또한 쉽게 학습자에게서 잊혀진다. 다시 말하면, 유의미학습은 외부 세계의 잠재적이고 논리적인 의미가 한 학습자의 인지구조 속에 수용 병합되어서 개별화된 심리적 의미 상태로 전환되는 것을 의미하며, 이를 위해 논리적으로 의미 있는 학습자료가 학습자의 인지 구조 속에 영속적으로 안정성 있게 제시되어야 한다는 것이다. 그러나 이러한 학습이 일어나지 않을 때, 그것은 기계적 반복 학습인 것이다.

Ausubel은 유의미학습이 기계적 반복 학습보다 더 효과적이라고 주장하는 이유 세 가지를 들고 있다.

첫째, 의미 있는 자료가 기계적 자료보다 학습하기가 훨씬 쉽고, 둘째, 유의미학습의 결과는 더 잘 기억되며 셋째, 학습된 내용이 다른 내용으로 쉽게 전이된다는 것이다. 수용학습은 잘 구조화된 교수 학습 과정이 수행될 때 발생되는 학습으로, 잘 조직되고 구조화 될수록 성공적으로 학습이 일어날 수 있다. 즉, 잘 구조화된 새로운 정보가 학습자의 장기 기억 속에 있는 개념과 연관되어 기존의 것을 확장하고 변형하며 정교화 할 때 의미 있는 학습이 이루어진다. 기계적 반복 학습이나 수용학습은 그 자체로 끝나는 것이 아니고, 기계적 반복학습은 의미 있는 학습으로, 수용학습은 의미 있는 수용학습이나 발견학습으로 연결될 수 있다. 이는 각각의 영역들이 독립적인 관계가 아니고, 상호 관련된 연속적인 관계임을 뜻한다. 교수자가 많은 학습 지도 내용은 준비했지만, 실제 학습 지도는 기계적인 반복 학습으로 끝나는 경우가 많다.

그러나 교수자의 활동 여하에 따라서는 어떤 내용의 학습 지도도 의미 있는 수용학습으로 이끌어질 수 있다. Ausubel은 유의미학습을 위한 세 가지 조건을 제시하고 있다. 첫째는, 학습 과제가 의미 있어야 한다는 것이다. 「학습 과제가 의미 있다.」는 말은 학습 과제가 논리적 유의미가(Logical Meaningfulness)를 갖는다는 말이며, 그것은 실사성(substantiveness)과 구속성(nonarbitrariness)이 있는 과제를 뜻한다. 실사성이란, "어떤 명제를 어떻게 표현해도 명제의 의미가 바뀌지 않는 것으로, 예를 들어 정삼각형은 세 변이 같은 삼각형이다."라는 명제는 "세 변이 같으면 정삼각형이다."라고 표현해도 그 근본적인 의미는 변화하지 않는 경우와 같다. 구속성이란 일단 임의적(arbitrary)으로 맺어진 관계가 시간이 경과함에 따라 하나의 관습으로 굳어지면서 먼저 맺어진 관계를 임의적으로 변경할 수 없게 되는 성질을 말하는 것으로, 예를 들어 개, 책상과 같은 사물의 이름은 처음에는 임의적으로 개, 책상의 사물과 맺어진 것이지만 일단 연결된 후에는 임의적으로 바꾸기 힘든 구속성을 갖는다. 이처럼 학습 과제가 실사성과 구속성을 가지면 논리적 유의미를 갖는 유의미학습 과제라고 부른다.

둘째는 논리적 유의미를 지닌 학습 과제가 학습자의 인지 구조와 관계를 맺을 수 있도록 근거를 제공해 주는 관련정착의미(relevant anchoring idea)를 학습자가 가지고 있어야 한다는 것이다. 즉, 학습과제가 정착 의미에 관련되고, 학습자가 이러한 정착 의미를 가지고 있어서, 학습자가 원하면 그것이 의미 있게 되어야 한다는 것이다. 이처럼 학습 과제가 학습자의 머릿속에 존재되어 있는 정착 의미와 관련되어 지는 과정을 포섭(Subsumption)이라고 하는데, 포섭은 새로운 개념과 기존 인지 구조 속의 개념의 포함 관계에 따라, 종속적 수준의 포섭, 상위적 수준의 포섭, 병립적 수준의 포섭으로 나뉘고, 포섭하는 모양에 따라 파생적 포섭과 상관적 포섭으로 나눠진다.

세 번째로 요구되는 조건은, 학습자가 유의미학습 태세(meaningful learning set)를 가져야 한다는 것이다. 유의미학습 태세는 학습 과제를 인지 구조에 실사적이고도 구속적으로 관련시키고자 하는 학습자의 성향을 말한다. 비록 학습 과제가 논리적 유의미를 가지며 학습자가 자신의 인지 구조 속에 관련 정착 의미를 지니고 있다고 하더라도, 논리적 유의미를 갖는 학습 과제를 자신의 인지 구조 속으로 관련시키고자 하는 자세가 되어 있지 않으면 유의미한 학습은 일어나지 않으며, 오히려 기계적인 반복 학습이 될 수도 있다는 말이다.

① 선행 조직자의 원리

Ausubel의 수업 이론을 특징짓는 수업 원리는 선행 조직자의 원리라고 할 수 있다. Ausubel은 유의미한 학습 과제를 제시하기 위하여 반드시 선행 조직자를 활용할 것을 제안하고 있다. 선행 조직자는 일종의 도입 자료로서 일반성을 지닌 진술문이며, 학습 과제의 개념적 골격을 제시하는 기능을 갖는다. 선행 조직자의 기능을 Ausubel은 과제의 학습을 위한 정착지를 제공하거나 관련 정착 의미와 새로운 과제 사이의 변별도를 증가시키기 위하여, 학습 과제의 제시에 앞서 그 과제 자체보다 포괄적인 수준의 자료를 조직하여 제시하는 것이라고 설명하고 있다.

② 학습준비도의 원리

학습준비도(readiness)란 학습자의 기존 인지구조뿐만 아니라 학습자의 발달수준을 가리킨다. 단순한 유전적 영향만을 말하는 것이 아니고 모든 선행경험, 모든 선행학습을 망라해서 개인의 인지구조와 인지능력의 형성에 영향을 주는 것을 총칭하는 것으로서 누가적이며 발달적 성격을 띤다. 학습준비도는 교과학습의 영향도 받지만, 특정교과의 학습을 위해 필요한 특정과제의 학습과는 별도로 인지능력(cognitive capacities)과 인지기능(cognitive functioning)에 미치는 일반적인 작용이나 영향까지도 받게 된다.

이상에서 살펴본 바와 같이 Ausubel의 이론에 근거한 수업 모형은 수업의 계획단계에서 학습장의 배경과 학습 내용 위계를 구조화한 것을 바탕으로 수업 목표를 설정하고, 학습 내용의 선행조직자를 선정하며, 수업 실천단계에서는 먼저 선행조직자를 제시하고, 이어서 위계적으로 잘 조직된 수업 내용들을 점진적 분화와 통합적 조정의 방법을 사용하여 제시하며, 수업 평가 단계에서 개념이나 일반화, 이들의 숙지 정도와 과정을 평가함으로써 이루어진다.

(2) 발견식 수업과 설명식 수업 이론

학습활동에서 주도적 역할을 누가 하느냐에 따라 발견식 수업은 교육생중심 수업으로, 설명식 수업은 교사중심 수업으로 구분할 수 있다. 발견식 수업은 교사의 지시를 최소로 제한하거나 혹은 전혀 교사의 지시 없이 독립적으로 학습목표를 달성하도록 하는 교수－학습과정이니 이에 비해 설명식 수업은 우수한 교사의 사려 깊은 설명과 제시방식에 따라 학생들은 여러 가지 수준의 지적 학습을 할 수 있다는 전제 아래 취해지는 수업방법이다. 또 다른 접근은 발견식 수업은 귀납적 계열의 수업으로, 설명식 수업은 연역적 계열의 수업으로 분류가 가능하다. 발견식 수업이 수업의 전반부에서 학습자에게 충분한 예를 먼저 제공하여 주고, 학습자가 학습내용의 규칙, 원리, 개념 등을 학습자 스스로 도출하도록 하기 때문에 귀납적이라 하고 반면에 설명식 수업은 학습자가 학습내용 원리, 개념 등을 교수자가 먼저 제공하고 이를 적용하도록 하기 때문에 연역적이라 볼 수 있다. 이는 Andrews(1984)가 구안한 발견식 수업모형과 설명식 수업모형에서 구체화 되었다.

약술하여 알아보면 제1단계로 이 단계는 구체적인 자료를 가지고 활동(학습자들에게 자료를 제공하고 나서 양식을 찾거나 결론을 도출하도록 한다. 이러한 활동이 먼저 이루어지기 때문에 귀납적 활동이다), 제2단계는 개념도입(분명하고 설명적인 개념이 도입되고 1단계의 활동과 연결)의 단계이고, 제3단계는 일반화(새로 획득한 지식의 확장과 일반화를 꾀하고, 검증을 위하여 더 많은 과제가 제시 된다) 단계이다. 순수한 발견식 수업은 법칙과 해답이 모두 주어지지 않는 경우가 대부분이다. 그러나 수업에서 학생들에게 순수한 어의적 의미의 발견을 전혀 기대할 수 없는 것은 아니나 사실상 그것은 무리이다. 또 법칙을 제공해 주고 해답을 학습자로 하여금 찾게 하는 연역적 형태의 발견식 수업은 Ausubel이 말한 설명식 수업에 가깝다. 발견법과 설명법을 수업목표, 학습활동, 수업절차 및 교사의 안내 정도에 따라 그 차이점을 종합하면 [11]다음과 같다.

① 발견법의 수업목표는 발견하는 방법 또는 전략의 발견을 통하여 성외 전이(Extra scope transfer)를 도모하려는 것이 일차적인 목표이다. 이에 비하여 설명법은 교과 내용 또는 지식 그 자체의 학습에 목표를 두고 있기 때문에 지식 내용의 파지가 일차적 목표이다.

② 발견법의 학습활동은 가설을 형성하고 이의 타당성을 평가하는 것이 주된 학습 활동임에 비하여 설명법에서는 설명된 법칙을 적용하고 평사하는 활동이 위주가 된다.

③ 발견법의 교수 절차의 구성원리는 모호성과 불확실성인데 비하여 설명법은 체계성과 관련성이다.

④ 발견법에서는 학습목표를 도달하는데 교사의 설명과 안내를 최소로 하는데 비하여 설명법에서는 교사의 설명과 안내를 최대로 한다.

6.1.7 강의법의 실행

강의식 교수법은 면대면 교수법 중 가장 일반적으로 사용되고 있으며, 많은 단점을 가지고 있음에도 불구하고 나름대로의 강점 때문에 가장 보편적인 교수법으로서 확고한 위치를 차지하고 있다. 강의법을 중심으로 하여 그 단점을 보완할 수 있는 다양한 방법을 복합적으로 적용, 여러 가지 보조 교육기법을 강의진행시 적시적소에 선택적으로 투입한다면 다른 어떤 교수법의 조합보다도 높은 교육효과를 가져올 수 있다.

강의법을 시행함에 있어 크게 도입, 전개, 종결의 3단계로 진행되며 각 단계마다 효과적인 강의를 위한 역할의 차이가 있다. 첫째, 도입단계는 학습자와 교수자간의 학습분위기 형성과 학습전개 방향을 제시하는 매우 중요한 단계이며 둘째, 전개단계는 도입단계에서 제시된 학습개요에 따라 문제를 구체적으로 설명하는 단계이다. 셋째, 종결단계는 지식을 종합하는 단계이며, 전개단계에서 설명되어진 사실들을 간략하게 간추리는 단계이다. 학습자의 특성, 교육 내용의 특성, 교육 환경을 고려하여 강의법이 선택되면, 강의를 실시하기에 앞서 철저한 준비가 필요하다. 우선, 강의의 목적과 목적에 적합한 전달 내용을 선정한다. 선정된 학습 내용을 제시할 방법은 지

11) 김순택, 현대수업원론, 1993.

식의 구조 및 강의를 듣는 청중의 특성을 고려하여 선정하고, 이에 필요한 보조 자료를 개발한다. 보조 자료를 개발할 때에는 강의실의 물리적 심리적 환경의 특성을 고려하고 준비가 끝나면 실제 강의를 수행하기 전에 강의 시간을 적절하게 조직하고 연습을 실시한다. 강의 준비와 연습이 끝나면, 실제 강의를 수행한다.

(1) 강의법의 실행단계

① 도입단계

강의의 시작인 도입단계에서는 교수자와 학습자간의 우호적인 관계를 형성하고, 학습자들이 본 학습으로 자연스럽게 옮겨갈 수 있도록 주의 집중을 시킨다. 주의 집중과 학습 동기를 유발하기 위하여 학습 내용과 관련된 사례나 선수 학습 지식을 자극하는 발문을 제공하고, 전체적인 학습 흐름을 알 수 있도록 선행 조직자나 학습 개요를 제시한다. 도입단계는 강의 진행의 첫 단계이며 학습자와 교수자가 서로 처음 대하는 순간이라고 할 수 있다. 따라서 도입단계에서는 본 학습내용을 전개하기 전에 학습자들이 본론을 부드럽게 받아들일 수 있도록 준비하며 학습전개 방향을 제시하는 중요한 단계이다. 강의를 시작하기 전에 학습자들의 긴장과 걱정을 해소시키고, 강의에 적극적으로 참여하고자 하는 동기를 유발시키는 것은 학습자들뿐만 아니라 교수자의 강의진행에도 큰 도움을 주게 된다. 그러므로 이 단계에서는 학습자들의 주의를 집중시키고 동기부여를 하며, 전체적인 학습내용의 흐름을 알 수 있도록 학습개요를 제시해야 한다. 도입단계는 총 학습시간의 5~10%를 차지하는 것이 적절하다.

이 단계에서의 가장 중요한 사항은 주의집중이다. 학습자로 하여금 교수자 자신이나 학습할 내용에 관해 주의를 집중시키는 단계로 학습자들을 주의집중 시키기 위해서 주로 교수자는 자기소개를 하고 그 날의 날씨 이야기를 하거나 또는 자신의 체험담, 학습자들이 관심을 가질 수 있는 화젯거리를 이야기하거나 질문을 할 수 있다. 강의가 이루어지는 상황이나 대상이 다양한 것처럼 그때그때 다루어야 할 적절한 이야기의 주제도 매우 다양하며 학습자의 사고를 자극하고 학습의 효과를 높이기 위한 하나의 방법이 바로 질문이다. 따라서 질문화법을 효과적으로 사용하는 것이 이 단계에서의 교수자에게 매우 중요한 기술이다.

㈀ 질문방법(예시)

ⓐ 학습자 전체에 대한 질문 : 특정인을 지정하지 않고 질문

☞ "○○은 무슨 기능을 하는 거죠?"

ⓑ 학습자 중 특정인에 대한 질문 : 학습자 중 한 사람을 지명, 질문

☞ "그렇다면, 홍길동씨는 ○○에 대해 어떻게 생각하십니까?"

ⓒ 교수자가 기대하고 있는 방향으로 생각을 유도하는 질문

☞ "추락재해예방 위한 방법에 대해 생각해 봅시다. 홍길동씨가 3층 높이의 틀비계 위에서 작업할 경우 어떤 재해 예방법이 있을까요?"

ⓓ 사실을 확인하거나 상대의 의견을 파악하기 위한 확인질문

☞ "흔들렸을 때의 느낌은 어땠나요?"

"그 당시 필요한 안전조치 어떻게 있었을까요?"

ⓔ 연결질문 : 질문에 대해 학습자의 계속된 질문이 나올 경우 교수자가 직접 대답하는 것이 아니라 다른 학습자들에게 대답을 시키는 방법으로 학습자 모두의 참여의식을 높일 수 있고, 질문내용에 따라서는 다른 학습자의 학습정도를 확인할 수도 있다. 연결시켜 질문한 다음에는 반드시 교수자의 대답을 제시하여야 한다.

☞ "홍길동씨의 ○○라는 질문이 나왔는데 여러분의 생각은 어떻습니까?"

ⓕ 계기를 만드는 질문 : 다음 주제로 넘어가거나 학습자가 토론할 수 있는 계기를 만들기 위한 질문이다.

☞ "이 상태를 그대로 놔둔다면 어떤 문제가 발생할까요?"

ⓖ close 질문 : 질문의 범위가 한정된 것으로 학습자의 의견보다는 교수자의 의도가 많이 나타나는 질문이며 학습자의 생각이나 의견보다는 즉답, 단답(yes or no)이 나오게 하는 질문

☞ "이 상황에서는 안전모를 써야 하나요, 안전벨트를 써야 하나요?"

ⓗ open 질문 : 다양하고 독특한 대답이 나올 수 있는 질문의 형태로 질문에 대한 답이 대개의 경우는 복수로 나오고 학습자의 생각과 판단이 나타날 수 있는 질문

☞ "작업장에서 감전재해를 예방할 수 있는 방법은 무엇이 있을까요?"

㈁ 학습자에게 질문 시 유의점

ⓐ 한 번에 하나의 질문을 하는 것을 원칙으로 한다.

ⓑ 같은 질문을 반복하지 않는다.

ⓒ 감정이 이입된 공격적인 질문을 하지 말아야 한다.

생각할 시간을 주거나 답을 못하더라도 자존심이 상하지 않도록 한다.

ⓓ 학습목표나 계획에서 벗어난 질문을 하지 않도록 한다.

ⓔ 적절한 시기에 질문할 준비를 해야 한다.

ⓕ 의도적으로 특정인에게만 반복적으로 질문하지 않는다.

ⓖ 학습자가 오답을 말할 경우에도 감정적으로 반응을 하지 않는다.

㈐ 학습자에게서 질문을 받는 경우 유의점

ⓐ 교수자는 응답하기 어려운 질문을 받은 경우 잘못된 정보를 제공하기 보단 솔직한 시인이 학습자에게는 더 큰 신뢰를 준다는 사실을 알아야 한다.

ⓑ 학습자의 질문에 강한 반문이나 불성실한 태도는 지양해야 한다.

ⓒ 학습자의 질문은 종류와 내용 여하를 막론하고 일단 모두 받아들여야 한다.

ⓓ 질문에 대한 응답은 침착하고 조용한 어조로 내용, 생각의 차이를 지적해 주거나 질문자의 심리를 분석하여 따뜻하게 응답할 필요가 있다.

② 전개단계

전개단계에서는 도입단계에서 형성된 학습 분위기를 바탕으로 구체적인 학습 내용을 제공하는 단계이다. 강의법은 학습 내용을 교수자의 설명이나 해설에 의하여 학습자에게 전달하는 방법이고, 설명은 개념이나 지식 획득의 중요한 수단이 된다. 이 단계에서는 교육의 내용전달과 학습자들을 참여시키기 위한 학습활동이 포함되어야 하며, 개념과 원리를 설명하기 위하여 학습 내용의 제시 형태인 일반화와 사례를 적절히 혼합할 수 있다. 일반적으로 학습 내용을 설명할 때, 먼저 예를 제시하고 그 속에서 원리나 법칙을 찾아가는 귀납적 설명과 원리나 법칙을 먼저 제시하고, 그 원리에 관련된 사례를 제시하는 연역적 설명 방법이 있다. 전개단계는 시간상으로 총 학습시간의 약 80~90%를 차지한다. 이 단계에서는 특히 정보제시와 학습자 참여유도에 대한 교수능력이 요구된다. 전개단계의 [12]효과적인 설명방법을 알아보면 다음과 같다.

㈀ 정의 또는 일반적인 서술을 사용한다.
㈁ 비교 혹은 유추 형식을 사용하여 설명한다.
㈂ 실례나 사실을 제시하면서 설명한다.
㈃ 증명 혹은 통계를 사용하여 설명한다.
㈄ 학습자의 시청각에 호소하여 설명한다.
㈅ 반복해서 설명한다.
㈆ 학습자의 특성에 알맞은 사례, 유머 등을 섞어가면서 설명한다.

전개단계에 핵심이 되는 강의내용은 논리적, 체계적으로 작성되어야 하며, 쉬운 것에서 시작하여 점차 어려운 것으로 진행되도록 해야 한다. 내용전달의 기본적인 방법은 먼저 교육하고자 하는 전체에서 부분으로 유도하여야 하며 둘째 가능한 한

12) 교육방법 및 교육공학, 변영계·김영환·손미(2000), 학지사.

간단한 것에서 시작하여 복잡한 것으로 전개해야 한다. 내용 설명을 위한 가장 간단한 사례에서부터 점차 복잡하고 변화된 사례로 진행해야 하고 학습자가 알고 있는 것에서 모르는 것으로 중요한 사항을 강조해 주어야 한다. 즉, 부차적인 점을 강조하여 중요성을 지닌 정보가 제대로 부각될 수 없도록 해서는 안 된다는 것이다. 마지막으로 강의내용의 각 부분들이 연관성 있게 제시되어야 하고 질의응답 시간을 마련하여 학습자들의 의문점을 해소시켜 주고 학습자의 이해도를 측정할 수 있도록 해야 한다.

전개단계에서 학습자 참여유도는 일방적으로 내용을 전달하는 식으로 강의를 전개하지 말고, 문제를 주어 함께 생각한다는 식으로 진행하여야 학습자의 학습의욕을 자극할 수 있다. 질문을 던져 여러 가지 대답이 나오도록 분위기를 조성하거나 시각자료, 다양한 질문 등을 통해 지속적으로 관심을 유지하는 노력과 함께 소집단 활동을 통해서 학습자 스스로가 학습성과를 이끌어 내는 방법도 통합적으로 활용하면 유용하다.

③ 종결단계

종결단계는 강의의 마지막 단계로서, 지금까지 강의한 지식을 학습자에게 종합하여 구체화 시키고 전개단계에서 논증되고 설명되어진 사실들을 핵심적으로 정리, 간추리는 단계이다. 이 단계는 요약, 재동기부여, 결어의 3단계로 이루어지며 전체 학습시간의 5～10% 정도를 차지하는 것이 적당하다.

요약의 경우에 복습단계에서는 전개단계에서 설명된 많은 내용 중 특히 강조할 만한 내용만 간추려서 강조해 주어야 한다. 이를 통해 학습자는 강의에서 다루었던 중요한 내용을 다시 한 번 기억하고 정리할 수 있다. 가장 흔히 사용되는 방법으로는 말로 요약하는 방법이 있다. 그 외에도 TP나 차트로 요약하는 방법, 질문을 통해서 학습자 스스로 요약하도록 하는 방법 등이 있다. 재동기부여는 학습한 내용이 정말 중요하고 필요하다는 점을 깨닫게 하여 행동이나 태도의 변화로 이끄는 중요한 단계이다. 결어에서는 교수자가 자신의 강의에 참석한 학습자들에게 감사를 하거나 참고 서적, 자료 등을 소개하고 개인적인 이야기 등을 할 수 있다. 종결단계에서 특히 유의해야 할 점은 전개단계에서 언급되지 않은 새로운 사실을 언급해서는 안 되며 긴 시간을 할애하여 지루하게 해서는 안 된다.

(2) 강의법 실행 세부기술

교수를 가르치는 교수로 유명한 [13]조벽 교수에 의하면 대부분의 교육은 강의를

13) 조벽, 새시대 교수법(2002).

전제로 하고 있기 때문에(강의 시간이나 어떤 교육기법도 강의자가 시작하거나 유도해 주어야 하기 때문) 잘 가르치고 평가를 잘 받기 위해서는 자신의 강의를 스스로 관찰하는 방법이 가장 효과적이라고 한다. 자신이 강의하는 모습을 보기가 쉽지 않은 교수자들의 입장에서 보면 공감이 가는 얘기 일 수 있으나 현실적으로는 쉽지 않은 방법이다. 때문에 자기강의를 검토하고 분석하는 일은 늘 학습자들의 주관적이고 상대적인 입장에서의 코멘트가 대부분이었고 그로 인해 대부분의 교수자는 자신의 강의 실력에 늘 프리미엄이 붙어 있음을 잊기 쉬웠다. 교수자의 강의를 보다 효과적이고 능숙하게 하기 위해 유의해야 할 부분은 목소리, 몸동작, 강의 진행, 강의 구성, 청중에 대한 태도 등이 있는데 아래 기술한 부분은 그 내용을 학습자의 측면에서 설명한 것이다.

① 목소리

강의하는 기술을 개선하고자 할 때 관찰할 사항 중에서 가장 두드러지게 나타나는 사항이다. 신경 써야 할 부분은 발음의 명료도, 소리의 크기, 말의 속도, 그리고 소리의 변화이다.

㈀ 목소리의 크기가 적절해야 한다.

라디오, 텔레비전, 스테레오는 물론이고 심지어 요즘에는 컴퓨터에도 소리의 강약을 조절하게 되어 있다. 그러나 불행하게도 강의실 크기와 관계없이 하나의 볼륨으로 강의하는 강사들이 가끔 있으나, 강사의 목소리가 너무 커서 강의실이 쩌렁쩌렁 울리는 것도 문제지만 더 흔하게는 목소리가 너무 작아 잘 들리지 않는 경우가 더 문제이다. 특히 현장에서 이뤄지는 안전교육의 경우에는 교육장의 조건이나 기본적으로 집중하기 힘든 교육생의 입장에서 보면 근로자들은 짜증스러워하고 학습효과가 떨어지게 되기 쉽다. 그렇다고 해서 계속 큰 소리로 강의하기란 결코 쉬운 일이 아니며 목에다 힘주고 말하다보면 금방 문제가 생길 수밖에 없다. 큰 목소리를 무리 없이 내기 위해서는 목에서 소리를 쥐어짜지 않고 배 힘으로 밀어내야 하며 배에다 손을 대고 배의 근육이 움직이는지 살피면서 몇 번 연습하면 금방 익숙해질 수 있다.

㈁ 말의 속도가 적절해야 한다.

말의 속도가 너무 느리면 교육생의 두뇌가 time-sharing mode로 빠지고 강의와 무관한 잡생각이 끼어들게 된다. 반대로 말의 속도가 너무 빠르면 교육생들은 정보를 접수하기 바쁜 나머지 프로세스를 할 여유가 없게 된다. 적절한 말의 속도는 교육생들이 정보를 입수하고, 분석하고, 판단할 수 있는 시간의 여유를 준다.

㈂ 발음이 똑똑해야 한다.

말이 들리기는 하는데 도대체 무슨 말을 하는가 알기 힘든 경우가 있다. 예를 들어, "경제"를 "갱제"로 발음한다든지, 부정확한 발음으로 학생들을 혼동시키는 경우나 말을 크게 또박 또박 하다가 끝에 가서 흐지부지 흐리는 경우, 말을 자기에게 하듯이 혼자 중얼, 중얼거리는 경우와 말 사이에 "에", "음" 하는 경우, 빠른 말투로 인하여 단어들이 뒤범벅되거나 붙어 나오는 경우 등 말의 내용이 확실히 전달되기 어려운 경우이다. 말의 내용이 확실히 전달되기 바라면 처음부터 끝까지 단어 하나하나가 정확히 들려야 하며 의미가 있어야 한다.

㈃ 목소리에 변화가 있어야 한다(고정된 목소리와 톤 지양).

교육생들은 단조로운 목소리로 진행하는 강의를 가장 듣기 힘들어하는데 그럴 땐 마치 교육자가 최면술을 거는 것 같이 학습자들은 힘들어 진다. 반면 교수자는 교육생들이 강의실에 그저 멍하게 앉아 있는 모습에 실망과 절망을 느끼게 되며 강의에 신이 나지 않는 악순환을 거듭하게 되는 것이다. 듣기 좋은 강의를 하기 위해서는 목소리의 크고 작음, 음의 높고 낮음, 속도의 빠르고 느림에 적절한 변화를 주어야 하며 생동감이 넘치는 강의는 교수자를 열정적으로 보이게 하고, 그 열정은 교육생들에게 쉽게 파급되어 좋은 교육결과를 가져오기 때문이다.

㈄ 기타사항

자연스러운 대화체를 사용한다. 학습자에게 직접적이고, 개별적인 방식으로 표현하도록 한다. 단순히 강의자료를 읽으면서 진행하지 않는다. OHP자료나 유인물을 보면서 읽지 않도록 한다. 만약 강의부분이 단지 지식전달이라면, 학생들에게 유인물을 제공하고 읽어보게 하는 것이 바람직하다. 음성을 다양하게 사용한다. 단조로운 음성은 대개 걱정이나 긴장으로 인해 발생하며 많은 경우에 사전연습을 통해 긴장을 해소할 수 있다. 위 아래로 약간씩 몸을 움직여 긴장을 풀어보는 것도 좋은 방법이다. 편안한 속도로 진행한다. 걱정하고 긴장하는 상태에서는 대부분 말하는 속도가 빨라진다. 대화식으로 말하고 긴장을 풀도록 한다. 강의실 뒤에서도 들을 수 있을 정도로 크게 말하도록 한다. 속도와 목소리 크기 이 두 문제를 동시에 해결할 수 있는 방법으로서 소리를 크게 하면 말하는 속도가 자연히 느려지게 될 것이다. 소리의 크기가 적절한지 뒤쪽에 앉아 있는 사람에게 물어보도록 한다. 중요한 점을 강조하는 좋은 방법은 잠시 동안의 침묵을 갖는 것이다. 더 중요한 내용일수록 다음 내용으로 넘어가기 전에 여유를 두고, 차분하게 말하는 것이 중요하다.

② **몸동작**

교수자가 자기의 강의 기술을 개선하고자 할 때 관찰할 사항 중에서 몸동작에 관하여 생각해 보면 여러 가지 경우나 상황에 따라 또는 교육하고자하는 내용에 따라 강사의 몸동작은 그에 맞춰서 다리나 발, 팔 또는 제스처 등을 적당하게 적용시켜 주어야 하는데 그 내용을 보면 [14]아래와 같다.

14) 신산업안전교육론(김병석, p.189～199), 산업안전공단 강사교육 자료집 참조.

제스처

요구(要求) 요청(要請)강사의 교육생에 대한 요구나 촉구, 도전이나 선언 등 의의 의사를 제스처로 보여주는 것으로 손바닥을 위로 향해 한 쪽 손을 앞으로 내밀며 아래위로 흔들면 된다.

주장(主張), 강조(强調)
강사의 주장을 교육생들이 확실하게 인식하도록 주먹을 쥐고 위아래로 흔들거나 단상을 내려치는듯한 모션을 취하면 된다.

부탁(付託), 호소(呼訴)
강사가 교육생에게 또는 연설이나 주장을 펴다가 호소, 애원 등의 의사표시를 할 때에 사용하는 모션으로 두 팔을 벌리고 손바닥을 위로 향한 채 앞으로 내뻗는다.

배척(排斥), 거절(拒絕)
강사가 배척이나 거절, 거부나 방어 등의 의사 표시를 할 때 사용하는 제스처로, 손바닥을 교육생을 향해 세워 펴 보이면서 앞으로 힘차게 내밀면 된다. 그러나 배척이나 거절을 너무 강하게 교육 중에 할 필요는 없다.

분리(分利), 나눔
분리나 이별, 나눔 등의 의사 표시를 할 때 사용하는 제스처로 가슴 앞에서 합친 두 손바닥을 양쪽으로 가르거나 한 손으로 선을 긋듯이 하면 된다.

단결(團結), 협동(協同)
단결이나 합동, 협력이나 합류 등의 의사 표시를 하고자 할 경우에는 그림과 같이 두 손을 앞으로 들어 올려 힘차게 맞잡으면 된다. 이때에는 너무 강한 모션을 쓰기 보다는 호소력 있게 하는 것이 중요하다.

지시(指示)
강사가 교육 중에 또는 프로그램 진행 중에 지시나 방향, 또는 경고 등의 의사 표시를 할 때 사용하는 제스처로 둘째손가락이나 손바닥을 펴서 가리키는 곳을 향해 힘차게 팔을 뻗거나 둘째손가락 끝을 위로 향하여 상징적으로 흔들어도 된다.

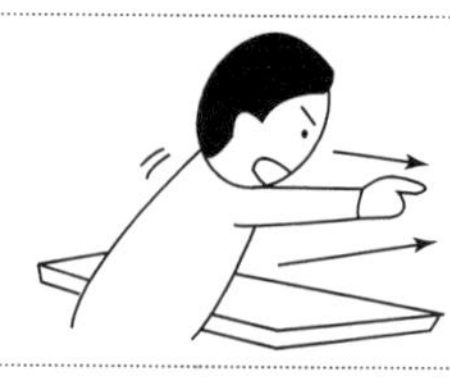

존경(尊敬)
존경이나 존경, 숭고함이나 신성 등을 표현할 때 사용하는 제스처로 하늘을 받들 듯이 양팔을 머리 위로 구부려 손바닥을 마주보게 한다. 이때에는 강사의 표정이 중요하다.

감탄(感歎), 결단(決斷)
감탄이나 희열, 감격 등의 표시를 할 경우에는 두 손바닥을 펴고 양팔을 힘 있게 강의 내용에 따라 위아래 또는 상·중·하로 쭉 뻗어 주면 된다. 결단을 표현하는 경우는 동일한 동작 후에 오른손 손바닥을 칼날처럼 세워 왼손 손바닥을 내려치거나 가르는 시늉을 하면 된다.

기도(祈禱), 소망(所望)
기도나 소원, 소망 등의 의사표시를 할 때 사용하는 제스처로 양손을 맞잡거나 양손바닥을 합장하거나 기도하는 모션을 하거나 양손을 모으거나 하면서 경건하고 엄숙한 표정을 짓는다.

진정(鎭靜)
진압이나 평정, 억압이나 억제 등의 의사 표시를 할 때 사용하는 제스처로 손바닥을 아래로 향해 벌려 밑을 누르듯이 한다.

승리(勝利)
승리나 성공, 행운 등의 의사표시를 할 때 사용하는 제스처로 둘째나 셋째 손가락을 V자 모양으로 펴서 팔을 앞으로 내뻗으면 된다.

사망(死亡)
사망이나 섬멸 등의 의사표시를 할 때 사용하는 제스처로 엄지손가락만 편 주먹을 가슴 앞에서 거꾸로 눕힌다.

최고(最高)
최고나 제일, 정상 등의 이미지를 나타낼 때 사용하는 제스처로 엄지손가락만 편 주먹을 앞으로 힘차게 앞으로 내 뻗으면 된다.

숫자(Number)
숫자나 순위 등을 나타낼 때 사용하는 제스처로 손가락 한 개 두 개 식으로 펴나가면 된다.

충만(充滿)
충만이나 환희, 공포 등을 나타낼 때 사용하는 제스처로 두 주먹을 가슴 앞에서 불끈 쥐고 부르르 떨면 된다.

분량(分量)
분량이나 크기 등의 의사표시를 나타낼 때 사용하는 제스처로 엄지와 검지로 작은 크기를 나타내거나, 손바닥을 펴고 두 손을 들어서 정도에 따라 크기를 나타내면 된다.

(ㄱ) 몸동작이 교육내용에 부합하는 효과를 내고 있어야 한다.

커뮤니케이션에 대한 연구를 보면 몸동작이 의사전달에 미치는 효과는 50% 이상 된다고 한다. 예를 들어, 강의를 하는 동안 교수자가 시계를 자꾸 쳐다보는 행동은 강의를 성의 없게 빨리 끝내고 싶다는 뜻으로 교육생들에게 전달된다(1994년 미국 대통령 후보 토론 중에 부시 후보가 자신의 손목시계를 쳐다보는 모습이 텔레비전 화면에 잡혔었는데 그 초조해하는 모습 때문에 클린턴에게 참패당했다는 평론이 나오기도 했음). 어쨌든 무의식적 습관에서 비롯되거나 별 이유 없이 반복되는 몸동작은 줄여야 한다. 이를테면 말할 때 삿대질하기 두 손으로 허공을 잡고 흔들기, 천장 쳐다보기, 바닥 내려보기, 인상 찌푸리기, 주머니에 손 집어넣고 동전 만지작거리기 등 반대로 강의 내용에 악센트를 넣기 위한 몸동작은 의도적으로, 적절히 그리고 다양하게 활용해야 한다.

(ㄴ) 강의 시 자리를 이동하면서 해야 한다.

초조함과 긴장은 초보 강사의 경우에는 강의를 하기 전이나 하는 동안에 일반적으로 나타나는 현상이다. 약간의 긴장감은 열성적이고 역동적인 강의를 하는데 도움이 되기도 한다. 적절한 사전계획과 준비를 통해 긴장감을 감소시키도록 노력하고 천천히 깊게 호흡을 하면서 움직임이 있는 강의가 되도록 해야 한다. 사람은 시선을 한 시간 동안이나 한 군데에 집중하다 보면 자기도 모르는 사이에 졸게 되어 있는데 교육을 하는 동안에 가끔씩 자리를 옮기는 것과 또(가능하면) 교단에서 내려와 학생들 사이를 지나다니는 것이 교육생들의 시선 집중을 도와주는 좋은 기술이다. 이것은 한 마디로 학생들의 눈동자에 운동을 시켜주어서 피로함을 풀어주자는 뜻이기도 한데 특히 조는 교육생 옆으로 지나가면 그 교육생은 슬며시 깨어나게 되어 있다. 아무리 간이 큰 교육생도 교수자 바로 앞에서 "나 몰라라"하며 엎어져 자는 교육생은 그리 많지 않기 때문이다. 마찬가지로 교육시간에 떠드는 학생들 곁으로 슬쩍 다가가면 말로 야단치지 않고도 같은 효과를 볼 수 있다. 그러나 너무 부산하게 지속적으로 이리저리 왔다 갔다 하는 것은 오히려 산만한 분위기를 자아낼 수도 있기 때문에 절충하는 것이 효과적이다.

(ㄷ) 교육생들에게 시선을 맞추면서 강의해야 한다.

교육생들과 눈 맞추는 것은 매우 중요한 일인데 교육생들을 수시로 쳐다보지 않으면 교육내용이 너무 쉬워서 교육생들이 따분해 하는가, 거꾸로 너무 어려워서 혼동스러워 하는가를 알 수 없다. 그러다가 교육 끝 무렵에 교육생들에게 "질문 없습니까?"하면 학생들은 조용할 것이다. 질문이 없다고 하여 교육생들이 교육 내용을 완벽히 알아들었을 것이라는 결론을 내리는 것은 착각이며 교육을 교육생의 반응을 무시한 채 준비된 각본대로 진행하면 깔끔하기는 하나 효과가 없으므로 될 수 있으면 시선을 교육생들 쪽으로 향해야 한다.

(ㄹ) 모든 교육생들을 살펴보면서 강의해야 한다.

일반적으로 우리가 대화를 할 때 좋은 반응을 보이거나 대하기 편한 얼굴이 있는 쪽을 보며 말하는 경향이 있다. 따라서 시선을 교육생을 향해 돌리더라도 강의실의 한 부분이나 몇몇 교육생들에게만 편파적으로 치우치기 쉽다. 이런 경우 교수자의 시선을 못 받는 교육생들은 소외감을 느끼게 되며 학습 의욕을 잃게 될 수 있기 때문에 교수자는 일부러라도 모든 교육생을 두루 보며 말하는 것이 바람직하다. 그럴 때 시선을 너무 빨리 이동하지 말고 교육생이 자기의 눈이 교수자의 눈과 마주쳤다는 사실을 의식할 때까지 시선을 한 교육생에게 순간적으로 정지시켜야 한다. 그러니 시선을 따발총 쏘듯 사방으로 휘둘러서 이마와 코에 맞추는 것이 아니고 시선을 조준해서 눈을 학습자와 적중하는 것이다.

(ㅁ) 몸동작의 효과를 극대화 시키면서 강의해야 한다.

교육생에게 시선을 줄 때 마치 그 교육실에 그 교육생 한 명 밖에 없듯이 온 관심을 집중적으로 쏟아 주어야 한다. 교육에 흥미 없는 교육생이라도 자기에게 그런 관심을 보이는 교수자의 강의만은 나름대로 열심히 할 것이다. 그 만큼 시선주기는 효과적인 테크닉인데 대형 강의실에서 강의할 경우 2.0/2.0시력을 갖춘 교수자마저 뒤쪽에 앉은 교육생들과 눈 맞추는 것은 불가능하다. 이런 경우 몸동작을 보조할 필요가 있는데 예를 들어서 교육실 뒤쪽에 앉은 교육생들에게 시선을 주고 있다는 사실을 확실히 알리기 위해 "맨 뒷줄, 파란 재킷 입은 분 칠판에 쓴 글이 잘 보이나요?" 식의 부담 없는 질문을 던질 수도 있다. 특히 뒤에 앉는 교육생은 교육과 거리가 먼 교육생일 확률이 높기 때문에 이런 테크닉을 이용하여 교수자로부터 "숨을 수 있는" 공간을 없애야 교육실의 분위기를 살릴 수 있는 것이다. 또 항상 몸은 학습자에게 향하도록 한다. 양쪽 발은 25~30 cm 정도 간격을 두고 양쪽에 똑같이 무게중심을 둔다. 무릎은 접히지 않게 하고 손은 주머니에서 빼고 팔은 양옆에 붙인다. 이렇게 하면 학습자와 눈을 맞출 수 있으며 학습자들은 교수자의 얼굴표정을 볼 수 있다. 칠판을 사용하거나 벽걸이용 차트를 이용할 때는 학습자에게 등을 보이며 이야기하지 말아야 한다. 이러한 자세는 학습자와의 눈 맞춤을 놓치게 하고 학습자는 말하는 내용이 잘 들리지 않는다. 따라서 칠판에 다 적고 나서 설명하도록 한다.

③ 칠판쓰기

강의식 수업 과정에서 설명과 동시에 가장 많이 활용되는 것이 판서이다. 판서는 칠판이나 화이트보드를 이용하여 강의 내용을 요약하고 종합한 흔적으로, 많은 학습자들은 판서의 내용을 주의 깊게 보고 기록한다. 판서는 대부분의 많은 교수자들이 손쉽게 접할 수 있는 방법이며, 가장 많이 활용되는 것이다. 판서는 설명 방식으로 전달되는 학습 내용을 좀 더 분명하게 제시할 수 있을 뿐만 아니라, 중요한 내용을 시각적으로 반복하여 제시할 수 있다. 청각을 자극하는 교수자의 설명에 시각적인 자극인 판서의 통합은 학습자의 이해를 위하여 효과적으로 활용될 수 있다. 이러한 판서의 일반적인 기법을 살펴보면 [15]다음과 같다.

1. 사전에 철저한 계획을 세워 판서한다.
2. 판서 내용은 강의 설명을 잘 이해할 수 있도록 조직하고 간략하게 제시한다.
3. 글자는 학습자가 알아볼 수 있도록 크고 바르게 적고 색분필을 이용하여 강조한다.
4. 학습자가 기록할 수 있는 시간을 충분히 제공한다.
5. 교수자가 판서를 하는 동안에 학습자의 주의가 산만해지지 않도록 유의한다.

또 다른 의미의 판서, 즉 칠판쓰기에 대한 교수자의 유의사항은 칠판을 효과적으로 써야 한다는 것이다. 칠판을 잘 이용하면 좋은 학습 효과를 낼 수 있는데 칠판에는 크게 네 가지 효과를 낼 수 있다.

㈀ 시각적 효과

교육 중에 말로는 충분히 묘사나 설명이 안 될 때 그림, 도표나 수식을 칠판에 써서 학습자의 이해를 도모하는 것을 말한다.

㈁ 악센트 효과

강사가 교육 중에 말로 설명하다가 요약해서 쓰거나, 쓴 글에 밑줄을 긋거나

15) 변영계 외 2인, 교육방법 및 교육공학, 학지사.

원을 그리면서 중요한 점을 지적하고 부각시킨다거나 강조하는 등 강의 내용을 판서를 통해 강조하는 것을 말한다.

㈐ 브레이크 효과

강사의 말이 빨라지거나 강의 진도가 계획보다 빨리 진행되어 속도 조절이 필요하다거나 할 때 판서를 통해 속도를 늦추고 학습자들에게 생각할 기회를 주거나 강사 자신도 학습자의 필기시간을 이용하여 다시 한 번 강의 내용이나 진도, 기타사항을 돌아보는 것을 말한다.

㈑ 본보기 효과

강사의 필기 습관이나 지식을 자연스러운 판서를 통해 학습자들에게 보여주고 학습자의 동기유발을 도모하거나 본받고자 하는 욕구를 일으키게 하는 것이다.

교수자는 상기(上記)한 이 네 가지 효과를 최상으로 하려면 칠판에 무엇을 얼마만큼 쓰고 있는가에 신경을 써야한다.

먼저 무엇을 쓰는가? 이다. 교재에 나오는 내용을 칠판에 그대로 판서하는 경우가 있는데 이럴 때 교육생들은 황당해 하는데 따라 쓰자니 쓸데없이 일하는 것 같고, 안 하자니 뭔가 허전하게 느껴지기 때문이며 이와 같은 경우에는 교육생들이 교육에 대한 동기부여가 떨어질 수밖에 없다.

다음은 "얼마만큼 쓰는가?"이다. 교육이 시작되자마자 판서하기 시작하여 끝날 때까지 쉬지 않고 쓰는 교수자가 있는데 비록 교재에는 없는 내용을 쓴다 하더라도 이것은 교육시간을 유용하게 보내는 방법이 아니며, 특히 안전교육과 같이 사회교육적인 성격이 큰 교육의 경우에는 판서의 양은 최소한으로 줄이는 것이 바람직하며 그 내용도 설명과 이해를 돕는데 한정해야 한다.

④ 도구(자료)쓰기

교수자의 설명과 해설을 좀 더 효과적으로 전달하고 쉽게 이해하게 하기 위하여 교수 매체를 활용한다. 일반적으로 단일 매체보다는 글, 그림, 소리 등과 같이 다양한 매체의 속성을 적용하면 학습자의 주의 집중뿐만 아니라 이해를 증진시킬 수 있다. 더욱이 강의 자료를 전산자료로 전환하여 학습자가 재사용할 수 있는 기회를 제공할 수도 있다. 강의 장면에 대한 동영상 자료는 인터넷을 통하여 공유될 수 있으므로, 학습자가 언제나 어디서나 원하는 시간에 복습할 수 있는 기회를 제공할 수도 있다. 요즘에는 이러한 인터넷을 포함한 첨단강의가 일반적인 현상으로 자리 잡아가고 있으며 특히 사회교육의 경우에는 그 정도가 훨씬 크고 넓게 자리매김하고 있기도 하다. 현대의 학습자들은 귀로 정보를 듣는 것 보다 눈으로 보기를 선호하고 더 유용한 것이 사실이다. 물론 사람마다 또 추구하는 교육내용에 따라 어느 정도 차이기 있지만 현장의 근로자들은 특히 시각적인 면을 많이 활용해야 한다. 그 뿐 아니라 교육시간에 듣기와 보기를 함께 할 때의 학습 효과는 듣기만 했을 때보다 거의 다섯 배로 높게 나온다는 사실은 교육 시 도구 활용에 대해 더욱 매력을 느끼게 하는 이유이기도 하다. 따라서 칠판 이외에 OHP, 컴퓨터(power pointer), 비디오, 슬라이드 등 시각적 효과가 높은 도구를 강의 중에 알맞게 활용해야 한다.

시각 자료를 활용하는 데에는 몇 가지 유의해야 할 점이 있는데 인쇄 자료인 유인물, 팸플릿 등과 같은 것은 학습을 시작하기 전에 선행 조직자를 통한 학습내용에 대한 소개나 학습자의 사고를 자극하는 일련의 안내 설명 혹은 발문을 제공하는 경우에 사용하며, OHP & TP 자료 같은 것은 강의 내용의 주요 요점을 강조하는데 유용하다. 정보를 조직하고 분류, 제시하는 매체인 그림과 사진의 경우는 중요한 인물이나 사물의 실제 모습을 제시함으로써 학습 내용의 이해도를 높이는 데 사용한다. 다이어그램, 괘도, 차트 등은 개념간의 관계, 절차, 과정 등을 가시적으로 표현할 수 있고 구체적인 물건, 실물 등은 학습자들이 실제로 자세히 관찰하고 만져보고 조작할 수 있어 내용 이해를 도울 수 있다. 그러나 도구를 사용하는 것은 그 편리성 이면에 문제도 갖고 있기 때문에 교수자는 아래사항에 유의하여 학습도구를 사용하여야 한다.

㈀ 학습도구는 교육 내용을 보완하기 위한 것이다.
교육 내용이 모두 학습도구에 녹아 있는 것이 아니기 때문에 교수자가 그 학습도구에만 의존하여 강의할 경우 교육생의 교수자에 대한 신뢰도는 떨어지기 쉽고 학습효과도 역효과를 나타낼 가능성이 커진다.

㈁ 적절한 도구를 선택하고 도구의 상태나 질을 고려해야 한다.
책이나 교재에 나오는 내용이나 그림에 해당하는 도구를 사용할 경우에 제대로 적용 가능한 도구를 선택하고 그 상태도 미리 확인하여 교육생들이 보거나 만지거나 할 때에 문제가 없도록 해야 한다.

㈂ 도구를 이용하여 교육을 진행할 경우에 진도는 적절하게 나가야 한다.
도구를 이용하여 강의를 진행하는 경우에는 강의 속도를 조절하는데 상당한 문제가 따르기 쉽다. 함축적인 자료나 도구는 강의내용을 단번에 설명하거나 이해시키기 때문에 강의시간이 남을 수도 있지만 다른 경우에는 학습자의 관심이 크거나 자료의 숫자가 모자라 돌려보거나 하면 오히려 학습 진행에 상당한 지장을 초래하고 시간적 소모가 커지기 쉽다.

㈃ 교육시간에 사용할 도구나 자료의 분량이 적정한가를 고려해야 한다.
한정된 시간에 강의가 빠른 속도로 진행된다는 말은 많은 내용이 강의된다는 뜻이기도 하다. 학습자료나 도구를 필요 이상으로 많은 분량을 사용하는 경우에는 학습자의 학습의욕은 소화불량에 걸리기 쉽다.

⑤ **질문하기**

질문이라면 보통은 교육생이 강사에게 하는 것으로 알고 있으나, 거꾸로 강사가 교육생에게 질문을 하면서 교육을 진행하면 강의 효과가 높아지게 된다는 것이다. 질문은 사전에 미리 준비해 두어야 한다. 교육 중 언제 어떤 질문을 할 것인가를 사전에 충분히 생각해 두어야 한다는 얘기이다. 그리고 답하기 쉬운 질문을 해야 한다. 질문이 너무 어려우면 학습자들이 당혹해 하며 강의실 내에 긴장감이 높아지게 되고 답을 못한 교육생은 수치심을 느끼게 되어 강사에게 반발하거나 학습 자체를 포기할 수도 있다. 또한 강사가 충분히 지식을 갖지 못한 질문을 해서는 안 된다. 좋은 대답에는 칭찬을, 그렇지 못한 질문에도 긍정적 대응을 한다.

사람은 칭찬을 받으면 좋아하며 수강생도 역시 기분이 좋아진다. 만약 답이 기대대로 나오는 경우 「그렇습니다.」, 「그것 정말 좋은 생각입니다.」라는 식의 칭찬을 잘해야 한다. 기대에 벗어난 답이 나오더라도 「그게 아니지요.」, 「질문의 의미를 잘못 아셨군요.」라는 식으로 해서는 안 되며 「그런 것이 있군요.」, 「그것도 대답 중 하나이지만 이 경우에는 …」라고 하여 알기 쉽게 다시 설명해 주어야 한다. 마지막으로 교육생이 답을 못하면 몇 초간(약 5~7초 정도) 기다려 준다. 교육생이 강사의 질문에 곧 답을 못하는 경우가 많다. 지적당하면 당황해 하는 경우도 있고 강사의 질문 의미가 잘 이해되지 않는 경우도 있게 마련이므로 이런 경우 강사는 끈기를 갖고 잠시 기다려야 한다.

질문유형 (전기한 부분 참조)

㈀ 학습자 전체에 대한 질문 : 특정인을 지정하지 않고 질문
㈁ 학습자중 특정인에 대한 질문 : 학습자 중 한 사람을 지명, 질문
㈂ 교수자가 기대하고 있는 방향으로 생각을 유도하는 질문
㈃ 사실을 확인하거나 상대의 의견을 파악하기 위한 확인 질문
㈄ 연결질문 : 질문에 대해 학습자의 계속된 질문이 나올 경우 교수자가 직접 대답하는 것이 아니라 다른 학습자들에게 대답을 시키는 질문
㈅ 계기를 만드는 질문 : 다음 주제로 넘어가거나 학습자가 토론할 수 있는 계기를 만들기 위한 질문

(ㅅ) close 질문 : 질문의 범위가 한정된 것으로 학습자의 의견보다는 교수자의 의도가 많이 나타나는 질문이며, 학습자의 생각이나 의견보다는 즉답, 단답(yes or no)이 나오게 하는 질문

(ㅇ) open 질문 : 다양하고 독특한 대답이 나올 수 있는 질문의 형태로 질문에 대한 답이 대개의 경우는 복수로 나오고 학습자의 생각과 판단이 나타날 수 있는 질문

⑥ 강의 진행시 유의사항

강의를 진행하다 보면 준비단계와 함께 강의 진행시의 스킬이 매우 중요하다는 생각이 들게 된다. 교수자의 심리나 학습자의 심리적인 부분 또한 무시하지 못할 경우가 많은데, 다음 사항은 강의진행시 유의점은 다른 각도에서 기술한 것이다.

(ㄱ) 교수자의 열정이 느껴지도록 강의해야 한다.

기운이 축 쳐져서 진행되는 교육은 교육생들을 피곤하게 한다. 그러나 열의가 있는 교육은 시간가는 줄 모르고, 끝날 때에는 오히려 아쉬운 마음까지 들게 한다. 열의가 있는 교수자의 몸동작에는 생동감이 있고, 목소리가 분명하고, 강의는 팽팽하게 진행되고, 메시지가 확실하고, 말 한마디 한마디에 자신이 있어 보인다. 자신감과 열정이 보이는 교육은 학습자의 학습동기를 유발하게 되는 것이다.

(ㄴ) 교육시간은 의미 있게 보내야 한다.

강의를 늦게 시작하거나, 빨리 끝내버리거나, 강의내용과 무관한 잡담을 한다든지 등 소중한 시간을 허비하거나, 거꾸로 교육시간이 끝났는데도 계속해서 진행되는 교육도 시간을 허비하는 것이다. 교육시간이 끝난 경우에 교육생들의 마음과 정신은 벌써 다른 곳으로 빠져나가게 되고 교육생들은 교육시간을 넘기며 계속 교육하는 교수자의 열의에 감동받기는커녕 밉거나 한심스럽다고 생각하기 쉽다. 교육은 제 시간에 끝내어야 효과적이다.

(ㄷ) 교육속도가 적절해야 한다.

교육을 처음에는 느긋하게 하다가 끝에 가서 급하게 마무리 짓게 되면 제대로 된 강의 마무리가 어렵게 된다. 강의의 결론이 대부분 끝머리에 나오기 마련이므로 교육은 오히려 끝나가면서 여유 있게 진행해야 한다. 교육을 그때그때 상황에 따라 융통성 있게 조절하기 위해서는 이차적인 내용(예문, 문제, 복습)을 여럿 준비해서 시간이 허락하는 만큼 쓰면 시간을 조절할 수 있어야 한다.

⑦ **효과적인 강의진행 구성 요령**

효과적인 강의는 매 강의 시마다 시작과 줄거리, 그리고 끝맺음이 있어야 한다. 전기한 교수법에서 강의에 [16]효과적인 구성법을 정리해 보면 아래와 같다.

㈀ 강의에 시작이 있는가?

강의를 시작하면서 그날 배울 새로운 내용으로 바로 들어가지 말고 지난번 강의의 내용을 1∼2분 정도 요약하면 좋은 학습 효과를 낼 수 있다. 강의 요약을 교수가 하는 일반적인 방법을 벗어나 학생이 하게 하면 상당한 교육 효과를 기대할 수 있다고 한다. 조벽 교수에 의하면 학생 한 명은 칠판에 지난번 강의를 요약(review)해 쓰게 하고, 다른 한 명은 그 날의 강의 내용을 요약(preview)하게 하여 많은 학생에게 발표할 기회를 부여하고 요약을 한 후 약 2분 정도 구두로 설명을 덧붙이게 하였더니 이중 삼중의 교육 효과를 보았다고 주장한다. 이는 강의 시작을 매우 효과적이고 역발상적인 방법으로 학습자의 학습효과를 유도한 것으로 보인다.

㈁ 강의에 끝맺음이 있어야 한다.

강의도 강의내용을 구성할 때 강의 전후의 강의내용과 연결되어 나가면서 강의마다 매듭을 지어야 좋은 강의라고 말할 수 있다. 개념을 설명하거나 수식을 푸는 도중에 다음 시간을 기약하고 교육을 중단하는 경우에는 학습자의 학습 의욕을 끊어 버리기 쉽다. 짜임새 있는 교육을 구성하기 위해서는 교육의 목표를 확실하게 정해야 하고, 그래서 교육생이 교육이 끝나가고 있다는 것을 시계를 보고 비로소 아는 것이 아니라 강의가 목적을 달성하고 있다고 느낌으로써 알게 되어야 한다.

㈂ 강의에 숨 돌릴 여유가 있어야 한다.

교육생들의 집중력을 테스트한 연구 결과에 의하면 학생들이 한 시간짜리 강의를 들었을 때 첫 15분 발표된 내용은 75% 정도 기억하고, 그 후에는 기억도가 차츰 떨어져서 맨 마지막 15분에 발표된 내용은 20%도 기억하지 못한다고 한다. 이렇듯 시간이 갈수록 교육생들의 집중력이 떨어지는 것은 자연의 이치이기 때문에 교수자는 교육생들이 교육에 계속해서 주의할 수 있도록 도와주어야 한다. 학습 효과를 높이려면 강의를 "단막극"으로 생각하지 말고 중간 중간에 막을 내리고 배경을 바꾸는 "다막극"으로 구성해야 한다. 매 15∼20분마다 변화를 주면 교육생들이 강의 시간 내내 상당히 높은 집중률을 유지할 수

16) 한국공학기술학회 전자주간지

있다. 여기서 "변화"란 말은 꼭 강의 내용을 바꾸라는 것이 아니며 중요한 것은 교육생이 다양한 활동을 하도록 해주는 것이며 필기 위주에서 듣기 위주나 (OHP 등) 보기 위주로 바꿔도 효과적인 변화인 것이다.

㈃ 호기심을 유발해야 한다.

"가르치기"와 "배우기"는 동전의 양면 같으며 한 쪽에서 가르치면 다른 쪽에서는 배움이 저절로 공존한다는 뜻이 내포되어 있다. 교수자가 아무리 중요한 내용을 교육해도 교육생들이 준비가 덜 된 상태라면 그 교육은 아무 효과가 없으며 효과적인 교육은 "기막힌" 예, 실질적인 응용, 엉뚱한 응용, "칼"같이 예리한 질문 등으로 교육생들에게 도전을 주거나 교육생들의 [17]호기심을 자극, 배우고 싶어 하는 학습동기를 유발할 때 비로소 효과가 있는 것이다.

㈄ 가장 중요한 내용이 부각되어야 한다.

훌륭한 강의를 하려면 강의의 핵심 메시지를 세 번 반복하라는 말이 있다. 예를 들어 "오늘은 자율성에 관해서 강의를 하고자 합니다."로 시작하여 자율성에 관해서 강의를 하고 난 후 "오늘 자율성에 관해서 강의를 했습니다."라고 말하면서 끝내야 한다는 것이다. 중요한 메시지는 반복함으로써 확실하게 전달할 수 있으며 메시지를 부각시키기 위해 "말로 반복하기"같이 노골적으로 표현하는 방법보다 은근히 암시하는 방법이 더 큰 효과를 낼 때도 있고 절정(climax) 유도하기, "1분 퀴즈" 치르기, 시험 들먹거리기 등이 있다.

㈅ 강의 시 체크포인트

ⓐ 막힘없고 정확하고 신뢰를 줄만한 지식이 있는가?

ⓑ 언어는 표준어로 발음은 정확, 내용에 따라 고저가 있는가?

ⓒ 주어진 시간을 최대로 활용하고 피교육자 중심으로 강의하는가?

ⓓ 강의 중에 항상 전 피교육자의 시선과 마주하고 질의응답 시에는 당사자와 시선을 마주하되 답변 시에는 전체를 주시하고 답변하는가?

ⓔ 자세는 흐트러짐 없고 복장은 단정하고 사용하는 기구는 정확하게, 바른 자세로 사용하고 있는가?

ⓕ 결론은 간결하고 질문자의 내용이 보잘 것 없어도 칭찬을 하고 자신 있는

---

17) Malon(1987)은 동기에서 주요한 요인을 도전감(challenge), 환상(fantasy), 호기심(curiosity) 등 3가지로 구분하고 있다. 도전감은 목적이 개인적으로 의미 있는 것일 때 분명한 목표와 불확실한 결과를 제공하여 동기를 부여할 수 있음을 말한다. 환상은 학습자들이 맥락이 있는 상황을 상상함으로써 실제와 같은 이미지를 갖게 하여 동기를 부여할 수 있음을 말한다. 호기심은 감각적 호기심과 지적호기심으로 구별하는데, 감각적 호기심은 시청각의 감각적 자극을 통해서 학습자의 주의와 호기심을 유발하는 것이며, 지적 호기심은 새로운 지식을 통해서 호기심이 발동하게 되는 것을 말한다.

답변과 모르는 내용은 정직한 답변자세로 하고 있는가?

ⓖ 처음인사와 결론 후의 마무리는 인상 깊게, 처음부터 끝까지 피교육자 중심으로 강의 진행하되 권위를 갖고 강의하고 있는가?

ⓗ 강의 중에 피교육자 중 질병자, 생리적 이상자 발생 시 눈치 있는 빠른 배려와 조치, 유머는 지나치지 않게 사용하고 있는가?

ⓘ 아래의 세부항목은 항상 check 하는가?

[시작]

- 등단하기까지의 태도, 동작(자세 · 걸음걸이)은 적정하게 했는가?
- 제일성은 시원시원하고 분명했는가?
- 자기소개는 인상적이었는가?
- 도입에서 분위기는 잘 잡았는가?

[말하기]

- 소리의 톤(강약 · 억양)은?
- 말의 속도, 간격의 조정은?
- 알기 쉽게 했는가, 유머스럽게 했는가?
- 열의에 가득 찬 강의를 했는가?
- 요점 정리는 적절하게 했는가?

[몸동작]

- 표정은 친근하고, 생생했는가?
- 시선은 잘 조절되었는가?
- 손발의 움직임은 좋았는가?
- 일부러 만들어낸 연기적인 부분이 있어 어색하지는 않았는가?

[도구(자료)사용]

- 칠판의 사용법, 판서하는 방법은 적절했는가?
- OHP, VTR 등의 시각적인 자료를 사용해서 효과적으로 했는가?
- 교재, 자료를 잘 사용하였는가?

[종결]

- 질문의 방법은?
- 시간배분은 적절했는가?
- 마무리를 잘 했는가?
- 학습자들에 대한 Feed Back은 잘 했는가?

결국 강의법의 적용에는 교수자의 인식과 준비 그리고 실제 적용노력이 효과적으로 하나가 될 때 극대화 될 수 있다. 그리고 강의법에 적용하고 있는 이론들은 반드시 절대적인 것은 아니다. 교수자의 센스와 특성, 학습자의 태도와 성향에 따라 얼마든지 변화 가능하고 창조적인 자기만의 강의법을 적용할 수 있다. 가장 많은 사람이 가장 일반적으로 사용하는 교수법이 강의법이기 때문에 누구나 쉽게 사용하지만 누구나 성공적이지 못하다는 것이 강의법인 것이다. 그리고 모든 교육기법의 바탕에는 강의법이 자리 잡고 있을 수밖에 없으므로 교수자는 기본적인 강의법 연마에 힘을 써야 할 것이다.

6.2 토의법(discussion method)

6.2.1 토의법 일반

토의는 교수자와 학습자, 그리고 학습자와 학습자간의 상호교류를 통해 주어진 학습과제를 풀어 나가고 정보를 획득하는 공동의 학습형태이다. 토의는 인문, 사회, 문화분야 같은 학술과목에만 활용될 수 있는 것이 아니라 어떤 특정한 개념을 적용시켜 응용할 수 있는 분야나 문제해결의 기능을 습득하는 것이 학습의 목표가 되는 분야는 어느 분야든지 활용할 수 있다. 토의는 지식의 전달을 목표로 하는 것이 아니라 학습자끼리 협력을 통해 그것을 해결하기 때문에 다른 학습과는 다른 교육적 가치를 얻을 수 있다. 다른 의미로는 목적을 달성하기 위하여 두 사람 이상이 대면적 상황에서 정보나 아이디어를 교환하는 과정이라고 하였다. 여기에서 목적이란 지식 획득이 될 수도 있고, 문제 해결이 될 수도 있으며, 가치 명료화가 될 수도 있다. 생산적인 토의란 생각나는 대로 말하는 것이 아니라 반성적 사고를 거친 대화이고, 반성적 사고란 결론에 도달하기에 앞서 조사하고, 탐구하고, 평가하는 사고를 말한다. 결국 반성적 사고를 통하여 결론을 얻으려면 어떤 선입관이나 편견을 버리고, 관찰하고 연구한 사실을 토대로 하는 것이다. 결국 반성적 사고란 충동적인 사고가 아니라 보다 신중하고 진지한 사고를 의미하는 것이다. 그 사고는 주관적이거나 편견이 있어서는 안 되고 객관적이어야 하며, 논쟁적인 것이 아니라 탐구적인 것이 되어야 한다. [18]포터와 앤더슨(Potter & Anderson 1970)에 의하면 토의란 집단 지도성을 공유하는 개인들로 구성된 집단이 언어를 통하여 아이디어, 사실, 의견을 의도적, 체계적으로 교환하는 것이다. 이를 좀 더 부연하면 아래와 같다. 첫째, 토의는 의도적이다. 의도적

18) 인천직할시 교육과학연구원, 토의학습의 실제, 1994.

이라는 말은 목적이 있다는 말이다. 앞의 토의에 관한 정의에서 볼 때, 무엇보다도 먼저 목적을 결정하는 일이 중요하다. 이상적으로 볼 때 토의의 목적은 토의 시작 전에 결정되며, 분명하게 정의되어야 하며, 집단 구성원은 모두가 이를 이해하고 있어야 한다. 그리고 토의가 진행되는 과정에서도 토의의 목적은 계속 의식되어야 한다. 또한 토의를 통하여 얻어진 결정은 토의의 목적에 비추어 검토되어야 한다. 둘째, 토의는 통상 체계적이고 논리적인 계획을 따른다. 효과적인 토의는 정확한 증거, 판단력, 공정성, 사실과 의견의 검증, 주제의 체계적 개발을 통하여 가능해진다. 셋째, 토의는 대화 과정이다. 토의법은 학생들이 집단을 형성한 후 집단 성원끼리 주어진 집단 목표를 달성하기 위하여 서로 자신의 의사를 개진하고, 나머지 학생들은 이에 대하여 적절히 반응해 가는 학습 방법이다. 그래서 무엇보다 중요한 것은 자신의 의사를 정확히 표현하는 기술이다. 그러기 위해서는 자신이 사용하고 있는 언어가 정확하고, 이해를 잘 하여야 하며, 의사 표현에 필요한 음성이나 제스처도 적절하여야 한다. 넷째, 토의에서는 주제와 관련이 있는 가능한 모든 아이디어, 사실, 의견들을 고려하여야 한다. 효과적인 토의를 위해서는 문제의 철저한 분석, 가능한 모든 해결책의 탐색, 참여자들의 적극적 참여가 요구된다. 다섯째, 토의는 집단 과정을 필요로 한다. 토의는 집단 속에서 일어난다. 집단은 대집단이 될 수도 있고, 소집단이 될 수도 있다. 어떠한 형태의 집단이건 토의에서는 집단 내 집단 구성원끼리의 상호 관계에 관심을 갖는다. 비록 집단의 사기, 결속, 목표의 달성이 제일 중요하지만 토의 참여자 개인의 자아 욕구의 충족도 고려하지 않으면 안 된다. 여섯째, 토의에서는 집단 구성원끼리 지도성을 공유할 것이 요구된다. 지도성이란 토의의 과정이나 평가에 있어 계획하고 실천하는데 기여하는 행위를 말한다. 지도성이란 어느 한 개인에 의하여 발휘되는 것보다는 집단 구성원 모두에 의하여 발휘되는 것이 효과적이라고 볼 수 있다.

6.2.2 토의법의 목적

토의법은 지식적인 측면에서 학습자들은 타인으로부터 새로운 정보를 획득하고 배움의 기회를 얻을 수 있다. 특히 토의는 교수자가 일반적인 정보를 전달해 주는 방식이 아니라 상호간의 토론을 통하여 정보를 전달받기 때문에 학습의 효과를 높일 수 있고 학습자들은 정보를 나누어 전달받는 과정에서 확고한 기억체계를 가지게 되고 학습의 내면화를 이룰 수 있다. 또 학습자들은 발표과정에서 자기들이 갖고 있던 생각에 대한 합리성·타당성을 확인할 수 있는 기회를 얻게 된다. 이처럼 토의는 정보의 전달만이 아닌 사고하는 방식과 문제해결 능력 및 태도를 배울 수 있으며 심리적인 가치를 얻을 수 있다. 분단토의 등을 통해 학습자들은 집단의 소속감과 유대의식을 포함한 적극적인 태도와 집단에 대한 긍정적인 태도를 갖게 된다. 그리고 집단 속에서의 자아를 인식하게 되고 자아분화를 이룰 수 있는 기회를 마련해 주기도 한다. 서로 다른 의견을 가지고 있을 때 상호 의견을 발표함으로써 여러 가지 사회적 기능과 태도를 배양시켜 줄 수도 있고 협력하여 문제점을 해결해야 하기 때문에 협력과 참여, 타인을 존중하고 개인적 고집을 주장하는 것을 피하고, 타협을 하고 합의된 것을 따르는 책임을 배울 수도 있다. 복잡한 조직의 현실에서 조직 구성원들이 협력하고 타협하는 것을 배우는 것처럼 중요한 일도 없다. 토의법은 바로 이런 사회적 기능을 키우는 데 도움을 준다. 위에서 기술한 토의법의 목적을 간략히 정리해 보면 아래와 같다.

(1) 교육목표를 성취하고 태도변화를 꾀하는데 있다.

교육목표 성취를 목적으로 하는 토의는 교육생들로 하여금 교육 내용을 읽도록 하거나, 아니면 교육 내용을 검토하도록 한다. 이러한 활동은 통상 토의가 시작되기 이전에 이루어져야 한다. 토의가 전개되는 동안 교수자는 교육생들이 고차적인 인지 목표에 도달할 수 있도록 지도하여야 한다. [19]게이즈와 버리너(Gage & Berliner 1992)가 말하는 문제 중심 토의 방법으로서의 토의 방법은 교육생들로 하여금 자신의 견해 및 생각을 보다 잘 알 수 있도록 하는 데 있다고 한다. 즉, 타인의 신념, 감정, 행위의 이해는 물론 자신과 타인의 태도를 평가하고, 나아가 태도를 수정하며 궁극적으로 집단이 달성하고자 하는 방향으로 자신의 태도를 바꾸어 나가게 한다. 자신과 타인의 태도를 비판적으로 분석하고 평가하는 것이다. 다음으로 자신의 태도를 분석되고 평가된 결과에 따라 수정하는 것이고, 끝으로 집단이 달성하고자 하는 방향으로 자신의 태도를 바꾸는 일이다.

(2) 문제 해결 능력을 기르는데 있다.

여기에서 중요한 점은 토의 집단이 해결하여야 할 문제와 집단이 노력해서 얻어야 할 해결책 이다. 따라서 문제 해결을 위한 토의의 효과는 해결책의 독창성과 집단 구성원들의 문제 해결에의 공헌도로 나타난다.

(3) 토의 기술을 기르는데 있다.

토의 기술은 교수자나 학습자 모두에 적용된다. 교수자의 토의 지도 기술이 뛰어

19) 황정규(1984), 학교학습과 교육평가, 서울 : 교육과학사

나다고 토의가 성공적일 수는 없다. 학습자들이 토의 기술이 없으면 토의는 제 효과를 거둘 수 없는 것이다.

(4) 교육생들의 학습 동기를 유발시키는데 있다.

토의 방법은 학생들에게 말하고 싶어 하는 욕구를 충족시켜 줄 뿐 아니라, 다른 동료들과 상호작용할 기회를 제공함으로써 학습 동기를 유발시킬 수 있다. 이러한 토의 방법의 동기적 특성은 교육생들로 하여금 보상이 되고 강의에 대한 긍정적 태도를 갖게 한다.

(5) 발표력을 기르는 데 효과적이다.

토의 방법에서는 집단 구성원 모두가 자신의 의사를 표현할 기회를 갖게 된다. 이러한 기회를 통하여 자기표현에 필요한 기능, 즉 올바른 어휘의 사용, 언어 구사력, 문법에 맞는 문자의 사용, 논리적인 표현력 등을 배울 수 있다. 아울러 타인의 말을 귀담아 듣고 타인의 말을 존중하는 기술도 터득하게 된다.

6.2.3 토의법의 특징

토의식 교육기법의 특징 역시 학자에 따라 그 견해가 다르나 토의는 상호작용의 형태를 지니며 단순한 암송이나 질의응답과는 달리 비형식적이고 훨씬 더 대화 지향적이라는 점에서 차이가 있다. 또 토의에서 수업자의 역할은 상황에 따라 다양하게 나타난다. 만약 상호작용이 학습자들 간에만 이루어진다면 수업자는 관찰자나 기록자로서의 역할을 하게 된다. 그러나 교수자가 토의집단의 구성원이 되면 이때에는 공식적인 지도자가 없는 토의가 이루어진다. 그리고 교수자가 단순히 참가하기만을 원할 수도 있고 토의의 촉진자 내지는 조정자가 될 수도 있다. 토의는 집단 크기와 구성원들의 특성에 따라 성격이 좌우되기도 한다. 일반적으로 전체 학급이 토의에 참가할 수 있거나 별개의 집단으로 나눌 수 있다. 어떤 경우에는 소집단으로 나누는 것이 참가자들에게는 더 유익할 수도 있다. 또 집단구성원을 동질적으로 할 것인지 혹은 이질적으로 할 것인지도 고려해야 한다. 토의 집단의 물리적 조건들이 정비되어 참가자들이 원형으로 배치된다든가 하는 일은 흔한 일이다. 때로는 토의 주제와 집단 구성원의 성격에 맞는 토의방식을 선정하고 여기에 적절한 집단배치를 할 수 있어야 한다. 그리고 토의식 교육기법은 다음과 같은 특성도 가지고 있다.

(1) 학습자 집단에 따라 영향을 받는다.

토의는 집단을 대상으로 삼는다. 집단은 대집단과 소집단으로 구분해 볼 수 있는데, 통상 교육현장에서는 소집단으로 구성되는 것이 일반적이다. 토의의 경우 집단 구성원은 서로서로 관련을 맺으며 서로서로에게 영향을 주고받는다. 서로가 서로에 영향을 주고받는다는 말은 자신이 타인의 행동에 영향을 주는 것은 물론, 타인의 행동을 변화시켜나감을 뜻한다. 또한 토의 집단 구성원들에게는 서로 다른 역할이 부여된다. 역할이란 지위에 부여된 일련의 기대 또는 행위라고 볼 수 있다. 집단 구성원들에게는 집단 지도자나 중개자, 참여자의 역할이 부여될 수 있다. 각 역할마다 구체적인 책임, 의무, 권력이 부여된다. 토의 집단 구성원의 역할은 크게 세 가지 범주, 즉 과제 역할, 유지 역할, 자조 역할로 나누어진다. 과제 역할이란 과제를 달성하는 데 초점을 둔 역할로 과제 성취를 위하여 정보를 창출, 제공하고 의견을 수집하고, 해석하며, 종합하고, 요약하며, 검증하는 역할이다. 유지 역할이란 토의를 순조롭게 운영해 나가는 역할이다. 격려자의 역할은 타인에게 친절을 베풀고 타인을 수용하는 역할을 말한다. 지도자는 의견의 차이를 좁히는 역할을 수행한다. 타협자는 집단 결속을 위하여 다른 사람으로 하여금 양보하도록 한다. 촉진자는 다른 사람이 참여하도록 격려해 준다. 자조적 역할은 유지 역할처럼 적극적이지도 건설적이지도 못하다. 이러한 역할을 수행하는 사람들은 자기 이익만을 염두에 두기 때문에 진정한 토의에 방해가 된다. 또 같은 개인이라 하더라도 지배자, 공격자의 역할을 수행하게 된다. 지배자란 토의를 방해하거나 독점하여 자기주장만을 전개해 가는 사람이다. 방해자는 아이디어를 거부하고, 부정적으로 반응하고, 집단과의 협동을 거부하는 사람이다. 과장자는 남으로부터 관심을 얻기 위하여 과장하기를 좋아하는 사람이다. 또한 집단 활동에 참여하기를 싫어하고, 남을 방해하며, 주제와 무관한 말을 하는 사람도 있다. 그러나 토의가 효과적이기 위해서는 집단 구성원은 자기에게 맡겨진 역할, 즉 지도자, 참여자, 중재자로서의 역할을 다해야 하는 것이다.

(2) 상호작용적 의사소통이 일어난다.

토의 집단의 의사소통 형태는 공간의 좌석 배열, 집단 구성원의 지위, 특정 개인들에 의한 의사소통 정도에 따라 영향을 받게 마련이다. 토의 집단에서 학습자들에게 단지 말할 기회만을 준다고 해서 효과적인 토의가 가능한 것은 아니라는 것이다. 집단의 크기나 좌석 배열은 학습자, 교수자와 학습자간의 시선 접촉에 영향을 미치게 된다. 시선 접촉이 가능한 소집단이라 하더라도 교사가 의사소통의 채널을 제한한다면, 즉 교수자가 말을 독점하거나 특정 학습자에게만 발언 기회를 준다면, 나머지 학습자들의 참여는 줄어들 수밖에 없다. 모든 집단 구성원들이 자유로이 의사를 소통

할 수 있을 때, 집단 구성원들은 더욱더 만족을 느끼고 학습효과 또한 커지게 된다. 집단 구성원들이 서로 아이디어를 개진하면 나머지 구성원들은 이에 반응하는 과정을 통하여 의사가 소통된다. 의사 전달에는 다음과 같은 점에 있어서 상호작용적이라고 할 수 있다. 첫째, 발언자가 집단을 향하여 발언을 하고 둘째, 집단 구성원끼리 의사가 교환되며 셋째, 참여의 형태가 미리 고정되어 있지 않는다는 점이다. 효과적인 의사소통에서 제일 중요한 것 중 하나는 메시지를 효과적으로 전달하는 것이다. 대부분의 대화에서는 언어적 메시지와 [20]비언어적 메시지가 일치한다. 고맙다고 말하면서 웃는 행위는 일치하는 경우라고 볼 수 있다. 그러나 고맙다는 말을 하면서 얼굴을 찡그린다든가 기분 나빠한다면 언어적 메시지와 비언어적 메시지는 일치하지 않으며, 그 말의 뜻을 정확히 판단하기 어렵게 만든다.

6.2.4 토의식 집단의 특성

토의 집단의 특성을 이해하면 토의식 교육기법을 적용한 교육은 성공적으로 이끌어 갈 수 있는 것이다. 토의 집단의 특성을 여러 가지로 지적해 볼 수 있겠으나 통상 집단의 크기, 의사소통, 집단 응집력, 집단 구성, 지도성을 중심으로 이해하는 것이 효과적이다.

(1) 집단의 크기

집단의 크기란 집단을 구성하는 사람 수를 말한다. 교육방법에 따라 집단의 크기는 달라진다. 한 개인을 대상으로 하는 교육방법으로는 프로그램 교육, 개별화 처방 교육 등이 있고, 2~20명을 대상으로 하는 수업 방법이 있다. 토의 집단의 크기를 얼마로 하는 것이 좋으냐에 대하여는 학자마다 다른 견해를 갖고 있으나 기업에서 가장 많이 적용하고 있는 적당한 집단의 크기는 대략 5~6명이며 이는 상당한 시행착오 끝에 나온 경험적 적정치이기 때문에 어떤 토의에서나 무리 없이 적용 가능한 집단의 크기로 볼 수 있다. 집단의 크기가 클수록 집단의 자원은 늘어나지만 그 자원을 활용할 집단의 능력은 감소하는 경향이 있다. 그러나 집단의 크기가 증대될수록 교육생들 간의 상호작용은 빈번하지 못하고, 교육생들끼리 서로 말할 기회가 줄어들

20) 의사소통의 과정에서 사람들은 주로 언어적 수단에 의한 의사소통에만 관심을 두어 온 것이 사실이다. 그러나 음성 언어를 실현함에 있어서는 반드시 일정한 억양이나 음조 등의 반언어적 표현과 얼굴 표정이나 눈빛, 몸짓 등의 비언어적인 몸짓 언어가 수반된다. 음성 언어가 주로 의사소통의 내용적 메시지를 전달한다면, 비언어적 몸짓 언어들은 표현의 측면뿐만 아니라, 상대방과의 관계 측면을 포괄하는 메타메시지를 전달한다. 그러므로 언어 외적 표현과 언어에 부수되는 표현들에 대한 이해는 상대방의 몸짓과 자세가 의미하는 것이 무엇인지, 음성 언어에 수반되는 반언어적 특징들이 어떻게 해석되어야 하는지에 대한 깊은 통찰력을 갖게 해 준다.

며 점점 토의에 참여하기를 꺼리게 된다. 대집단 토의에서는 소수의 학생이나 교사가 토의를 주도하게 된다. 따라서 집단의 크기는 소집단이 효과적이다. 소집단의 크기가 어느 정도가 적절하냐의 문제는 과제의 성격, 학습자들의 연령, 학습자들의 토의 학습 경험 등에 따라 달라질 수 있다. 대체로 소집단의 크기는 6명에서 10명까지가 적당할 것으로 판단된다.

(2) 집단의 구성

토의식 교육 기법을 적용하기 위한 집단을 구성할 때 문제시되는 것은 동질 집단을 구성할 것인가 아니면 이질 집단을 구성할 것인가가 문제된다. 동질 집단을 구성한다고 하더라도 물론 이질 집단도 마찬가지이겠지만, 무엇을 기준으로 집단을 구성할 것인가가 문제시된다. 일반적으로는 학습자의 학습 능력과 인성 특성을 중심으로 동질, 이질 집단을 구성해 왔다. 교수자가 토의 집단을 구성할 때는 꼭 동질 집단을 구성하려고 할 것이 아니라, 오히려 토의 주제에 대하여 다양한 관점을 갖고 토의 과제 수행에 요구되는 다양한 능력을 가진 학생을 포함하여 집단을 구성하는 것이 바람직하다. 물론 이질 집단을 구성할 경우 집단 구성원들이 의기소침해지고 소극적이기 쉬우나, 토의가 진행됨에 따라 이러한 분위기는 서서히 긍정적으로 바뀌어 나가기 쉽다. 이러한 예는 기업의 토의식 교육에서 많이 볼 수 있는데 사전에 파악된 기업 내 인적자원의 수준을 고려하여 각 팀마다 우수하거나 활동적인 자원을 한, 두 명씩을 포함하여 구성하고 토의를 진행하는 경우로 대부분의 기업이 이러한 방법을 통해 교육 효과를 높이고 있는 것이 사실이다.

(3) 집단의 응집력

집단의 응집력이란 집단 구성원을 집단에 존속시키고 집단으로부터의 이탈을 막아 주는 힘, 즉 결속력이라고 볼 수 있다. 집단 구성원이 토의 목적을 지지하고 높은 응집력을 갖게 되면 자연적으로 토의는 원만히 진행되어 그 효과를 거둘 것이다. 그러나 응집력이 높은 집단 구성원들은 상호작용에서 오는 즐거움에만 집착한 나머지 과제의 목적을 소홀히 여길 위험도 존재하는 것이다. 이러한 경우 응집력이 높은 집단은 오히려 응집력이 낮은 집단보다 성취면에서는 뒤떨어질 가능성도 있다. 이와 같은 예는 기업의 집합교육에서 흔히 볼 수 있는 현상이기도 하다. 그러나 적당한 응집력을 유지하는 집단 구성원들은 상호작용을 통한 즐거움을 느끼면서도 집단의 목적을 달성할 수 있으나, 지나친 응집력은 소수 구성원을 배제시키고 과제 달성을 소홀히 여기게 할 수도 있다.

(4) 의사소통의 유형

교육생들이 원을 그리며 앉아있을 경우, 교수자를 직면하는 교육생들이 양쪽 가에 앉아 있는 학생들보다 학습에 더 참여적이다. 개인간의 시선 접촉이 개인간의 의사소통을 증진시킨다. 전체 집단의 만족은 중심 의사소통망 집단보다는 분산 의사소통망 집단에 더 크게 나타나는데, 여기서 말하는 중심 의사소통망이란 한 개인 또는 중심인물을 중심으로 내용이 전달되어지는 망을 말하고, 분산 의사소통망이란 한 개인이나 중심인물이 아닌 여러 집단 구성원끼리 의사소통 채널이 열려 있는 체제를 말한다. 토의 집단의 의사소통 유형은 좌석 배열이나 집단 구성원의 지위에 특정 집단 구성원들 간의 의사소통 정도에 따라 달라진다. 좌석 배열의 경우, 교육생들에게 발언할 기회만을 충분히 준다고 하여 원만한 토의가 보장되는 것은 아니며 토의 집단 구성원들이 복잡한 과제를 성공적으로 해결하려면 분산 의사소통망을 활용하는 것이 좋다.

(5) 지도성

교수자가 토의를 효과적으로 이끌어 가기 위해서는 자기 자신의 지도성이 어떠하며, 교육생들에게 미치는 효과는 어떠한지를 잘 알고 있어야 한다. 지도성이란 한마디로 집단의 목표를 달성하기 위하여 집단을 이끌어 가는 행위라고 볼 수 있다. 일반적으로 토의에서는 한 명을 지도자로 고정시키는 것은 바람직하지 않고 집단 구성원 모두가 지도자가 되는 것이 바람직하다. 지도성이라는 개념은 어느 한 개인에 국한되어 논의되는 것이 아니라 집단 구성원 모두에 해당되는 개념으로 이는 토의 목표와 관련이 있다. 그러나 집단 구성원들은 목적이 무엇이고 무슨 의미가 있고, 목표 달성을 위해서 어떻게 행동하여야 하는지에 대하여 구성원들마다 다른 생각을 갖고 있으므로 목적을 분명히 하여 집단으로 하여금 목적을 달성하도록 하기 위해서는 지도성이 중요하게 대두되는 것이다. 그리고 지도성과 관련하여 교수자의 지도성 또한 매우 중요한 부분인데 토의식 교육기법을 적용하고, 운영하는 사실상의 주체는 교수자이며, 형식상의 주체이면서 내용상의 주체인 학습자들을 리드해 나가야 하는 책임이 교수자에게 있기 때문이다.

지도성의 주체로서 교수자의 역할

- 토의 시작 선언 및 토의 주제 제시
- 자극적이고 탐구적인 질문 제기
- 요약
- 의제 설정
- 집단의 문제 진술 유도
- 토의 진행 도중 목표의 명료화
- 의견 차이의 조정 및 명료화
- 과정평가

6.2.5 토의법의 유형

토의 형태는 자유 토의, 반 통제 토의, 통제 토의 등으로 구분하기도 하고, 자유 토의, 정보 교환을 위한 토의, 기능 개발을 위한 토의 등으로 구분하기도 한다. 토의 운영 방식에 따른 유형, 집단의 크기에 따른 유형으로도 구분할 수 있다.

(1) 토의 운영 방식에 따른 유형

① 일제 문답식 토의

교수자가 학습자 전원을 대상으로 문답을 통하여 토의를 전개해 나가는 방법으로 교수자 중심의 통제된 토의 형태를 취하는 경우가 많다. 학습자들은 기존의 지식을 회상하여 문제를 분석하며, 단순한 판단 하에 자기 입장을 취한다. 학습자들이 잘못 말한 것을 교수자가 고쳐줌으로써 암기식 대화 토의가 되기 쉽다. 학습자의 좌석은 교수자를 향해 고정되어 있어서 융통성이 없다.

② 공개식 토의

어떤 주제에 대하여 1～2명의 발표자(학습자)가 규정된 시간(5～10분) 내에 발표하고, 발표한 내용을 중심으로 발표자와 나머지 학생 사이에 질의·응답으로 토론이 진행된다. 교수자가 사전에 과제를 주고 조사해 온 내용을 발표, 토의하게 하는 학습에 적용할 수 있다.

③ 대 좌식 토의(Debate meeting)

주어진 주제에 대하여 학습자들을 서로 상반된 의견을 가진 두 집단으로 나누어 각 집단의 견해를 주장하게 하면서 토의를 전개하는 방식이다. 남·녀 평등, 성 역할의 차이, 강력범의 극형, 노사 분규 사례 등에 관한 토의는 좋은 예다. 이때 교수자는 사회자이면서 토의 조정자 역할을 할 수 있다.

④ 원탁식 토의(Round table discussion)

10명 내외의 인원이 원탁에 둘러 앉아 자유롭게 토론하는 방식이다. 원탁식은 모든 참가 인원이 자유로이 발언할 수 있다는 점에 특색이 있으므로, 개방적인 분위기를 조성하여 누구나 균등하게 발언할 수 있도록 하는 것이 중요하다.

⑤ 워크숍(Work shop)

학습자들을 몇 개의 그룹으로 나누어, 자주적으로 특정한 작업과 토론을 전개하는 방식이다. 계획서 꾸미기, 보고서 작성하기 등의 학습에 유용하게 활용할 수 있다.

이 토의에서는 구성원 각자의 역할 수행과 상호 협력하는 자세를 바르게 가지도록 유의해야 한다.

⑥ 자유 토의

학습자 전체가 관심 있는 주제를 가지고 자유롭게 토의하는 형태이다. 학습자들은 토의에 적극적으로 참여하며, 다양한 의문과 의견 등을 제시하여 쟁점을 결정한다. 교수자는 학습자들이 자유롭게 토론하도록 조정 역할을 한다. 학습자들의 좌석도 토의 주제에 맞도록 융통성 있게 배치한다. 사회자와 기록자를 정하고 사회자에 의하여 토의를 전개한다.

⑦ 버즈법(Buzz session discussion)

Workshop의 소집단 형태로 4~6명씩 구성하여 6분 정도 자유롭게 토의를 전개해 가는 방식으로 필립 6.6법 중의 대표적 방법이며 개념 성취를 위한 도입 활동으로 좋다. 비교적 짧은 토론이 이루어져 소란스럽기는 하나 전원 참여의 장점이 있다. 전체 토의를 통해 결과를 정리하는 과정에서 교수자는 부족한 보충 설명과 토의의 진행에 대한 평가도 아울러 해주어야 한다.

⑧ 대화식 토의

어떤 주제에 대한 권위자나 전문가를 초청하거나 방문하여 면접을 통해 질의·응답하는 방식이다. 여기에서는 가능한 자연스러운 대화의 형식을 취하며 지나친 형식에 구애받지 않는다. 교수자가 전문가 역할을 할 수도 있다. 대화 도중 학습자들은 필요한 사항을 메모한다.

(2) 집단의 크기에 따른 유형

집단의 크기에 따라 대집단 토의와 소집단 토의로 구분해 볼 수 있다.

① 대집단 토의

패널, 심포지엄, 디베이트는 소집단 토의에서 사용될 수 없는 것으로 대집단 활동에 사용된다. 이러한 대집단 활동을 대상으로 하는 토의 형태에는 다음과 같은 것들이 포함된다.

㈀ 라운드 테이블(The round table)

소규모의 인원이 둥근 탁자에 둘러앉아 자유롭게 의견을 교환한다. 참가자에게는 의견을 발표, 청취할 수 있는 자유로운 분위기가 필요하며, 사회자는 회의의 규칙에 따라 토의의 진행을 지도해 결론에 도달하게 한다. 원탁토의는 논의할 주제가 명백히 선정되어 있고 주제에 관해 유목적인 대담식 토론은 전개해 나가는 것이며, 토의가 성공적으로 이루어지기 위해서는 충분한 경험을 지닌 사회자가 필요하다. 토론에서 합의된 결과에 대한 책임은 참여자가 모두 똑같이 공유한다는 점에서 매우 민주적인 토론기법이다. 모두가 참여하는 토의가 되기 위해 철저한 사전 준비는 물론 침묵하거나 소외되는 참가자들을 살피고, 소모적 논쟁이나 논박으로 흐리지 않고 참가자 모두가 발언할 수 있도록 기회를 적절히 제공해야 한다. 또한 구성원이 동질적이지 않거나 지식수준, 대화능력 등에 있어 차이가 클 경우 토의가 실패할 가능성이 커지므로 토론원의 구성시 유의해야 한다. 이 토의 방법은 5명 이하의 참석자들이 테이블 주위에 앉아 그들끼리 또는 청중과 대화를 나누는 비형식적 토의 형태이다.

㈏ 패널토의(The Panel)

사회자의 진행에 의해 특정 주제에 대하여 구성원 3명에서 6명 사이의 사람들이 대립된 견해를 가지고 청중 앞에서 논쟁을 벌이는 것이다. 구성원은 청중 앞에서 유목적적 대화의 형태로 토론을 하게 된다. 이때 청중의 발언이나 질문도 적절히 받아들이도록 한다. 구성원은 그 문제에 대하여 전문가일 필요는 없다. 주제에 관한 충분한 관심과 흥미, 자식을 가지고 청중 앞에서 토론할 수 있는 능력만 지니고 있으면 된다. 필요시는 전문가를 초대하는 것도 한 방법이라 할 수 있다. 주제에 대한 사전에 준비된 질문들을 구성원에게 사회자가 제기함으로써 사회자는 적당한 경우에 청중을 토의에 참가시키거나 질문을 허용하여 설명을 구하기도 한다. 배심토의는 약 15～45분간 지속되는 것이 보통이며 1인당 2～3분을 소요하지 않는 범위 내에서 간결하게 의사를 발표함으로써 다양하고 빈번한 의사 교환이 이루어지도록 해야 한다. 그리고 토의과정에서 청중이 질문을 할 수 있는 기회를 부여하는 것도 청중과 패널(panel) 구성원 사이의 괴리를 줄일 수 있는 한 가지 방법이다. 배심토의는 공식적인 발표나 강의를 하지 않고 다소 비공식적인 대화를 중심으로 이루어지므로 논리적이고 체계적인 정보의 제시는 어려울 때가 많다. 따라서 청중에게 지식, 정보의 전달을 목적으로 하는 것이 아닌 주제에 대한 관심이나 동기유발, 다양한 의견을 수용하고 합리적인 결론으로 도달하는 과정 등을 학습목적으로 설정해야 한다.

㈐ 포럼(The forum)

1명 내지 2명의 전문가나 자원인사가 10～20분간 공개적인 연설을 한 다음 사회자의 진행 하에 내용을 연설자와 청중 사이에 질의응답의 과정을 통해 토론하는 형식이다. 즉, "포럼(forum)"이라는 토론기법은 다양한 유형의 토론 기법들이 활용될 수 있는 토론의 장이라고 할 수 있다. 공식적인 발표를 한 전문가와 질의응답을 함으로써 청중학습자들은 단순히 질문만이 아닌 연설자와의 상호 교환을 통해 논평과 의견 교환이 가능해지며 동시에 동기유발과 함께 지식을 전달받게 됨으로써 자연스럽게 토론의 장으로 동참하게 된다. 사회자는 주제를 소재하고 연설자와 청중학습자들의 질의응답을 주제와 관련한 내용으로 잘 이끌어야 한다. 연설자는 청중의 학습 정도와 필요를 고려하여 간결하고 논리 정연한 의견을 발표한다. 청중학습자 또한 토의가 지적이고 효율적이 되도록 주제에 대해 관심을 갖고 적극적으로 공개토론 과정에 참여하는 자세가 필요하다. 이처럼 공개식 토론은 강의나 보고처럼 일방적인 의사소통이 아닌 청중의 직접적 참여를 중시한다는 점에서 직접적이고 합리적인 학습 성과를 기대할 수 있다.

㈃ 심포지엄(The symposium)

회의장에서 동일 문제에 대해 2～5명의 해당 분야 전문가들이 자신의 지식과 의견을 공식발표 형태로 제시하고 토론하는 방식이다. 발표자와 청중간의 의견의 상호 교류는 허용되기 힘들지만 하나의 주제에 대해 다양한 전문지식과 의견을 얻을 수 있다는 점에서 학습효과를 기대할 수 있다. 때문에 발표자, 학습 청중자 모두 그 주제에 대해 다양한 자식, 정보, 경험 등을 지니고 있어야 한다는 점이 특징이다. 그럼에도 불구하고 고정된 내용에 대해 연속적으로 발표가 이루어지므로 발표내용의 혼동 가능성과 발표자의 시간 초과로 인해 내용이 지루하게 전개되어 청중이 흥미를 잃게 될 가능성이 있다.

㈄ 배심원 재판 토의(The jury trial)

교수자가 학습을 진행하면서 모의재판 형태로 토의를 진행하는 방법으로 각담당자별로 준비해야 하는 사항이 많다는 문제가 있다.

② 소집단 토의

소집단 토의에서는 개별적인 교육이 가능하고 개인차가 고려될 수 있다. 소집단 학습은 개별 학습보다 문제 해결 학습에 더 효과적이며 변별 능력을 기르는 데 좋다. 소집단 토의에서는 폭넓은 정도가 오고 가는 현상이 일반적이고 주제를 좀 더 깊고 폭넓게 연구할 수 있다. 학습자들이 소집단 학습에 익숙하지 않고 소집단 토의에 필요한 기능이 부족하다면 토의를 천천히 진행시키는 것이 좋다. 가장 좋은 방법은 과제 수행을 위하여 집단 구성원들을 대상으로 여러 집단을 만드는 방법이다. 즉, 자료를 배부하는 집단, 칠판을 정리하는 집단 등 소집단 토의 형태는 여러 가지가 있다.

㈀ 브레인스토밍(Brainstorming)

브레인스토밍 방법은 학습자들에게 창의력을 길러 줄 때 사용되는 토의 방법 중의 하나로 브레인스토밍 활동에는 많은 학습자들이 참여할 수 있다. 브레인스토밍을 사용할 때는 일반적으로 지켜야 할 규칙들이 있다. 첫째, 농담을 제외하고는 모든 아이디어가 수용되어야 한다. 둘째, 어떠한 제안에 대해서도 비판을 가해서는 안 된다. 셋째, 집단 구성원들이 각자의 아이디어를 발전시켜 나가도록 격려해 주어야 한다. 넷째, 말없이 침묵을 지키는 학생들로부터 아이디어나 의견을 이끌어 내도록 해야 한다. 다섯째, 무엇보다 양이 질보다 중요하다. 그렇다고 창의적으로 또는 지능적으로 생각을 하지 말라는 뜻은 아니다. 브레인스토밍은 아이디어를 창출해 내는 방법이다. 이 방법을 통하여 얻어진 아이디어는 또 다른 토의의 대상이 되고 브레인스토밍 토의가 끝나면 우선 모든 아이디어를 평가해야 하는데, 가능하면 학습자들 스스로 평가하도록 하는 것이 좋다.

㈁ 필립 6 · 6(Phillips 6 · 6)

이 방법은 필립이 개발한 방법으로 6명을 1개 집단으로 6분간 토의한다고 하여 필립 6 · 6이라고 불리운다. 학급을 6명을 한 개 집단으로 하여 나눈 후, 1분간은 지도자와 서기를 선출하는데 보내고, 1분이 지날 무렵 교수자는 토의 문제를 간단히, 그리고 명확하게 제시한다. 그리고 교육생들은 6분간에 걸쳐 문제에 대한 해결책을 구한다. 토의가 끝나고 교수자가 해야 할 일 중의 하나는 과연 토의 지도자가 제대로 토의를 진행시켜 나가는지를 교육생들과 논의하는 일이다. 이 방법은 개념 성취를 위한 도입 활동으로 좋다. 이 방법에 있어서 교수자가 할 일은 주제를 결정하고, 집단을 구성하고, 그리고 토의 활동을 관찰하는 일이다. 필립 6 · 6방법 중 대표적인 방법은 버즈(Buzz) 학습 방법이다.

㈂ 개별지도 토의(Tutorial)

개별지도 토의 방법은 학습에 곤란을 겪고 있는 학생들을 도와주는데 흔히 사용되는 방법이다. 이 방법에서는 통상 학생수가 6명 이하로 구성되고, 구체적인 내용을 집중적으로 다룬다. 학습의 곤란한 점을 해결할 목적으로 학생들에게 개념을 파악하게 하는데 중점이 있으며, 이러한 토의법은 교정 학습을 위하여 사용되지만 우수한 학습자에게도 도움이 된다. 즉, 개별 과제를 다른 학생들에게 설명하는 것이 하나의 도전으로 여길 수도 있고, 그들 스스로 개별 과제를 수행해 내도록 격려해 주는 데에도 적용된다.

㈃ 과제집단 토의

과제집단 토의에서는 각 집단 구성원은 집단 과제 해결에 공헌하여야 한다. 이 토의법에서 제일 먼저 해야 할 일은 집단 구성원에게 과제를 구체적으로 제시하는 것이다. 과제집단은 토의 목적을 분명히 정리하고, 개인별 과제를 분명히 정해주고 각 구성원의 역할을 정해야 한다. 또한, 교수자는 토의 계획을 수립하고 토의의 조정, 학습 자원을 제공해 주어야 한다. 과제 토의 집단은 교수자가 과제를 선정하고 각 교육생에게 구체적 역할을 정해 준다는 점에서 교수자 중심적이라고 볼 수 있다.

㈄ 탐구집단 토의

탐구집단 토의 시 탐구집단은 대체로 6명에서 10명으로 구성하는 것이 적당하다. 이 토의 방법의 목적은 과학적 사고의 자극, 문제 해결 기능의 개발, 새로운 사실의 획득이다. 이 토의 방법에서는 교수자가 지도자 역할을 할 수도 있지만, 가능하면 발문 기술이 뛰어나고 논의 중의 개념을 잘 이해하고 있는 교육생이 있다면 그 교육생이 지도자가 되는 것이 좋다. 탐구 토의에 앞서 교육생들은 관찰과 질문을 제기하고, 추론하는 행동을 숙달해 놓고 있어야 한다. 탐구집단 토의에서 평가의 대상은 교육생들이 알고자 하는 것이 무엇이며, 얼마나 질문을 잘 했느냐에 있다.

6.2.6 토의법의 장·단점

교수자와 학습자, 그리고 학습자와 학습자간의 상호교류를 통해 주어진 학습과제를 풀어 나가고 정보를 획득하는 공동의 학습형태인 토의법을 강의법과 비교했을 때의 장·단점을 알아보면 아래와 같다.

토의법의 장점과 단점

장 점	단 점
• 교육생 개개인의 의견을 바탕으로 진행하기 때문에, 교육에의 참여의식, 능동적 자세가 발달된다. • 상호 의논을 통하여 사물을 다각적인으로 보는 법과 사고방법을 익힐 수 있다. • 집단으로서의 결속력, 팀워크의 기반이 생긴다. • 다른 사람의 의견을 존중하고 협력하는 태도와 실천력을 기를 수 있다. • 자기 스스로 사고하는 능력을 길러 주고 의사 표현력이 증진된다.	• 숙달되기 전까지는 형식적인 토의가 되기 쉽다. • 토의에 앞서 충분한 자료 수집 등의 준비를 해야 한다. • 강의법과 비교해서 시간이 많이 걸린다. • 효율적인 토의를 위해 인원을 제한해야 한다. • 토의자들의 능력도, 성숙도에 따라 논의하는 내용이 깊어지기도 하고 얕아지기도 한다. • 특정 토의자의 영향력에 의하여 토의가 지배되거나, 안이한 결론 도출로 토의 자체가 좌우될 우려가 있다.

6.2.7 토의법의 진행 유의점(일반적 그룹토의)

일반적 그룹토의란 교육생에게 과제를 주고, 몇 개의 그룹별로 토의하게 하고, 토의결과를 전체 참가자에게 발표하게 하는 형식을 말한다. 위에서 알아본 유형별 토의법에도 부분적으로 적용 가능하며 일반적인 토의의 경우 적용 가능한 진행 유의점을 알아보면 다음과 같다.

(1) 토의 그룹 편성의 인원수는 6명 전후로 하는 것이 좋다.

몇 사람이 모여서 토의를 할 때, 토의자가 6명이 넘으면 토의의 효율이 떨어진다. 이것은 한 사람당 발언회수나 의견을 집약하는데 소요되는 시간 등을 감안했기 때문인데, 그렇기 때문에 그룹 편성을 할 때의 인원수는 한 그룹별로 약 6명 전후를 기준으로 하여 편성하는 것이 좋다. 하지만 5명 이하로 하면 토의 그 자체가 흥이 나지 않아 토의의 장점이 발휘되지 못한다. 따라서 그룹 토의의 인원수는 최소 6명, 최대 7~8명을 넘지 않는 것이 좋다.

(2) 토의 구성원은 전원에게 역할을 주어야 한다.

토의를 할 때에는 구성원 각자의 역할을 사전에 주어야 한다. 여기서 말하는 역할이란 그룹리더(토의의 사회 진행역)·서기역(기록계), 발표자(나머지 토의자 전원이 교대로 발표를 한다)를 말하며 흔히 리더에게 발표까지 일임하는 경우가 많은데, 이를 피하고 전원 참가의 형식으로 구성원 전원에게 역할을 맡게 하는 것이 좋다. 역할이 없는 구성원은 집중하기 어렵고 이는 전체에게 피해를 줄 수밖에 없으며, 결국 학습효과는 떨어지게 된다.

(3) 토의의 주제나 시간을 명시하여 전체 구성원이 인식하도록 해야 한다.

그룹 토의에서는 때때로 토의 내용이 주제에서 벗어나 중요한 결론이 도출되지 못하거나 시간만 보내는 경우가 많은데, 이는 토의그룹의 구성원들의 잘못도 있지만 지도하는 교수자가 사전에 모든 구성원들이 인식할 수 있도록 토의의 주제나 토의 종료시간, 유의점들을 눈에 잘 띄게 칠판에 적어둔다던가 혹은 수시로 토의자들에게 이야기하는 노력을 해 나가야 한다.

(4) 토의자의 발표에 대한 코멘트(comment)는 다음의 요령으로 해야 한다.

그룹 토의의 결과는 전체발표의 자리에서 그룹별로 하는 것이 보통인데, 이 때 교수자의 코멘트는 강의 이상으로 교육효과를 고무시킨다는 것을 알아두어야 한다. 그 이유는 토의 결과에 대해서 교수자가 과연 어떻게 평가할 것인지 교육생들이 대단히 깊은 관심을 갖고 있기 때문이며, 요즘의 기업들은 교육결과를 실적이나 인센티브와 연결하는 움직임까지 있어 결과에 대한 관심은 점점 커지고 있다.

교수자의 코멘트 유의점

① **발표된 각조(집단)의 발표내용에 포함된 공통적인 사항에 대해 말한다.**
각 그룹의 발표내용은 토의 주제의 핵심이 되는 사항(해결책이나 해답)이나 공통적으로 나온 사항에 대하여 교수자가 발표된 내용에서 정리하여 구성원 전원에게 피드백 시켜야 한다. 이렇게 함으로써 토의의 목표가 어디에 있었는지를 교육생 자신이 파악할 수 있게 된다.

② **발표내용 중 상대적인 것, 서로 다른 사항을 이야기 하여야 한다.**
조별로 발표되는 토의의 결과는 때로 다른 그룹과 전혀 다른 기발한 의견이 발표되는 수도 있다. 이런 경우 교수자는 그것을 놓치지 말고 들추어내서 다시 한 번 그 토의자들에게 발언의 기회를 주어 전체 토의의 내용으로 사용하는 것이 필요하다. 이는 토의자들을 자극하고 더욱 발전적인 방향으로 동기부여를 하게끔 하고 다른 생각, 다른 관점에 대한 인식제고가 될 수 있다.

③ **토의자들의 발표내용을 발전시켜서 관련지식이나 필요 정보를 제공한다.**
토의 발표의 내용 중에는 교육 니즈나 관심거리가 되는 것이 많다. 그런 것들을 찾아내서 코멘트의 형식으로 필요한 지식이나 정보를 제공하여 학습자들이 지속적으로 토의 결과에 대해 관심과 적용활동이 일어나도록 해 주어야 한다.

6.2.8 토의 학습 모형[지그소(jigsaw) 토의학습을 중심으로]

Jigsaw 토의학습 모형은 이미 개발된 여러 가지 협동학습 모형 중에서 그 교육방식이 큰 그림 조각들을 끼워 맞추는 Jigsaw puzzle과 비슷하다고 해서 Jigsaw로 부르게 된 것으로 그 동안 많은 관심을 끌어 왔고 많은 논란이 있었던 모형이다. 우리나라의 교육기관에서 가장 많이 사용되고 선호하는 방식 중 하나로 경쟁이 없는 상태에서 학생 모두가 학습의 주체가 돼 서로 가르치고 배우는 소집단 협동학습 방법 중 한 형태이다. [21]Jigsaw 학습모형은 아론슨(Aronson)과 그의 동료들에 의하여 미

21) 지그소우(Jigsaw) 토의 수업 모형 : E. Aronson, The Jigsaw Classroom, Sage, Beverly Hills, California, 1978. Aronson에 의해서 1960~70년대 미국 학생들의 학력저하가 학습 아동의 정서발달을 중시하는 당시의 교육개혁에 잘못이 있다고 지적하는 사회 분위기에 대한 비판적 시각에서 Jigsaw 모형을 개발하게 되었다. 아동의 정서 발달을 중시하던 당시의 학교 분위기가 아동의 지적 교육을 소홀하게 만들었다는 비판에 대하여 Aronson은 정서적 발달과

국의 텍사스 대학에서 개발한 토의 수업 모형으로 내용과 절차를 제시하면 다음과 같다.

(1) 집단 구성

이상적인 지그소우(Jigsaw) 집단 구성은 5~6명의 다양한 이질 집단으로 구성된다. 이 모형에서 교육생의 다양성은 오히려 잠재적인 학습 자원이 된다. 예를 들면, 독서 능력이 낮은 교육생은 독서 능력이 우수한 교육생으로부터 도움을 받을 수 있고, 반대로 학습 속도가 빠른 교육생은 학습 속도가 느린 교육생을 통하여 효과적인 개인 지도 기술을 획득할 수 있는 기회가 된다. 지그소우(Jigsaw) 집단의 교육생들은 다양한 개성과 배경을 가진 학생과의 접촉을 통해서 학습환경을 초월하여 경험의 범위를 풍부하게 넓혀 갈 수 있다. 그들은 또한 공감적 이해와 관용을 발휘하도록 요구받으며, 자신들과는 경험이나 능력의 차이를 보이는 다른 사람과 함께 공동의 목표를 향하여 효과적으로 활동하는 것을 배우게 된다.

(2) 팀 구성과 협동 기술

팀 구성의 목표는 교육생들이 집단 구성원을 가치 있는 대상으로 경험할 기회를 제공할 것이다. 뿐만 아니라, 과제 수행에 있어서 상대방을 이기기 위하여 각자가 개별적으로 활동하는 경쟁 학습보다는 서로 도움을 주고 상대방의 말을 경청하는 협동 학습 전략이 보다 효율적이라는 것을 인식시켜 주기 위한 것이다. 팀 구성의 방법은 사각형 퍼즐판을 짜 맞추는 게임을 이용한다. 구성원 각자에게 6개의 퍼즐 조각을 나누어주고, 사각 퍼즐판을 완성하도록 한다. 그들이 필요로 하는 퍼즐조각은 팀 동료들에게 분배되어 있으므로, 혼자서는 퍼즐은 완성할 수 없다. 그들은 자기가 필요로 하는 퍼즐조각을 다른 사람에게 요구할 수 없으며, 단지 다른 사람이 그의 퍼즐판을 완성하는데 도움이 될 수 있도록 자기의 퍼즐조각을 줄 수만 있다. 참가자는 누군가가 자기에게 필요한 퍼즐조각을 건네주도록 요구하거나 신호를 보내는 어떠한 의사 교환도 않는다. 따라서 구성원들은 다른 사람이 필요로 하는 퍼즐조각이 무엇인지를 알아보고, 그것들을 그들에게 건네주어야 한다.

여기에서 강조되는 점은 자기의 것을 나누어주고 협동하는 것이다.

게임이 끝날 무렵에 교육생들은 그들이 어떻게 퍼즐판을 성공적으로 완성할 수 있

지적 발달은 역관계에 있는 것이 아니며, 정서적, 인지적 발달이 상호작용을 일으킬 수 있는 교실 환경만 제공되면 오히려 상호 긍정적인 관계가 나타날 수 있다고 주장한다. 그리고 그러한 환경은 매우 복잡하고 어려운 것이 아니라 아주 단순하며 경쟁학습 구조에서와 같이 학생들이 두려움과 공포에 의해서가 아니라 즐거움과 도전적인 동기에 의해서 그들의 학습 목표를 달성하기 위해 서로 협동할 수 있는 환경을 말한다.

었는가, 어떤 감정을 경험했는가, 그리고 혹시 좌절감을 느꼈다면 어떤 좌절감을 느꼈는지에 대하여 논의할 시간이 주어진다. 이 논의를 통해서 학생들은 그들이 각자 개별적으로 어떻게 반응했는가에 대해서 뿐만 아니라 집단의 과정에 어떻게 반응했는가, 즉 전반적으로 그들 집단이 어떻게 반응했는가에 대해서 살펴봄으로써 집단 활동 과정을 평가하고 자신의 행동에 대한 책임 의식을 가지게 된다.

(3) 경청 기술

지그소우 협동 학습에서는 동료 간의 말을 경청할 것을 강조한다. 설령 동료 학생의 발표가 틀리더라도 그 발표를 경청함으로써 자신의 답과 비교해 볼 수도 있고, 나아가 보다 나은 답을 찾아낼 계기가 생기게 된다. 교육생들에게 서로간의 경청의 중요성을 인식시키는 이유는 집단에서 발표하는 학생이 그의 말을 흥미 있고 진지하게 들어주는 사람이 없다는 것을 느끼게 되면 거부당하는 느낌을 받기 쉽고, 잘 가르치려는 동기와 책임감을 상실하게 되기 때문이다.

(4) 기본활동

학습 전에 과제를 몇 가지 주제로 나누는 작업을 한다. 가령 교재에 나오는 인물을 배우고자 할 때 교사는 해당 인물의 삶을 어린 시절, 청년 시절, 성인 시절, 업적, 삶의 갈등, 교훈 등으로 적절히 세분한다. 다음 교육생들을 주제 수에 맞춰 소그룹으로 나눈다. 구성원은 3～7명이 적당하다. 교육생들의 성별, 학습 능력, 심리적 특성 등을 고려해 각각 다르게 구성한다. 교육생들이 최초에 속한 집단을 모(어머니)집단이라고 부르고 각 모집단에 속해 있는 교육생들은 세분한 주제를 각자 한 가지씩 맡아 전문적으로 학습한다. 학습할 인물의 어린 시절을 맡은 교육생은 해당부분만 연구해 그 분야의 전문가가 된다. 각 모집단에서 동일한 주제를 전문적으로 공부한 교육생들끼리 모여 다시 전문가집단을 구성해 각자 조사한 내용을 교환하며 심화 학습을 한다. 전문가집단에서 심화 학습을 마친 교육생들은 다시 모집단으로 돌아와 배운 내용을 발표한다. 모집단 구성원들은 서로의 도움 없이는 전체 내용을 학습할 수 없으므로 다른 교육생의 발표를 주의 깊게 들어야 한다. 이러한 학습을 통해서 개인 모두에게 과제가 주어지므로 책임감 있고 충실하게 학습할 수 있으며 협동심도 배운다. 그리고 누구나 가르치는 입장에 서게 되므로 발표력이 향상되기도 한다.

6.3 위험예지훈련

위험예지훈련(危險豫知訓練)이란 말 그대로 위험을 미리 안다는 뜻으로서 작업 중에 발생할 수 있는 위험요인을 발견·파악하여 그에 따른 대책을 강구하고 작업이 시작되기 전에 위험요인을 제거함으로써 안전을 확보하자는 뜻이다. 현장의 제일선의 안전을 매일 시시각각으로 확보해 가기 위해서는 현장의 작업 책임자를 중심으로 하여 단시간 미팅(회합)을 통해서 작업현장에 잠재되어 있는 위험요인을 파악·해결하기 위한 기법이 필요하며, 이 위험예지훈련은 작업하고 있는 장소 또는 따로 집합되어 있는 장소에서 지적확인 및 터치 앤드 콜 기법을 병행하여 실시함으로써 현장 분위기를 생동감 있게 하고 팀워크 활동을 복 돋우어 밝고 명랑한 직장분위기를 조성하는데 크게 기여할 수 있다. 결국 위험을 미리 찾아내고 해결책을 강구하기 위한 작업자들의 연습활동을 위험예지훈련이라 할 수 있다. 위험예지훈련은,

① 직장이나 작업의 상황 속에 숨어 있는 위험요인과 그것이 초래하는 현상을
② 작업의 상황을 묘사한 도해를 사용하거나
③ 현물로 작업을 시켜가면서
④ 소집단에서 다함께 대화하고 생각하며 합의한 뒤
⑤ 위험의 포인트를 정하고 중점 실시항목을 선정하여 지적확인 함으로써
⑥ 행동하기 전에 위험을 해결하기 위한 훈련이며 이것을 습관화하기 위해 매일 훈련하는 것이다.

여기서 말하는 위험요인이란 산업재해나 사고의 원인이 되는 불안전 행동과 불안전 상태(유해·위험물을 포함)를 뜻한다. 위험예지의 근본적 의의는 재해를 예방하기 위한 소극적인 차원의 기법이 아니라 그보다 더 적극적이고 진취적인 무사고 확보를 위한 근원적 안전교육 기법임을 알 수 있다.

6.3.1 위험예지훈련 사고

안전 선취(先取)를 위한 위험예지훈련은 직장의 팀워크로 안전을 전원이 빨리 올바르게 선취하는 훈련인데 이는 위험에 대한 개별훈련이 동시에 팀워크이며, 감수성 훈련, 집중훈련, 문제해결훈련이다. 위험에 대한 팀의 적응성 나아가서는 한 사람 한 사람의 감수성을 높이는 것이 필요하다. 또한 직장에서 전원의 집중력 향상을 위하여 단시간의 미팅을 통한 날카로운 지적확인이 필요하다. 발견한 위험을 해결하기 위한 팀의 문제해결능력을 향상시키는 것 또한 필요하며 행동하기 이전에 팀에서 위험요인을 의욕적으로 해결하는 문제해결 사고를 갖추어야 한다. 직장이나 작업의 상황 속에서 위험요인을 발견하는 감수성을 개인의 수준에서 팀 수준으로 높여가는 훈련인 것이다. 결국 위험예지훈련의 세 가지 효용은 위험에 대한 감수성을 날카롭게 하는 것과 작업행동의 요소요소에서 집중력을 높이는 것, 문제(위험)해결에의 의욕

(하겠다는 생각)을 강하게 하는 것으로 정리될 수 있다.

6.3.2 도해(圖解) 작성법

위험예지훈련을 활성화하기 위해서는 도해가 매우 중요한 역할을 한다. 직장에 그림을 잘 그리는 사람이 직접 그리거나 안전 관련기관이나 단체 등에서 제작 판매하고 있는 도해집을 이용하는 것이 일반적이다. 이미 있는 도해를 이용하여 훈련을 할 때에 '잘못된 것 찾기'식의 도해는 부적당하다. 직장의 상황에 맞고, 작업자가 어느 정도 알고 있으며, 자신의 작업과 관련 있고 과거에 발생했던 재해와 유사한 도해를 선택하는 것이 좋다. 현장이나 공장의 실정에 적합한 도해도를 작성하는 경우에는 작업현장 및 직종에 맞는 도해를 사용하는 것이 무엇보다도 중요하다. 과거의 재해, 아차사고 사례의 도해를 작성하면 더욱 좋다. 현장의 상황을 묘사하는 도해를 파악한다는 것은 그 자체가 곧 안전교육이며 감수성훈련이 된다. 재해의 대부분이 재래형, 반복형이라는 관점에서 보면 직장내 단위작업에 관한 도해를 작성하는 것이 교육의 관점에서는 더욱 효과적이다.

6.3.3 도해작성의 포인트

(1) 훈련용 도해는 TBM에서 3～5분 정도 대화할 수 있는 단순한 것으로 위험예지항목이 5개 정도 포함된 것이 좋다. 오류 찾기 식의 복잡한 상황을 그려 놓아서는 안 된다.
(2) 너무 세밀한 묘사는 피한다.
표현은 약간 거친 것이 좋다. 사진은 너무 세밀하고 느낌이 어두운 감이 있으므로 부적당하다.
(3) 가급적 만화적인 밝은 표현의 것이 좋다. 도해는 아이디어 제공자 및 작성자 사람의 성명을 기입하여 애쓴 보람이 있도록 한다.
(4) 매 도해마다 「이 위험요인은 빠뜨려서는 안 된다.」라는 위험의 포인트를 리더용으로 부기해 두는 것도 좋은 방법이다.

6.3.4 위험예지훈련의 기본 포인트

(1) 전원이 다함께, 빨리, 올바르게 진행되어야 한다.
아무리 좋은 기법이라도 시간이 많이 소요되는 것은 현장에서 아무 소용이 없다. 위험예지훈련을 매일 현장에서 실시하기 위해서는 '어떻게 하면 「다함께, 빨리,

올바르게」 위험예지를 할 수 있는가?'라는 점이 중요한 과제가 된다. 물론 '빨리'와 '올바르게'는 양립하기 어렵다. 그러나 현장에서 안전을 확보하기 위해서는 이러한 문제는 극복하기 위한 노력을 기울여야 한다.

(2) 반복훈련임을 명심해야 한다.
위험예지훈련은 반복훈련을 함으로써 차차 빨리, 올바르게 할 수 있게 된다. 통상 4라운드까지 30분 걸리는 도해를 10분, 5분, 2분으로 단축시킬 수 있게 해야 한다.

(3) 대상을 한정해야 한다.
위험에서 대상의 범위를 좁혀야 한다. 문제가 있는 단위작업의 단계, 나아가서는 한 동작으로 대상을 좁혀 나간다. 범위도 위험예지항목이 5항목 이하로 된 것을 사용한다.

(4) 사전에 준비해야 한다.
도해를 하루 전에 주거나 해서 예습시키는 것도 방법의 하나이다. 먼저 1분쯤 생각하게 하여 메모하거나 기호를 붙여 실시하는 것이 좋다.

(5) 제2라운드까지가 중요하다.
가장 일반적인 위험예지훈련 제4라운드 법에서 4라운드까지의 전 과정을 완결하지 않아도 제2라운드의 본질추구까지만 하면 그것만으로도 위험예지를 하는 목적의 70%는 달성할 수 있다. 그러므로 실제에 있어서는 제3라운드 대책과 제4라운드는 리더가 정해버려도 무리가 되지 않는다.

(6) 인원수를 적게 해야 한다.
최초 6인에서 4인으로 다시 3인으로 점차 팀의 인원수를 줄여간다. 3각 위험예지훈련이나 원포인트(One Point) 위험예지훈련은 그 때문에 인원수를 적게 한 서브팀(Sub Team)으로 운영하는 것이다. 아무리 빨라도 전원이 이는 다함께 하지 않으면 팀워크가 이루어지지 않기 때문이다.

(7) 자신의 작업으로 해야 한다.
자신이 모르는 작업의 도해는 아무리 해도 빨리, 올바르게 할 수 없다. 그러나 자기가 하고 있는 직접적인 작업내용으로 하면 당연히 빨리 올바르게 할 수 있는 것이다. 자신의 공장, 자기 직장의 도해로 하는 것이 지름길이다.

(8) 단시간에 실시하는 활용기법을 훈련하는 것이 좋다.
기본형만을 가르쳐 빨리 하라고 하는 것은 효과면에서 무리가 따르기 마련이다. 「다함께, 빨리, 올바르게」 할 수 있는 여러 가지 기법, 즉 TBM 역할연기훈련, 삼각위험예지훈련, One Point 위험예지훈련, 단시간미팅, 즉시 즉응훈련 등을 리더에게 훈련시켜 현장 활용성과 응용력을 키워 줄 필요가 있다.

6.3.5 위험예지를 위한 착안 포인트

항 목	위험예지 착안 포인트
재 료	• 필요한 종목과 양이 필요한 장소에 있는가? • 불필요하거나 불량한 것이 섞여 있지 않은가?
기구·장비	• 설비의 구조, 보강, 정비는 되어 있는가? • 기구·공구는 본래의 용도에 맞는 것을 사용하고 있는가?
기 계	• 목적에 맞는 기계가 바르게 사용되고 있는가? • 시간의 낭비는 없는가?
배 치	• 사용하는 재료, 기기공구, 기계설비의 배치와 작업원 상호간의 연락체계는 무리나 낭비없이 확실한가?
동 작	• 작업위치, 자세, 행동범위, 속도에 무리는 없는가? • 작업분담, 연결, 신호, 확인누락은 없는가? • 체력과 기능의 한도를 넘는 동작은 없는가?
순 서	• 작업의 흐름에 무리는 없는가? • 작업의 분담, 공동의 관련에 불미한 점은 없는가?
환 경	• 작업위치, 작업장, 통로는 작업행동에 충분한 구역으로 정비되어 있는가? • 사용재와 불용재의 분류 및 정리정돈은 좋은가? • 주위의 조명 등이 작업을 방해하는 조건은 없는가?
안 전	• 보호구, 안전장치 등은 정상으로 사용되고 있는가? • 이상사태에 대한 배려 및 준비는 하고 있는가?

6.3.6 위험예지훈련의 종류와 내용

(1) 관리감독자 위험예지훈련

산업재해는 작업현장의 수많은 잠재위험요인, 즉 작업자의 불안전행동 및 작업장의 불안전상태에 기인하여 발생하는 것이다. 따라서 관리감독자 및 전사원이 작업에 잠재되어 있는 위험요인을 본심으로 대화, 발견하고 파악하여 해결하는 것은 산업재해예방대책에 있어서 가장 중요하다고 할 수 있다. 이러한 원칙에 입각하여 작업 시작 전 리더를 중심으로 그날의 작업 중 가장 위험이 큰 작업 내용을 주제로 위험예지 활동을 하고 있는 부하사원에 대하여 관리감독자(반장, 과·반장, 공장장 등)가 위험예지 활동내용의 숙지상태 및 안전작업여부를 현장에 직접 나가서 확인하는 것으로 다른 이름으로 질문 위험예지훈련이라고도 한다.

① 관리감독자 위험예지훈련 시나리오

㈀ 상황

리더를 중심으로 위험예지훈련을 마치고 작업자들이 호이스트를 사용하여 불량 파이프를 적치장으로 운반하는 작업을 진행하고 있다.

(ㄴ) 시나리오

▸ 관리감독자	모두들 안녕하십니까?
▹ 작업자전원	안녕하십니까?
▸ 관리감독자	수고가 많습니다. 혹시 안 나오신 분 계십니까?
▹ 작업자전원	없습니다.
▸ 관리감독자	여러분! 오늘 컨디션은 어떻습니까? (작업자 전원의 눈을 보아가며 말을 건네고 체크한다) A씨! 감기가 걸렸다고 들었는데, 좀 어때요?
▹ A씨	네! 어제저녁 약을 먹고 푹 잤더니 오늘은 거뜬합니다.
▸ 관리감독자	참 다행이군요. 여러분들도 환절기에 각별히 건강관리에 유의하여 감기에 걸리는 일이 없도록 해 주시기 바랍니다.
▹ 작업자전원	네! 감사합니다.
▸ 관리감독자	B씨, 요즘 신혼재미 어떻습니까?
▹ B씨	예! 총각시절에 비해 생활이 많이 안정되어 있어 퇴근 후에는 곧바로 집에만 가고 싶습니다.
▸ 관리감독자	(웃으며) 좋은 때입니다. 건강에 유의하시고 작업 중에는 부인 생각을 잊고 작업에 전념하시기 바랍니다.
▹ B씨	예, 명심하겠습니다.
▸ 관리감독자	C씨, D씨는 컨디션이 어떻습니까?
▹ C, D	예! 좋습니다.
▸ 관리감독자	여러분! 지금 무슨 작업을 하고 계십니까?
▹ A씨	불량파이프를 호이스트로 적치장에 운반하는 작업 중입니다.
▸ 관리감독자	수고 많네요. 오늘 아침 위험예지훈련은 했습니까?
▹ 작업자전원	예! 했습니다.
▸ 관리감독자	그러면 B씨, 위험의 포인트는 무엇이었습니까?
▹ B씨	예! '파이프 운반 중 파이프가 떨어져 작업자에 맞는다.'였습니다.
▸ 관리감독자	참 좋군요. 호이스트로 파이프 운반 중 파이프가 떨어지면 작업자가 다치겠지요. 위험의 포인트로 적절한 것 같습니다. 그러면 C씨! 팀의 행동목표는 어떻게 정했습니까?
▹ C씨	예! '호이스트로 파이프 운반시 안전거리 유지하자.'로 정했습니다.
▸ 관리감독자	잘 했습니다. 구체적이고 실천 가능한 팀의 행동목표이군요 그러면 One Point지적확인 항목은 무엇이었습니까? D씨?
▹ D씨	약 2 m 정도의 안전거리를 반드시 유지하도록 해야 되겠습니다. 따라서 One Point는 '안전거리 2 m, 좋아!'로 정했습니다.

▸	관리감독자	그럼 우리 다 같이 직접 확인해 봅시다. One Point!
▹	작업자 전원	안전거리 2 m, 좋아! (3회)
▸	관리감독자	자, 이제 터치 앤드 콜로 마무리 합시다. 구호는 '우리 모두 귀중한 사람, 좋아!'입니다.
▹	전원	(손을 잡고) 우리 모두 귀중한 사람, 좋아! (3회)
▸	관리감독자	감사합니다. 여러분! 수고하십시오.
▹	작업자전원	예! 수고하십시오.

(2) 위험예지훈련의 4 라운드 법

가장 일반적인 위험예지훈련으로 위험예지 4라운드를 거쳐 단계적으로 진행해 나가는 형식이다. 대화에 들어가기 전에 준비 작업으로써 다음 사항이 필요하다.

① 준비할 것

도해, 갱지, 칼라펜(흑, 적 각 1개)

② 팀 편성

실기에서는 보통 한 팀을 5～7인으로 한다.

③ 역할분담

리더와 서기를 정한다. 필요에 따라 발표자, 보고서, 강평담당 등을 정한다(서기는 리더가 겸해도 좋다).

④ 시간배분과 항목수

(소요시간) 실기 : 1R, 2R … 15분, 3R, 4R … 5분, 합계 30분 이내

몇 라운드까지 하는가, 각 라운드를 몇 분에 마칠 것인가, 각 라운드에는 몇 항목을 내어야 하는가 등을 미리 정해 놓고 멤버에게 알려준다.

⑤ 미팅의 진행방법

전원의 대화방법으로 다음 4가지 사항에 유의한다.

㈀ 본심으로 왁자지껄 대화한다(편안한 분위기로).

㈁ 본심으로 자꾸자꾸 대화한다(현장의 생생한 정보).

㈂ 본심으로 끊임없이 대화한다(단시간).

㈃ '과연 이것이다'라고 합의한다(납득해서 합의한다).

⑥ 위험예지훈련 4라운드법의 진행방법

순서	단 계	내 용
준비	멤버가 많을 때에는 서브팀 편성	멤버 4～6명 역할분담(리더, 서기, 발표자, 강평 보고서 담당), 실습용지 배포
도입	전원기립 리더(서브리더) 인사	정렬, 구령, 건강확인 등
1R	<현상파악> 어떤 위험이 잠재하고 있는가?	(도해의 배포) 위험요인과 초래되는 현상(5～7 항목 정도) 「～해서 ～ㄴ다」「～때문에 ～ㄴ다」
2R	<본질추구> 이것이 위험의 포인트이다!	• 문제라고 생각되는 항목에 ○표, 위험의 포인트에 ◎표 • ◎표 2항목 정도(합의, 요약), 밑줄 위험의 포인트(지적확인제창) 「～해서 ～ㄴ다. 좋아!」
3R	<대책수립> 당신이라면 어떻게 하겠는가?	◎표 항목에 대한 구체적이고 실천 가능한 대책 → 3항목 정도 → 전체 5～7항목 정도
4R	<목표설정> 우리들은 이렇게 하자.	• 4R-(1)중점실시항목(합의요약) → (1～2항목) 밑줄 • 4R-(2)팀의 행동목표 → 지적확인 제창「～을 ～하여 ～하자. 좋아!」
확인		• 원포인트 지적확인 연습(3회)「○○○ 좋아!」 • 터치 앤드 콜(Touch and Call)「무재해로 나가자, 좋아!」
강평	팀끼리	• 발표자 … 1R～4R 순서대로 읽어나간다. • 상대팀의 발표 → 강평(Comment)

(3) 원포인트 위험예지훈련

위험예지훈련 4라운드 중 2R, 3R, 4R를 모두 One Point로 요약하여 실시하는 TBM 위험예지 훈련이다. 흑판이나 용지를 사용치 않고 또한 삼각위험예지훈련 같이 기호나 메모를 사용하지 않고 구두로 실시한다. 선 채로 2분간이면 할 수 있으므로 누구든지, 언제든지, 어디서나 할 수 있다.

① 원포인트 위험예지훈련 진행방법

(요약시간) 실기 : 3분 이내, 보고서 : One Point용 보고서에 기입

순서	단 계	내 용
준비	서브팀(Sub-team) 구성	• 팀 분할(2, 3, 4인), 서브팀 리더(Sub team 지명, 역할분담
도입	리더 인사	• 정렬, 구령, 건강확인 등
1R	<현상파악> 어떤 위험이 잠재하고 있는가?	(도해의 배포) • 위험 요인 ▶ 구두로 「～해서 ～ㄴ다」 3～5개

순서	단 계	내 용
2R	<본질추구> 위험의 포인트는 이것이다!	• 위험의 포인트 결정 ◎표 ▶ ONE POINT(요약) • 위험의 포인트 ▶ 지적확인(제창) 「~해서 ~ㄴ다.」
3R	<대책수립> 당신이라면 어떻게 하겠는가?	• 구체적인 대책 발표 ▶ 구두로 ◎표에 대한 대책 2~3항목 정도
4R	<목표설정> 우리들은 이렇게 하자. (요약)	• 대책 ※표 → One Point(요약) • 중점실시항목, 목표설정 → 구두로 • 팀의 행동목표 → 지적확인(제창)을 「~하여 ~하자. 좋아!」
확인	어항방식 (Fish Bowl System)	One Point 지적확인 연습(3회) 「ㅇㅇㅇ 좋아!」 터치 앤드 콜(Touch and Call) 「무재해로 나가자, 좋아!」
관찰 & 강평	팀끼리	• 관찰자 → 강평(Comment) • 강평항목 분담 1인 1분 이내

② 어항방식(Fish Bowl System)의 진행방법

(소요시간) 어항방식, 1인 1분 이내로 전원 강평

	내 용
관찰 포인트 (분담)	관찰팀 → 관찰 포인트와 담당자를 결정 → 전원 강평(Comment) (1) 리더의 리더십 (2) 소요시간
관찰 포인트 (분담)	(3) 멤버의 위험예지활동 내용 (4) 팀워크 (5) 기타 훈련의 내용에 따라 중시하여야 할 항목 (가) 작업지시 훈련 및 즉시 위험예지훈련 ① 작업지시의 내용(위험의 포인트) ② 복창(작업지시와 개별위험예지)의 내용 ③ 복명(작업지시훈련에 한함)의 내용 (나) 단시간 미팅훈련 ① 전체의 흐름 ② 작업지시의 내용, 박진감 ③ 복창, 복명
강 평	실기팀의 외측을 둘러싼다. → 냉정히 객관적으로 관찰. 강평은 (1) 장점을 찾아내어 칭찬한다. 자신감을 준다. (2) 결점지적은 상대방의 마음을 상하게 하지 않는 배려가 필요하다. (3) 간결하게(30초~1분 이내) (4) 마음이 깃든 원포인트 조언 → 동료애, 상호격려

③ 원포인트 위험예지카드

<table>
<tr><td>일 시</td><td></td><td>직장명</td><td></td></tr>
<tr><td>작업명</td><td></td><td>실시자명</td><td></td></tr>
<tr><td colspan="4">⊙ 위험의 포인트는 무엇인가(One Point Only)</td></tr>
<tr><td colspan="4">⊙ 중점실시사항(One Point에 대해 어떻게 하면 좋은가)</td></tr>
<tr><td colspan="4">⊙ 행동목표(…을 …하여 …하자 : One Point Only)</td></tr>
<tr><td colspan="4">⊙ 원포인트 지적확인 항목</td></tr>
<tr><td colspan="4">⊙ 문제점(설비 M/C, 작업방법에서 생각난 것)</td></tr>
<tr><td rowspan="2">심사의 강평</td><td colspan="3"></td></tr>
<tr><td colspan="3"></td></tr>
</table>

(4) 1인 위험예지훈련

한 사람 한 사람의 위험에 대한 감수성 향상을 도모하기 위하여 삼각 및 원포인트 위험예지훈련을 통합한 활용기법의 하나이다. 한 사람 한 사람(리더 제외)이 동시에 공통의 도해로 4라운드까지의 1인 위험예지를 지적확인하면서 단시간에 실시한 뒤, 그 결과를 리더의 사회로 서로서로 발표하고 강평함으로써 자기 개발의 도모를 겨냥하고 있다.

1인 위험예지훈련 진행방법

<table>
<tr><th colspan="2">순서</th><th>단 계</th><th>내 용</th></tr>
<tr><td colspan="2">준비</td><td>서브팀(Sub-team) 구성</td><td>• 팀 분할 3～4인, 역할 분담
• 서브팀 리더 지명, 도해 배포</td></tr>
<tr><td colspan="2">도입</td><td>리더 인사</td><td>• 정렬, 구령, 건강확인 등</td></tr>
<tr><td>리더,
사회,</td><td>1R</td><td><현상파악>
어떤 위험이 잠재하고 있는가?</td><td>• 혼자 도해하여 △표에 기호 메모 기입
• 삼각 위험예지훈련의 요령(3～5항목)</td></tr>
</table>

순서		단 계	내 용
진행, 시간 관리	2R	<본질추구> 이것이 위험의 포인트이다! (합의 요약)	(이하 원포인트 위험예지훈련의 요령) • 위험의 포인트 ▸ ◎표 (1항목만) 지적 확인 「~해서 ~다!」
	3R	<대책수립> 당신이라면 어떻게 하겠는가?	◎표 ▸ 구체적 대책을 도해에 메모한다. (2~3항목)
	4R	<목표설정> 우리들은 이렇게 하자. (합의 요약)	• 4R-(1) 구체적 대책 = 중점 실시 항목 (※표 1항목 결정) • 4R-(2) 행동목표 → 지적확인 「~을 ~하여 ~하자, 좋아!」
발표와 반성 (리더사회)		1인 위험예지훈련 결과 보고 (발표)	(보고사항) • 원포인트 지적 확인 연습(3회) • 리더 결정(○○, 좋아!) • 터치 앤드 콜(Touch and Call) 「무재해로 나가자, 좋아!」
확인(리더)		서브팀 내 반성	• 발표자 …1R~4R 순서대로 읽어나간다. • 상대팀의 발표 → 강평(Comment)

(5) 자문자답카드 위험예지훈련

한 사람 한 사람이「자문자답 카드」의 체크항목을 큰 소리로 자문자답하면서 위험요인을 발견, 파악하여 단시간에 행동목표를 정하여 직접 확인한다. 이는 특히 비정상 작업에 있어서 안전을 확보하기 위한 훈련이다.

① 훈련의 진행순서

㈀ 팀을 3명 또는 4명씩 서브팀으로 나눈다.

㈁ 사용하는 도해 : 1인 작업의 도해를 사용한다.

㈂ 자문자답카드

ⓐ 5~7항목 정도 사고의 유형별 카드를 작성한다.

ⓑ 그 직장의 중요한 작업(특히 비정상작업)시 발생한 재해, 아찔·아차 사고를 근거로 항목을 한정한다. 실제훈련에서는 이미 준비된「자문자답카드」를 사용한다.

㈃ 서브팀마다 1명이 자문자답카드 위험예지 실기를 실시하고 다른 멤버는 그 실기를 관찰하여 강평(어항방식) 차례로 실기를 교체하며 실시한다.

(ㅁ) 자문자답 카드 위험예지훈련의 진행방법

단 계	내 용
1R (현상파악)	(1) 카드를 1항목씩 읽어 나간다. (2) 그 사고를 초래하는 위험요인이 있으면 위험개소를 지적하면서 「~해서 ~ㄴ다.」라고 큰 소리로 부른다. (3) 항목을 차례로 읽어 나가면서 1항목씩 진행해 간다. (4) 전체에서 위험요인 3~5항목을 찾아낸다. (5) 구두로만 한다. (6) 도해를 사용하는 경우에는 도해에 기호로 메모해도 좋다(지적확인의 요령).
2R <본질추구>	위험의 포인트(◎표 항목)를 항목(원포인트)으로 요약하여 「위험의 포인트, ~해서 ~ㄴ다, 좋아!」라고 큰 소리로 지적 확인한다.
3R <대책수립>	생략한다.
4R <목표설정> 확인	(1) ◎표 항목에 대한 중점행동목표를 단도직입적으로 설정하여 「행동 목표, ~을 ~하여 ~하자, 좋아!」라고 큰 소리로 지적 확인 한다. (2) 계속해서 날카롭게 베는 듯한 원포인트 지적확인 항목을 정하여 「○○, 좋아」라고 3회 큰 소리로 연습한다. 나아가서, 「무재해로 나가자, 좋아!」라고 외친 뒤 자문자답카드 위험예지훈련을 마무리한다.

(ㅂ) 훈련시간

1R~4R을 1~3분으로 실시한다. 자문자답카드 위험예지의 실시가 끝나면 관찰멤버 전원이 어항방식으로 강평한다(1인 1분 이내). 전체를 5분 이내에 실시하고 역할을 교대한다.

(ㅅ) 자문자답카드 작성상의 주의사항

ⓐ 다음의 표는 일반적인 생산공장 내에서의 위험요인을 힌트로 작성한 카드로서 현재 무재해운동 연수회 등에서 사용하고 있다.

ⓑ 가능한 자기직장의 작업내용에 따른 카드를 작성했으면 한다. 그때 체크항목은 5~7항목 정도로 하고 너무 욕심을 부리지 않는 것이 좋다.

ⓒ 과거의 재해, 아차사고를 사고의 유형별로 파악하여 빈도가 높은 것, 강도가 높은 것을 한정적으로 선택하도록 하는 것이 좋다.

ⓓ 안전상의 체크리스트뿐만 아니라 생산 또는 품질에 관한 체크항목을 추가해도 좋다.

(ㅇ) 자문자답 카드(샘플)

<table>
<tr><th colspan="4">자문자답 카드</th></tr>
<tr><td>일 시</td><td></td><td>소속명</td><td></td></tr>
<tr><td>작업명</td><td></td><td>이 름</td><td></td></tr>
<tr><td colspan="2">자 문</td><td colspan="2">자 답</td></tr>
<tr><td colspan="2">1R</td><td colspan="2"></td></tr>
<tr><td colspan="4">2R</td></tr>
<tr><td colspan="4">3R</td></tr>
<tr><td colspan="4">4R</td></tr>
<tr><td colspan="4">ONE POINT</td></tr>
</table>

(ㅈ) 자문자답 카드 사용 예

자문자답카드

1. 협착될 일은 없는가?
2. 스치거나 베일 일은 없는가?
3. 말려들 일은 없는가?
4. 떨어지거나 넘어질 일은 없는가?
5. 화상을 입을 일은 없는가?
6. 눈을 다칠 일은 없는가?
7. 요통에 걸릴 일은 없는가?
8. 감전될 일은 없는가?
9. 기타 다른 문제는 없는가?

어떠한 위험이 잠재하고 있는가?

자문자답 카드			
일 시	2004. 5. 6.	소속명	공무 1부
작업명	배관 보온재 교체	이 름	홍 길 동
자 문		자 답	
1R 1. 협착될 일은 없는가? 2. 스치거나 베일 일은 없는가? 3. 말려들 일은 없는가? 4. 떨어지거나 넘어질 일은 없는가? 5. 화상을 입을 일은 없는가? 6. 눈을 다칠 일은 없는가? 7. 요통에 걸릴 일은 없는가? 8. 감전될 일은 없는가? 9. 기타 다른 문제는 없는가?		1. 없음 2. 보온커버에 손을 베인다. 3. 없음 4. 보온커버에 힘을 가하다 넘어져 허리를 다친다. 5. 스팀이 누출하여 화상을 입는다. 6. 보온재가 눈에 들어간다. 7. 불안전한 자세로 작업하다 요통에 걸린다. 8. 없음 9. 없음	
2R 위험의 포인트 보온재가 눈에 들어간다. 좋아!			
3R 생략			
4R 나의 행동목표 스팀 누출 수리작업을 할 때는 보안경을 착용하자. 좋아!			
ONE POINT 보안경 착용, 좋아! 위험예지 생활화로 산업재해 예방하자. 좋아!			

(6) TBM 위험예지훈련

TBM으로 실시하는 위험예지활동을 말한다. 이는 현장에서 그 때 그 장소의 상황에 즉흥적으로 적용하여 실시하는 위험예지활동으로서 즉시 즉흥법이라고도 한다.

진행방법

① 미팅의 형식
- (ㄱ) 조회, 아침, 점심, 저녁 교체하여 시행한다.
- (ㄴ) 토의는 소수인이 좋다.
- (ㄷ) 10분 정도가 바람직하다.

② 사전준비
- (ㄱ) 주제를 정하고 자료 등을 준비한다.
- (ㄴ) 흑판이나 차트 등을 활용한다.
- (ㄷ) 리더는 주제의 주안점을 활용한다.

㈃ 예정표를 작성해 준다.

③ 진행방법

㈀ 계획적으로 「도입 → 의견을 끌어내고 → 종합」의 3단계로 진행한다.

㈁ 리더는 열의를 표시한다.

㈂ 토의는 한 사람 한 사람 발언시키며 목적 이외의 토의는 피하도록 한다.

(7) 아차사고 사례기법

산업현장에는 수많은 잠재위험 요인이 산재하고 있다. 이 위험이 직접적인 원인(불안전행동 및 불안전한 상태)에 의하여 현상화 될 때 사고가 발생하고, 이러한 사고가 곧 산업재해로 이어지는 것이다. 이 과정에서 비록 재해로 이어지지는 않지만 하마터면 재해가 발생할 뻔한 깜짝 놀랐던 경험을 아차사고라 한다. 직장의 아차사고 체험은 선취를 위하여 가치 있는 정보이나 일반적으로 아차사고 체험은 은폐하기 쉽다. 작업자의 아차사고 체험을 어떻게 발굴하고 어떻게 살리는가는 무재해운동의 중요한 과제라 할 수 있다.

아차사고에 대한 브레인스토밍(BS)미팅 진행 방법

① 아차사고 브레인스토밍법은 문제 해결의 「제1단계－문제제기」를 응용하여 브레인스토밍으로 아차사고 체험을 제출케 하여 테마를 정해서 재해 사례 검토 4R법에 의하여 문제 해결을 실행한다.

② 안전미팅에서 브레인스토밍뿐이라면 30분 정도로 실시할 수 있다. 사전준비로서는 미리 안전미팅에서 팀원에게 아차사고 체험에 대해서 대화하는 것을 예고해 준다(각자 1건 이상 자신의 아차사고 체험을 생각하고 메모해 두게 한다).

6.3.7 위험예지훈련 시행요점

위험예지훈련은 자신의 말로 체험이나 상상을 솔직히 구체적으로 말하면 된다. 그러나 얼마나 정확히 할 수 있느냐? 하는 것은 매우 어렵다. 수영을 예로 들면, 누구나 금방 물에 뜨기는 하나 멀리, 빨리, 올바르게 헤엄치는 것은 꽤 긴 기본기의 수련이 필요한 것과 같은 이치이다. 현장에서 위험예지훈련을 올바르고 효과적으로 시행, 정착하기 위하여는 교육을 담당하는 사람은 물론 모든 안전관계자들이 아래의 사항에 유의하여 실행활동에 전념해야만 한다.

(1) 위험요인을 날카롭게 포착하여 현상을 사고의 형으로 표현하여야 한다.

제1라운드의 "위험요인과 그것이 초래하는 현상"의 현상이란 "사고의 형"을 말한다. 따라서 사고의 원인을 날카롭게 올바르게 파악하려면 현상을 사고의 형으로 표현해야 한다.

사고의 형

① 추락, 전락한다. ② 전도한다.
③ 부딪친다. ④ 비래, 낙하한다.
⑤ 붕괴, 도괴한다. ⑥ 격돌 당한다.
⑦ 협착, 말려든다. ⑧ 베인다. 스친다.
⑨ 헛디뎌서 빠진다. ⑩ 물에 빠진다.
⑪ 약상을 당한다. ⑫ 감전된다.
⑬ 열탕을 뒤집어쓴다. ⑭ 폭발한다. 등
(상식적으로 알기 쉬운 말로 표현해도 된다.)

(2) 긍정적이고 전향적인 표현으로 파악한다.

1라운드의 「~하지 않아서」라는 후향적인 발언이 아니라 그 배후의 직접적인 위험요인을 발견(「예지·예측하여~하기 때문에」라는 전향적·긍정적인 표현으로)하여 현상을 파악한다.

(3) 추상적이 아니라 구체적으로 표현한다.

1라운드(현상파악)이나 4라운드(행동목표)는 가능한 한 구체적으로 "눈에 선하게 떠오르게" 발언한다. 아래의 예가 그런 표현이다.

정리정돈이 나빠서, 자세가 불안전하여 무리한 자세로 → 추상적 표현

(4) 훈련의 주체를 명확히 한다.

작업자의 입장인지 아니면 감독자, 관리자의 입장인지 위험예지를 하는 주체를 명확히 한다.

① 2인 작업, 좋아!
② 실행 가능한 행동목표 → I & We의 입장에서 겉치레가 아닌 우러나는 마음에서 실행돼야 비로소 위험예지훈련이 될 수 있다.

(5) 핵심적인 주요항목을 선택한다.

2R & 4R에서 결단을 내려 「위험의 포인트와 중점 실시 항목을 정하는 것」은 다른 것을 버리는 것이 아니라 실천에 이어지도록 하기 위함이다.

① 오늘의 공격목표
② 양(量)속에 반짝 빛나는 질(質) 높은 것
　지각 → 선택 → 판단 → 결단 → 실천!

(6) 지적확인과 지적제창의 차이를 명확히 한다.

원포인트 지적확인 항목은 팀의 행동목표를 단축시킨 것이 아니라 실제로 현장에서 한 사람 한 사람이 지적확인 하여야 할 것을 가급적 날카롭게 정곡을 찌르는 항목으로 설정한다.

① 2R & 4R → 지적제창으로 위험의 포인트와 팀의 행동목표를 확인
② 팀의 행동목표가 「사다리의 안전을 오르기 전에 확인하자, 좋아!」일 경우 → 지적확인 항목은 「사다리의 각도 75°, 좋아!」로 설정

(7) 기법의 잘못은 진행 중에 시정한다.

위험예지훈련 실기 진행 중에 기본적인 기업이 잘못된 방향으로 가고 있을 때에는 그 라운드 중에 적시 적절하게 개입하여 조언한다(아래 예).

① 끝난 뒤에 잘못이나 결점을 지적, 시정하는 것이 아니라 그 라운드 끝나기 전에
② 「~해서 ~이 된다.」 → 「~해서」라는 위험요인의 예지가 잘못된 경우
③ 「~이 된다.」가 사고의 형으로 구체적으로 파악되지 않음
④ 「~하지 않아서」라는 대책적인 현상파악으로 끝나고 있음
⑤ 1R & 2R가 추상적이어서 눈에 선하게 떠오르지 못하고 있음
⑥ 「~하지 말라.」 → 「~하지 않도록 하자.」라는 부정적, 금지적인 행동 목표를 수립하고 있음

(8) 본심으로 대화하는 방법을 철저히 지도한다.

브레인스토밍(B · S) 4원칙과 본심의 대화법은 다르다. Brain Storming이라고 부르는 것을 지양하고 B · S의 4원칙인 비판금지, 자유분방, 대량생산, 편승가공을 적용하여 사용하면 된다. 안전공단에서는 89년 이래 ① 본심으로 왁자지껄(Relax) ② 본심으로 자꾸자꾸(생생한 정보) ③ 본심으로 끊임없이(단시간) ④ 과연 그래, 바로 이거

야(Consensus) 원칙을 적용하여 왔다.

(9) 훈련리더(지도자)의 자세를 바르게 한다.

위험예지훈련의 리더는 사명감을 갖고 있어야 하며 이 훈련의 성패는 그들의 노력과 자세에 따라 달라지기 쉽다. 아래는 리더가 유의해야 할 사항이다.

① 위험예지훈련의 리더는 「선생」이 아님을 인식해야 한다.
② 팀은 고유명사로 불러야 한다.
③ 시간을 철저히 지켜야 한다.
④ 실기는 전원 기립하여 실시해야 한다.
⑤ 리더도 팀 속에 들어가서 함께 지적제창·지적확인 해야 한다.
⑥ 기법 지도 시 진행방법에 대한 설명을 충분하고 충실히 해야 한다.
⑦ 기법 특히 기본적인 것이 잘못된 방향으로 가고 있을 때는 그 라운드가 끝나기 전에 빨리 시정해 주어야 한다.
⑧ 지도자는 「선생」이 아니다. 함께 「배우는 자세」를 갖자. 팀은 각각 현장의 프로이며 현장에서 무재해운동을 실천하는 사람임을 명심해야 한다.
⑨ 지도나 제언은 명랑하고 간결하게 실시하자. 먼저 팀의 좋은 장점 발견에 노력하고, 좋은 점을 곧바로 칭찬하자.
⑩ 의자 밀어 넣기, 호주머니 손 안 넣기, 단정한 복장, 지적확인 등 훈련 중에 리더가 솔선수범해야 한다.
⑪ 실기시간에 여유를 두고 Q & A를 해주어야 한다.

(10) 위험예지훈련은 끊임없이 지속되어야 한다는 자세를 가져야 한다.

문제해결(위험예지훈련) 4R법은 무재해 전원참가운동의 인간존중 기본 이념을 직장이나 작업에 실현하기 위한 실천기법이므로 위험예지훈련의 수련을 위해 리더는 지속적인 반복훈련을 통해 기본기를 갈고 닦아야 한다.

6.4 SPOT 기법

SPOT에 대한 개념은 전부터 있어 왔으나 아직 SPOT을 대신할 적당한 단어나 SPOT에 대한 명료한 정의를 내리기는 어렵다. 그러나 굳이 정의를 내린다면 첫째, 단위강좌가 끝난 뒤 다시 시작할 때까지의 휴식시간, 또는 일과 정리시간을 활용하여 5~20분 범위 내에서 짧게 기분전환, 동기부여 측면으로 활용하는 게임이나 둘째, 강사가 개인사정, 도로교통사정 등으로 인하여 교육장에 늦게 도착할 경우나 출강치 못하는 비상사태 시에 30분에서 2시간 정도로 교육담당자가 대신 시간을 활용하는 게임으로 나눌 수 있다. 사전에서 SPOT라는 단어를 찾아보면 얼룩, 반점,(도덕적인)오점 등의 의미로 쓰이는 게 보통이나 이를 교육용어로 사용하는 경우 교육과정 사이사이에 끼워 넣어 사용하는 짤막한 발표를 의미한다.

교수자나 교육 담당자가 교육을 진행하다 보면 다양한 상황에 접하게 되는데 이때 대처하는 진행기법이 미숙하면 큰 어려움을 겪게 된다. 교육을 원래의 계획대로 잘 이끌어 가기 위해서는 교육진행시 1~3분 정도의 짧은 시간에 원활하게 교육진행(분위기조성)을 할 수 있는 기법을 배우고 활용할 수 있어야 한다. "SPOT 기법"은 단위 과목이 끝나고 시작될 때, 휴식 시간, 일과 정리 시간을 활용하여 짧게 5~20분 범위 내에서 기분 전환, 동기부여 측면으로 활용하기도 하고, 사내, 외 강사의 사정이 여의치 못할 때 30분~2시간 정도 교육 담당자가 대신하여 시간을 활용하여 실시하기도 한다. 이러한 교육진행의 방법은 보통 진행내용에 따라 OPEN SPOT 기법, 인간관계 SPOT 기법, 팀 빌딩 SPOT, SPOT 마술기법, CLOSE SPOT 기법 등으로 분류하기도 한다. 실제적으로 교육진행 실무상 교육생들의 교육 참여의 열의나 교육집중 등은 시간별, 일자별로 일정한 주기를 형성하게 된다. 전체적인 분위기가 하향곡선을 그리는 경우 진행자에 의한 적절한 SPOT 기법은 교육 분위기를 적극적이고 참여적인 분위기로 형성시켜 결국 교육효과를 증진시키는 결과를 나타낸다. 때로는 SPOT 기법만으로도 충분한 교육효과를 볼 수 있으며 SPOT 기법이 교육내용의 전부인 경우도 최근에는 쉽게 볼 수 있다.

이러한 [22]SPOT을 준비를 위해서는 몇 가지 유의하여야 점이 있는데, 먼저 교육 참여자 분석을 통해 이에 알맞은 SPOT 자료 선택하여야 한다. 이는 교육 참여자의 연령 및 학력 등을 고려하여 이에 걸 맞는 유머나 관심자료를 준비해야 한다는 얘기다. 한 가지 흥미로운 사실은 참여자가 고령이거나 고학력인 경우일수록, SPOT 내용은 단순하고 유아적인 것이 더욱 효과적이라는 사실이다. 또한 그 반대의 경우도 존재한다. 인식하는 정도가 상대적이긴 하지만 단순한 것에서 복잡한 것을 발견해내는 혹은 공통원칙 및 진리를 발견해내는 것에 상당히 능숙하기 때문이다. 신세대일 경우 신세대감각의 유머, 혹은 패션과 관련된 자료, 다양한 인식을 위한 자료를 많이 준비하는게 좋고, 중년의 세대인 경우에는 건강, 정형화된 데이터를 이용한 자료, 신뢰성 있는 기관의 자료 등을 활용하면 높은 신뢰를 얻을 수 있다. 특히 여성의 경우 교육주제에 맞는 시구나 서정적인 내용의 문구는 깊은 동질감을 형성하는데 큰 효과를 발휘하기도 한다.

다음으로 SPOT 기법 적용이 교육 내용 혹은 강의내용을 변질시키거나 그 계기를

22) 김형철, 「레크리에이션 : SPOT기법」, 서울 : 21C교육협의회, 1998.

부여해서는 안 된다. 강의 중간에 혹은 강의 종료 후 사용한 SPOT의 내용이 전시간의 강의내용과 배치되거나 교육 참여자의 인식방향을 한쪽으로 몰고 가는 것은 무척 위험한 일이다. 교육진행자가 단순히 일반사실의 전달을 하였다 하더라도 자신의 의도와는 다른 경우가 발생하기 쉽다. 교육 참여자의 특성상 자기 판단 후 정보를 선별 취득하게 되는 것이 보통이며 집합교육의 경우 교육진행자의 말 한마디는 그 영향력이 상당하게 작용하게 된다. 특히 초기교육인 경우 교육진행자는 자기회사의 모습을 표현하는 구현체라고 볼 수 있다. 무의미하게 사용한 SPOT 기법 사용은 교육의 본질을 상실시킬 수도 있다는 말이다.

세 번째는 SPOT 기법 적용을 위한 자료의 준비는 즉시 해야 한다. SPOT 기법용으로 사용하기 좋은 자료를 발견하는 경우, 보통 차후에 준비할 것으로 예정하여 스크랩을 하거나 별도로 비치하는 경우, 대부분 사장되는 경우가 많으나 가능한 당장이라도 활용할 수 있도록 준비해 놓아야 한다. 흔히 프레젠테이션 프로그램을 활용하는 경우가 많으며, 이 경우에 적절한 컬러감을 이용하여 신선한 감을 유지하도록 해야 한다.

네 번째로 교훈성 SPOT의 내용은 가능한 '…법칙', '…효과'와 같이 정형화 시킬 수 있는 것을 선택하는 것이 좋다. 이는 SPOT의 성격상 시간이 넉넉하게 준비되어 있는게 아니므로 짤막한 수필과 같이 간단히 끝낼 수 있는 것이 바람직하다. 내용은 이야기가 존재하는 설화내지 배경설명을 할 수 있는 내용일수록 공감대 형성에 유리하다. 예를 들어 [23]'피그말리온 효과'나 '사람이 도박을 하는 이유', [24]'샐리의 법칙' 등은 그 좋은 예라 할 수 있다. 유의할 것은 교훈성 SPOT의 경우 잘못하면 마치 강의와 같은 인상을 주어 교육 참여자의 반발을 야기할 수 있으므로 상당한 주의를 기울여야 한다는 것이다. 특히 교육대상자가 진행자보다 연장자이거나 상위직급자인 경우는 더욱 그러하다.

---

23) '피그말리온 효과'란 한 개인의 기대가 현실로 드러나 다른 사람의 행동에 긍정적인 영향을 주는 것을 일컫는 말이다. 피그말리온은 그리스 신화에 나오는 조각가의 이름이다. 뛰어난 조각 기술을 가졌던 그는, 자신이 만든 조각상과 사랑에 빠진 나머지 신에게 조각상에 생명을 불어넣어 주기를 간청했다. 그리고 신은 그의 간절한 소망에 감동해서 결국 그의 부탁을 들어 주었다는 이야기다. 피그말리온 효과에 대한 연구는 심리학과 교육학에서 먼저 시작되었다. 선생님으로부터 학습 능력이 낮다고 인정받은 집단과 학습 능력이 뛰어나다고 인정받은 집단 간의 비교에서 학습 능력이 뛰어나다고 인정받은 집단의 학습 성과가 실제로 훨씬 크다는 사실이 발견되었던 것이다. 이러한 결과는 기업에서 팀 리더와 팀원 간의 관계 속에서도 똑같이 적용될 수 있다. 팀원에 대한 팀 리더의 긍정적인 기대가 팀원의 성과와 태도에 영향을 미치고 결국 생산성의 증가에까지 이어진다는 것이다.

24) 샐리의 법칙은 머피의 법칙과 정반대 개념으로 우연히도 자신에게 유리한 일만 거듭해서 일어난다는 것이다. '엄청나게 밀리지만, 내 차선은 쭉쭉 잘 빠진다.', '영화표를 끊고 돌아서는 순간 매진이라는 푯말이 걸린다.', '정류장에 나가면 바로 버스가 온다.', '달달 외운 한 가지 공식만 시험에 나온다.', '공부하다 졸리운 참에 갑자기 정전이 된다.' 영화 '해리가 샐리를 만났을 때'의 여주인공인 샐리는 엎어지고 넘어져도 결국 해피엔딩을 이끌어 내는 밝고 긍정적인 인물이다. 하려는 일이 술술 잘 풀리고 행운이 내 앞에 가득하다는 것, 생각만 해도 기분 좋은 일이 아닐 수 없다. 샐리의 법칙은 '좋은 암시를 하면 좋은 일이 일어난다.'는 잠재의식의 법칙이기도 하다.

마지막으로 가능하다면 보조기구를 사용하는 것이 더 효과적이다. 일반적으로 쌍방향 커뮤니케이션의 중요성을 알아보기 위해 '도형 설명하기', '조각 맞추기' 등이 사용되는 것과 같이, 단순히 교육진행자의 구두에 의한 전달보다는 교육보조자재를 활용한 SPOT은 더 높은 참여를 유발한다. 예를 더 들자면 '탱고스', '마술기법' 등은 흥미와 관심을 유발하고 이에 교육효과까지 곁들일 수 있는 장점이 있다. 더구나 이를 ICE BREAKING과 연계하여 사용하는 경우 도서상품권이나 볼펜 등과 같이 부담 없는 선물을 준비하여 지급하는 경우 더 높은 성과를 거둘 수 있다. 다만 지나치게 경쟁으로 치닫는 것은 지양해야 한다.

6.4.1 SPOT 기법 사례

(1) 착시현상

교육 중 착시현상과 관련한 자료를 이용하여 인간의 시각적 심리적, 정신적 공통현상과 차이점을 인식하게 하거나 집중, 동질성을 느끼게 하기도 한다.

① 굽은 선 혹은 직선으로 보이는가?

② 새에게 잡힌 여자인가? 아니면 아래 뒤집어 본 그림을 보면.

③ 시작하는 시점에 따라 다르게 보이는가? (왼쪽부터 보아가면…)

④ 보기에 따라 천사 또는 악마들이 보이는가?

⑤ 검은 새 또는 흰 새? 둘 다 동시에 보이는가?

⑥ 인디언인가 에스키모인인가?

⑦ 오리인가 아니면 토끼인가?

⑧ 문제 : 아래 그림의 정사각형은 모두 몇 개 입니까?

16개?

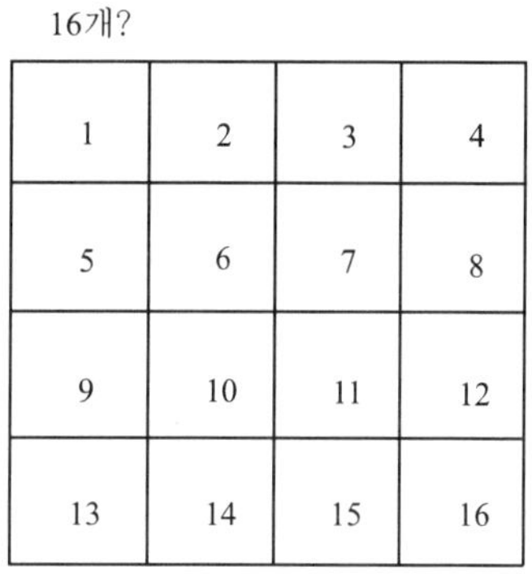

18개?

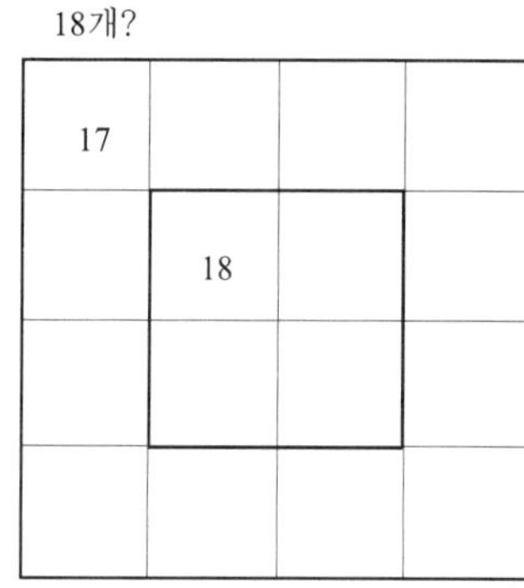

22개?

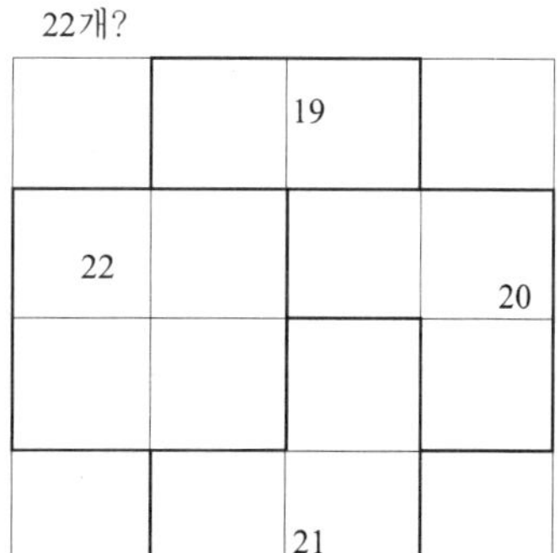

26개?

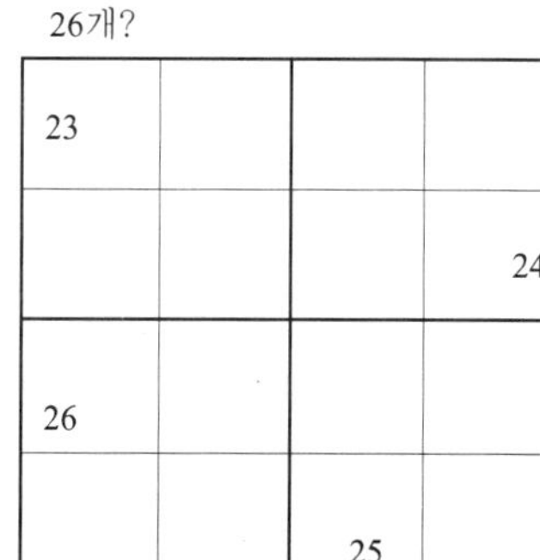

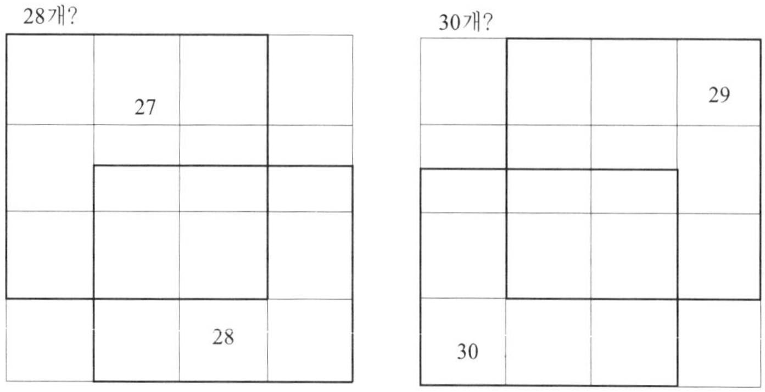

(2) Game 기법

SPOT 기법에서 가장 많이 사용하는 것 중에 하나가 게임을 이용하는 방법이다. 게임은 그 종류와 내용이 워낙 광범위하고 많아서 어떤 것을 선택하느냐는 교육진행자의 센스와 교육생과 교육내용을 고려한 것이어야 한다는 전제가 필요하다.

① 교육에 있어서 유머의 효과

대부분의 강의나 대화, 토론의 상황은 적대적인 대치로 시작한다. 이 말은 교수자가 강당이나 교육장에서 마주치는 학습자는 약간은 의심을 하면서 공격적인 성향을 가진다는 것이다. 때문에 교수자는 자신의 존재를 어느 정도 입증하여야 한다. 학습자를 교수자의 편으로 만들어야 한다는 것이다. 때문에 적절한 유머는 여러 가지 면에서 교수자의 이런 필요를 충분히 충족시켜 줄 수 있다.

㈀ 학습자의 주의를 집중시키는 효과가 있다.

교육내용에 대한 확신이 있다면 교수자는 학습자들이 집중할 수 있도록 모든 수단과 방법을 동원해야 한다. 재미는 사람을 매료시키는 능력이 있다. 어떤 모임에서든 사람들은 한 쪽 구석에서 웃고 즐기며 이야기를 나누는 사람들을 부러운 눈길로 쳐다보며, 기억 속에 가장 깊이 남아있는 친구들은 아마도 즐거운 시간을 같이 보냈던 사람들일 것이다. 이것이 인간의 본성이다. 우리는 모두 즐거운 시간을 원한다. 사람들의 마음은 이리저리 쉽게 떠돌아다니고 강의에 집중하지 않을 확률이 크다. 그럴 때 교수자가 가벼운 유머나 유흥을 강의에 포함하여 진행한다면 듣는 사람들은 생기를 띠고 교수자의 말에 귀 기울이게 된다.

㈁ 존경심을 유발하는 효과가 있다.

교수자는 교육시간 처음 몇 분 안에 학습자로부터 존경심을 얻을 수 있어야 한다. 위엄만 내세우면 그런 일을 할 수 없다. 유머는 존경심을 얻는데 있어서 더할 나위 없이 좋은 방법이다. 교육시간에 위트 있고 핵심을 찌르는 계산된 유머는 강사의 지적 능력을 더 한층 높게 보이고 학습자의 감탄과 존경심을 유발 할 수 있는 것이다. 유머는 그런 경우 당신에게 도움을 준다.

(ㄷ) 교육생의 주의를 집중시키는 효과가 있다.
학습자는 그 어느 누구도 한 주제에 관해 무한정 시간동안 주의를 집중하고 있을 수는 없다. 학습자는 쉽게 지치며 그들은 다양한 것을 추구하고, 변화를 원한다. 이야기를 듣는다는 것도 일종의 일이다. 듣는 사람의 마음이 말하는 사람의 그것과 조화를 이룰 때 학습효과는 커지며 교수자는 말하려고 하는 주제를 흡입하고, 분석하고 판단할 수 있어야 한다. 교육이 중요하지만 동시에 학습자를 지치게 하는 것이기도 하다. 학습자의 집중력을 계속 유지시키려면 유머 있는 짧은 얘기나 새로운 사건이나 방법 등을 유용하게 쓰면 된다.

(ㄹ) 애매하거나 복잡한 문제들을 선명하게 나타내 주는 효과가 있다.
훌륭한 유머는 명백한 것이어야 한다. 듣는 사람들에게 호소력이 있어야 하고, 이해할 수 있는 것이어야 한다. 쉽게 인식할 수 있어야 한다는 뜻이다. 그것의 진실과 현실성은 명백한 것이어야 한다. 그렇지 않다면 듣는 사람은 단순히 그것을 이해하지 못하는 것이다. 링컨은 타고난 이야기꾼이었다. 그것은 그가 제 8 순회재판 변호 구역에 있을 때 갈고 닦은 기술이었다. 그는 정치적이나 행정적인 요소에 최초로 유머를 접목한 대통령이다. 그가 대통령 선거 유세를 하고 있는 동안, 그의 측근 들은 때때로 그에게 이야기를 더 많이 하라고 요청하였으나 그 때마다 그가 사용하는 일화들은 효과적이었다고 한다. 그의 일화는 신빙성이 있을 뿐 아니라 많은 불필요한 시간들을 절약하게끔 해주었다. 그는 "나는 내 견해를 나타내는 짧은 이야기를 예로 들면서 종종 다른 사람들과의 길고 영양가 없는 토의를 하는 것과, 나 자신에 대한 길고 지루한 설명을 하게 되는 경우를 피하고 있습니다."라고 했는데 이는 시사하는 바가 크다.

(ㅁ) 유머는 학습자들이 교수자의 교육 논점을 잘 기억할 수 있게 해주는 효과가 있다.
교육장에서 청중들이 주의를 기울이지 않는다면 어떠한 메시지도 가치 있는 것이 될 수 없다. 유머는 학습자에게 교수자가 한 말을 기억하게 해주고 그들이 필요할 때 교수자의 말을 잘 떠올릴 수 있게 해 준다. 훌륭한 유머는 재미가 있고, 재미가 있다는 것은 우리가 항상 그것을 떠올릴 수 있기 때문이다. 우리는 좋았었던 기억은 오래 간직하지만 안 좋았던 것은 쉽게 잊는다. 유머는 일종의 그래픽이나 그림과 같아서 가치 있는 이야기나 재담 그리고 기지가 넘치는 이야기는 단어의 조합으로 연상되는 것이 아니라, 듣는 사람의 마음에 한 폭의 그림처럼 연상되어 나타난다는 것이다. 그것이 바로 각기 다른 사람들이, 각기 다른 재담들에, 각기 다른 방법으로 반응하는 이유이다.

② 바디랭귀지의 이해

바디랭귀지는 매우 중요한 의사전달 도구이지만 바디랭귀지를 정확하게 이해하는 사람은 드물다. 바디랭귀지 및 그것이 의미하는 의미를(일반적인 경우) 알아보면 다음과 같다.

㈀ 손을 쥐거나 두 손이 높이 위치하는 경우일수록 그 사람의 실망이 크다.
㈁ 팔짱을 끼고 다리를 꼬는 경우는 자신을 방어하고 보호하고자 하는 의미이다. 이런 사람은 상대방을 무시하는 것은 아니지만 정보를 걸러내고 있는 경우가 많다.
㈂ 있지도 않은 옷의 보푸라기를 떼어내는 것은 상대방의 말이나 태도에 대해 찬성하지는 않지만, 자신의 의견을 내놓는 것을 거북해 한다는 의미이다.
㈃ 눈가를 문지르는 것은 거짓말을 하고 있다는 의미인 경우가 많다. 거짓말을 크게 할 경우 여자는 대개 눈가를 가볍게 문지르며 천장을 보는 경향이 있고, 남자는 눈가를 세게 문지르며 바닥을 보는 경향이 있다.
㈄ 목을 긁는 것은 상대방이 거짓말을 하고 있다고 의심할 때, 사람들은 자주 목 뒷부분을 5회 정도 긁는 것이 보통이다.
㈅ 손을 뺨에 갖다 대는 것은 평가를 하거나 흥미를 느끼고 있다는 것을 의미한다.
㈆ 손을 뺨에 대고 엄지손가락은 턱 아래 두는 것은 정말로 흥미를 느끼고 있으나, 약간은 부정적인 생각이나 의심을 포함한다.
㈇ 고개를 끄덕이는 것은 여자는 “당신이 하는 말을 듣고 있어요.”라는 의미로 고개를 끄덕이는 경우가 많고, 남자는 상대방에게 동의할 때에만 고개를 끄덕이는 경향이 있다.

③ Game의 종류

학교나 기업, 단체에서 활용되고 있는 Game은 그 종류와 내용에 있어서 그 수를 헤아릴 수 없을 정도로 많이 있다. 그러나 단순히 분위기를 up시키거나 즐거움을 주기 위한 장치나 방법으로서의 Game은 그 활용도나 적용에 있어 많은 한계를 갖고 있다. 요즘에는 기존에 활용되는 Game을 변형하거나 새롭게 재창조하여 각 대상자의 필요에 부응하는 형태로 Game도 발전하고 있는 추세이다. 교육기법으로서의 Game도 그 Game이 갖는 성격과 효과를 어떻게 교육에 접목, 활용하느냐에 따라 달라질 수 있다.

㈀ 적극적 경청을 위한 게임

듣는 행위가 단순한 수동적 태도가 아니라 말하는 사람의 행동을 유도하는 적극적 행위임을 인식시키고 경청자세와 듣는 사람의 태도와 반응이 말하는 사람에게 미치는 영향을 알아봄으로써 선택적인 듣기 경향으로 인해 의미가 왜곡 되는 과정을 보여주기 위한 게임.

삼각 대화(예)

(a) 인　　원 : 3인 1조의 그룹

(b) 소요시간 : 30분 이상

(c) 준 비 물 : 필요 없음

(d) 진행절차

ⓐ 3인 1조로 나눈 다음 누가 A, B, C의 역할을 할 것인지 각 팀이 결정하게 한다. 참가자들은 차례대로 돌아가면서 세 역할을 모두 경험하게 될 것이라고 알려 준다.

ⓑ 설명을 한다.

"A는 흥미 있는 주제를 선택하여 그것에 대하여 5분 동안 이야기를 하십시오. 가장 좋아하는 스포츠나 올해에 가장 흥미진진했던 날과 같이 편안한 주제를 선택하십시오.

B는 A가 말하는 동안 자연스럽게 이야기가 끝나는 때를 기다렸다가 C에게 A가 말한 내용을 요약해 주십시오.

C는 A가 말을 계속할 수 있도록 적절한 의견을 내거나 질문을 하십시오."

ⓒ 게임을 진행한 후 5분 동안 토론을 진행한다(토론 시트 별첨).

ⓓ 역할을 바꿔 모든 참가자가 세 역할을 모두 연기할 때까지 과정을 반복한다.

ⓔ 참가자들이 규칙을 완전히 이해했다고 하더라도 대개의 경우 이 게임을 조용하게 진행하기는 매우 힘들다. 이 때 진행자는 참가자들에게 듣는 것도 행동으로 실천하는 기술이며 다른 기수들처럼 실습을 통해서 향상시킬 수 있다는 것을 강조한다.

(e) 토론 시트(별도로 작성 배포)

제 _____ 조 이름 : _________

ⓐ B는 정확하게 A의 말을 요약했습니까? 그리고 C의 반응이 A가 이야기를 계속하는데 도움이 되었습니까?

ⓑ B의 요약과 C의 반응에 문제가 있었다면, 그것을 개선하기 위해서는 어떻게 해야 합니까?

㈁ 질문기술과 효용성을 위한 게임

열린 질문과 닫힌 질문을 알아보고 정보수집의 수단으로서의 질문 기술은 인식시키며 정확한 정보를 얻기 위한 효과적인 질문방법을 알아보며 다양한 상황에 적절한 질문 기술들을 탐색하고 실습을 통해 향상시키기 위한 게임.

전화 상담원(예)

(a) 인　　원 : 2인 1조
(b) 소요시간 : 30분
(c) 준 비 물 : 필기도구, 종이, 의자
(d) 진행절차

ⓐ 참가자들을 2인 1조로 나눈다. 서로 등을 대고 의자에 앉게 한다. 의자의 등받이를 두드려서 서로 의사전달을 할 수 있을 정도의 거리를 유지해야 한다.

ⓑ 전화상담원에게 전화를 한 사람이 흔히 가질 수 있는 문제들이 어떤 것인지를 생각하게 한다. 한 사람은 고민이 있는 사람의 역할을 하고 그 파트너는 그의 고민거리가 무엇인지를 알아내야 한다. 그러므로 문제가 너무 복잡해서는 안 된다. 참가자들이 원한다면 나이, 성, 국적 등을 바꿀 수도 있다. 참가자들이 상담할 고민거리는 가족, 개인, 금전 또는 법률에 관한 것일 수 있다. 그들(피상담자)은 그러한 문제를 간단하게 종이에 적는다. 이 단계에서는 파트너에게 비밀로 해야 한다.

ⓒ 설명을 한다.

"전화 상담소에서는 종종 말을 하지 않는 전화를 받게 됩니다. 자동 전화 응답기인 경우에만 말을 하고 싶은 사람이 있을 수도 있기 때문입니다. 이 게임은 그러한 상황을 재현하는 것입니다. 여러분들은 차례대로 한 번씩 말이 없는 피상담자의 역할을 해야 합니다. 질문에 대한 대답은 파트너(상담자)의 의자 등받이를 두드려서 해야 합니다. 한 번 두드리면 '예', 두 번 두드리면 '아니오'입니다. 상담자(질문하는 사람)는 다른 사람의 문제(고민거리)를 알아내는데 아주 능숙한 사람들일 것입니다. 여러분들이 피상담자의 성(남), 연령 그리고 문제의 종류, 즉 가족, 개인, 금전 또는 법률 등을 먼저 알아낸 다음 자세한 내용을 알아내는 방법을 쓴다면 일이 조금은 쉬워질 것입니다. 피상담자는 '예/아니오'로만 대답해야 하므로 상담자는 질문을 요령 있게 잘해야 합니다. 5분이 지난 후에 제가 멈추라고 하면 여러분들은 게임을 멈추시고 피상담자는 상담자(질문하는 사람)에게 자신들이 적었던 문제(고민거리)를 보여주십시오. 그러고 나서 역할을 바꾼 다음 같은 방법으로 진행하십시오."

ⓓ 게임이 끝난 다음 질문을 한다.

㈎ 피상담자의 문제를 알아내는 것이 얼마나 힘들었습니까?

(나) 상담자(질문하는 사람)로서 '예/아니오'로만 대답할 수 있는 질문만을 해야 된다는 것에 대하여 어떻게 느꼈습니까?
(다) 피상담자(의자를 두드린 사람)로서 정말로 하고 싶었던 이야기 중 하지 못한 것이 있습니까?

(e) 참고사항
ⓐ 피상담자들이 내놓은 문제의 유형들을 알아보면서 토론을 진행할 수도 있다. 더욱이 게임이 다른 사람의 고민을 도와주는 기술을 살펴보는 것이라면 특히 적절하다.
ⓑ 젊은이들이 참가자인 경우에는 개인적인 문제 대신에 자신들이 갖고 싶은 물건을 그리게 하여 게임을 진행할 수도 있다. 규칙은 동일하다.

(ㄷ) 무언의 커뮤니케이션 게임
표정, 눈짓, 태도 등은 신체를 통해 커뮤니케이션의 한 수단이며 말하는 내용의 신뢰도를 높이기도 하고 불신하게도 할 수 있다는 것을 인식시키며, 비언어적 커뮤니케이션을 통해 드러나는 타인의 생각이나 정보를 알아보는 방법을 익히고 심리상태를 보여주는 특징적인 행동들과 신체의 커뮤니케이션 방법을 게임을 통해 알게 하는 게임.

인간거울 게임(예)

(a) 인 원 : 12명 이하
(b) 소요시간 : 20분
(c) 준 비 물 : 필기도구, 종이, 머리띠
(d) 진행절차
ⓐ 참가자 수만큼의 머리띠를 준비한다.
머리띠에는 아래의 예와 같이 사람의 분위기나 태도를 한 가지씩 쓴다.

예) 성질이 나쁜 사람	매우 재미있는 사람
남을 못살게 구는 사람	우울한 사람
친절한 사람	지도자
수줍음을 타는 사람	근심이 많은 사람
만능 스포츠맨	믿을 만한 사람
따분한 사람	거짓말쟁이
힘으로 다른 사람을 못살게 구는 사람	

ⓑ 각자의 머리띠를 맨다. 머리띠를 하는 사람은 쓰여진 내용을 알 수 없도록 해야 한다.
ⓒ 모두 둥그렇게 원형으로 선다 함께 주말여행을 가는 것처럼 행동한다. 그리

고 여행계획에 대해 토론을 한다, 장소, 날짜, 시간, 기타 내용을 결정한다.

ⓓ 참가자들은 상대방의 머리띠에 쓰여진 사람을 대하는 것처럼 상대방을 대한다. 그러나 머리띠에 쓰여진 내용을 말해서는 안 된다.

ⓔ 5~10분 동안 토론을 하게 한 다음 질문을 한다.

㈎ 당신의 머리띠에 쓰여진 내용이 무엇이라고 생각합니까?

㈏ 어떻게 그것이라는 것을 알아냈습니까?

㈐ 머리띠에 쓰여진 내용이 다른 사람들이 당신을 대하는 태도나 그들의 반응에 영향을 주었습니까?

(e) 참고사항

토론대신에 참가자들이 돌아다니면서 말을 사용하지 말고 행동으로만 상대방의 머리띠에 쓰여진 사람을 대하는 것처럼 대응하게 할 수도 있다.

㈃ 커뮤니케이션 벽 게임

선입견이 타인의 말과 행동을 이해하는데 미치는 영향과 그것으로 인해 그릇된 인상을 가질 수 있다는 사실을 알아보고 커뮤니케이션이 왜곡되고 구성원의 역할 수행이 방해받는 집단의 행동을 이해하고 집단의 의사결정에 선입견이나 편견이 미치는 영향을 알아보기 위한 게임.

코끼리 목욕시키기(예)

(a) 인　　원 : 6~10명의 그룹

(b) 소요시간 : 20분

(c) 준 비 물 : 흑판이나 차트, 관찰자용 종이와 필기도구

(d) 진행절차

ⓐ 흑판이나 차트에 게임의 제목 '코끼리 목욕시키기'를 크게 써서 주의를 끈다. 참가자들을 6~10명 단위로 그룹을 나눈다. 관찰자를 지명한다.

ⓑ 설명을 한다.

"지금부터 '코끼리 목욕시키기'라는 게임을 하겠습니다. 여러분들 중에서 한 분을 제외한 나머지 분들을 밖으로 나가게 한 다음 제가 남아있는 분께 무언극을 보여드립니다. 그러고 나서 그분이 다음 차례인 사람에게 제가 보여드린 무언극을 재현해 보입니다. 다음 분은 그 다음 분에게 다시 앞 사람이 보여준 동작을 다시 보여주는 방법으로 모든 참가자들이 마칠 때까지 차례대로 진행합니다. 자신의 차례가 끝나신 분은 조용히 자리에 앉아 주십시오. 그리고 다음 사람들이 하는 것을 지켜봐 주십시오. 게임이 끝난 후에 중간에 생긴 변화들에 대해 토론을 하겠습니다. 그리고 제가 처음에 보여준 무언극을 다시 보여 드리겠습니다."

ⓒ 관찰자와 한 사람을 제외한 모든 사람들이 밖으로 나가면 그들에게 설명을 한다. "이 게임의 목적은 사람들이 애매하고 불분명한 것들을 접하게 되면 자신들의 선입견에 따라 그것을 해석하는 자세를 알아보는 것 입니다. 밖에 나가신 분들은 코끼리를 목욕시키는 동작을 기대할 것입니다. 제가 보여드릴 무언극은 세차하는 모습입니다. 우리는 게임이 진행되는 동안 자동차가 어떻게 코끼리로 변하는지 지켜봐야 합니다."

ⓓ 자동차를 닦는 무언극을 보여줄 때는 양동이에 물을 채우고 걸레를 짜는 동작부터 시작한다. 차를 닦을 때는 바퀴와 앞, 뒤의 큰 유리창을 닦는 것에 특별한 주의를 기울여야한다. 차의 바퀴는 코끼리의 다리로 변하고 앞, 뒤의 유리창은 코끼리의 코와 엉덩이로 변하는 것이 일반적이다. 차 주위를 걸을 때는 차의 중앙으로 통과하지 않도록 주의를 해야 한다.

ⓔ 게임을 진행한다. 게임을 마친 후에 참가자들에게 관찰한 변화에 대해 질문을 한다. 많은 변화들이 있는 것이 정상적이다. 토론의 후반부에서 적절한 시기에 원래의 무언극을 다시 보여준다.

ⓕ 토론 과정에서 참가자들이 "나는 당신이 다른 것을 하고 있다고 생각했습니다."라고 말하는 것을 듣게 될 것이다. 이때, 참가자들에게 사람들은 애매모호한 것을 보게 되면 자신들의 선입견에 따라 이해하려는 경향을 갖고 있다는 것을 강조한다. 이 게임에서는 참가자들이 게임의 이름에서 선입견을 갖게 된다.

(e) 참고사항

관찰자가 있는 경우 10명을 초과하는 그룹에서도 실시할 수 있다. 관찰자들은 원래의 마임에서 빠지거나 덧붙여진 동작들을 기록해야 한다.

㈅ 협력증진을 위한 게임

구성원 상호간의 협력과정과 집단 커뮤니케이션의 효율적인 소통방법과 협상을 통해 집단의 의사결정을 이루는 과정과 조직활동에 있어서 협력의 필요성을 게임을 통해 익히는 게임.

승용차 선택 게임(예)

(a) 인　　원 : 3~4명의 그룹
(b) 소요시간 : 1시간 25분
(c) 준 비 물 : 필기도구, 질문지 I, II, III(차량사용 일정표)
(d) 진행절차

ⓐ 질문지(아래 참조)를 나누어 주고 10분 동안 작성하게 한다. 하지만 그 내용은 자신들만이 알고 있어야 한다.

ⓑ 3~4명 단위로 소그룹을 만든다. 질문지를 모든 사람에게 나누어 주고 설명을 한다. “재력가 한분이 각 팀에 차를 한대씩 기증하기로 결정하셨습니다. 그런데 갖추어야 할 두 가지 조건을 제시했습니다. 첫째는 각 팀이 차의 종류와 그 밖의 5가지 주요 요소에 대해서 만장일치로 동의해야 하는 것입니다. 여러분들은 제가 나누어드린 질문지에 그룹의 결정을 기록해야 합니다. 이 일을 하는데 시간 20분을 드리겠습니다. “이 단계가 끝나면 다시 설명을 한다. “두 번째 조건은 다음 일요일부터 2주 동안 차를 공동으로 어떻게 사용할 것인가에 대해 동의하는 것입니다. 모든 구성원이 동의하는 차량 사용 일정표를 만들어야 합니다. 가능한 한 다음 14일 동안 당신의 실제 생활에 바탕을 두고 토론해 주시기 바랍니다. 20분 동안 토론을 해주십시오.” 질문지 III(차량사용 일정표)을 나누어 준다.

ⓒ 질문지 작성이 끝나면 한 자리에 모여 토론을 진행한다(토론시트 별첨).

■ 질문지 I

제 _____ 조 이름 : __________

다음은 자동차의 여러 가지 특징들에 대한 목록이다. 당신이 차를 갖는다면 가장 갖추고 싶은 특징 5개를 선택하여 표시하시오.

[ ]밝은 색상	[ ]소음이 적다.
[ ]대기오염물 발생이 적다.	[ ]신속한 가속 기능
[ ]비상등	[ ]파워스티어링
[ ]화물칸이 크다.	[ ]견고한 차체
[ ]고전 스타일	[ ]최신 브레이크 시스템
[ ]차 지붕을 개폐할 수 있다.	[ ]적은 차량 유지비
[ ]연료소비가 적다.	[ ]최신 디자인
[ ]바퀴폭이 넓다.	

다섯 가지 특징에 밑줄을 그은 다음 중요한 순서에 따라 1에서부터 5번까지 번호를 적는다.

예) [1] 최신디자인

차의 스타일에 대해서도 당신의 취향에 따라 1번~4번까지 번호를 적는다.

예) 스포츠카를 가장 갖고 싶다면 [1] 스포츠카로 표기한다.

[ ]웨곤 스타일	[ ]지프스타일
[ ]세단 스타일	[ ]스포츠 카

■ 질문지 II

제 _____ 조 이름 : __________

돈 많은 괴노인이 당신들의 친절에 보답하는 마음으로 당신 팀에게 자동차를 한대 사주려고 한다고 상상 하십시오. 단, 조건이 하나 있습니다. 차의 종류와 차가 갖추어야 할 5개의 특징을 만장일치로 결정해야 합니다. 그리고 2주일 동안 자동차를 어떻게 공동으로 사용할 것인지에 대해서도 동의해야 합니다.

여러분의 팀이 동의한 자동차의 5가지 특징을 적으시오.

[ ] [ ] [ ] [ ] [ ]

차의 종류를 고르시오.

[ ]

■ 질문지 Ⅲ (차량사용 일정표)

제 _____ 조 이름 : __________

화	8시간 ← 이인수 → 12시간 ← 김영희 → 2시간 ← 박희수 → 6시간 ← 모두 함께 사용 → 12시간

이제 여러분들은 다음 일요일부터 14일 동안 차를 공동으로 사용하는 방법을 결정해야 합니다. 운전을 하지 못하는 분을 위해 운전사가 대기하고 있습니다. 당신은 모든 사람에게 공평하다고 생각하는 공동 사용방법에 동의해야만 하며 차량사용일정표를 완성해야 합니다. 당신 실제 생활계획에 맞춰 다음 주일 계획을 세우십시오. 각자의 차량 사용시간을 다음과 같이 표시해 주십시오.

구분	아 침	오 후	밤
일			
월			
화			
수			
목			
금			
토			
일			
월			
화			
수			
목			
금			
토			

(ㅂ) 신뢰감 형성을 위한 게임

집단에 대한 소속감, 공동체 의식은 신뢰에서 비롯되며 스킨십의 필요성과 효과, 신체의 접촉을 통하여 구성원간의 상호 신뢰감이 어떻게 높아지는지를 알게 해주는 게임.

다함께 숨쉬기(예 1)

(a) 진행절차

ⓐ 원의 중앙으로 머리를 향하게 하고 천정을 바라보고 눕는다. 옆 사람과 손을 잡고 눈을 감는다.

ⓑ 옆 사람과 같은 속도로 숨을 들어 마시고 내쉬게 한다. 같은 속도로 호흡을 하는 시도를 어느 정도해 본 다음 이번에는 숨을 깊게 들이마시고 천천히 내쉬게 한다. 심호흡을 하는 동안에도 계속 옆 사람과 같은 속도로 숨을 쉬어야 한다.

ⓒ 이 게임은 일체감 형성과 긴장을 푸는 효과가 있다.

큰 원과 작은 원 만들기(예 2)

(a) 진행절차

ⓐ 원형으로 둘러서서 옆 사람과 손을 잡는다.

ⓑ 모두 눈을 감은 채로 다른 방향에서 오는 사람과 만날 때까지 계속 원의 중앙을 향하여 움직인다. 되도록이면 천천히 움직여야 한다.

ⓒ 가장 작은 원이 만들어지면 역시 눈을 감은 상태에서 서서히 원의 밖을 향해 움직인다. 가장 큰 원을 만들 때까지 밖으로 움직인다.

ⓓ 안쪽으로 움직이고 밖으로 나오는 과정을 몇 번 반복한다.

(ㅅ) 피드백 교환을 위한 게임

피드백의 중요성과 이해, 교환과정, 상황에 따른 적절한 피드백 요령과 구체적이고 정확한 피드백을 할 수 있는 방법 등을 게임을 통해 익히고 이해하게 해주는 게임.

컴퓨터(예)

(a) 인　　원 : 제한 없음

(b) 소요시간 : 30분 이상

(c) 준 비 물 : 카드

(d) 진행절차

ⓐ 참가자들은 다른 동료들을 이미 잘 알고 있거나 최소한 카드를 해당하는

사람에게 전해줄 수 있는 만큼 서로를 알아야 한다.

ⓑ 원형으로 선 다음 카드의 파일을 원의 중앙에 내용이 보이지 않도록 엎어 놓는다.

ⓒ 설명을 한다.

"카드에 다른 사람에 대한 좋은 말도 있고 그렇지 못한 말이 쓰여 있는 것도 있습니다. 여러분들은 순서대로 카드를 집어서 카드에 내용을 눈으로 읽은 다음 그 내용이 가장 잘 어울린다고 생각되는 사람에게 건네주십시오. 카드를 받은 사람은 내용을 큰 소리로 읽습니다(주의, 경험이 적은 참가자들일 경우에는 큰 소리로 읽지 말고 각자가 갖고 있게 한다). 카드를 받은 사람도 카드를 집어서 역시 가장 적합한 사람에게 건네주십시오. 여러분들은 받은 카드를 게임이 끝날 때까지 가지고 계십시오."

ⓓ 파일의 카드가 다 없어질 때까지 게임을 계속한다.

ⓔ 진행자는 자신이 게임에 참여하게 되어 카드를 전달해 주어야 하는 상황이 발생하거나 참가자가 진행자에게 카드를 건네주는 경우에 대비 미리 준비해야 한다. 카드를 하나도 받지 못한 사람이 있을 수 있다. 이것은 그 사람에게 해당하는 카드가 없었거나 그가 신참자이어서 다른 사람들이 아직 그를 잘 모르기 때문이다.

(e) **참고사항**

게임이 끝난 후에 참가자들에게 카드에 추가하고 싶은 내용에 대한 아이디어를 모아 카드의 숫자를 늘려 나간다.

(f) **카드의 예**

가장 사려 깊은 사람	가장 우울한 사람
가장 표정이 풍부한 사람	가장 궁금한 것이 많은 사람

(ㅇ) 다양한 의견의 존재를 확인하기 위한 게임

각 구성원들이 갖고 있는 다양한 의견이나 사고, 의견 등이 게임을 통해 자연스럽게 나타날 수 있게 해주고 참가자들은 게임 참여를 통해 부담 없이 그러한 사실을 인식하고 받아들이게 하는 게임.

게임제목 : 연속선

(a) **교육목적** : 어떠한 문제나 역할에도 다양한 의견이 존재한다는 사실을 보여 주기 위함.

(b) 인원규모 : 30명
(c) 소요시간 : 15분 ▶ 30분
(d) 실내배치 : 교육생들을 한 줄로 세울 수 있는 빈 공간
(e) 준 비 물 : 연속선을 그릴 수 있는 모조전지, 칠판
(f) 실시방법
ⓐ 어떤 집단의 사람들이나 각종 주제에 대해 일련의 의견이 있게 마련이라고 설명한다.
ⓑ 전지 또는 칠판에 긴 선을 그리고 거기에 본 교육의 주제나 문제를 써넣는다. 그리고 샘플(별첨)을 참조하여 게임을 실시한다.
ⓒ 연속선상의 각 위치에 대하여 설명한 후 개인에게 자신이 어디에 위치하고 있는지 파악하도록 요청한다.
ⓓ "당신은 이 연속선상의 어디에 위치하고 싶습니까?"라는 질문을 추가로 해도 좋다.
기타 : 방 가운데 가상 연속선상을 긋고 모조전지나 칠판에 그린 것처럼 양극단을 표시한 후 교육생들의 위치에 따라 한 줄로 세운다. 교육생들은 그들의 위치선정을 위해 서로 의논하게 한다.
"리더십"에 관한 교육인 경우 연속선에는 여러 개의 점이 아래와 같이 표시될 것이다.

1-----2-----3-----4-----5-----6-----7

1. 전에 리더인 적이 없고 앞으로도 리더가 될 수 없다.
2. 한 번쯤 리더가 되어 본적이 있었다.
3. 잘 아는 집단에서만 리더의 역할을 한다.
4. 나는 조금은 리더의 성질이 있고 추종자의 성질이 있다.
5. 나는 구성원과 맡을 임무에 따라 여러 그룹에서 리더가 된다.
6. 나는 언제나 리더이고 앞으로도 그러할 것이다.

㈜ 생각과 공감의 폭을 넓혀주는 게임(두뇌회전 게임)
쉬운 문제인 것 같으면서도 쉽게 풀어지지 않는 문제를 통하여 교육생들을 집중시키고 시간 조절을 용이하게 하는 SPOT Game.

제목 : 바나나 수확(예 1)

상상의 나라인 '바나나 나라'에서는 바나나가 고릴라 크기만 하다고 합니다. 5마리의 고릴라가 5개의 바나나를 따기 위해서는 5분이 걸립니다. 그렇다면 100개의 바나나를 100분 동안 따는 데는 몇 마리의 고릴라가 필요할까요?

정답

5마리의 고릴라가 필요합니다. 5마리가 5개의 바나나를 따는 5분이 걸리니까 이렇게 20번을 반복하면 100분 동안 100개의 바나나를 딸 수 있겠지요. 여기서 주의할 점은 5마리의 고릴라가 5분 동안 바나나를 딴다고 해서 한 마리가 1분에 1개의 바나나를 딴다고는 할 수 없겠지요. 5마리가 필요합니다. 5개 5분, 10개 10분, 100개 100분

제목 : 거북이의 목을 빼는 방법(예 2)

거북이는 참 약해 보이고 온순해 보입니다. 그러나 거북이는 거북이의 목을 강제로 뺄 수 있는 그런 강력한 힘을 가진 인간은 없을 정도로 무서운 힘을 갖고 있다고 합니다. 일반적으로 거북이의 체중은 12～18 kg 밖에 되지 않지만 70～90 kg 나가는 사람도 목을 움츠린 거북이의 목을 결코 뺄 수 없다는 것입니다. 그런데 거북이의 따뜻한 화롯불 가까이에 놓아두는 것입니다. 그러면 거북이의 목은 자연스럽게 나오게 된다고 합니다. 이는 우리가 직장에서 모르는 동료와 정을 나누고 사이좋게 지내기 위한 비결은 내 식대로 하는 강압적인 태도나 일방적인 것이 아니라 온유와 이해, 빛과 열을 끊임없이 공급하는 노력이 필요한 것입니다.

제목 : Man and Woman(남녀 간의 차이를 통해 주의 집중과 공감 형성)

☞ 성장속도
- 여자는 17세에 이미 다 성장한다.
- 남자는 37세에도 오락과 만화에 빠져 허우적댄다.

☞ 화장실
- 남자가 필요한건 6가지 – 칫솔, 치약, 면도기, 면도크림, 비누, 수건
- 여자가 필요한건 437가지 – 남자가 모르는 그 밖의 것들

☞ 장보기
- 여자는 미리 필요물품의 리스트를 적는다. 그리고 요목조목 따지고 산다.
- 남자는 냉장고에 더 이상 먹을 것이 없을 때까지 기다렸다가 쇼핑을 한다. 좋아 보이는 것은 닥치는 대로 산다.

☞ 신발
- 여자는 편한 샌들 등을 비닐봉지에 넣고 출근한다. 회사에서 구두를 벗고 샌들을 신는다. 그리고 결국 샌들도 벗는다.
- 남자는 아무거나 신는다. 그리고 하루 종일 벗지 않는다.

☞ 외출
- 남자가 외출할 준비가 되었다고 하면, 실재로 나갈 준비가 된 것이다.
- 여자가 준비가 되었다고 하면, 실제로 씻기, 화장하기, 옷 고르기 등을 제외 한 나머지가 끝났다는 것이다.

☞ 아이 키우기
- 여자는 어린이에 대해 다 안다. 언제 치과를 가야하고, 언제 학교연극에 가

야하고 친구들의 이름들이 무엇이고, 장차 꿈과 좋아하는 것 등도 파악해 놓고 있다.

- 남자는 집에서 돌아다니는 조그만 인간들의 존재에 대해 가끔 느낄 때도 있다.

☞ 이름

- 여자 셋이 친구사이이고 이름이 소영, 희진, 영자이면 서로 "소영", "희진", "영자"라고 불러준다.
- 남자 셋이 친구사이이고 이름이 길수, 정남, 영철이면 서로 닭대가리, X같은 놈, 변태라고 불러준다.

☞ 방향

- 여자는 방향을 모를 때 주유소에서 물어본다.
- 남자는 끝까지 헤매다 기름이 떨어져서 주유소에 들리게 되면 물어본다.

☞ 대화

- 남자는 대화를 시작하기 위해 논쟁거리부터 찾는다. "그 영화 영 꽝이던데?", "그 녀석 깡패 아냐?", "미아리보다 천호동이 더 싸다니까"
- 여자는 공감대부터 찾는다. 침묵~~ "어제 그 음식점 잘하지?", "응" 침묵~~ "날씨 덥더라.", "응" 침묵~~

☞ 친구

- 여자들끼리 저녁을 함께 하며 수다를 떨면 사전에 나오는 모든 단어가 동원되지만
- 남자들끼리 저녁을 함께 하며 얘기를 할 때는 20개 정도의 낱말이면 족하다. "소금 좀 줘", "맥주 더 마실래?" 등등

6.5 [25]교육기법 적용에 있어서 동기부여

D. R. Spitzer는 교육의 실패와 성공은 단지 학습 개발이나 프레젠테이션에 있는 것이 아니라 교육생들에 대한 동기부여, 혹은 동기부여의 부족에 있다고 확신하고 있다. 다소 교육과정이 부실해도 학습자는 성공적으로 동기를 부여할 수 있다면 그 교육은 성공할 수 있으며 반대로 충분치 않은 동기부여는 훌륭한 강의에도 불구하고 교육의 성과를 저해할 수 있다. 교육과정에 있어 동기부여의 중요성에도 불구하고, 수년간 교육에 있어서의 동기부여의 영역은 거의 주목받지 못해 왔다. 대조적으로 동기부여공학(Motivational Technology)이 거의 제자리걸음을 하고 있는 동안 교육

25) Dean R. Spitzer의 "효율적 교육을 위한 20가지 동기부여 전략"

공학(Instructional Technology)은 빠르게 발전해왔다. 그러나 활동, 다양성, 선택, 관계의식의 공유(stake-sharing), 격려책 등과 같은 동기부여 요소들은 교육에 적극적인 사람들에게 활력과 성과를 불어넣는데 있어서 특별한 관련성을 갖고 있다. D. R. Spitzer는 이와 같은 기업의 있어서 학습 동기부여 요소를 교육 전, 교육 중, 교육 후의 3단계 범주로 나누어 교육생 의 동기부여를 위한 전략을 주장한 바 있으며 이는 오늘날 안전교육 현장 일선에서도 쉽게 적용할 수 있는 내용이라 할 수 있다.

6.5.1 교육 전 동기부여

(1) 학습자에게 교육의 중요성을 전달해야 한다.

어떤 프로그램에 교육생이 흥미를 느끼게 하기 위해서 교수자는 진정 그 교육에 가치를 부여해야만 한다. 일리노이 주 다우너즈 그르브에 본사를 두고 있는 계약관리회사인 Service Master는 최고경영자부터 건물수위에 이르기까지 모든 직원들에게 교육을 시킴으로써 그 중요성을 강조한다. 최고경영자는 또한 그의 개인적인 헌신을 강조하기 위해 모든 교육과정에 참여한다. 상위관리자들은 추가적인 교육과 선택 가능한 교육으로 보상받는다. Service Master사에서는 교육과 그 효과에 대한 긍정적인 태도에 관해 의심할 여지도 없다.

(2) 학습을 위한 적절한 스케줄을 효과적으로 배정해야 한다.

많은 기업들은 교육에 많은 돈을 쏟아 붓고 그리고 나서는 다른 활동사이에 우겨넣음으로써 그 투자가치를 떨어뜨리고 있다. 만약 교육이 정말로 중요하다면 적절한 시간이 확보되어져야만 한다. 밀어붙이기식의 교육은 동기부여를 해칠 수도 있다. 조직이 교육에 그 가치를 부여하고 있음을 나타내는 방법은 교육시간을 직원의 스케줄에 맞추는 것이다.

(3) 교육은 시기적절하게(Just-in-time) 이루어져야 한다.

교육에 대한 진정한 필요성을 인식시키는 데는 시기적절한 교육(Just-in-time Training, 이는 전통적인 "Just-in-case" 교육과는 비교되는 개념)이 이러한 필요성을 확실히 할 수 있는 효과적인 방법이라고 할 수 있다. 배우고자 하는 열의가 가득할 때, 즉 새로운 스킬에 대한 필요성에 대한 의식이 고조되었을 때 교육시켜야 한다. 특정 컴퓨터 교육을 거절한 한 직원이 중대한 프로젝트에 참여했다가 몇 주일도 안 되어 프로젝트 팀 내의 가장 주요한 소프트웨어 전문가가 되는 일은 우리주위에서 심심찮게 볼 수 있다. 이는 필요와 절실히 합쳐지는 이유가 학습효과와 학습에 대한 동기부여를 극대화 시키곤 하는 것이다. 가중되는 필요성에 당면했을 때, 대부분의 모든 교육생들은 학습 동기가 매우 충만한 학습자가 되는 것이다.

(4) 핵심사항에 교육의 포커스를 맞추어야 한다.

자주 교육은 거의 정보투매(information-dumping)로 평가절하 되고 있다. 이러한 접근방법은 시간의 낭비일 뿐만 아니라 특정업무와 관련된 학습에 좀 더 잘 활용될 에너지를 낭비하는 결과를 초래한다. 스마트한 조직들은 직무기능 교육의 초점을 몇 안 되는 핵심사항에 맞춘다. 각 직종에 있어 이러한 중요한 성공의 요소들은 직원들에게 성공을 위한 도구로써 인식되어질 수 있을 것이다. 결과적으로 직원들은 핵심사항들에 대한 학습으로써 동기부여를 받을 것이다.

(5) 교육개발에 있어 직원을 참여시켜야 한다.

학습자들이 교육에 참가할 때, 그들은 성공적으로 교육을 마치기 위하여 좀 더 열심히 노력한다. 그러므로 흥미 있어 하는 직원들을 교육개발팀에 참여시키거나 혹은 교육관 관련한 작업들에 적극적으로 연결하고 핵심그룹에 참여시킴으로써 다음의 교육을 위해 제안할 기회를 제공하는 노력을 기울여야 한다. 그러나 대부분의 기업들은 교육개발이나 교육현장에 직원들을 참여시키는 일에 적극적이지 못하다. 근래에 들어서 교육부서가 독립되거나 고유 업무로서의 교육담당자가 생겨나고 있는 실정이다. 보다 선도적인 기업의 경우는 사내 교육전문가를 양성하고 기회제공에 적극적이기는 하나 아직 일반적인 현상은 아니다.

(6) 교육에 대해 직원 자신들이 스스로 결정하게 해야 한다.

니즈분석은 중요한 일이다. 그러나 교육생들은 교육이 그들의 실질적인 니즈나 평가 또는 그 모두를 제대로 이해하지 못하고 있는 타인들에 의해 이루어지고 있다고 인식하고 있다. 이러한 인식에 맞서기 위해서 GE의 관리자는 부서에서 다음과 같은 전략을 폈다고 한다. 매년 초 직원들은 자기평가설문(self-assessment questionaire)을 통해 스스로의 스킬을 평가하고(사실상 실질적인 성과 측정을 실시해 보았을 때, 자기평가(self-rating)는 대단히 정확한 것으로 판명되었다.) 자기평가에 근거해 각 직원들과 그들의 상급자들이 연간 교육계획을 함께 작업하도록 했다. 그 계획은 직원들의 많은 협력으로 매년 검토되어지고 다음 해를 위해 조정되거나 계속되어지는데 매우 효과적이고 적극적인 직원들의 참여를 가져왔다.

Hewlett-Packard는 의무적인 또는 임의적인 교육을 각각 분류함으로써 직원들로 하여금 선택의 기회를 부여했고 그에 따른 큰 효과를 가져왔다.

(7) 학습에 대한 금전적 인센티브를 제공하여야 한다.

만약 모든 교육이 본질적으로 동기가 부여된다면 그보다도 좋은 일은 없지만, 그러나 실제로 대부분의 사람들은 금전적 인센티브에 긍정적이다. 지식에 대해 보상해야 한다는 생각이 대부분 지배적이기 때문이다. 지식에 대한 보상(Pay-for-knowledge) 계획은 여러 수준의 직무지식과 기능을 반영하기 위해 기본보상단위를 설정해야 한다. 지식에 대한 보상(Pay-for-knowledge) 안을 활용하고 있는 기업들은 이 보상안이 직원들을 학습에 좀 더 열성적일 수 있게 도와주는 효과 있는 방안이라고 한다. 그러나 잠재적인 단점도 있다. 만약 그러한 계획안이 제대로 관리되지 않으면 단순히 활용가치가 없는 증명서의 축적이나 불필요한 기능의 습득에 그치고 말 것이다. 이는 국내 기업에서 흔히 볼 수 있는 현상이며 일관성이 배제된 정책은 효과를 담보하기 힘들다. 최근 들어 지식에 대한 보상에 적극적인 기업들이 생겨나고 있고 그 보상체계 또한 합리적인 기업들이 늘어나고 있는 것은 안전교육 측면에서는 매우 의미 있는 변화이다.

6.5.2 교육 중 동기부여

(1) 활동적인 교육의 형식을 도입해야 한다.

유명한 물리법칙으로 바꾸어 말하면, 멈추어 있는 물체는 계속 멈추어 있으려 하고, 움직이는 물체는 계속 그 성질을 유지해 움직이려 한다. 사람도 마찬가지이다. 사람들은 결코 수동적으로 앉아만 있으려 하지 않는다. 거의 예외 없이 교육 참가자들이 가장 기억에 남는 동기부여가 된 교육으로 가장 활동적인 교육을 꼽는다. 달리 말해 활동적인 학습을 원한다면 참가자들을 의자에서 일으켜 움직이게 하는 노력이 필요하다.

(2) 교육이 재미있게 해야 한다.

교육에 재미를 부여하는 것은 교육생들의 흥미를 불러일으킬 뿐만 아니라 교육생들이 좀 더 정열적이고 생산적인 학습을 할 수 있도록 해준다. 몇 가지 예를 살펴보면 공개적 관리(open-book management)를 지양하는 기업들은 모든 종업원들이 회사의 재정상황을 인지하게끔 한다. 기업이 어떻게 운영되는 지를 직원들에게 가르치기 위해서 이러한 기업들은 다양하며 즉시 사용가능하고 주문 제작된 시뮬레이션을 사용하고 있다. 또한 창조적인 교육자들은 몇몇 그들의 교육과정을 활성화시키기 위해 다양한 게임형태(Jeopardy 그리고 Familiy Feud와 같은 게임쇼에 이르기까지)를 사용하고 있다. 이러한 과정은 재미있을 뿐만 아니라 특별한 학습결과를 도출하기도 한다. 다양한 교육게임이나 새로운 게임기법을 적용한 교육은 일반화되고 있는 실정이며, 강사들 또한 유머나 획기적인 교육방법, 재미있는 자료 적용에 관심을 기울이고 있다.

(3) 교육에 있어 다양성을 활용해야 한다.

직원들에게 지루한 강의에 흥미를 가지라는 것은 힘든 주문이다. `다양함은 생활의 양념과 같다'라는 속담은 교육에도 마찬가지로 적용된다. 학습에 대한 열의를 자극하고 유지하길 원한다면, 프린트물, 프로젝터, 차트, 비디오, 컴퓨터 등과 같은 다양한 매체를 활용해야 한다. 또한 시뮬레이션, Role-plays, 그룹토의, 질의응답과정, 현장학습, 강사초빙과 같은 교습활동의 활용도 중요하다.

(4) 많은 사회적 상호작용(social interaction)을 제공하는 노력을 기울여야 한다.

전형적으로 인간은 사회적 상호작용을 통해 고도로 동기부여 되길 원하고 교육은 이를 위한 수많은 기회를 제공한다. 그러나 교육 중의 상호작용은 쉬는 시간의 적용보다도 더 많이 이루어져야 한다. 즉, 이는 소그룹토의, 시뮬레이션, 공동문제 해결, 협동학습 등을 통해 교육자체에 포함되어져야 한다.

(5) 전문성을 공유해야 한다.

특별한 기술이나 지식을 배운 학습자들은 그들의 성공비결을 다른 사람들과 공유하길 꺼린다고 생각할지도 모른다. 그러나 전혀 그렇지 않다. 일반적으로 자수성가한 전문가들은 그들의 훌륭한 성과가 인식되는 데에 주저하지 않을 것이다. 전문성의 공유는 동기를 유발시키는 좋은 자극제이기 때문이다. 몇몇 기업에서는 동년배학습(Peer-tutoring)과 Mentoring은 불충분한 교육자원을 보완하고 직원들의 전문성을 공유하는 좋은 방법으로 활용하고 있다. Mentoring이 전문직원과 비전문직 원간의 장기적 관계에 도움이 되는 반면에 동년배교육(Peer-tutoring)은 일반적으로 단기교육, OJT, 일대일 교육 등을 포함한다.

(6) 학습을 위한 안전한 분위기를 조성해야 한다.

직원들이 새로운 기술을 학습하고 활용하기를 원한다면 공포심을 없애주어야 한다. 이를 위한 효과적인 방법은, 각 교육프로그램을 교육생들이 교육과정 동안 수행하기로 동의한 역할행동 리스트작성으로 시작하게 하는 것이다. 전형적으로 이러한 기준은 다음과 같은 내용을 포함하고 있다. "각 교육과정에 정시에 시작하라", "비판금지", "방해금지", "모든 것은 기밀적인 내용" 그러나 무엇보다도 교육생들에게 단지 교육의 기회만 있을 뿐 실수는 없다는 것을 전달해야 한다. 교육평가를 통해 탈락시키거나 반대급부를 요구하는 등의 방법은 교육생의 부담만 가중시킬 뿐이다.

(7) 긍정적 측정수단을 사용해야 한다.

대부분의 교육생들은 직장에서 측정된다는 단순한 사실에 위축된다. 차이는 측정수단의 적용방법에 있다. 스포츠에서는 과정을 측정하는데 활용되지만, 직장에서는 다 그런 것은 아니지만 실수를 찾는데 활용되는 경우가 대부분이다. 동기를 유발시킬 수 있는 최선책 중의 하나는 자기측정법(self-measurement)이다. 가능할 때마다 직원들로 하여금 그들 스스로 과정을 유지하게끔 하는 것이다. 예를 들어 자기측정퀴즈(self-graded quizzes)와 학습자가 학습과정을 기록하는 학습 스코어카드(learning scorecards, 골프에서의 스코어카드와 비슷한)를 활용하는 것이다. 인터넷 환경에서 수업을 듣거나 직무교육을 받는 경우에는 이러한 자기 측정방법이 상당한 수준 일반화되고 있으며, 일반 학습 환경에서도 점차 비강요적 자기 측정이 확산되고 있는 것이 사실이다. 내용(점수)보다는 결과(수료여부) 위주로 인사 고과 등에 적용하는 것도 많은 기업이 취하고 있는 교육 정책 중 하나이다.

(8) 초기 성공에 대해 격려하라.

흥미롭게도 우리가 살면서 이루어지는, 그것이 직장에서 이루어지건 아니건, 실질적인 모든 교육은 동일한 기본 전제가 있다. 구성요소를 익히는 최선책은 그것들이 순서적으로 수행된다는 것이다. 직무에서 이는 곧, 쉬운 스킬이전의 것은 매우 어렵다는 것이다. 좀 더 어려운 일을 처리하기 전에 쉬운 일을 처리하는 전략은 교육현장에서 고도의 동기부여식 학습을 위한 열쇠가 될 수 있다. 앞서 설명한 브리태니커 회사의 ice break 예도 같은 예이다.

(9) 충분한 연습기회를 제공하여야 한다.

강의가 아무리 출중할지라도, 연습을 대체할 만한 것은 없다. 대부분의 직무에서 능숙하게 될 때까지 요구되는 연습의 양은 대체적으로 평가절하 되는 경향이 있다. 최고의 교육은, 직원들이 새로운 스킬로 능력테스트를 통과하거나 그 분야에서 그 스킬을 활용능력에 관한 인정서를 받을 때까지 직원들이 계속 연습할 수 있도록 격려하는 것이다. 결과적으로 직원들은 직무에서 그들의 새로운 스킬을 활용할 준비가 되었을 때 좀 더 확신할 수 있다.

6.5.3 교육 후 동기부여

(1) 새로운 기술이 직무에서 쉽게 활용되도록 확신시켜야 한다.

일단 기능을 획득한 후 활용하지 않는 것은 동기부여를 저해하는 것과 같다. 속담에도 있듯이 "쓰지 않으면 잃게 된다(Use it or lose it)." 만약 교육이 시기적절하게(just-in-time)에 이루어졌다면, 문제되지 않을 것이다.

(2) 교육성과가 유지될 수 있도록 계속적인 지원을 제공해야 한다.

교육 후 발생한 성과는 교육 중에 발생한 것보다 중요하다. 전형적으로 교육과정의 마지막에 교육생들은 보통 그들이 새로 습득한 기술에 대해 희미해지고 그리고 그 능숙도는 꽤 낮은 수준이다. 그러나 일단 과정이 끝나면 훈련생들은 습득한 기술을 활용하도록 지원되지 못하고 방치되기 쉽다. 교육 후의 성과지원은 매우 중요하다. 이를 위한 방법은 직무그룹 자체로 교육시키는 것이다. 함께 일하는 직원들이 함께 교육받을 때, 교육 후 직무로 돌아왔을 때 서로 도울 수 있는 것이다. 단계적으로 성과를 인도해 줄 직무보조(job aids)는 직원들을 지도할 수 있고 단계나 과정을 기억시킬 필요성을 감소시킬 수 있다. 또 광범위하게 활용되는 수단으로 사후평가회의(Follow-up meeting)는 직원들에게 서로 장려하고 도울 수 있고 직무의 활용경험을 나눌 공식적인 기회를 제공할 수 있다.

(3) 교육 후 관리감독자의 지도를 확산시켜야 한다.

감독자(supervisor)는 교육과 직무성(on-the-job performance) 간의 가장 중요한 동기부여를 위한 연결고리이다. 그러나 직원성과에 있어서의 감독자의 중요한 역할에도 불구하고 그들은 교육에 있어서 책임이 거의 없다. 교육 후 지도과정은 감독자들이 직원들의 교육에 좀 더 능동적으로 참여할 수 있도록 짜여져야 한다. 안전 교육에 있어서도 교육받은 근로자나 직원들에 대한 관리감독자들의 지도와 관심은 교육대상자의 지속적인 교육효과를 담보할 수 있고, 적용성을 높일 수 있는 아주 효과적인 방법이다.

(4) 향상된 성과정도를 인지시켜야 한다.

많은 기업들이 교육의 참가수료증명서(certificates of attendance)를 획득한 직원들에 대해 포상하는 반면에 직원들이 직무에서 향상된 능력이 증명된 후에 교육 수료증을 주는 경우는 드물다. 사실상 교육을 통한 직원의 직무분야의 향상도가 중요함에도 불구하고 내용적인 향상에는 큰 의미를 두지 않는다는 애기이다. 따라서 향상된 성과의 정도를 파악하여 그에 따른 인센티브나 격려를 해준다면 교육에 대한 직원들의 동기부여는 더욱 커질 것이다.

Chapter 6

교육 피드백 및 교육평가

1. 피드백의 기본 요점
2. 피드백의 분류
3. 교육평가

피드백이란 상대방에게 그의 행동의 결과가 어떠한 지에 관하여 정보를 제공해 주는 것을 말한다. 즉, 그의 행동이 나의 행동에 어떤 영향을 미치고 있는 가에 대하여 상대방에게 솔직하게 말로 알려주는 하나의 보고행위이다. 사람들은 피드백 활동을 통하여 그들의 행동이 타인에게 어떻게 영향을 미치고 있는가에 대하여 학습할 수 있게 되는 것이다. 예컨대 피드백은 강사나 교육생의 행동에 대하여 거울의 역할을 해주는 것이다.

학습의 과정에서나 학습이 종결된 상태에서 피드백을 적용하는 것은 학습활동을 효과적으로 지속할 수 있도록 해주며, 학습자로 하여금 학습 결과에 대한 이해와 학습 효과를 높이고, 문제 해결을 신장시키는데 있어서 중요한 조치라고 할 수 있다. 학습현장에서 피드백은 학습자의 반응을 의미하게 된다. 피드백의 가치는 교수자가 의도한 대로 교육이 효과적으로 이루어졌는지 여부를 판단할 수 있게 하며, 판단의 결과에 따라 교수자가 적절한 조치를 취할 수 있다는 면에 의의가 부여되어 있다. 학습자와 교수자간의 상호작용은 이 두 대상간의 원활한 양방향 의사소통이 전제되어야 하는데 이러한 양방향적 의사소통은 교수자가 학습자에게 제시하는 여러 형태의 질문이나 충분한 연습의 기회, 학습자 편에서 체제로 행해지는 질문, 또는 학습자의 반응에 대해 교수자가 적절히 취하는 피드백에 의해서 높아지게 된다.

교수자가 학습자에게 학습할 내용을 제시할 때 단순히 설명적, 명제적 진술만을 사용하기보다는 학습자로부터 반응을 이끌어 내는 대표적인 자극인 '질문'을 이용하게 되면, 학습자의 취약한 부분을 쉽게 파악할 수 있고 이를 극복하기 위해 보충적인 연습의 기회를 부여하는 등의 방법 등을 강구할 수 있게 되어 교수자와의 학습을 전제로 한 대화가 가능하게 된다. 또한 다양하면서도 적절하게 제공되는 피드백은 교수자와 학습자를 상호작용적으로 만들어 주는데 결정적인 공헌을 하기도 한다. 피드백이 없다면 상호작용성이 존재하기 힘들다. 그러나 단순히 정·오답만을 알려주기보다는 문제해결에 신속히 접근해 갈 수 있는 정보를 포함하는 교정적 피드백을 제공하는 것이 상호작용의 질을 향상시키는 데 도움이 된다. 교수자와 학습자 사이의 원활한 의사소통은 상호작용성을 가능하게 하는 핵심적 방법이며 다양한 학습자의 행동에 대한 피드백이 적절히 제공될 때, 성공적인 의사소통이 실현되고 교육효과는 극대화 될 수 있다.

또한 피드백의 효과를 극대화시키기 위해서는 교육생들의 반응에 따라 제시 유형과 양을 조화 시킬 필요가 있다. 교수자는 학습자에게 유연하고 능동적으로 사고할 수 있는 기회를 주고 문제를 스스로 해결하는 능력을 길러주며, 확산적인 사고를 할 수 있도록 지도하고, 학습자가 주어진 문제를 이해하고 이를 분석하여 적절한 해결책을 계획, 실행, 검증할 수 있도록 종합적인 능력을 길러주는데 유용한 피드백 방법을 고민해야 한다.

교육생은 피드백을 통하지 않고서는 교육효과나 정도에 대하여 파악하기 어렵다. 따라서 교육생의 행동이나 그들에게 어떤 반응을 불러일으키고 있는가에 대하여 교육생들에게 직접적으로 이야기해줌으로 교육생들로 하여금 그들 자신의 행동이 어떤 결과를 초래하고 있는지에 대하여 알 수 있게 할 뿐 아니라 그들이 원하는 경우 작업에 있어서 그들이 어떤 행동을 개선할 수 있는 기회를 제공해 주는 것이다. 그러므로 상호간에 피드백을 주고받음으로 교수자와 교육생간에 교육을 통해 미치고 있는 영향에 관하여도 객관적으로 알 수 있게 되는 것이다. 그럼에도 불구하고 우리는 피드백의 활용에 익숙해 있지 않다. 그 주된 이유로는 나의 피드백이 상대방에게 제대로 받아들여질 것인가에 대한 불확실성 내지는 염려 때문인 것이다. 피드백을 줄 때 상대방의 긍정적인 면과 부정적인 면을 균형 있게 취급하도록 유의하여야 한다. 우리는 타인으로부터 주어지는 부정적인 피드백을 통하여 우리의 비효과적인 행동을 개선할 수 있는 동시에 긍정적인 피드백을 통하여 특정행동을 계속 발달시킬 수 있기 때문이다. 그러므로 교수자는 안전교육 결과를 극대화하기 위해서도 효과적으로 피드백을 주고받을 수 있는 능력을 길러야 하는 것이다.

1. 피드백의 기본 요점

1.1 강요적인 피드백은 안 된다.

학습자에게 주는 교수자의 피드백은 상대방의 행동을 변화시키기 위하여 강요하거나 충고하는 것보다 단순히 생각이나 정보를 제공해 주는데서 그치는 식으로 이루어져야 한다. 피드백은 상대방의 행동에 대한 가치판단을 보류한 채, 주는 사람의 주관적인 지각적 정보로서 주어질 때 더욱 효과적으로 받아들여진다. 학습자는 피드백을 주면서 격려도 해주는 교수자에게 긍정적으로 반응하며 대부분의 긍정적인 피드백은 학습효과를 강화하게 된다.

1.2 수용 가능한 학습자에게 피드백을 하여야 한다.

아무리 좋고 긍정적인 피드백이라 할지라도 받아드리는 쪽이 수용할 준비가 되어 있지 못하다면 안하는 이만 못하다. 피드백은 신뢰가 우선되고 평화적인 상태에서 즉, 상호간에 신뢰와 믿음의 관계가 이루어져서 받는 사람이 위협이나 부담을 느끼지 않을 때 비로소 효과를 발휘하게 된다. 그러므로 피드백을 주기 전에 관여하는 양편이 특정한 피드백을 생산적으로 처리할 수 있도록 준비가 되어 있는지에 대하여 주의깊이 고려할 필요가 있다. 만일 피드백이 개인적인 자질에 대한 것이나 과제수행, 학습 결과를 학생의 인지능력 탓으로 돌린다면 그 피드백은 역효과를 가져오기 쉽다.

1.3 피드백은 나타난 사실만을 이야기해야 한다.

피드백은 명백히 사실만을 이야기해야 한다. 특정행동 뒤에 숨어있는 동기나 이유에 대하여 이야기하는 것 보다 나타난 사실에 대한 명백한 구두 보고로서 이루어져야 한다. 서술적이 되기 위하여 피드백은 동기보다는 행동에, 추리보다는 관찰에 그리고 일반적인 것 보다는 구체적인 것에 초점을 두고 이루어질 때 보다 효과적이 된다. 특히 유의해야 할 것은 포장하거나 과장해서는 안 되며 주관적인 부분은 필히 삼가야 한다. 그리고 피드백에 대한 이해정도나 수용상태를 면밀한 체크해야 하며 왜곡된 사실이나 오해된 부분은 즉각적인 교정 노력을 보여야 한다.

1.4 행동이나 사실이 일어난 직후에 주어져야 한다.

피드백은 과거나 미래지향적이지 않다. 근접된 과거의 행동과 사실을 대상으로 하지만 시간을 두고 여러 가지 사실을 모은 다음 나중에 한꺼번에 하는 것은 아니다. 가능한 한 특정행동에 대하여 그것이 일어난 직후에 해줄 때 효과적이다. 그러나 교수자의 입장에서 타이밍을 잡기란 쉬운 일이 아니다. 때문에 여러 번의 시행착오와 피드백을 해주어야 하는 집단이나 개인의 성향을 파악하는 일이 중요하다. 그리고 여기에 더불어 대체로 낮은 수준의 인지적 과업일 때는 즉각적인 강화가 효과적이나 높은 수준의 인지적 과업일 때는 지연된 강화를 사용하는 것이 효과적이다.

2. 피드백의 분류

교수자들이 사용하는 피드백의 종류는 분류방법에 따라 다양하게 분류될 수 있다. 교육자와 피교육자 사이의 피드백 유용성에 따라 내적피드백과 외적피드백으로 나누며 외적피드백은 다시 긍정적 피드백과 부정적 피드백으로 나뉜다. 그리고 의도 여부에 따라 의도된 피드백과 의도되지 않은 피드백, 평가여부에 따라 평가적 피드백과 비평가적 피드백으로 나뉘기도 한다. 그러나 이러한 피드백의 유형은 대부분 수행적, 귀결적, 동기적, 전략적 피드백[1] 4가지로 구분해서 정리되곤 한다. 수행적 피드백은 학습의 수행도에 있어서 정확도에 관한 언급을 함으로써 교육생의 정답이 맞지 않을 경우 수정해 줄 수 있는 정보를 포함시킨다. 이러한 피드백은 주로 집중을 하지 못하고 자주 실수를 하는 교육생에게 쓰인다. 귀결적 피드백은 수행능력과 교육생이 발전 하게끔 한 요인들(예: 능력, 근면)을 연관성을 제공한다. 동기적 피드백은 교육생이 지금까지 어떻게 발전하여 왔느냐를 언급하고 동기향상을 위한 구체적 행동을 강화한다. 전략적 피드백은 교육생이 학습전략을 효과적으로 사용함으로써 학습 효과를 올린다는 부분을 피드백에 포함시킴으로서 전략을 잘 이용함을 강화시킨다.

2.1 피드백의 종류

2.1.1 수행적 피드백

수행적 피드백은 학습의 수행도에 있어서 정확도에 관한 언급을 함으로써 교육생의 정답이 맞지 않을 경우 수정해 줄 수 있는 정보를 포함시키기 때문에 인내심을 요구하므로 자칫 잘못하면 긍정적인 어투보다는 부정적인 어투로 바뀌기 쉽다. 교육생이 자주 실수하는 부분에 대한 인내심을 잃어버림으로써 나무라는 식의 어투로 피드백을 제공하기 쉬운데 이 때 그런 어투의 충격으로 교육생에게 두려움, 열등감 등만 유도하게 되고 학습을 하게 하는 긍정적 강화 보다는 학습의욕을 떨어지게 하는 부정적 강화가 되기 쉽다. 의존적이거나 불안한 성향의 학생의 경우에는 수행적 피드백의 횟수를 증가할 필요가 있다.

2.1.2 귀결적 피드백

귀결적 피드백은 수행능력과 교육생이 발전 하게끔 한 요인들의 연관성을 제공하기 때문에 적용 대상이 되는 모든 교육생에게 규형 있게 사용하여야 한다. 만일 귀결

1) Pintrich, P. R., & Schunk, D. H.(1996). Motivation in education: Theory, research, and applications. Englewood Cliffs, NJ: Prentice Hall Rosenshine, B., & Stevens, R.(1986). Teaching functions. In M.C. Wittrock(Ed.), Handbook of research on teaching(3rd ed., pp. 376-391). New York:

적 피드백만을 특정 대상에게만 반복적으로 제공하는 경우에 그 정도가 지나쳐 편애로 인한 상처를 입게 된다. 예를 들어. "교수자는 ㅇㅇ가 우리 과에서 제일 좋더라." 라고 며칠 동안 또는 똑같은 대상에게 반복할 경우에는 그 피드백을 받지 않은 교육생들의 마음의 상처가 크고 교수자와 교육생간의 신뢰 회복에 시간이 걸린다.

2.1.3 동기적 피드백

동기적 피드백은 교육생이 지금까지 어떻게 발전하여 왔는가를 언급하고 동기향상을 위한 구체적 행동을 강화하는 피드백이기 때문에 교수자가 동기적 피드백을 제공해야 하는 경우에 "너 오늘 웬일이니? 새 옷 예쁘게 입고 와서 그런 거구나."라고 했을 때 강화되는 부분은 학습과 전혀 관계가 없는 "새 옷을 입어야 함" 또는 "외모를 예쁘게 꾸며야 함" 등의 외모에 대한 고정관념을 강화하게 되므로 적절하지 못하다.

2.1.4 전략적 피드백

전략적 피드백은 교육생이 학습전략을 효과적으로 사용함으로써 학습 효과를 올린다는 부분을 피드백 해주므로 전략을 잘 이용함을 강화시키기 때문에 교수자가 전략적 피드백을 사용해야 하는 경우에 "너 오늘 잘 했으므로 교수님들한테 음료수 사서 갖다드려야 돼"라고 했을 때는 학습전략을 잘 사용한 것에 대해서 엉뚱하게도 "교수님들한테 음료수를 갖다 바침"과 같은 물질 상납을 통해 잘 보여야 함 등을 강화하게 되므로 적절하지 못할 뿐만 아니라 전문성이 없는 교수자로 자기 자신을 몰락하게 만든다.

교육생들은 교수자의 격려와 전문적인 피드백을 통해 크게 영향을 받기 쉽다. 교수자가 피드백을 어떻게 사용하느냐에 따라 교육생의 학습 자세 및 동기뿐만 아니라 신뢰형성에도 중요하게 작용하므로 교수자의 효과적이고 적절한 피드백 사용은 중요하다.

2.2 피드백 방법(방향)

2.2.1 행동을 있는 그대로 기술하거나 표현하는 방식으로 피드백 하여야 한다.

선과 악, 옳고 그름, 잘 잘못을(도덕적)구분하거나 판단하는 것이 아니라 피드백은 그 사람의 가치를 평가하는 것이 아니라 반응해야 할 상대방의 행동을 표현해 주거나 기술해 주는 것이다.

2.2.2 특별한 행동이나 그 행동을 지적해서는 안 된다.

너무 막연하게 피드백을 하면 상대는 교수자가 이야기하고자 하는 의도나 행동을 알기 어렵고 어떤 경우에는 피드백을 해주지 않음만 못한 결과가 나타나기도 한다.

2.2.3 집단 내 피드백은 타인에게 고통적으로 관찰된 내용을 근거로 해야 한다.

만약 아무도 그렇게 보지 않는 행동을 교수자만 그렇게 보고 피드백을 한다면 그런 피드백은 대부분이 피드백을 받는 사람 때문에 생기는 것이 아니다. 피드백을 하는 사람의 욕구에서 생기는 경우가 많다.

2.2.4 피드백은 강요보다는 요청형태로 이뤄져야 한다.

피드백을 받은 사람은 자신이 속한 집단이나 자신을 관찰하고 있는 사람들이 자신에게 피드백을 하는 경우 반드시 그렇게 해야 한다고 강요하는 말투나 분위기 때문에 내·외적으로 반발하기 쉽고 받아 드렸다 해도 형식적이고 비협조적이기 쉽다. 그러므로 요청하는 형태의 동의나 변화를 요구하는 것이 더욱 효과적이다.

2.2.5 피드백의 수용과 적용은 학습자의 몫이다.

상대방에게 피드백을 주는 것은 교수자의 정보와 판단을 기준으로 하고 이런 것이 대부분이다. 때문에 교수자는 학습자가 받은 피드백을 어떻게 수용하고 적용할 것인가를 고려한 자유개체임을 염두에 둔 피드백이 되도록 노력해야 한다.

3. 교육평가

3.1 교육평가 일반

교육이 이뤄지고 있는 현장에서는 언제나 평가가 수반된다. 교육평가의 대상을 무엇으로 보는가에 따라 평가의 영역이 결정되고 교육평가는 먼저 학습자를 대상으로 한다. 그리고 학습자에게 이뤄진 교수자의 교육에 대한 평가이다. 교육평가의 대상을 넓게 보면 교육의 결과 얻게 되는 지식도 포함되므로 교육평가의 대상을 결과중심으로 하느냐 과정중심으로 하느냐에 따라 교육의 수단적 가치를 강조하거나 교육의 내재적 가치를 강조하게 하느냐의 차이가 생긴다. 그리고 결과를 얻는 것이 중요하다 할지라도 배우는 사람의 입장에서 그 결과의 가치를 스스로 받아들이고 인식하는 것이 선행되어야 한다.

교육과 유관한 가치 평가를 크게 둘로 나누어볼 때 가르치고 배우는 대상의 가치와 교육의 가치를 평가하는 것을 포함시킬 수 있는데, 결과중심의 평가에서는 전자의 가치에만 관여할 수 있지만, 과정중심의 평가는 교육 자체의 내재적 가치를 평가할 수 있다는 장점을 갖는다. 교육 분야에서도 교육에 관련된 모든 대상과 사건에 대한 판단이 되고 그에 따른 의사결정이 수반된다. 최근엔 교육평가를 학생들의 학업성취도에 국한하여 논의하던 관점에서 벗어나 학업성취도에 영향을 미치는 교수자, 프로그램, 교육환경, 지역사회 등에 이르기까지 평가의 대상이 크게 확산되고 있는 실정이다.

교육평가는 크게 두 가지 기능을 수행한다. 그 하나는 공정하고 타당하게 교육생을 선발, 분류하는 기능이고, 다른 하나는 교수·학습의 과정을 돕고 개선하기 위한 것이다. 상급학교로의 진학을 위한 것은 전자에 해당하는 예이고 교사의 교수방법과 학생의 학습 방법 등을 평가하는 것은 후자에 해당하는 것이다. 교육평가의 기능을 교육과정에 최대한으로 도움을 주고 그렇게 함으로써 교육생의 학습을 극대화 시키는 역할을 갖도록 하는 것이 새로운 교육평가가 지향하는 방향이다. 이런 시각에서 보면 교육평가란 '교수 프로그램에 관한 의사결정을 하기 위하여 학습자의 행동변화 및 학습과정에 관한 정보를 수집하고 이를 이용하여 교육적으로 가치 판단을 하는 체계적인 과정 바로 그 자체'라 볼 수 있다. 안전교육과 관련하여서도 이제는 체계적이고 이론적인 평가방법이 개발되고 발전되어야 할 시점에 이르고 있으며 학교교육에서 이뤄지는 평가와는 다르겠지만 분명한 평가시스템이 필요해지고 있는 것도 사실이다.

학습은 더 이상 지식을 주는 자로서의 교수자, 수동적으로 받아들이는 교육생이라는 일방적 관계 속에서 일어나지 않으며, 의미 있는 학습은 교육생이 능동적으로 참여하는 학습과정에서 기대할 수 있다는 것이 이젠 일반적인 진실이다. 교수자는 다양한 교수 전략을 세우고 교육생들을 토론, 조사활동, 프로젝트 등과 같은 활동에 의미 있게 참여하게 하여 잘하고 있는지를 평가하며, 직면하고 있는 문제와 진보에 대한 증거를 수집하고 그에 따라 교수계획을 만들고 수정하고 하는 일들이 이전에는 없었던 변화점이라 할 수 있게 됐다. 평가도 최근에는 앞에서 기술한 행동주의 관점에서 인지적 관점으로 변화되고 있으며 다양성에 대한 평가, 단일 속성 평가에서 다차원적인 평가로의 변화되고 집합적인 형태의 개인 평가에서 소그룹 단위의 활동을 강조하고 평가하는 양상으로 변화되고 있다. 결국 교육평가는 포괄적 교육 프로그램의 질적 개선을 위한 지속적인 피드백 도구라 볼 수 있는 것이다. 교육평가를 실시하는 중요 이유는 첫째, 교육대상자 요구에 부합하는 교육훈련 평가를 어떻게 잘 측정할 수 있는지 알기 위해서이고 둘째, 교육 참여자가 교육내용을 얼마나 잘 알고 있는지 파악하기 위해서 셋째, 교육 참가자가 학습목표를 성취하는데 필요한 교육방법과 매체를 규명하여 교육의 양 측, 새롭게 습득한 지식과 스킬이 현장 직무행동에 얼마나 많이 전이되었는지를 평가하기 위함이다. 마지막으로 교육훈련 결과가 조직의 목표 성취에 기여하는 정도를 측정하기 위해서이다.

3.2 교육훈련 평가 모형

교육기관에서 시행하는 교육평가와 기업에서 시행하는 교육평가는 차이가 있다. 기업에서 많이 사용하는 교육훈련 평가 모형으로는 Donald Kirkpatrick이 개발한 평가 모형을 일반적으로 많이 사용한다. Kirkpatrick은 참가 학습자의 반응결과, 학습, 행동평가, 조직 성과에 따라 4단계 수준으로 평가해야 한다고 제안하고 있다. 다음은 표는 Kirkpatrick의 평가 모형을 설명해 주고 있다.

교육훈련 평가 모형

Level	평가질문	필요한 정보 형태
1. 반응평가	코스에 대한 학습자의 만족감은 어느 정도인가?	■ 참여 대상자의 기대 • 강사가 교수를 잘했는지 • 교재는 잘 구성이 되었는지 • 학습활동은 활발했는지 • 교육내용은 적절했는지 • 교육훈련에 지원은 잘되었는지 ■ 훈련참가자의 반응에 대한 관찰자의 평가 ■ 교육훈련이 학습자의 니즈에 부합했는지에 대한 관리자의 의견
2. 학습평가	본 과정에서 학습자는 무엇을 배웠는가?	■ 코스의 마지막에 학습자가 무엇을 알고 있고 무엇을 시작할 수 있는지 측정
3. 직무행동 평가	학습자가 배운 것을 직무에 행동으로 변화시킬 수 있는가?	■ 학습자, 동료, 관리자, 고객의 종합적인 평가로 학습자가 훈련이후에 직무 행동변화를 할 수 있는지 평가 ■ 직무행동 수행 측정 ■ 관찰자가 직무행동평가
4. 조직성과 평가	학습자의 행동변화가 조직에 긍정적인 영향을 주는가?	■ 훈련으로부터 발생된 이익을 학습자, 관리자, 경영측면에서 평가 ■ 훈련에 투자된 비용대비 효과 측정

보통 기업에서는 1단계, 2단계인 반응평가와 학습평가를 주로 하고 있는 실정이며, 학습자와 관리자들은 3단계 평가, 4단계 평가인 행동평가와 수행평가에 대해서 어렵다고 생각한다. 회사에서는 우선 높은 수준의 평가를 수행할 수 있는 방법을 제공하는 것이 곧 교육훈련 가치를 평가할 수 있는 것이다. 높은 수준의 평가단계를 시행하기 이전에 교육훈련의 결과로서 발생되는 학습에 대해 관심을 가져야 한다. 이는 평가를 하는 가장 중요한 이유 중 하나인 교육시행에 투입된 비용에 비해 조직에 이익을 가져다주는 것을 제대로 파악하기 위함이다.

3.3 교육평가의 기능

교육평가의 의미를 어떻게 정의하느냐에 따라 평가의 목적이 달라지고 평가의 목적이 달라지면 평가의 기능은 달라진다. 왜냐하면 목적이 있는 곳에는 그 목적 달성을 위한 행위가 필연적으로 수반될 수밖에 없고 그 행위가 기능이기 때문이다. 교육평가의 의미를 가치 판단적으로 정의하면 교육평가의 기능은 주로 교육목표를 선정하고 그것을 기준으로 해서 교육목표가 달성된 정도 또는 그 성과를 확인, 판단하는데 있다.

정보처리의 관점에서 보면 학습자에 관한 의사결정, 학습지도에 관한 의사결정, 교육방법에 관한 의사결정 등과 같이 교육에 관한 의사결정에 필요한 자료를 수집하고 활용하는데 있다. 따라서 이러한 여러 관점을 정리해 교육평가의 기능을 정리해 보면 첫째, 개발, 수정보완, 대안탐색을 위한 형성적 기능이며, 둘째, 선발, 자격인정, 책무확인을 위한 총괄적 기능 셋째, 홍보, 주의환기, 동기촉진을 위한 정략적 기능으로 대별해 볼 수 있다.

3.4 교육평가의 유형

교육평가의 유형들은 많고 그것을 분류하는 방식도 다양하다. 교육현장에서 평가에 관련된 용어를 사용할 경우에 일정한 분류 기준에 의한 개념을 체계적으로 구분하지 않고 혼용하여 사용하는 경우가 많으며 다른 한편으론 교육평가의 동일한 현상을 다르게 해석할 가능성도 있고, 평가 관련 이해 당사자들 간의 의사소통 과정에 혼란이나 지장을 초래할 수도 있다. 따라서 교육평가의 다양한 유형을 이해할 필요가 있다. 다양한 관점에서 접근 가능하나 교육기관에서 학생을 평가하는 상황에서 가장 일반적인 평가유형은 평가내용, 평가영역, 목표수준을 기준으로 하는 분류 방식이다.

3.4.1 평가내용에 따른 유형

평가내용을 기준으로 분류한 유형은 교육에 관계되는 활동을 중심으로 분류 할 수 있다. 다시 말하면 평가대상이 무엇이냐에 따라 평가유형은 구분된다. 전통적으로 교육평가의 대상을 교육생의 성취도에 국한하였는데 이러한 관점을 미시적인 관점에서 보는 교육평가이나 최근에는 평가대상이 점차로 확산되고 교육평가를 거시적 관점에서 보는 교육에 관한 모든 내용에 대한 평가를 총괄하는 개념이다. 거시적 평가의 관점에서 평가를 해석할 경우에는 교육이념 평가, 교육과정 평가, 학교시설 평가, 교육정책 평가, 교육행정 평가, 학교운영 평가 등이 포함된다. 이러한 평가 분류에는 학생평가, 수업 평가, 교육과정평가, 학교평가, 행정기관평가, 인사 및 교육행정 평가 등이 있다.

3.4.2 평가영역에 따른 유형

평가자가 평가 대상에 대해 가치 판단을 내릴 때에는 구체적으로 그 대상 자체가 아니라 그 대상이 지닌 어떤 특성이나 능력에 대하여 판단을 내리게 된다. 동일한 교육생을 평가하더라도 교육생의 성취도를 평가하느냐 또는 태도를 평가하느냐에 따라 평가의 영역이 달라질 수 있다. 실제로 평가대상이 평가내용의 특성에 따라 평가영역별 유형을 구분할 수 있다.

3.4.3 목표수준에 따른 유형

학습목표의 중요도나 필요성의 정도를 기준으로 학습목표를 구분하면 최소 필수 목표와 심화발달목표로 분류할 수 있다. 교육평가에서는 주된 평가대상의 학습 목표가 무엇인가에 따라 최소 필수 학력평가와 최대성취 학력평가로 분류할 수 있다. 교수자는 구체적인 평가의 목적이나 결과 활용의 용도에 따라 최소 필수 학력평가와 최대성취 학력평가를 적절하게 선택하여 시행하여야 한다.

3.5 수행평가(performance assessment)

'수행(Performance)'이라는 개념은 학습행동 또는 학습활동을 의미하며, 학습행동은 다시 교육생이 학습활동을 수행하는 과정으로서 '수행 과정'을 의미하기도 한다. 동시에 수행은 학습결과로서 얻어진 것 또는 학습활동을 통하여 습득하거나 산출한 것으로서 '수행 결과'이고, 학습활동을 전개할 수 있는 능력이나 학습으로 인하여 습득한 것을 기회와 여건만 조성되면 수행해 낼 수 있는 능력을 '수행 잠재력'이라고 규정할 수 있다. 이러한 세 가지 차원을 중시하여 평가 목적을 달성하려는 의도를 '수행중심'이라고 규정할 수 있다. 수행평가란 "교육생 스스로 자신의 지식이나 기능을 나타낼 수 있도록 산출물을 만들거나, 행동으로 나타내거나, 답을 작성(구성)하도록 요구하는 평가 방식"이라고 정의할 수 있다. 수행평가에서는 교육생이 배우고자 하는 지식이나 기능을 평가함에 있어서 선택형 검사와 같이 정답을 선택할 수 있는 능력이 곧 '지식을 안다.'거나 '기능을 습득했다.'고 가정하는 것을 부정하고, 학생이 답안을 작성(구성)하거나 행동으로 나타내는 것을 통해 지식이나 기능을 직접적으로 측정·평가하고자 한다. 학생의 창의성이나 문제해결력 등 고등 사고기능을 파악하고 개별적인 학습을 신장하기 위해 사용될 수 있는 수행평가의 일반적인 특징은 첫째, 학생이 문제의 정답을 선택하게 하는 것이 아니라, 자기 스스로 정답을 작성(구성)하거나 행동으로 나타내도록 하는 평가방식이다. 둘째, 추구하고자 하는 교육목표를 가능한 한 실제상황 하에서 달성했는지 여부를 파악한다. 셋째, 교수·학습의 결과뿐만 아니라 교수·학습의 과정도 함께 중시하는 평가방식이다. 넷째, 수행평가는 단편적인 영역에 대해 일회적으로 평가하기보다는 교육생 개개인의 변화·발달과정을 종합적으로 평가하기 위해 전체적이면서도 지속적으로 이루어지는 것을 강조하는 방식이다. 다섯째, 개개인을 단위로 해서 평가하기도 하지만 집단에 대한 평가도 중시한다. 여섯째, 교육생의 학습과정을 진단하고 개별 학습을 촉진하려는 데 그 목적이 있다. 일곱째, 인지적인 영역(창의성이나 문제해결력 등 고등 사고 기능을 포함)뿐만 아니라 개개인의 행동발달 상황이나 흥미·태도 등 정의적인 영역, 그리고 체격이나 체력 등 신체적인 영역에 대한 종합적이고 전인적인 평가를 중시하고 있다. 위와 같은 수행평가는 근로자 안전교육과 관련하여서는 그 적용성이 떨어지나 관리감독자나 근로자 대표를 대상으로 하는 전문화 교육, 합숙 훈련 등에서는 충분히 고려해 볼만한 평가방법이다.

3.6 수행평가의 방법

현재 널리 사용되고 있는 수행평가의 방법으로는 서술형(주관식) 검사, 논술형 검사, 구술시험, 토론법, 실기 시험, 실험·실습법, 면접법, 관찰법, 자기 평가(self-evaluation) 보고서법, 동료 평가(peer-evaluation) 보고서법, 연구보고서법, 포트폴리오법(portfolio) 등이 있다. 위와 같은 수행 평가 방법에 대한 구분은 상호 배타적이라기보다는 상호 보완적인 것이며, 교수·학습의 과정을 개선하고 개별 학생에게 지도·

조언하고 충고하기 위한 목적으로 사용되기만 한다면 어떠한 평가 방법도 수행 평가 방법에 포함될 수 있다. 특히 수행 평가에서는 교수·학습 활동의 평가 활동이 상호 통합적으로 진행하는 것을 강조하기 때문에 다양한 교수·학습방법들 즉 역할 놀이, 현장 조사, 작품 감상, 만들기, 지그소우(jigsaw), 프로젝트(project) 등이 수행 평가를 위한 평가 방법이 될 수 있다.

3.6.1 서술형 검사

서술형 검사를 할 때는 단편적인 지식을 묻는 문제는 좋지 않으며 문제 해결력 향상에 중점을 두고 모범 답안과 평가기준표를 미리 작성해 놓은 후에 평가하는 것이 좋다.

3.6.2 논술형 검사

논술형 검사도 일종의 서술형 검사이지만 학습자가 자기의 생각이나 주장을 창의적이고 논리적이면서도 설득력 있게 조직하여 작성해야 한다는 점에서 일반 서술형 검사와 구별된다. 이 검사를 통하여 창의력, 문제 해결력, 비판력, 조직력, 정보 수집력 및 분석력의 사고 기능을 평가할 수 있다.

3.6.3 찬반 토론법

찬반 토론법은 토론의 주제가 정해지면 개인별 또는 집단별로 나누어 찬반 토론을 하도록 한 다음 준비한 자료의 다양성이나 충실성, 토론의 내용의 충실성과 논리성, 반대 의견을 존중하는 태도, 토론진행방법 등을 총체적으로 평가하는 방법이다.

3.6.4 실기시험

기존의 실기시험의 예를 보면 공차기 실기시험을 할 때 두 사람이 나와서 서로 여러 번 패스하게 한 후 평가하였다는데 수행평가에서는 학급 또는 학교대항 축구 시합을 실제로 하는 것을 여러 번 관찰하여 축구 시합에서의 실제능력을 평가한다.

3.6.5 구술시험

구술시험은 교육생들에게 교육내용이나 주제에 대해서 발표 준비를 하도록 한 다음, 개별적으로 발표하도록 하여 평가하는 것이다.

3.6.6 관찰법

관찰법은 교수자가 직접 학습자를 관찰하여 평가하는 방법이다. 객관적이고 정확한 관찰을 위해서는 관찰 대상자를 있는 그대로 기술하는 일화 기록법 외에 평정 척도, 비디오 녹화를 통한 분석 방법 등이 있다. 관찰법은 운동학습의 수행 시 주로 태도 영역에 활용되고 있으며 태도 영역의 평가 비중이 높아지고 있는 추세인 만큼 관찰 평가 시 객관성, 신뢰성 확보가 무엇보다 중요하다. 관찰 평가 요소로는 준비성, 적극성, 협동심, 안전성, 도전성, 인내심, 책임감, 공정성 등을 들 수 있다. 이들 평가 요소는 평가 내용에 따라 일부 또는 전부를 취사선택하여 평가할 수 있다.

3.6.7 실험·실습법

실험·실습법은 어떤 과제에 대해서 교육생들로 하여금 직접 실험·실습을 하게 한 후, 그 결과 보고서를 제출하게 한다. 이 때, 개인 단위로 실험·실습을 하게 할 수도 있고, 팀을 구성하여 공동작업을 하게 할 수도 있다. 평가자는 학생들의 실험·실습 과정을 직접 관찰함과 아울러 제출된 결과 보고서를 동시에 고려하여 평가하게 된다. 이러한 방법은 실험·실습을 위한 기자재의 조작적인 능력뿐만 아니라, 지식을 적용하는 능력, 문제 해결 과정을 포괄적이면서도 종합적으로 평가할 수 있다.

3.6.8 자기 평가 보고서

특정 학습 영역의 실천 과정을 학습자 스스로 작성하여 보고서를 제출하도록 함으로써 스스로 계획을 세우고, 실행하며, 평가해 보는 능력이 생기게 되어 자기 주도적인 학습으로 이끌 수 있다. 특히 체육운동의 경우 단순한 학교수업만으로는 체력향상을 기대하기 힘듦으로 가정 학습과 연계하여 학습자가 스스로 주도해 나가는 방법이 효율적이다. 하지만 자기 평가 보고서는 학습자가 사실 그대로 정직하게 기록해야 하는 것과 교사가 이를 철저히 신뢰하는 가운데 유용하게 활용될 수 있다.

3.6.9 면접법

면접법이란, 평가자와 학습자가 서로 대화를 통해서 얻고자 하는 자료나 정보를 수집하여 평가하는 방법이다. 즉, 평가자가 교육생과 직접 대면하여 평가자가 질문하고 교육생이 대답하는 과정을 통해 필기식 시험이나 서류만으로는 알 수 없는 사항들을 알아보고 그것을 평가하는 방법이다.

3.6.10 연구보고서법

연구보고서는 범교과적으로 여러 가지 연구주제 중에서 학생의 능력이나 흥미에 적합한 주제를 선택하되, 그 주제에 대해서 자기 나름대로 자료를 수집하고 분석·종합하여 연구보고서를 작성·제출하도록 하는 평가이다.

3.6.11 포트폴리오

포트폴리오는 자신이 쓰거나 만든 작품을 지속적, 체계적으로 모아둔 작품집을 이용한 평가방식이다. 학습자는 자신이 제작한 포트폴리오를 통해 자신의 변화 및 발전 과정을 스스로 평가를 할 수 있고, 타인과의 상호 비교를 통하여 자신의 장점이나 약점, 성실성 여부 등을 상호 평가 도구로도 사용된다.

3.7 교수자 평가

근래에 들어와서 교수자에 대한 평가가 일반화되고 있다. 성역으로만 여겨왔던 교수들에 대한 강의평가가 대부분의 대학에서 이뤄지고 있으며 그 평가기준, 내용 또한 매우 세부적이고 구체적이다. 더군다나 교육의 소비자라 할 수 있는 학생들에 의한 평가가 교육에 대한 직접 평가항목으로 들어가는 추세여서 초, 중, 고의 교사는 물론 대학교수 심지어는 사회교육과 기업 내 자체 강사에 이르기까지 교수자에 대한 평가 현상은 이제 거스를 수 없는 시대의 흐름이다. 따라서 교육을 담당하고 있는 모든 사람은 신분이나 직급, 상황에 관계없이 스스로의 교수기술과 교수태도, 내용 등에 관심과 개선의 노력을 기울여야 한다. 기업 내 안전교육을 담당하는 안전관계자 입장에서도 동일한 선상에서 스스로의 강의를 돌아보고 강의장면을 비디오로 촬영하거나 관리감독자의 협조를 얻어 다음의 강의진단표를 작성해 볼 필요가 있다. 지금까지 교수가 강의실에서 이루어지는 강의 모습을 실제 교수자 자신은 볼 수 없어 자신의 강의에 대한 체계적인 관찰과 평가가 곤란하였다. 그러나 캠코더를 통한 강의 모습 촬영이나 제3자 체크리스트에 의한 평가를 통해 교수자의 교수·학습 과정의 체계적인 진단과 평가를 해볼 수 있다. 아래는 강의 관찰 평가 시 적용할 수 있는 강의평가 체크리스트이다(해당하는 수준에 ○표를 하고 합계 점수를 내본다).

강의 자가진단표

영역	자가진단 항목	평가점수				
목소리	1. 목소리 크기가 적절한가?	5	4	3	2	1
	2. 말하는 속도가 적절한가?	5	4	3	2	1
	3. 발음이 똑똑한가?	5	4	3	2	1
	4. 목소리에 변화가 있는가?	5	4	3	2	1
몸동작 및 표정	1. 몸동작이 자연스럽고 적절한가?	5	4	3	2	1
	2. 서 있는 자리를 옮겨주는가?	5	4	3	2	1
	3. 모든 학생들을 살펴보는가?	5	4	3	2	1
	4. 표정은 몸동작과 조화를 이루는가?	5	4	3	2	1
	5. 몸동작의 효과를 극대화 하는가?	5	4	3	2	1
칠판 및 보조도구 사용	1. 판서가 시각적 효과가 있는가?	5	4	3	2	1
	2. 판서에 악센트 효과가 있는가?	5	4	3	2	1
	3. 판서가 강의속도를 조절하는 브레이크 효과가 있는가?	5	4	3	2	1
	4. 판서는 말하는 내용을 중복하지 않고 보완하는가?	5	4	3	2	1
	5. 사용하는 교육매체는 적절한가?	5	4	3	2	1
	6. 교육매체에 사용한 글자 크기 등이 잘 보이는가?	5	4	3	2	1
강의진행	1. 강의에 열의가 느껴지는가?	5	4	3	2	1
	2. 시간을 의미 있게 활용하는가?	5	4	3	2	1
	3. 강의 속도가 적절한가?	5	4	3	2	1
강의구성	1. 강의에 시작이 있는가?	5	4	3	2	1
	2. 강의에 숨 돌릴 여유가 있는가?	5	4	3	2	1
	3. 호기심을 유도하는가?	5	4	3	2	1
	4. 가장 중요한 내용이 부각되는가?	5	4	3	2	1
	5. 강의에 끝맺음이 있는가?	5	4	3	2	1
교육생들과의 관계	1. 교육생들이 참여할 기회를 주는가?	5	4	3	2	1
	2. 교육생이 잘했을 때 알맞게 칭찬하는가?	5	4	3	2	1
	3. 교육생이 못했을 때 격려해 주는가?	5	4	3	2	1
	4. 교육생들과 적극적인 상호작용이 이루어지는가?	5	4	3	2	1
	5. 교육생이 못하였을 때 격려해 주는가?	5	4	3	2	1
	6. 교육생들로부터 거리감 없는 존중을 받는가?	5	4	3	2	1
합 계						
종합적으로 자신이 발견한 문제점						
발견된 문제점에 대한 보완방법						

3.8 평가결과 활용

평가결과는 관련성, 평가자와 평가결과 사용자간의 의사소통, 평가결과 사용자의 정보처리 방식, 평가결과에 대한 신뢰도, 평가결과 사용자의 관심과 지지라는 다섯 가지 변인에 의해 영향을 받는다. 평가를 통해 분석된 정보가 의사결정 내용과 관련성이 높을 때는 평가 결과가 잘 활용되고 그렇지 않을 때는 잘 활용되지 않는다. 마찬가지로 평가결과에 대한 설명과 해석 결과를 사용자에게 이해하기 쉽게 전달하고 평가결과를 사용하는 자가 평가자로부터 받은 정보를 유효적절하게 처리할 수 있는 능력과 의사가 있을 때 적극적인 활용의 조건이 되는 것이다. 따라서 평가결과는 되도록 학술적인 전문용어나 어려운 표현 등을 지양하고 쉽고 간단명료하게 설명되고 그림, 도표 등으로 핵심사항을 축약, 정리하는 노력이 필요하다. 그러나 건의와 제언은 구체적이고 적극적인 표현을 잊어서는 안 된다.

3.8.1 사용자의 인지양식 파악과 보고양식 채택

이해능력이 부족하거나 사용의사가 없는 의사결정자에게 복잡하게 분석한 자료를 제시하는 것은 아무 의미가 없으며 반대로 핵심내용과 본인의 의사결정할 부분을 축약적으로 설명, 보고를 원하는 사용자에게는 심플하지만 중요사항이 기술된 보고자료가 필요하다. 특히 안전교육 결과나 향후 계획에 적용할 평가자료는 항상 비용이 수반된다는 사실을 염두에 둔 용의주도한 보고자세가 필요하다.

3.8.2 가용성 있는 평가결과가 되도록 해야 한다.

평가결과는 그 내용의 정확성과 충실함이 기본이지만 시기적절한 사용타이밍이 담보될 때 그 활용성은 커진다. 신속하게 보고하기만을 원하는 조직의 요구를 따르다 보면 내용의 충실도가 떨어지고 보고를 위한 보고가 되기 쉬우며 너무 내용상의 정확도와 충실함을 따르다 보면 조직의 활용시점을 놓치기 쉽다.

3.8.3 구체적인 설명과 해석 활용방법이 제시되어야 한다.

결과분석을 통해 장점과 단점, 평가결과를 활용했을 때 얻을 수 있는 득실, 그 밖에 예상되는 비판과 반응 등 포괄적이고 분석적인 내용이 함축된 평가결과는 훨씬 더 활용도가 커질 수밖에 없는 것이다.

3.8.4 활용 결과의 점검

평가를 통해 교육활동의 결과를 수집, 분석하여 보다 나은 교육활동을 추구하는 교수자와 그 결과물을 이용하여 정책적인, 조직의 결정을 추구하는 의사결정자의 입장은 항상 동일하지 않다. 결국 작든 크든 교육평가와 그에 따른 결과가 현업에 적용되는 부분에 대한 점검은 반드시 필요하며 그러한 활동은 교육방법과 효과에 발전을 담보 할 수 있다. 현실적으로 안전교육과 같이 사회교육 형태로 이뤄지는 교육은 평가 작업이나 그 평가결과의 적용에 매우 소극적일 수밖에 없는 특성을 갖고 있으나 안전관계자들(교육평가자들)이 평가와 평가결과의 현업(교육실행) 적용에 남다른 책임의식을 갖고 임해야 할 것이다.

Appendix 1

부 록

산업안전보건교육규정

개정 2017.10.27. 고시 제2017-58호

제정 1992. 7.24 고시 제1992-22호
개정 1994. 6. 3 고시 제1994-21호
개정 1998. 5.15 고시 제1998-22호
개정 2000.12.28 고시 제2000-49호
개정 2006. 9.29. 고시 제2006-28호
개정 2009. 7. 7. 고시 제2009-27호
개정 2010. 4.30. 고시 제2010-35호
개정 2012. 8.31. 고시 제2012-63호
개정 2014.12.31. 고시 제2014-65호
개정 2017.10.27. 고시 제2017-58호
개정 1993.12.10 고시 제1993-47호
개정 1996. 3. 9 고시 제1996- 9호
개정 1998. 8. 6 고시 제1998-43호
개정 2002. 5.23 고시 제2002-10호
개정 2008.11.24. 고시 제2008-71호
개정 2009. 9.25. 고시 제2009-38호
개정 2012. 1.26. 고시 제2012-16호
개정 2013.12.31. 고시 제2013-80호
개정 2017. 1.19. 고시 제2017- 5호

제1장 총칙

제1조 (목적) 이 고시는 「산업안전보건법」 제16조의3, 제31조부터 제32조의2, 같은 법 시행령 제19조의4 및 같은 법 시행규칙 제33조부터 제35조까지의 규정, 제37조, 제37조의2, 제37조의4, 제39조, 제39조의3, 제40조, 제43조의 규정에 따른 산업안전·보건교육의 시행에 관하여 필요한 사항을 규정함을 목적으로 한다.

제2조 (정의) ① 이 고시에서 사용하는 용어의 뜻은 다음 각 호와 같다.

1. "근로자 안전·보건교육"이란 「산업안전보건법」(이하 "법"이라 한다) 제31조에 따라 사업주가 해당 사업장의 근로자에게 「산업안전보건법 시행규칙」(이하 "규칙"이라 한다) 제33조제1항에 따라 실시하여야 하는 다음 각 목의 교육을 말한다.
   가. 정기교육 : 해당 사업장의 사무직 종사 근로자, 사무직 종사 근로자 외의 근로자, 관리감독자의 지위에 있는 사람을 대상으로 정기적으로 실시하여야 하는 교육
   나. 채용 시 교육 : 해당 사업장에 채용한 근로자를 대상으로 직무 배치 전 실시하여야 하는 교육
   다. 작업내용 변경 시 교육 : 해당 사업장의 근로자가 기존에 수행하던 작업내용과 다른 작업을 수행하게 될 경우 변경된 작업을 수행하기 전 의무적으로 실시하여야 하는 교육
   라. 특별교육 : 사업주가 규칙 별표 8의2 제1호 라목에 해당하는 작업에 근로자를 사용할 때 실시하여야 하는 교육
2. "집체교육"이란 교육전용시설 또는 그밖에 교육을 실시하기에 적합한 시설(생산시설 또는 근무 장소는 제외한다)에서 실시하는 교육을 말한다.
3. "현장교육"이란 산업체의 생산시설 또는 근무장소에서 실시하는 교육을 말한다(위험예지훈련 등 작업 전·후 실시하는 단시간 안전보건 교육을 포함한다).
4. "인터넷 원격교육"이란 정보통신매체를 활용하여 교육이 실시되고 훈련생관리 등이 웹상으로 이루어지는 교육을 말한다.
5. "전문화교육"이란 법 제65조 및 「산업안전보건법 시행령」(이하 "영"이라 한다) 제47조제2항에 따라 직무교육을 위탁받은 기관(이하 "직무교육위탁기관"이라 한다)에서 업종 또는 전문분야별로 개발·운영하는 교육을 말한다.
6. "우편통신교육"이란 인쇄매체로 된 교육교재를 이용하여 교육이 실시되고 교

육생관리 등이 웹상으로 이루어지는 교육을 말한다.

7. "단기간 작업"이란 2개월 이내에 종료되는 1회성 작업을 말한다.

8. "간헐적 작업"이란 연간 총 작업일수가 60일을 초과하지 않는 작업을 말한다.

② 이 고시에 특별한 규정이 있는 경우를 제외하고는 법, 영, 규칙이 정하는 바에 따른다.

제2장 사업내 안전·보건교육

제3조 (교육방법) ① 사업주는 규칙 제33조에 따라 교육을 실시할 때에는 규칙 제37조제1항에 따라 적합한 교육교재와 적절한 교육장비 등을 갖추고 집체교육, 현장교육, 인터넷 원격교육 중 어느 하나에 해당하는 교육을 실시할 수 있다. 다만, 특별교육을 인터넷 원격교육으로 실시하는 경우에는 총 교육시간의 3분의 1범위에서 실시하여야 한다.

② 사업주가 제2조제1항제3호에 따라 현장교육을 실시할 때에는 다음 각 호에 해당하는 요건을 갖추어야 한다.

1. 안전보건관리책임자, 안전관리자, 보건관리자, 안전보건관리담당자 등 안전보건관계자 또는 관리감독자의 주관
2. 교육실시 사실을 확인할 수 있는 보고서 또는 일지의 작성

③ 사업주가 제2조제1항제4호에 따른 인터넷 원격교육을 실시할 때에는 다음 각 호에 해당하는 요건을 갖추어야 한다.

1. 규칙 별표 8 소정의 교육시간에 상당하는 분량의 자료 제공(게시된 자료의 1시간 학습 분량은 10프레임 이상 또는 200자 원고지 20매로 하되, 사진 또는 그림 1장은 200자 원고지 2분의 1매로 본다. 다만, 동영상 자료는 실제 상영시간을 적용한다)
2. 별표2의 인터넷 원격교육 기준을 따를 것

④ 사업주는 규칙 제33조제1항에 따른 교육 중 근로자 정기교육에 대하여는 사업장의 실정에 따라 그 시간을 적절히 분할하여 실시할 수 있다.

제3조의2 (안전보건교육위탁기관의 교육편성·방법 및 관리) ① 법 제31조제5항에 따른 안전보건교육위탁기관(이하 "안전보건교육위탁기관"이라 한다)이 교육을 실시할 때에는 다음 각 호의 사항을 준수하여야 한다.

1. 규칙 별표 8 및 별표 8의2에 적합한 교육시간 및 교육내용으로 교육과목을 편성할 것
2. 영 별표 6의3의 기준에 적합한 강사를 배치할 것
3. 제3조의 방법으로 실시할 것

② 안전보건교육위탁기관이 규칙 제33조제1항에 따른 관리감독자 교육을 실시할 때에는 규칙 별표 8의2에서 정한 교육내용의 범위에서 「통계법」 제22조에 따라 통계청장이 고시한 한국표준산업분류에 따른 대분류별로 구분하여 실시하여야 한다.
③ 지방고용노동청장은 영 제26조의10에 따른 안전보건교육 위탁기관의 인력·시설 보유 여부와 수강생의 관리 등 교육운영에 대하여 정기 또는 수시로 점검할 수 있다.
④ 안전보건교육위탁기관은 전년도 교육 수행 실적을 별지 제3호의3서식에 따라 작성하여 매년 1월 20일까지 관할 지방고용노동청장에게 제출하여야 한다.

제3조의3 (안전보건교육위탁기관의 평가) ① 공단은 법 제32조의2 및 규칙 제35조, 별표 5에 따라 교육과정 운영실태, 인력 등 보유수준, 교육서비스의 적정성 등 안전보건교육위탁기관에 대한 평가를 실시할 수 있다.
② 안전보건교육위탁기관은 공단이 실시하는 제1항에 따른 평가에 적극 협조하여야 한다.
③ 공단은 인터넷 등을 통하여 안전보건교육위탁기관별 평가 결과를 공표할 수 있다.
④ 공단은 평가계획 및 평가결과를 평가실시 및 평가결과 공표 전에 고용노동부장관에 보고하여야 한다.

제4조 삭제

제5조 (근로자 안전·보건교육에 대한 특례) ① 사업주가 근로자 정기 안전·보건교육 대상자에 대하여 해당 사업장 사정으로 규칙 제33조제1항에 따른 교육 실시가 곤란하거나 일시집합교육이 효과적인 경우로서 영 제26조의10에 따른 안전·보건교육 위탁전문기관에 위탁하여 교육을 실시한 때에는 해당 교육이수시간을 해당 연도에 실시하여야 할 교육시간으로 본다.
② 사업주가 해당 사업장의 근로자에 대하여 고용노동부장관이 법 제4조제1항제6호에 따라 실시하는 무재해운동 등 재해예방사업과 관련한 교육을 실시한 때에는 교육시간을 규칙 제33조제1항에 따른 교육 중 분기(관리감독자의 지위에 있는 사람의 경우 해당 연도)의 정기교육시간으로 갈음할 수 있다.
③ 법 제15조 및 제16조에 따른 안전관리자 및 보건관리자를 선임할 의무가 없는

사업장의 사업주가 법 제61조제3호에 따라 설치된 근로자건강센터에서 실시하는 안전·보건교육, 건강상담, 건강관리프로그램 등 근로자 건강관리 활동에 해당 사업장의 근로자를 참여하게 한 때에는 해당 시간을 규칙 제33조제1항에 따른 교육 중 해당 분기(관리감독자의 지위에 있는 사람의 경우 해당 연도)의 정기교육 시간으로 갈음할 수 있다. 다만, 이 경우 사업주는 해당 사업장의 근로자가 근로자건강센터에서 실시하는 건강관리 활동에 참여한 사실을 입증할 수 있는 서류를 갖추어 두어야 한다.

④ 사업주가 법 제61조제1호에 따라 설치된 안전체험교육장에서 실시하는 체험교육에 해당 사업장의 근로자를 참여하게 한 때에는 해당 시간을 규칙 제33조제1항에 따른 교육 중 해당 분기(관리감독자의 지위에 있는 사람의 경우 해당 연도)의 정기교육 시간으로 갈음할 수 있다. 다만, 이 경우 사업주는 해당 사업장의 근로자가 안전체험교육장에 실시하는 체험교육에 참여한 사실을 입증할 수 있는 서류를 갖추어 두어야 한다.

⑤ 규칙 제33조의2제1항에서 "사업장의 재해발생정도 등이 고용노동부장관이 정하는 기준에 해당하는 경우"란 전년도에 산업재해가 발생하지 아니한 사업장을 말하며, 해당 사업장의 사업주는 그 다음 연도에 한정하여 법 제31조제1항에 따른 근로자 정기교육을 규칙 별표 8에서 정한 실시기준 시간의 100분의 50이상으로 실시할 수 있다.

⑥ 「통계법」 제22조에 따라 통계청장이 고시한 한국표준산업분류의 세분류 중 같은 종류의 업종에 6개월 이상 근무한 경험이 있는 근로자를 이직 후 1년 이내에 신규채용하는 경우에 사업주는 규칙 제33조의2제4항에 따라 해당 근로자에 대하여 법 제31조제2항에 따른 채용시의 교육을 규칙 별표 8에서 정한 채용 시의 교육 실시기준 시간의 100분의 50이상으로 실시할 수 있다.

⑦ 규칙 별표 8의2의 특별안전보건교육대상작업(이하 "특별교육대상작업"이라 한다)에 6개월 이상 근무한 경험이 있는 근로자가 다음 각 호의 어느 하나에 해당하는 경우에 사업주는 규칙 제33조의2제4항에 따라 해당 근로자에 대하여 법 제31조제3항에 따른 특별교육을 규칙 별표 8에서 정한 교육 실시기준 시간의 100분의 50이상으로 실시할 수 있다.

1. 근로자가 이직 후 1년 이내에 신규채용되어 이직 전과 동일한 특별교육대상작업에 종사하는 경우
2. 근로자가 같은 사업장내 다른 작업에 배치된 후 1년 이내에 배치 전과 동일한 특별교육대상작업에 종사하는 경우

⑧ 사업주가 법 제4조제1항제6호에 따라 고용노동부장관이 실시하는 4시간 이상의 산업안전·보건교육을 이수한 일용 근로자를 신규채용하는 경우에는 소속 사업장의

변경에도 불구하고 해당 근로자에 대하여 그 교육이수일부터 2년간 법 제31조제2항에 따른 신규채용시의 교육을 실시한 것으로 본다.

⑨ 규칙 제33조의2제3항에 따른 “고용노동부장관이 정하는 교육”이라 함은 다음 각 호의 교육을 말한다.

1. 규칙 제43조에 따른 검사원 양성교육
2. 제25조에 따른 전문화교육
3. 제29조에 따른 통신교육
4. 제23조의5에 따른 안전보건관리담당자 양성교육
5. 그 밖에 고용노동부장관이 정기교육 면제 대상으로 인정하는 교육

⑩ 법 제31조제2항에 따른 채용 시의 교육 또는 같은 조 제3항에 따른 특별교육을 이수한 근로자가 같은 도급인의 사업장내에서 이전에 하던 업무와 동일한 업무에 종사하는 경우에는 소속 사업장의 변경에도 불구하고 해당 근로자에 대한 채용 시의 교육 또는 특별교육을 면제할 수 있다.

⑪ “단기간·간헐적 작업”에 근로자를 사용할 경우 규칙 별표 8의2제1호라목에 해당하는 작업에 대한 특별교육을 2시간 이상으로 단축하여 실시할 수 있다.

제6조 (근로자 교육강사기준) 규칙 제33조제3항제4호에서 “고용노동부장관이 정하는 기준”이란 별표 1과 같다.

제7조~제10조 삭제

제11조 (교육실시확인서의 발급) 안전보건교육위탁기관이 사업주로부터 위탁을 받아 교육을 실시한 경우에는 별지 제1호서식의 교육실시 확인서를 사업주에게 교부하여야 한다. 다만, 교육이수자가 교육실시 확인서 발급을 요청하는 경우에는 그 이수자에게도 교부할 수 있다.

제12조~제13조 삭제

제3장 건설업 기초안전·보건교육

제13조의2 (교육방법 및 수강생의 관리 등) ① 법 제31조의2에 따른 건설업 기초안

전·보건교육기관(이하 "건설업기초교육기관"이라 한다)이 규칙 제37조의2의 규정에 따라 건설업 기초안전·보건교육(이하 "건설업기초교육"이라 한다)을 실시할 때에는 다음 각 호의 사항을 준수하여야 한다.

1. 규칙 별표 8의2제2호에 따른 교육내용이 모두 포함되도록 하여 별표 3에서 정한 교육시간에 따라 교육과정을 편성·운영하여야 한다.
2. 건설업기초교육은 영 별표6의3에 따른 시설기준에 적합한 강의실에서 집체교육으로 실시하여야 한다. 다만, 체험·가상실습을 포함하여 실시하는 경우에는 체험·가상실습을 효과적으로 실시할 수 있는 시설·장비 등을 갖춘 별도의 장소에서 실시할 수 있다.
3. 건설업기초교육기관은 교육과정별 인원을 50명 이내로 편성하여야 한다. 다만, 등록된 강의실을 분할하여 교육을 실시하는 경우 강의실의 연면적은 60 m^2 이상이어야 하며, 연면적에 따라 다음 각 목과 같이 편성하여야 한다.
   가. 60 m^2 이상 : 20명 이내
   나. 80 m^2 이상 : 30명 이내
   다. 100 m^2 이상 : 40명 이내
   라. 120 m^2 이상 : 50명 이내
4. 건설업기초교육을 사업주 등(건설업기초교육기관은 제외한다)이 제공하는 교육전용 강의실에서 실시하는 경우 강의실의 연면적은 60 m^2 이상이어야 하며, 연면적에 따라 다음 각 목과 같이 편성하여야 한다.
   가. 60 m^2 이상 : 20명 이내
   나. 80 m^2 이상 : 30명 이내
   다. 100 m^2 이상 : 40명 이내
   라. 120 m^2 이상 : 50명 이내

② 건설업기초교육기관은 교육 당일 교육생 본인여부 등을 확인하여 교육생을 확정하고, 별지 제1호의2서식의 출석부를 비치하여 매 과목 수강여부를 확인하여야 한다.

제13조의3 (교육과정의 운영) 건설업기초교육기관은 교육을 희망하는 사람이 교육일정 등을 확인할 수 있도록 교육실시일 1개월 전까지 교육일시, 교육과목, 교육시간 등을 기관 홈페이지에 게재하여야 한다. 다만, 기관 홈페이지가 별도로 없는 경우에는 교육실시일 1개월 전까지 그 내용을 한국산업안전보건공단(이하 "공단"이라 한다)에 제출하여 교육일정 등을 안내할 수 있도록 하여야 한다.

제13조의4 (수강신청 등) ① 일용근로자에 대하여 건설업기초교육을 이수토록 하고

자 하는 자는 건설업기초교육기관에 별지 제1호의3서식의 수강신청서를 제출하여야 한다.

② 건설업기초교육기관은 제1항에 따른 수강신청서가 접수된 경우 신청인에게 별지 제1호의4서식에 따라 교육일시 등을 기재하여 통지하여야 한다. 다만, 인원초과 등의 사유로 교육을 실시할 수 없는 경우에는 그 사유를 기재하여 통지하여야 한다.

제13조의5 (건설업기초교육 이수증 발급 등) ① 건설업기초교육기관은 건설업기초교육을 이수한 교육생에 대하여 지체 없이 별표 4의 이수증을 발급하여야 한다.

② 건설업기초교육기관은 교육이수자관리를 위해 별지 제1호의5서식의 이수증 발급대장을 갖추어두고 교육이수자 관련 자료를 공단 홈페이지(k2b)에 등록하여야 한다.

③ 이수증의 분실·파손 등의 사유로 재발급을 받고자 하는 사람은 해당 교육을 이수한 건설업기초교육기관에 재발급을 신청할 수 있으며, 재발급 신청서를 접수한 기관은 지체 없이 이수증을 재발급하고 관련 자료를 제2항의 홈페이지(k2b)에 등록하여야 한다.

④ 교육이수자는 건설업기초교육기관의 폐업·이전 등의 사유로 제3항에 따른 이수증을 재발급 받을 수 없거나 곤란한 경우에는 공단에 재발급을 신청할 수 있으며, 공단은 교육이수 여부를 확인하여 이수증을 재발급하여야 한다.

⑤ 공단은 건설업기초교육기관의 이수증 제작을 지원할 수 있다.

제13조의6 (건설업기초교육기관 관리 등) ① 공단은 건설업기초교육기관의 인력·시설 보유여부와 수강생의 관리 등 교육운영 전반에 대하여 정기 또는 수시로 점검할 수 있다.

② 공단은 제1항에 따른 점검 시 법 제32조의3에 따른 취소 사유에 해당하는 사실을 발견한 경우에는 규칙 제37조의5에 따라 건설업기초교육기관 소재지 관할 지방고용노동관서의 장에게 보고하여야 하며, 그 밖의 경미한 사항은 개선토록 지도하여야 한다.

③ 건설업기초교육기관은 공단이 제13조의2제2항에 따른 출석부 등 교육생의 교육이수관련 서류제출을 요청하는 경우 이에 협조하여야 한다.

제13조의7 (교육기관 평가 등) ① 공단은 법 제32조의2, 규칙 제37조의4에 따라 별표 5의 평가항목 및 방법 등을 반영한 평가계획을 매년 수립하여 건설업기초교육기관 평가를 실시하여야 한다.

② 건설업기초교육기관은 제1항에 따라 공단이 실시하는 평가에 적극 협조하여야

한다.

③ 공단은 인터넷 등을 통하여 건설업기초교육기관별 평가 결과를 공표할 수 있다.

④ 공단은 평가계획 및 평가결과를 평가실시 및 평가결과 공표 전에 고용노동부장관에게 보고하여야 한다.

제13조의8 (건설업기초교육의 면제) 「외국인근로자의 고용 등에 관한 법률」 제12조제1항에 따른 외국인으로서 같은 법 제11조, 제12조제2항 및 같은 법 시행규칙 제11조에 따라 건설업 취업교육을 이수하고 「건설업 취업 인정증」을 발급받은 경우에는 인정증의 유효기간에 한정하여 건설업기초교육을 이수한 것으로 본다. 다만, 교육강사는 영 별표 6의3 제2호 인력기준에 따라 건설안전 분야 및 산업보건·위생 분야별로 각 1명 이상 위촉하고, 교육내용 및 시간은 이 고시 별표 3에 따른다.

제4장 관리책임자 등에 대한 직무교육

제14조 (교육대상) 이 장이 적용되는 교육대상자는 규칙 제39조제1항에 따라 고용노동부장관이 실시하는 안전·보건에 관한 직무교육(이하 "직무교육"이라 한다)을 받아야 하는 안전보건관리책임자 등을 말한다.

제15조 (교육내용) 직무교육위탁기관의 장은 규칙 별표 8의2에 따른 범위에서 해당 교육대상자가 속하는 사업장의 업종 및 담당한 업무분야별 또는 자격별로 교육내용을 달리할 수 있다.

제16조 (교육일정수립·변경) 직무교육위탁기관은 규칙 제39조제4항에 따라 교육대상자가 제출한 직무교육수강신청서 및 제18조제1항에 따른 교육희망시기를 고려하여 교육일정 등을 수립·변경하여야 한다.

제17조 (교육방법 등) ① 직무교육위탁기관이 교육을 실시할 때에는 다음 각 호의 사항을 준수하여야 한다.

1. 규칙 별표 8 및 8의2에 적합한 교육시간 및 내용으로 실시할 것
2. 영 별표 6의5의 기준에 적합한 강사를 배치할 것
3. 제3조의 방법으로 실시할 것. 다만, 관리책임자를 제외한 자의 인터넷 원격교

육의 경우에는 총 교육시간의 3분의 1 범위에서 실시한다.

②~④ 삭제

제18조 (수강통지 및 등록) ① 규칙 제39조제1항에 따른 교육대상자는 같은 조 제4항에 따른 직무교육수강신청서를 제출할 때에 교육희망시기를 기재할 수 있다.

② 직무교육위탁기관의 장은 규칙 제39조제5항에 따라 별지 제2호서식의 교육수강통지서를 교육대상자에게 발급하여야 한다.

③ 제2항 따라 교육수강통지서를 받은 교육대상자는 직무교육위탁기관의 장이 지정하는 날짜에 수강등록을 하여야 한다.

④ 교육수강통지서를 받은 교육대상자 중 부득이한 사유로 해당 날짜의 교육에 참석할 수 없는 경우에는 교육실시 3일 전까지 별지 제3호서식의 교육연기 신청서를 직무교육위탁기관의 장에게 제출하여야 한다. 다만, 교육연기는 1회에 한정한다.

제19조 삭제

제19조의2 (직무교육위탁기관의 관리 등) ① 고용노동부장관은 영 제26조의14제1항에 따른 직무교육위탁기관의 인력·시설 보유여부와 수강생의 관리 등 교육운영에 대하여 정기 또는 수시로 점검할 수 있다.

② 공단은 제1항에 따른 직무교육위탁기관의 관리 등을 위하여 관리책임자 등 위탁교육 관리위원회(이하 "관리위원회"라 한다)를 둔다.

③ 제2항에 따른 관리위원회는 다음 각 호의 사항을 심의한다.

1. 직무교육계획 수립의 적정성 등 교육과정의 개발 및 운영에 관한 사항
2. 위탁교육용 교재개발 및 보급과 관리책임자 등 교육 위탁기관의 자체개발 교재의 심의 등에 관한 사항
3. 삭제
4. 제20조제3항에 따른 전문화교육과정
5. 위탁교육 자원관리 및 운영에 관한 사항
6. 그 밖에 직무교육의 효율적인 운영을 위하여 필요한 사항

④ 제3항에 따른 관리위원회의 구성·운영 등에 관한 세부적인 사항은 공단이 따로 정한다.

제19조의3 (직무교육위탁기관의 평가 등) ① 공단은 법 제32조의2 및 규칙 제39조의3, 별표5에 따라 교육과정 운영실태, 인력 등 보유 수준, 교육 서비스의 적정성 등

직무교육위탁기관에 대한 평가를 실시할 수 있다.

② 직무교육위탁기관은 공단이 실시하는 제1항에 따른 평가에 적극 협조하여야 한다.

③ 공단은 제1항에 따른 평가결과를 다음 연도 직무교육위탁기관의 교육 횟수·인원 등 직무교육 운영에 반영할 수 있다. 이 경우 관리위원회의 심의를 거쳐야 한다.

④ 공단은 제1항의 평가를 외부 전문기관에 위탁하여 실시할 수 있다.

⑤ 그밖에 직무교육위탁기관의 평가에 관한 사항은 제13조의7을 준용한다.

제19조의4 (교육계획 수립 및 제출) ① 직무교육위탁기관은 다음 연도 직무교육계획을 수립하여 별지 제3호의2서식에 따라 교육실시 계획서를 해당 연도 11월 15일까지 공단에 제출하여야 한다.

② 공단은 관리위원회의 심의를 거친 연간 직무교육계획을 매년 12월 31일까지 고용노동부장관에게 제출하여 승인을 받아야 한다.

③ 삭제

제19조의5 (관리책임자 등 교육 홈페이지의 운영) ① 공단은 직무교육과정 운영을 위한 신청·접수, 교육실시 및 이수현황 관리 등을 위하여 직무교육센터(www.dutycenter.net)를 운영하여야 한다.

② 직무교육위탁기관은 직무교육센터(www.dutycenter.net) 운영에 적극 협조하여야 한다.

제19조의6 (교육과정 운영) ① 직무교육위탁기관이 교육과정을 추가·변경·폐지하고자 하는 경우에는 공단의 사전승인을 거쳐야 하며, 수강신청인원 등에 따른 폐강기준은 공단이 따로 정하는 바에 따른다.

② 직무교육위탁기관은 교육실시 후 7일 이내에 직무교육 수료자 명단을 공단의 직무교육센터(www.dutycenter.net)에 입력하여야 한다.

③ 직무교육위탁기관은 연간 위탁교육 실적을 별지 제3호의4서식에 따라 매년 12월 31일까지 공단에 제출하여야 한다.

제19조의7 (교재개발 및 심의) ① 공단은 직무교육위탁기관의 직무교육과정에 필요한 교재를 제작하여 보급할 수 있다.

② 직무교육위탁기관이 직무교육 교재를 자체 개발하여 사용하려고 하는 경우에는 관리위원회의 사전심의를 거쳐야 한다.

제19조의8 (강사 직무능력 향상교육) ① 공단은 직무교육위탁기관 소속 강사의 직무능력 향상을 위한 교육과정을 개설·운영하여야 한다.

② 직무교육위탁기관은 소속 강사가 직무능력 향상을 위해 제1항에 따른 교육과정을 이수할 수 있도록 노력하여야 한다.

③ 제1항에 따른 교육과정의 개설·운영방법 등에 관한 세부적인 사항은 공단이 따로 정한다.

제20조 (보수교육의 면제) ① 규칙 제40조제2항에서 "고용노동부장관이 정하는 내용이 포함된 교육"이라 함은 다음 각 호와 같다.

1. 영 별표 4 제11호 각 목의 어느 하나에 해당하는 사람, 「기업활동 규제완화에 관한 특별조치법」 제30조제3항제4호 및 제5호에 따라 안전관리자로 채용된 것으로 보는 사람은 2시간 이상의 산업안전보건법령이 포함된 교육
2. 의사 또는 간호사인 보건관리자는 2시간 이상의 산업안전보건법령 및 산업위생이 포함된 교육

② 규칙 제39조제1항 각 호의 어느 하나에 해당하는 사람으로서 보수교육을 받아야 할 기간 내에 다음 각 호의 어느 하나에 해당되는 요건을 갖추면 규칙 제39조제1항에 따른 보수교육을 이수한 것으로 본다.

1. 「고등교육법」에 따른 해당 분야 석사학위 이상을 취득한 경우
2. 「국가기술자격법」에 따른 해당 분야 기술사를 취득한 경우
3. 삭제

③ 규칙 제40조제3항에서 "고용노동부장관이 정하여 고시하는 안전·보건에 관한 교육"이라 함은 공단 또는 직무교육위탁기관 등에서 관리위원회의 심의를 거친 제24조에 따른 전문화 교육을 24시간 이상(관리책임자는 6시간 이상, 안전보건관리담당자는 8시간 이상) 이수한 경우를 말한다.

제21조 삭제

제5장 산재예방요율제 사업주교육 등

제1절 사업주교육

제21조의2～제21조의6 삭제

제2절 산재예방계획 수립 및 인정

제21조의7~제21조의8 삭제

제6장 검사원 양성교육 및 안전보건관리담당자 양성교육 등

제1절 검사원 양성교육

제22조 (교육수강신청 등) ① 규칙 제43조에 따라 검사원 양성교육을 받고자 하는 사람은 해당 위탁교육기관의 장에게 별지 제4호서식의 교육수강신청서를 제출하여야 한다.

② 제1항에 따라 교육대상자가 교육수강신청서를 제출할 때에는 교육희망시기를 기재할 수 있다.

제23조 (양성교육일정 수립·변경) 검사원 양성교육과정의 일정을 수립·변경하고자 하는 경우에는 제16조를 준용한다.

제23조의2 (교육방법 등) 검사원 양성교육 위탁기관이 검사원 양성교육을 실시할 때에는 제17조를 준용한다.

제23조의3 삭제

제23조의4 (수강통지 및 등록) 검사원 양성교육을 받고자 하는 사람의 수강신청에 따른 수강통지 및 등록에 관하여는 제18조를 준용한다.

제2절 안전보건관리담당자 양성교육

제23조의5 (안전보건관리담당자 양성교육과정 운영) ① 공단은 영 제19조의4에 따른 안전보건관리담당자를 양성하기 위한 교육(이하 "안전보건관리담당자 양성교육"이라 한다)과정을 설치·운영하여야 한다.

② 제1항에 따라 실시하는 안전보건관리담당자 양성교육은 별표 7과 같이 한다.

③ 제1항에 따라 실시하는 안전보건관리담당자 양성교육은 집체교육과 인터넷 원격

교육을 병행하여 실시할 수 있다. 이 경우 인터넷 원격교육은 총 교육시간의 3분의 1 범위 내에서 실시하여야 한다.

④ 영 제19조의4제2항제3호의 '고용노동부장관이 인정하는 안전·보건교육'이란 제1항에 따른 안전보건관리담당자 양성교육을 말한다.

제7장 전문화교육 및 통신교육 등

제1절 교육과정 등

제24조 (교육과정) ① 공단은 규칙 제33조제1항 및 제39조제1항에 따른 근로자 안전·보건교육 및 안전보건관리책임자 등에 대한 직무교육의 질적 수준 향상을 위하여 다음 각 호의 교육과정을 설치·운영할 수 있다.

1. 규칙 제33조제3항제2호에 따른 강사요원 교육과정
2. 업종 또는 전문분야별 특성에 맞는 전문화 교육과정
3. 규칙 제33조제1항에 따른 관리감독자 우편통신교육 및 인터넷 원격교육(이하 "통신교육"이라 한다.)

② 공단 외의 직무교육위탁기관의 장은 제1항제2호의 전문화교육과정과 제1항제3호의 관리감독자 통신교육과정을 설치·운영할 수 있다.

③ 삭제

제2절 전문화교육

제25조 (전문화교육과정개발 등) 직무교육위탁기관의 장은 업종별 특성에 맞는 안전·보건관리업무의 전문성 제고를 위해 위험기계·기구, 작업공정 및 안전·보건관리 업무분야별로 과정을 개발·운영하여야 한다.

제25조의2 (전문화교육일정 수립·변경) 전문화 교육과정의 일정을 수립·변경하고자 하는 경우에는 제16조를 준용한다.

제26조 삭제

제27조 (수강신청 및 등록) ① 전문화교육을 받으려는 사람(규칙 제39조제1항·제43

조제1항에 따른 교육대상자 중 희망자를 포함한다)은 제24조에 따른 교육과정 중 필요한 과정을 선택하여 규칙 제39조제4항에 따른 직무교육수강신청서의 교육 분야란에 과정명을 기재하여 수강 신청하여야 한다.

② 규칙 제33조제1항에 따른 교육을 실시하여야 할 사업주가 소속근로자에 대해 제24조에 따른 교육을 이수하게 하고자 할 경우에는 해당 근로자가 제1항에서 정하는 바에 따라 전문화교육과정 수강신청을 하여야 한다.

③ 삭제

④ 제1항 및 제2항에 따라 교육대상자가 직무교육수강신청서를 제출할 때에는 교육희망시기를 기재할 수 있다.

⑤ 전문화교육과정 수강신청에 따른 수강통지 및 등록에 관하여는 제18조제2항 부터 제4항까지를 준용한다.

제28조 삭제

제3절 통신교육

제29조 (통신교육과정개발 등) 직무교육위탁기관은 제24조에 따른 통신교육에 대하여는 규칙 제33조제1항에 따른 교육 중 관리감독자 교육에 그 교육과정의 목적 및 특성에 따라 그 실시방법을 달리하여 개발·운영할 수 있다.

제29조의2 (통신교육방법 등) ① 제29조에 따른 통신교육실시 기간은 연간 1개월 이상으로 한다.

② 직무교육위탁기관은 제29조에 따른 통신교육신청자에 대해 자율학습이 가능하도록 제1항에서 정한 기간 중에 정기적으로 적절한 교육교재를 개발·송부하여야 한다.

③ 제3조제3항의 방법으로 실시할 것

제29조의3 (통신교육일정 수립·변경) 통신교육과정의 일정을 수립·변경하고자 하는 경우에는 제16조를 준용한다.

제30조 삭제

제31조 (통신교육수강신청 및 등록 등) 통신교육과정의 수강신청 및 등록에 관하여는 제27조를 준용한다.

제32조 삭제

제33조 (통신교육의 평가) ① 제29조에 따른 교육대상자는 통신교육의 성과를 측정하기 위해 직무교육위탁기관의 장이 실시하는 과제물 부여를 통한 평가를 받아야 한다.
② 직무교육위탁기관은 교육수강통지시 과제물 작성 및 제출기한을 교육대상자에게 통지하여야 한다.
③ 교육대상자는 직무교육위탁기관이 제2항에 따라 정하는 기한 내에 과제물을 작성·송부하여야 한다.
④ 직무교육위탁기관은 제1항에 따른 평가결과를 교육대상자에게 즉시 통보하여야 한다.

제34조 (통신교육의 평가인정기준 등) ① 제33조에 따른 통신교육평가에 대한 인정기준은 제37조에서 정하는 바에 따라 직무교육위탁기관의 장이 정한다.
② 통신교육이수자 중 제33조제1항에 따른 평가에 미달한 경우에 해당 사업주는 그 관리감독자에 대해 제3조제1항에 따른 교육을 실시하여야 한다.

제8장 시험

제35조 (시험대상자) 이 고시에 따른 시험적용대상자는 다음 각 호의 어느 하나와 같다.
1. 규칙 제43조에 따른 양성교육을 이수한 사람
2. 규칙 제43조제1항에 따른 양성교육대상자 중 전문화교육을 이수한 사람

제36조 (시험방법) ① 시험은 필기시험과 실기시험으로 구분하여 실시할 수 있다.
② 필기시험은 선택형을 원칙으로 하되, 기입형을 가미할 수 있다.
③ 실기시험은 실험, 실습을 원칙으로 하되, 사례발표를 가미할 수 있다.
④ 고용노동부장관은 제2항 및 제3항의 시험을 해당 직무교육위탁기관으로 하여금 실시하게 하여야 한다.

제37조 (시험위원회 구성·운영) 직무교육위탁기관의 장은 제36조제4항에 따라 시험을 실시할 경우에는 다음 각 호의 사항을 심의하기 위하여 시험위원회를 구성·운영하여야 한다.

1. 시험문제의 출제 및 채점
2. 시험결과 합격기준
3. 시험합격자의 결정
4. 그 밖의 시험에 관하여 필요한 사항

제38조 (시험관련수당의 지급) 직무교육위탁기관의 장은 제37조에 따라 임명 또는 위촉된 시험위원이 시험관리 및 감독업무에 종사하는 때에는 해당 직무교육위탁기관의 예산의 범위에서 수당을 지급할 수 있다.

제9장 수료증 등

제39조 삭제

제40조 (수료증 등) ① 삭제

② 직무교육위탁기관의 장은 다음 각 호의 경우에 별지 제7호서식의 수료증을 발급하여야 한다.

1. 규칙 제39조제1항 및 제40조제3항에 따른 교육대상자가 소정교육시간을 이수한 경우
2. 제25조에 따른 전문화 교육을 이수하거나 제29조에 따른 통신교육을 이수하고 평가에 합격한 경우
3. 규칙 제43조에서 정한 양성교육대상자가 해당 교육을 100분의 90 이상을 이수하고 제36조에 따른 시험에 합격한 경우

제41조 (수수료 등) 법 제66조 및 규칙 제145조에 따라 교육대상자가 납부하여야 할 수수료는 고용노동부장관이 따로 정한다.

제10장 지도·감독·보고 등

제42조~제43조 삭제

제44조 (교육실시에 따른 사후관리 등) 직무교육위탁기관의 장은 규칙 제39조제1항 및 제24조에 따른 전문화교육을 실시할 때에는 다음 각 호의 방법으로 사후관리를 하여야 한다.

1. 교육실시 중간 또는 실시 후 설문조사와 발표회 등을 통해 교육내용과 방법에 대한 의견을 수렴하여 다음 교육시 반영할 것
2. 연 1회 교육수료자 소속업체를 표본추출하여 교육이수 결과에 따른 현장적응 등 교육효과를 평가하여 다음 교육시 반영할 것
3. 교육수료자 현황 등 교육실시결과를 전산화하여 체계적으로 관리할 것

제45조 (교육실시기관간의 업무협조 등) 안전보건교육위탁기관 및 직무교육위탁기관의 장은 산업안전·보건교육에 필요한 각종 최신이론, 기법, 통계자료 및 교육이수자 명단 등을 상호교환하거나 제공하여 교육의 성과달성에 노력하여야 한다.

제46조 (재검토기한) 고용노동부장관은 「행정규제기본법」 및 「훈령·예규 등의 발령 및 관리에 관한 규정」에 따라 이 고시에 대하여 2018년 1월 1일 기준으로 3년마다(매 3년이 되는 해의 1월 1일 전까지를 말한다) 그 타당성을 검토하여 개선 등의 조치를 하여야 한다.

부 칙<제2008-71호, 2008.11.24.>

이 고시는 2009년 1월 1일부터 시행한다.

부 칙<제2009-27호, 2009.7.7.>

이 규정은 고시한 날로부터 시행한다.

부 칙<제2010-35호, 2010.4.30.>

이 고시는 고시한 날로부터 시행한다.

부 칙<제2012-16호, 2012.1.26.>

제1조 (시행일) 이 고시는 2012년 1월 26일부터 시행한다.

제2조 (경과조치) ① 이 고시 시행 당시 고용노동부장관이 정기교육 면제를 인정하는 교육을 이수한 근로자는 이 고시에 따른 교육을 받은 것으로 본다.

② 이 고시 시행 당시 고용노동부장관이 시범사업 운영으로 실시한 건설근로자 기초안전보건교육을 이수한 사람은 이 고시에 따라 건설업기초안전보건교육을 이수한 것으로 본다. 이 경우 안전공단은 동 교육 이수자에 대하여 제17조의 규정에 따라 이수증을 발급할 수 있다.
③ 법 제31조의2에 따라 건설업 기초교육을 이수한 근로자는 사업장 규모에 따른 시행일에 관계없이 법 제31조제3항에 따른 채용 시 교육을 이수한 것으로 본다.

부　칙<제2012-63호, 2012.8.31.>

① 이 고시는 발령한 날부터 시행한다.
② 제13조의8의 규정은 2013.1.1.부터 적용한다.

부　칙<제2013-80호, 2013.12.31.>

이 고시는 2014년 1월 1일부터 시행한다.

부　칙<제2014-65호, 2014.12.31.>

이 고시는 발령한 날부터 시행한다.

부　칙<제2017-5호, 2017.1.19.>

이 고시는 발령한 날부터 시행한다.

부　칙<제2017-58, 2017.10.27.>

제1조 (시행일) 이 고시는 발령한 날부터 시행한다.
제2조 (안전보건관리담당자 양성교육에 관한 경과조치) 이 고시 시행 전 공단에서 실시하는 안전보건관리담당자 양성교육을 받은 경우에는 별표7의 개정규정에 따른 안전보건관리담당자 양성교육을 받은 것으로 본다.

[별표 1] <개정 2017.1.19.>

근로자 안전·보건교육 강사기준(제6조 관련)

1. 안전보건교육위탁기관 및 직무교육위탁기관의 강사와 같은 등급 이상의 자격을 가진 사람
2. 7급 이상 공무원으로서 산업안전보건 분야 실무 경력 3년 이상인 사람
3. 사업장 내 관리감독자 또는 안전(보건)관리자 등 안전(보건)관계자의 지위에 있는 사람 또는 교육대상 작업에 3년 이상 근무한 경력이 있는 사람으로 사업주가 강사로서 적정하다고 인정하는 사람

[별표 2] <신설 2017.1.19.>

인터넷 원격교육 등의 기준(제3조 관련)

<table>
<tr><th colspan="3">구분</th><th>요건</th></tr>
<tr><td rowspan="2">① 원격교육을 가르칠 수 있는 사람(교육내용 및 교재작성자를 포함)</td><td colspan="2">자체교육</td><td>• 규칙 제33조제3항 및 제6조에 따른 근로자 안전·보건교육 강사기준에 적합한 자</td></tr>
<tr><td colspan="2">위탁교육</td><td>• 영 별표 6의3에 따른 안전보건위탁교육기관의 강사기준에 적합한 자</td></tr>
<tr><td rowspan="3">② 교육생 학습관리 시스템</td><td rowspan="3">교육생모듈</td><td>정보제공</td><td>• 교육생학습관리시스템 초기화면에 교육생 유의사항 및 학급(또는 강의)당 정원이 등재되어 있을 것
• 해당 교육과정의 교육대상자, 교육기간, 교육방법, 교육실시자, 교육진행절차(수강신청, 학습보고서 작성·제출, 평가, 수료기준, 1일 진도제한 등) 등에 관한 안내가 웹상에서 이루어질 것
• 교육목표, 학습평가보고서 양식, 출결관리 등에 대한 안내가 이루어질 것
• 모사답안 기준 및 모사답안 발생시 처리기준 등을 교육생이 충분히 인지할 수 있도록 안내할 것</td></tr>
<tr><td rowspan="2">수강신청</td><td>• 교육생 성명, 교육과정명, 교육개시일 및 종료일, 최초 및 마지막 수강일 등 수강신청 현황이 웹상에 갖추어져 있을 것</td></tr>
<tr><td>• 수강신청 및 변경이 웹상에서도 가능하도록 되어 있을 것</td></tr>
</table>

구분			요건
		평가 및 결과확인	• 시험, 과제 작성 및 평가결과(점수, 첨삭내용 등) 등 평가 관련 자료를 교육생이 웹상에서 확인할 수 있도록 기능을 갖출 것
		교육생 개인 이력 및 수강이력	• 교육생의 개인이력(성명, 소속, 연락번호 등)과 교육생의 학습이력(수강중인 교육과정, 수강신청일, 학습진도, 평가일, 평가점수 및 평가결과, 수료일 등)이 교육생 개인별로 갖출 것 • 동일 ID에 대한 동시접속방지기능을 갖출 것 • 교육생 신분확인이 가능한 기능을 갖출 것 • 집체교육(100분의 80 이하)이 포함된 경우 웹상에서 출결 및 교육생관리가 연동될 것 • 교육생의 개인정보 수집에 대한 안내를 명시할 것
		질의응답 (Q&A)	• 교육내용 및 운영에 관한 사항에 대하여 질의·응답이 웹상으로 가능하도록 되어 있을 것
	관리자모듈	교육과정의 진행상황	• 교육생별 수강신청일자, 진도율, 평가별 제출일 등 교육진행 상황이 기록되어 있을 것
		과정 운영 등	• 평가(시험)는 교육생별 무작위로 출제될 수 있도록 할 것 • 평가(시험)는 평가시간 제한 및 평가 재응시 제한기능을 갖출 것 • 교육참여가 저조한 교육생들에 대한 학습 독려하는 기능을 갖출 것 • 교육생 개인별로 교육과정에 대한 만족도 평가를 위한 설문조사 기능을 갖출 것
		모니터링	• 교육현황, 평가결과, 첨삭지도 내용, 교육생 IP등을 웹에서 언제든지 조회·열람 할 수 있는 기능을 갖출 것 • 모사답안 기준을 정하고 기준에 따라 교육생의 모사답안 여부를 확인할 수 있는 기능을 갖출 것
	교강사모듈	교강사 활동 등	• 시험 평가 및 과제에 대한 첨삭지도가 웹상에서 가능한 기능을 갖출 것 • 첨삭지도 일정이 웹상으로 조회할 수 있는 기능을 갖출 것
③ 전산 시스템	하드웨어	자체교육	• 안전성과 확장성을 가진 Web서버, DB서버 등을 갖출 것 • 교육과정에 대한 제반 정보를 최소 3년간 유지할 수 있는 방안을 제시할 것
		위탁교육	• 안정성과 확장성을 가진 독립적인 Web서버, DB서버 등을 갖출 것 • 콘텐츠를 안정적으로 백업할 수 있는 백업정책(서비스) 또는 시스템을 갖출 것 • 각종 해킹 등으로부터 데이터를 충분히 보호할 수 있는 보안서버를 갖추고 있을 것

<table>
<tr><th colspan="3">구분</th><th>요건</th></tr>
<tr><td rowspan="9"></td><td></td><td></td><td>• 30KVA이고 30분 이상 유지할 수 있는 무정전전원장치(UPS)를 갖출 것(IDC에 입주한 경우도 동일 기준 적용)
(단, 우편통신교육에는 적용하지 않음)</td></tr>
<tr><td rowspan="2">소프트웨어</td><td>자체교육</td><td>• 사이트의 안정적인 서비스를 위하여 성능·보안·확장성 등이 적정한 웹서버를 사용할 것
• DBMS는 과부하시에도 충분한 안정성이 확보된 것이어야 하고 각종 장애 발생 시 데이터의 큰 유실이 없이 복구 가능할 것
• 정보보안을 위해 방화벽과 보안 소프트웨어를 설치하고, 기술적·관리적 보호조치를 마련할 것</td></tr>
<tr><td>위탁교육</td><td>• 사이트의 안정적인 서비스를 위하여 성능·보안·확장성 등이 적정한 웹서버를 사용할 것
• DBMS는 과부하시에도 충분한 안정성이 확보된 것이어야 하고 각종 장애 발생 시 데이터의 큰 유실이 없이 복구 가능할 것
• 정보보안을 위해 방화벽과 보안 소프트웨어를 설치하고, 기술적·관리적 보호조치를 마련할 것
• DBMS에 대한 동시접속 권한을 20개 이상 확보할 것
(단, 우편통신교육에는 적용하지 않음)</td></tr>
<tr><td rowspan="2">네트워크</td><td>자체교육</td><td>• ISP업체를 통한 서비스 제공 등 안정성 있는 서비스 방법을 확보하여야하며, 인터넷전용선 100M 이상을 갖출 것
(단, 사내 인트라넷만을 이용할 경우에는 적용하지 않음)</td></tr>
<tr><td>위탁교육</td><td>• ISP업체를 통한 서비스 제공 등 안정성 있는 서비스 방법을 확보하여야하며, 인터넷전용선 100M 이상을 갖출 것
• 자체 DNS 등록 및 환경을 구축하고 있을 것
• 여러 종류의 교육용 콘텐츠 제공을 위한 프로토콜의 지원 가능 할 것</td></tr>
<tr><td colspan="2">기타</td><td>• Help Desk 및 사이트 모니터를 갖출 것
• 원격교육 전용 홈페이지를 갖추어야 하며 플랫폼은 교육생모듈, 교육교사모듈, 관리자모듈 각각의 전용 모듈을 갖출 것</td></tr>
<tr><td rowspan="2">④ 평가 및 수료기준</td><td colspan="2">평가</td><td>• 평가는 시험, 과제 등 적절한 방법을 사용할 것
• 평가는 평가항목, 평가세부내역, 평가방법, 평가에 대한 채점기준 등이 명기되어 있을 것
• 평가는 문제은행 방식(3배수 이상 확보)으로 출제하고, 과제의 성격에 맞춰 적절한 출제유형을 사용할 것
• 평가는 적정한 문항수로 구성할 것
• 평가항목이 부실하여 형식적인 평가가 이루어지지 않을 것
• 제출된 과제물은 첨삭을 실시하여 교육생에게 통보할 것
(교육생학습관리시스템에서 확인이 가능할 것)</td></tr>
<tr><td colspan="2">수료기준</td><td>• 수료기준이 학습목표 달성 여부를 판단할 수 있도록 적정해야 할 것</td></tr>
</table>

[별표 3]

건설업 기초안전·보건교육에 대한 내용 및 시간

구분	교육내용	시간
공통	산업안전보건법 주요 내용(건설 일용근로자 관련부분)	1시간
	안전의식 제고에 관한 사항	
교육대상별	작업별 위험요인과 안전작업 방법(재해사례 및 예방대책)	2시간
	건설 직종별 건강장해 위험요인과 건강관리	1시간

[별표 4]

건설업 기초안전·보건교육 이수증

8.6cm
5.4cm
건설업 기초안전보건교육 이수증
(Certificate of Basic OSH Training Construction)
사진
이 름 : 홍 길 동
생년월일 : 0000년 00월 00일
등록번호 : 0000-000-00000
이수일자 : 0000.00.00
2012.00.00(발급일자)
건설업기초안전보건교육실시기관의 장
직 인

8.6cm
5.4cm
건설업 기초안전보건교육 이수증
(Certificate of Basic OSH Training Construction)
사진
이 름 : 홍 길 동
생년월일 : 0000년 00월 00일
등록번호 : 0000-000-00000
이수일자 : 0000.00.00
교육실시기관 : 00000
2012.00.00(발급일자)
한국산업안전보건공단 이사장
직 인

[별표 5] <개정 2017.1.19.>

산업안전·보건 교육기관 평가항목 및 평가방법 등

평가분야	평가항목	평가방법
운영체계	- 운영방침 및 업무관리체계 - 인적자원 보유 및 교육훈련 - 시설·장비 보유 및 유지관리 - 포상 및 행정처분 실적 - 종합화	현장 및 서류심사
업무성과	- 교육관리 - 교육생 관리 - 고객만족도 - 자체평가 및 개선노력 - 수시점검 결과	현장 및 서류심사, 설문평가

※ 교육관리 및 교육생 관리 평가시 공단이 점검 시 확인한 자료 활용 가능

※ 설문평가는 외부 전문기관에 위탁가능

[별표 6] 삭제

[별표 7] <신설 2017.10.27.>

안전보건관리담당자 교육내용 및 교육시간(제23조의5 관련)

교육내용	교육시간
안전보건관리담당자의 업무	10시간
산업안전보건법 주요내용	3시간
재해사례 및 안전보건자료 활용방법 등	3시간

[별지 제1호 서식] <개정 2017.1.19.>

교육실시확인서

1. 소속사업장 개요
   - 사업장명 :
   - 대 표 자 :

2. 교육의 개요

교육의 종류	교육일자	교육시간	교육내용	교육이수자(명)

「산업안전·보건교육규정」 제11조에 따라 교육이수를 위와 같이 확인합니다.

년　　월　　일

(안전보건교육위탁기관의) 장 (인)

[별지 제1호의2 서식]

건설업 기초안전·보건교육 출석부

○ 교육기관명 : ○ 교육일시 : 년 월 일(: ~ :)

연번	성 명	생년월일	1교시	2교시	3교시	4교시	담당확인
			(교육생 서명)				

[별지 제1호의3 서식]

건설업 기초안전·보건교육 수강신청서

<table>
<tr><td rowspan="3">사업장
개 요</td><td>사업장명</td><td></td><td>사업장
소재지</td><td></td></tr>
<tr><td>현 장 명</td><td></td><td>현 장
소재지</td><td></td></tr>
<tr><td>대 표 자</td><td></td><td>전화번호</td><td></td></tr>
</table>

교육생 명단

연번	성 명	생년월일	연락처 (전화번호)	실무경력 (년/월)	교육 실시일

※ 교육생이 많을 경우 명단 별첨

「산업안전보건법」 제31조의2 및 「산업안전·보건교육규정」 제13조의4 제1항에 따라 「건설업 기초안전·보건교육」을 받고자 위와 같이 수강신청을 합니다.

년 월 일

신청인 (인 또는 서명)

(건설업 기초안전·보건교육 등록기관의) 장 귀하

[별지 제1호의4 서식]

<table>
<tr><td colspan="6">건설업 기초안전·보건교육 수강통지서</td></tr>
<tr><td>신청인</td><td>사업장명</td><td colspan="2"></td><td>대표자</td><td></td></tr>
<tr><td rowspan="5">교육생</td><td colspan="2">성 명</td><td colspan="2">생년월일</td><td>교육 실시일</td></tr>
<tr><td colspan="2"></td><td colspan="2"></td><td></td></tr>
<tr><td colspan="2"></td><td colspan="2"></td><td></td></tr>
<tr><td colspan="2"></td><td colspan="2"></td><td></td></tr>
<tr><td colspan="2"></td><td colspan="2"></td><td></td></tr>
<tr><td rowspan="4">교 육
통 지
사 항</td><td>교육일시</td><td colspan="4">20○○. . . ~ .</td></tr>
<tr><td>등록일시</td><td colspan="4">20○○. . . ○○시 (장소:)</td></tr>
<tr><td>교육 담당자</td><td colspan="2"></td><td>전 화</td><td></td></tr>
<tr><td>그 밖의 사항</td><td colspan="4">등록요령 및 수수료 납부방법, 교육연기요령 등</td></tr>
<tr><td colspan="6">「산업안전보건법 시행규칙」 제37조의2 및 「산업안전·보건교육규정」 제13조의4 제2항에 따라 귀하가 신청한 건설업 기초안전·보건교육에 관하여 위와 같이 통지하오니 참석하여 주시기 바랍니다.

년 월 일

(건설업 기초안전·보건교육 등록기관의) 장 (인)</td></tr>
</table>

[별지 제1호의5 서식]

건설업 기초안전·보건교육 이수카드 발급대장

○ 건설업 기초안전·보건교육기관명 :

카드번호	교육 실시일	발급일자	성 명	생년월일	연락처 (전화번호)	인수 서명	확인 결재
						(교육생 서명)	

[별지 제2호 서식] <개정 2017.1.19.>

<table>
<tr><th colspan="5">교육수강통지서</th></tr>
<tr><td rowspan="2">교육대상자</td><td colspan="2">성 명</td><td></td><td>생년월일</td><td></td></tr>
<tr><td colspan="2">사업장명</td><td></td><td>소 재 지</td><td></td></tr>
<tr><td rowspan="7">교육통지사항</td><td rowspan="2">교육대상구분</td><td>직무교육</td><td colspan="3">□ 안전보건관리책임자 □ 안전보건관리담당자
□ 안전관리자 □ 안전관리전문기관의 종사자
□ 보건관리자 □ 보건관리전문기관의 종사자
□ 재해예방전문기관의 종사자 □ 석면조사기관의 종사자</td></tr>
<tr><td>검사원 양성 교육</td><td colspan="3">□ 프레스 및 전단기 □ 크레인 □ 리프트
□ 국소배기장치 □ 곤돌라 □ 원심기
□ 롤러기 □ 사출성형기
□ 화학설비·압력용기 및 그 부속설비
□ 건조설비 및 그 부속설비</td></tr>
<tr><td colspan="2">교육과정명</td><td></td><td>교육분야</td><td></td></tr>
<tr><td colspan="2">교육일정</td><td colspan="3">20○○. . . ~ . 합숙(박 일), 비합숙</td></tr>
<tr><td colspan="2">교육등록일시</td><td colspan="3">20○○. . . ○○시 (장소:)</td></tr>
<tr><td colspan="2">교육 담당자</td><td></td><td>전 화</td><td></td></tr>
<tr><td colspan="2">그 밖의 사항</td><td colspan="3">등록요령 및 수수료 납부방법, 교육연기요령, 통신교육대상자에 대해서는 시험일시 또는 과제물 제출기한 등</td></tr>
<tr><td colspan="6">「산업안전보건법 시행규칙」 제39조 제5항 및 「산업안전·보건교육규정」 제18조 제2항에 따라 귀하가 이수하여야 할 직무교육 또는 「산업안전보건법 시행규칙」 제43조 제1항 및 「산업안전·보건교육규정」 제23조의4에 따라 귀하가 이수하여야 할 검사원 양성교육에 관하여 위와 같이 통지하오니 참석하여 주시기 바라며, 부득이 참석하지 못할 경우에는 동봉한 교육연기신청서를 제출하여 주시기 바랍니다.

년 월 일

(직무교육위탁기관의) 장 (인)</td></tr>
</table>

210mm×297mm(보존용지(1종) 70g/m^2)

[별지 제3호 서식]

<table>
<tr><td colspan="9">교육연기신청서</td></tr>
<tr><td colspan="2">사업장명</td><td colspan="5"></td><td>사업종류</td><td></td></tr>
<tr><td colspan="2">소 재 지</td><td colspan="5"></td><td>전화번호</td><td></td></tr>
<tr><td colspan="2">대 표 자</td><td></td><td colspan="2">근로자수</td><td colspan="2"></td><td>관할지방
고용노동관서</td><td></td></tr>
<tr><td rowspan="2">신
청
인</td><td>성 명</td><td colspan="2">(한 글)
(한 자)</td><td colspan="2" rowspan="2">교육
통지
사항</td><td>교육과정</td><td colspan="2"></td></tr>
<tr><td>생년월일</td><td colspan="2"></td><td>교육일정</td><td colspan="2"></td></tr>
<tr><td>연
기
사
유</td><td colspan="8"></td></tr>
<tr><td colspan="9">위 본인은 「산업안전·보건교육규정」 제18조 제4항에 따라 위와 같은 사유로 교육연기를 신청합니다.

년 월 일

신청인 (인 또는 서명)

(직무교육위탁기관의) 장 귀하</td></tr>
<tr><td colspan="9">※ 첨부서류 : 해당 사실을 증명할 수 있는 서류</td></tr>
</table>

210mm×297mm(보존용지(1종)70g/m^2)

[별지 제3호의2 서식] <개정 2017.1.19.>

○○○○년 직무교육 실시 계획서

문서번호 :
경　　유 : 한국산업안전보건공단이사장
수　　신 : 고용노동부장관

1. 실시기관 개요

기 관 명		대 표 자	
소 재 지		전화번호	
등록분야	□ 안전보건관리책임자 □ 안전관리자 □ 보건관리자 □ 재해예방전문기관의 종사자	□ 안전보건관리담당자 □ 안전관리전문기관의 종사자 □ 보건관리전문기관의 종사자 □ 석면조사기관의 종사자	

2. 위탁교육 실시계획

과정명	교육일정 (교육시간)	학급정원 (학급수)	교육방법 (교육장소)	교육교재	
				교재명(저자)	교재내용요약

「산업안전·보건교육규정」 제19조의4 제1항에 따라 ○○○○년 **직무교육** 실시계획을 위와 같이 제출합니다.

년　　월　　일

직무교육위탁기관명 :
대표자 :　　　　　　　(서명 또는 인)

210mm×297mm(일반용지 60g/m^2(재활용품))

[별지 제3호의3 서식] <신설 2017.1.19.>

○○○○년 안전보건위탁교육 실적보고서

문서번호 :
수　　신 : ○○지방고용노동청장

1. 실시기관 개요

기 관 명		대 표 자	
소 재 지		전화번호	

2. 위탁교육실적(1.1.～12.31.)

구 분			합계	1분기	2분기	3분기	4분기
정기 교육	근로자	계					
		집 체					
		인터넷					
		집체+인터넷					
	관리 감독자	계					
		집 체					
		인터넷					
		집체+인터넷					
채용 시의 교육		계					
		집 체					
		인터넷					
		집체+인터넷					
작업내용 변경 시의 교육		계					
		집 체					
		인터넷					
		집체+인터넷					
특별교육		계					
		집 체					
		인터넷					
		집체+인터넷					

「산업안전·보건교육규정」 제3조의2 제4항에 따라 20○○년 **안전보건위탁교육 실적**을 위와 같이 제출합니다.

년　　월　　일

안전보건교육위탁기관명 :
대표자 :　　　　　(서명 또는 인)

210mm×297mm(일반용지 60g/m²(재활용품))

[별지 제3호의4 서식] <개정 2017.1.19.>

○○○○년 직무교육 실적보고서

문서번호 :
수 신 : 한국산업안전보건공단이사장

1. 실시기관 개요

기 관 명		대 표 자	
소 재 지		전화번호	
등록분야	□ 안전보건관리책임자 □ 안전관리자 □ 보건관리자 □ 재해예방전문기관의 종사자	□ 안전보건관리담당자 □ 안전관리전문기관의 종사자 □ 보건관리전문기관의 종사자 □ 석면조사기관의 종사자	

2. 위탁교육실적(1.1.～12.31.)

구 분		안전보건관리책임자	안전관리자	보건관리자	재해예방전문기관의 종사자	안전보건관리담당자	안전관리전문기관의 종사자	보건관리전문기관의 종사자	석면조사기관의 종사자
신규교육(명)	계								
	집 체								
	인터넷								
	집체＋인터넷								
보수교육(명)	계								
	집 체								
	인터넷								
	집체＋인터넷								

「산업안전·보건교육규정」 제19조의6 제3항에 따라 ○○○○년 **직무교육 실적**을 위와 같이 제출합니다.

년 월 일

직무교육위탁기관명 :
대표자 : (서명 또는 인)

210mm×297mm(일반용지 60g/m^2(재활용품))

[별지 제4호 서식]

<table>
<tr><th colspan="7">교육수강신청서</th></tr>
<tr><td rowspan="4">사업장
개 요</td><td>사업장명</td><td colspan="2"></td><td>업 종</td><td colspan="2"></td></tr>
<tr><td>소 재 지</td><td colspan="2"></td><td>전화번호</td><td colspan="2"></td></tr>
<tr><td>사업장관리번호</td><td colspan="2"></td><td>사업장개시번호
(건설업에 한함)</td><td colspan="2"></td></tr>
<tr><td>대 표 자</td><td></td><td>근로자수</td><td></td><td>관할지방
고용노동관서</td><td></td></tr>
<tr><td rowspan="4">신청인</td><td rowspan="2">성 명</td><td rowspan="2">(한 글)
(한 문)</td><td colspan="2">직 책</td><td colspan="2"></td></tr>
<tr><td colspan="2">최종학력</td><td colspan="2"></td></tr>
<tr><td>생년월일</td><td></td><td colspan="2">국가기술자격
취득종목 및 등급</td><td colspan="2"></td></tr>
<tr><td>휴대폰 번호</td><td></td><td colspan="2">전자우편 주소
(E-mail)</td><td colspan="2"></td></tr>
<tr><td colspan="2">교육 분야</td><td></td><td colspan="2">실무경력(근속연수)</td><td colspan="2"></td></tr>
</table>

위 본인은 「산업안전보건법 시행규칙」 제43조 제1항 및 「산업안전·보건교육규정」 제22조에 따라 검사원 양성교육을 받고자 위와 같이 수강신청을 합니다.

년 월 일

신청인 (인 또는 서명)

(직무교육위탁기관의) 장 귀하

※ 교육 분야 : 「산업안전보건법 시행규칙」 별표 8의2 제4호 각 목의 해당분야를 기재하시기 바랍니다.

210mm×297mm(보존용지(1종) 70g/m²)

[별지 제5호 서식]~[별지 제6호 서식] 삭제

[별지 제7호 서식] <개정 2017.1.19.>

제 호

수 료 증

소 속 :
성 명 :
생년월일 :

위 사람은 □ 시행규칙 제39조제1항 및 제40조제3항
□ 시행규칙 제43조(해당 교육 100분의 90 이상 이수하고, 산업안전·보건교육 규정 제36조에 따른 시험에 합격한 경우)
□ 산업안전·보건교육 규정 제25조(전문화 교육), 제29조(통신 교육을 이수하고, 평가에 합격한 경우)

에 따른 ○○○○ 과정(○○○○○ 교육)의 교육을 이수하였으므로 이 증서를 수여합니다.

년 월 일

(교육기관의) 장 (직인)

[별지 제8호 서식]~[별지 제9호 서식] 삭제

Appendix 2

부 록

위험예지훈련 도해자료

(자료 : 한국산업안전공단)

1	위험예지훈련 도해자료
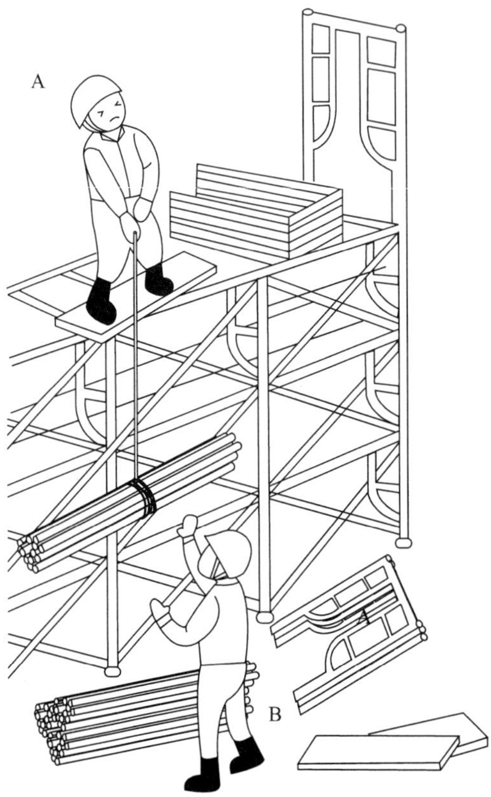	
상황	작업자 A와 B가 이동식비계를 조립작업으로, 작업자 B가 끈으로 묶은 자재를 작업자 A가 끌어 올리고 있다. 작업자 A가 작업하고 있는 장소에는 아직 작업발판이 조립되지 않아서 발판을 고정하지 않고 상부에 걸쳐놓고 작업하고 있으며, 안전대는 착용하지 않고 있다.
위험포인트	1) 자재를 끌어 올리던 중 발판 틀에 끼어 작업자 A가 추락한다. 2) 자재를 올리던 중 발이 미끄러져 A가 추락한다. 3) 묶여있는 자재가 쏟아져서 작업자 B가 다친다. 4) 끌어 올려 둔 자재가 무너져 떨어진다. 5) 이동식 비계가 너무 높아서 쓰러진다. 6) 적재된 자재가 너무 많아 비계가 쓰러진다.
지적확인 (대책)	1) 작업발판 고정 2) 안전대 착용 3) 자재 결속 시 2곳 이상 결속 4) 자재 3단 이상 적재금지 5) 비계높이 준수(밑변 최소 폭의 4배 이하) / 높이 초과 시 벽면에 고정 6) 자재 적재중량 초과적재 금지

2	위험예지훈련 도해자료

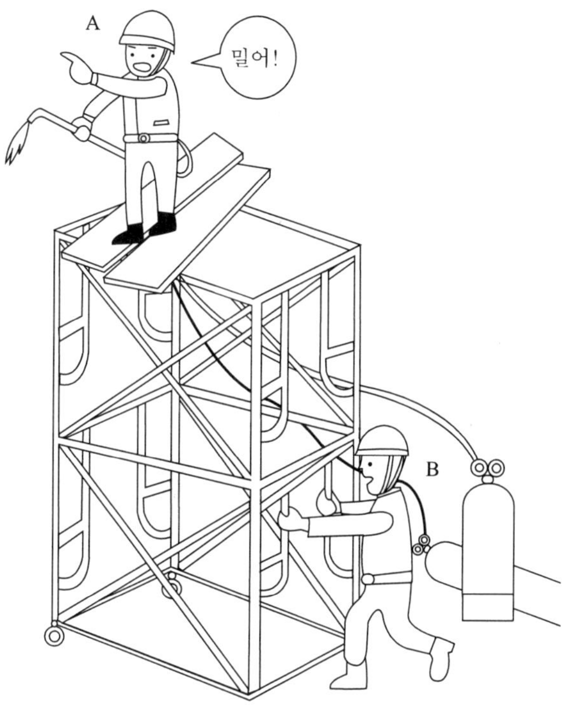

상황	작업자 A가 이동식비계 위에서 용접작업을 하고, 다른 장소의 용접작업을 위해 작업자 B가 이동식비계를 밀면서 이동하고 있음
위험포인트	1) 이동하는 순간 A가 균형을 잃고 추락함 2) 발판이 부러지면서 A가 추락함 3) 용접호스가 팽팽해져 몸의 균형을 잃고 A가 추락한다. 4) 가스통이 넘어져 계기가 고장 나서 가스가 새어 나온다. 5) 가스통에서 호스가 빠지면서 가스가 새어 나와 폭발한다. 6) 발판이 고정되어 있지 않아 판이· 움직여 A가 떨어진다. 7) 이동할 때 울퉁불퉁한 바닥 때문에 이동식 비계가 넘어져 B가 깔린다.
지적확인 (대책)	1) 이동식비계를 탑승한 채로 이동금지 2) 작업발판 고정 3) 안전대 착용 4) 이동식비계 이동 중 전도주의

3	위험예지훈련 도해자료

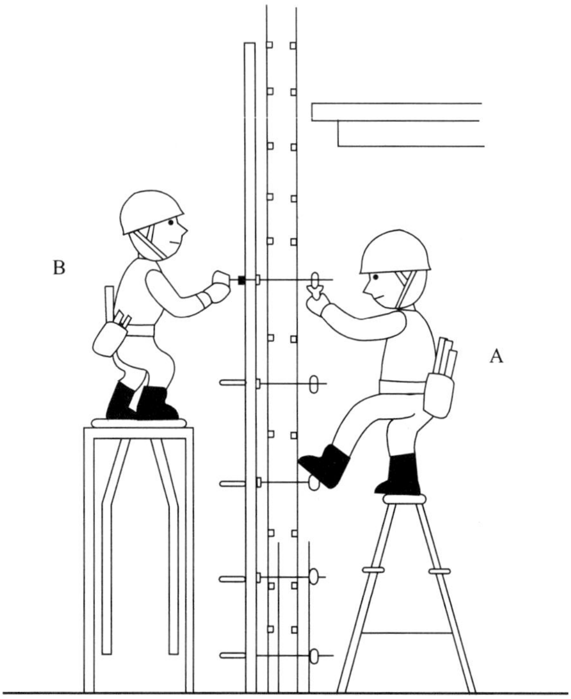

상황	작업자 A와 B가 형틀조립을 위하여 쇠붙이를 부착하고 있음. A는 A형 사다리 위에서 작업을 실시하고 있으며, B는 작업발판 위에서 작업을 실시하고 있음
위험포인트	1) 한쪽 발을 걸치고 있는 쇠붙이가 부러지면서 중심을 잃고 A가 추락함 2) B와의 호흡이 맞지 않아 반동 때문에 균형을 잃어 A가 사다리에서 추락함 3) B가 작업발판에 오르던 중 미끄러져 추락함 4) A가 앞으로 기운 자세를 취했을 때 중심을 취하는 방법이 부적당하여 사다리가 기울어지면서 추락 5) A와 B가 장화를 신었기 때문에 발이 미끄러져 떨어진다.
지적확인 (대책)	1) 사다리 고정 2) 사다리 작업 시 2인 1조 작업 실시 3) 동시 작업 시 작업신호 통일 4) 고소 작업 시 안전화 착용 5) 사다리 사용 전 이상유무 확인(접속부, 흔들림, 미끄럼 방지장치)

4	위험예지훈련 도해자료
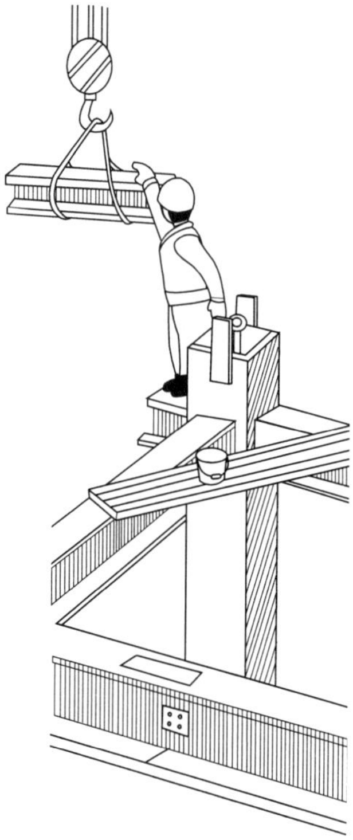	
상황	작업자가 높은 곳에서 철골조립작업 중이다. 크레인에 의해 철골이 부착될 장소로 옮겨지고 있고 작업자는 철골을 유도하고 있다
위험포인트	1) 철골 위를 이동 중 발이 미끄러져 추락하거나 철골 위를 이동 중 화물에 밀려서 추락한다. 2) 달려있는 화물에 끌려 추락하거나 달려있는 화물에 부딪쳐 추락한다. 3) 조립 중 균형을 잃고 추락하거나 와이어가 끊어져 걸려있던 화물이 낙하한다. 4) 걸려있는 화물이 철골에 부딪쳐 그 충격으로 와이어로프가 절단 또는 와이어로프로부터 화물이 낙하한다. 5) 철골 조립 중 볼트 또는 공구를 떨어뜨린다. 6) 걸려있는 화물이 흔들려 걸려있는 화물과 철골사이에 끼인다.
지적확인 (대책)	1) 철골 이동 중 안전로프 착용 2) 철골 이동 중 미끄럼 주의 3) 와이어결속 전 와이어 이상유무 확인 4) 철골 조립 중 볼트/공구 낙하주의 5) 철골작업반경내 안전모 착용 6) 화물 이동 중 충돌 주의

5	위험예지훈련 도해자료

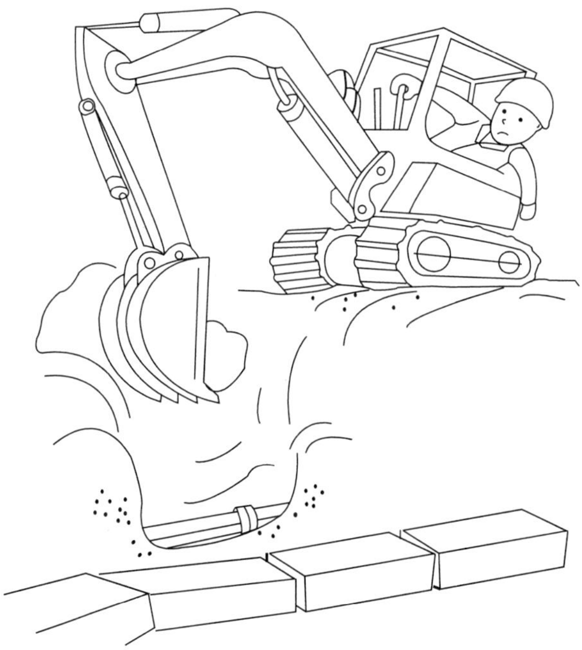

상황	옥외배관을 위하여 터파기 도중 여러 배관(송유관, 하수관, 가스관, 전기/전화선 등)이 묻혀져 있는 것을 확인하지 못하고 포크레인으로 굴착작업을 실시하고 있다.
위험포인트	1) 바켓의 발톱으로 배관을 손상시킨다. 2) 고압 전선케이블이 절단되면서 바켓에 접촉하여 감전된다. 3) 송유관의 파손에 의해 누유/화재가 발생한다.
지적확인 (대책)	1) 굴착 전 매설물 유무 확인 2) 감시인 배치

6	위험예지훈련 도해자료

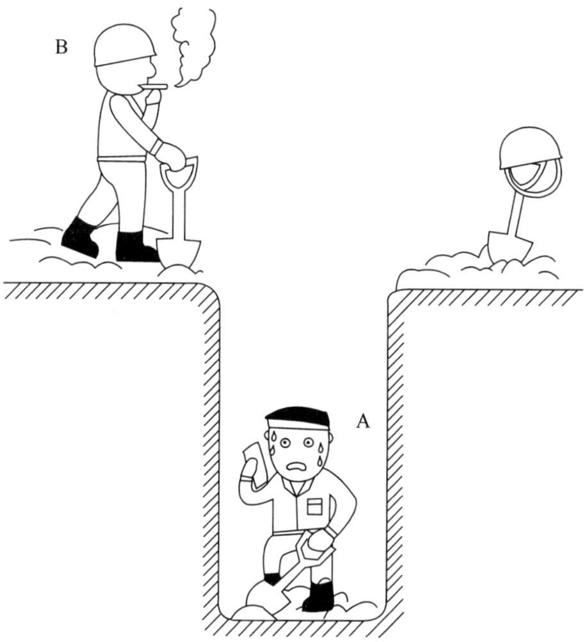

상황	작업자 A는 맨홀용 터파기를 실시하고 있고, 작업자 B는 퍼 올린 토사를 치우고 있다.
위험포인트	1) 굴삭토가 떨어져 A의 머리를 다친다. 2) 토사가 무너져 A가 생매장 당하게 된다. 3) A가 퍼 올린 토사가 B에 부딪친다. 4) A가 긴급 시 대피를 할 수 없다. 5) B의 삽이 떨어져 A에 부딪힌다.
지적확인 (대책)	1) 굴착구배 준수 2) 굴착 시 비상통로 확보 3) 안전모 착용

7	위험예지훈련 도해자료
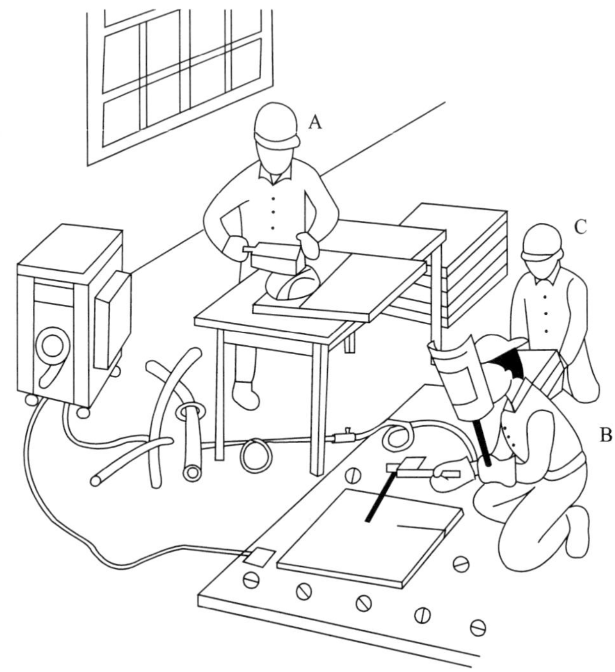	
상황	B는 전기용접작업을 하고 있고, A는 그라인더 작업을 하고 있으며, C는 재료를 맞추고 있다.
위험포인트	1) 그라인더가 깨져 파편이 튀어 A와 B, C에 부딪친다. 2) 캡타이어 코드의 피복이 파손되어 있어서 접촉 감전된다. 3) A, C 및 주위 작업자가 전기용접의 빛에 의해 눈을 다친다. 4) 그라인더의 절분이 B, C의 눈에 들어간다. 5) 전기용접기의 외함에 감전된다. 6) 발밑이 난잡해 작업자가 이동 중 걸려 넘어지면서 그라인더에 베인다. 7) B가 코드를 끌어당길 때 코드에 휘감긴 파이프가 A에 부딪힌다. 8) 용접 시 발생하는 유해가스에 작업자가 노출된다.
지적확인 (대책)	1) 그라인더 작업 전 숫돌의 상태 확인 2) 전동기구 사용 전 캡타이어 코드의 피복 이상유무 확인 3) 용접작업 시 보안경/보안면 착용 4) 그라인더 작업 시 보안경 착용 5) 전기용접기 외함 접치실시여부 확인 6) 전기 전 정리정돈 철저 7) 용접작업 시 환기유무 확인

8	위험예지훈련 도해자료

상황	작업자가 A형 사다리의 상단에 서서 전기드릴로 구멍을 뚫는 작업을 실시하고 있음
위험포인트	1) 사다리 위의 A가 발판이 좁아서 몸의 균형을 잃고 추락 2) 드릴이 뚫는 가루가 날려 A의 눈에 들어간다. 3) 드릴이 구부러져 들어가기 때문에 부러져 균형을 잃고 쓰러진다. 4) 통행인이 코드에 걸려 넘어지면서 작업자 A도 중심을 잃고 추락한다.
지적확인 (대책)	1) A형 사다리 상부작업 금지 2) 드릴 작업 시 보안경 착용 3) 전기드릴의 코드정리 확인 4) 드릴 작업 전 드릴날 확인

9	위험예지훈련 도해자료
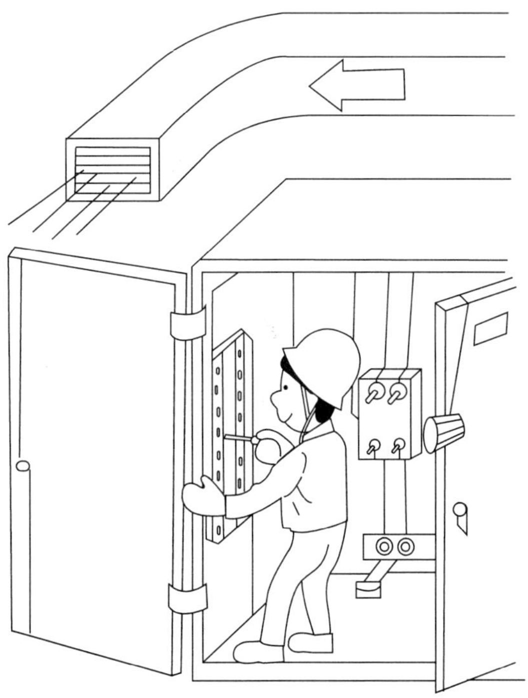	
상황	전원판의 보수 중 제어케이블 단자판의 조임작업을 실시하고 있다.
위험포인트	1) 단자부 출입구가 위에 지나는 급기에 의해 갑자기 닫히게 되어 작업자가 손을 다친다. 2) 오른손이 드라이버의 금속부분에 접촉되어 감전된다. 3) 오른손 팔꿈치가 NFB단자에 접촉되어 감전된다. 4) 힘을 넣을 때 발이 미끄러지면서 균형을 잃어 손이 단자판을 짚어 감전된다.
지적확인 (대책)	1) 출입구 개방 작업 시 출입구 고정 확인 2) 절연장갑 착용 3) 절연의 착용 4) 안전화 착용

10	위험예지훈련 도해자료

상황	전선공사를 위하여 차도와 인도의 경계석 밑에 사다리를 놓고 전주를 올라가려고 하고 있다.
위험포인트	1) 사다리가 차도에 있어 자동차가 건드려 추락한다. 2) 사다리가 쓰러지면서 추락한다. 3) 공구자루의 망이 자동차에 걸려 굴러 떨어진다. 4) 자동차가 공구나 재료를 튕겨 통행인이 다친다.
지적확인 (대책)	1) 차도에 사다리 설치 금지 2) 승강 전 사다리 고정 확인 3) 승강 전 작업공구 정리정돈 확인

11	위험예지훈련 도해자료

상황	변압기의 전선작업을 위하여 전주 위를 오르고 있다.
위험포인트	1) 발 디딤판을 헛디뎌 떨어진다. 2) 발 디딤판을 잡고 있는 왼손이 미끄러져 떨어진다. 3) 발 디딤판이 빠져서 떨어진다. 4) 플랫폼에 올라가던 중 변압기에 머리를 부딪친다.
지적확인 (대책)	1) 발 디딤판을 확실히 밟았는지 중심이동전 확인 2) 미끄러지지 않는 장갑 착용 확인 3) 발 디딤판을 밟기 전 상태확인 4) 플랫폼에 승강 전 변압기위치 확인

12 위험예지훈련 도해자료

상황	배관작업을 위하여 창고에서 현장으로 Steel Pipe를 운반하고 있다.
위험포인트	1) 어깨에 메고 있는 전선관이 빠져서 발등이 다친다. 2) 구부러진 모서리 등에서 사람이나 물건 등을 바로 보기가 어렵기 때문에 부딪칠 수 있다. 3) 뒤에서 오는 사람이 전선관의 선단에 부딪친다. 4) 옆으로 돌 때 전선관의 뒤가 전주에 부딪친다.
지적확인 (대책)	1) 전선관 운반 시 양끝을 묶었는가 확인하자. 2) 모서리에서 천천히 주위를 확인하면서 이동(방향 전환 시 크게 돌자) 3) 전선과 앞/뒤에 적색 천을 묶자. 4) 방향전환 시 주위 확인 철저

13	위험예지훈련 도해자료

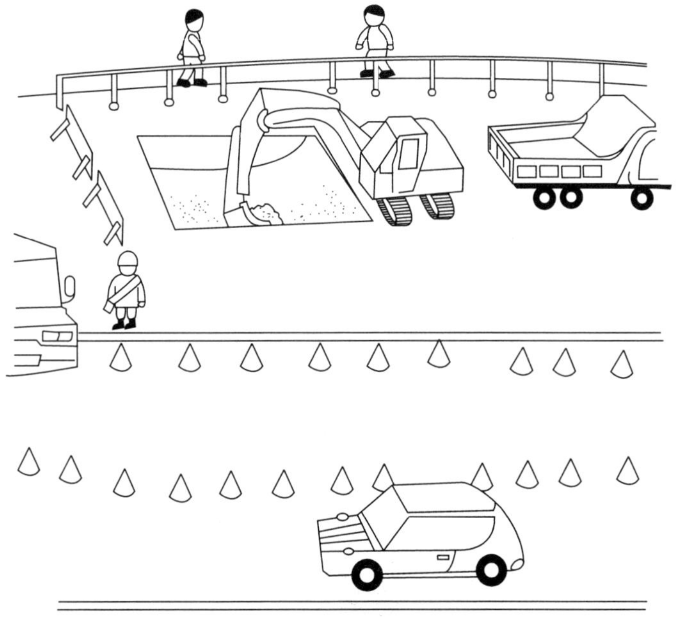

상황	관로공사를 위하여 도로 굴착작업을 실시하고 있다. 신호수를 배치하여 보행자와 차량을 유도하고 있다.
위험포인트	1) 차량이 직진해 와서 감시인과 충돌한다. 2) 작업용 트럭의 출입 시 일반차량과 충돌한다. 3) 우회로 출구가 정체하여 차량이 충돌하여 사고를 일으킨다. 4) 포크레인이 부움을 회전/선회할 때 통행인과 부딪힌다.
지적확인 (대책)	1) 우회로 입구 전방 100M/50M에 표지(작업 중, 방향지시)를 설치한다. 2) 작업용 트럭의 출입과 일반차량의 주행을 신호수를 배치하여 깃발로 정리한다. 3) 우회로 출구의 정리자와 연락신호를 확인한다. 4) 보행로의 앞/뒤에 "작업 중", "포크레인에 주의"의 표지를 명시하고 포크레인 작업 상태를 항상 감시하며 주의한다.

14	위험예지훈련 도해자료

상황	두 사람이 말뚝을 박고 있다.
위험포인트	1) 마주보고 일을 하고 있기 때문에 해머가 B의 머리에 맞는다. 2) 파편이 튀어서 눈을 다친다. 3) 발의 위치가 불안전하기 때문에 발이 해머에 맞는다. 4) 해머가 자루에서 빠져서 A 또는 B가 다친다. 5) 장갑을 끼고 있어 해머의 진동으로 손이 미끄러져 B를 때린다.
지적확인 (대책)	1) 해머 가격물을 손으로 잡지 말자. 2) 해머 가격물을 손으로 잡을 때 가격자와 마주보지 말자. 3) 보안경 착용 4) 해머 작업 전 해머상태 확인 5) 해머 작업 시 장갑 착용 금지

15	위험예지훈련 도해자료

상황	보수작업을 위한 사다리 위에 있는 작업자 A에게 B가 해머를 던져주고 있다.
위험포인트	1) 사다리가 미끄러져 B가 떨어진다. 2) B가 해머를 받아 잡을 때 균형을 잃어 추락한다. 3) B가 해머를 잡지 못해 해머에 맞아서 다친다. 4) A가 해머를 힘차게 던져 B가 해머에 맞아 추락한다.
지적확인 (대책)	1) 작업 전 사다리 고정 확인 2) 작업공구는 절대 던지지 말자.

16	위험예지훈련 도해자료

상황	한 손에 공구통을 들고 사다리를 오르고 있다.
위험포인트	1) 발이 미끄러져 사다리에서 떨어진다. 2) 한 손에 들고 있던 공구가 떨어져 통행인은 다치게 한다. 3) 사다리를 잡고 있던 손이 미끄러져 땅에 떨어진다. 4) 사다리가 부식되어 부러지면서 추락한다.
지적확인 (대책)	1) 작업 공구통을 들고 사다리 승강금지(달줄/달포대 이용) 2) 고정사다리 승강 전 사다리 이상유무 확인 3) 사다리 승하강시 미끄럼 주의 4) 안전대/안전모 착용

17	위험예지훈련 도해자료

상황	전주에 오르던 중 장해물이 있어, 넘어가려고 하고 있다.
위험포인트	1) 올라갈 때 표지에 부딪친다. 2) 발판못(발판, 보울트)이 빠져서 추락한다. 3) 안전대로프, 보조로프의 착탈 시 균형을 잃어 추락한다. 4) 표지가 흔들려서 균형을 잃어 추락한다. 5) 손, 발이 미끄러져 추락한다.
지적확인 (대책)	1) 표지판 주의 2) 승하강전 발판 못 확인 3) 안전대/보조로프 착탈 시 확인 4) 이동전 안전대 체결여부 확인 5) 안전화/전모 착용

18	위험예지훈련 도해자료

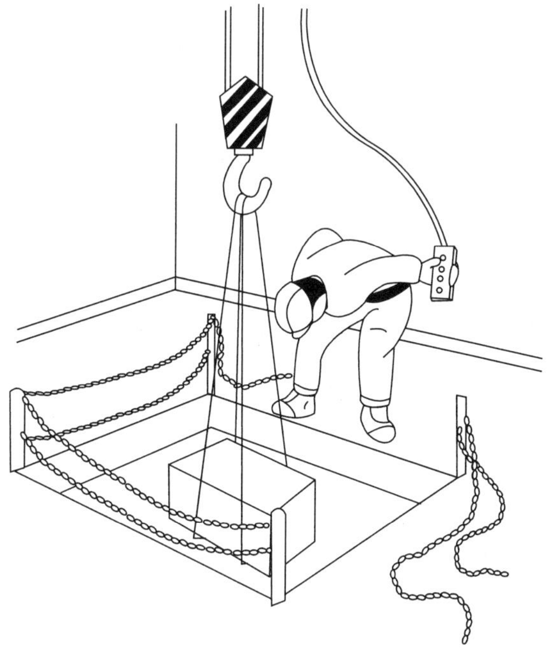

상황	2층 개구부에서 호이스트 크레인으로 하물을 달아 올리고 있다.
위험포인트	1) 체인을 벗기고 개구부를 들여다보며 크레인 조작을 하고 있을 때 균형을 잃고 추락한다. 2) 하물이 개구부에 걸려서 떨어져 밑의 사람이 부딪힌다. 3) 추락방지 체인이 낮아 걸려 추락하거나 벗겨진 체인에 걸려 넘어져 추락한다. 4) 크레인 고리에 안전핀이 없어 개구부에 화물이 걸릴 때 와이어가 빠져 화물이 떨어져 아래 있는 사람에게 부딪힌다. 5) 와이어가 끊어져 화물이 떨어져 밑에 있는 사람이 다친다. 6) 추락할 때 머리를 다친다. 7) 밑을 보고 있을 때 갑자기 어지러워져 추락한다.
지적확인 (대책)	1) 개구부 접근시 안전대 착용 2) 크레인 후크에 안전핀 설치 확인 3) 크레인 작업 전 와이어로프상태 확인

19	위험예지훈련 도해자료

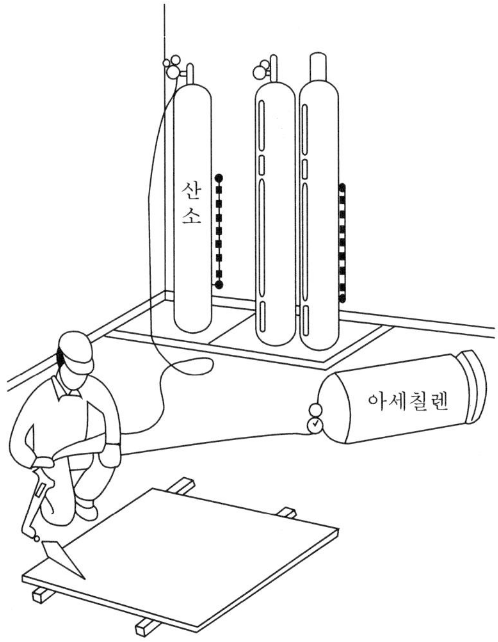

상황	산소－아세틸렌가스 용접기를 사용하여 철판을 절단/접합하고 있다.
위험포인트	1) 아세틸렌 연결부위에서 아세틸렌 액이 유출해 폭발한다. 2) 절단 불꽃에 화상을 입는다. 3) 절단 불꽃에 시력장해가 온다. 4) 호스를 강하게 끌어당기면 호스가 빠져서 인화/폭발한다. 5) 호스를 강하게 끌어당기면 산소통이 넘어져 작업자가 다친다. 6) 절단 불꽃이 주위의 인화물질에 접촉하여 화재가 발생한다.
지적확인 (대책)	1) 가스용접기 사용 전 가스누출여부 점검 2) 보안경/용접용 장갑/앞치마 착용 3) 용접호스 정리정돈 철저 4) 용접호스 당기기 전 가스통 확인 5) 작업반경내 인화물 확인/제거

20	위험예지훈련 도해자료

상황	케이블에 사다리를 걸고 전화가입자가 끌어들인 옥외선을 철거하려고 하고 있다.
위험포인트	1) 옥외선 절단 시 반동에 의하여 가공케이블 지지선이 크게 흔들려 사다리의 후크가 벗어나 굴러 떨어진다. 2) 몸을 이동할 때 사다리의 발 디딤판에서 발이 미끄러져 굴러 떨어진다. 3) 몸을 이동할 때 케이블 지지선이 움직여서 사다리의 후크가 벗겨져 굴러 떨어진다. 4) 절단된 옥외선이 떨어지면서 통행중인 사람이나 차량에 부딪친다. 5) 차량 또는 통행인이 머리위에서 고소작업 중임을 몰라 낙하물에 다친다.
지적확인 (대책)	1) 옥외선 철거 전 장력 확인/조치 2) 사다리 후크 고정 3) 작업 전 작업반경내 위험표지판 설치 4) 감시인 배치

21	위험예지훈련 도해자료
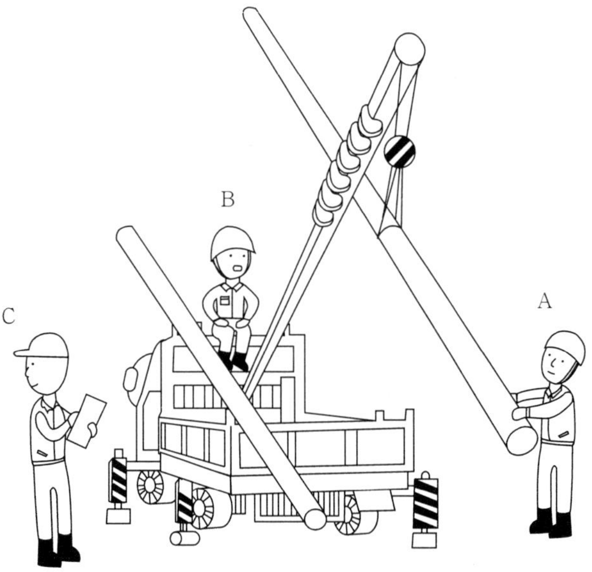	
상황	이동식 크레인을 이용하여 전주를 트럭에서 내리고 있다. 작업자 B는 크레인 운전자이고 A는 유도자 그리고 C는 전주의 수량을 체크하고 있다.
위험포인트	1) 전주를 트럭에서 내려놓을 때 A의 손이 전주와 하대 사이에 끼인다. 2) 전주가 회전하여 A, B의 몸에 닿는다. 3) 트럭에서 내릴 때 와이어가 벗겨져 전주가 미끄러지면서 떨어져 A가 전주에 깔린다. 4) 전주의 균형이 맞지 않아 전주의 끝이 내려가 운전자 B에 닿는다. 5) 크레인 운전자 B가 급히 붐대를 움직여 전주를 받치고 있던 A가 쓰러진다. 6) C가 돌아온 전주에 머리를 부딪친다.
지적확인 (대책)	1) 전주 하차 시 전주균형 확인 2) 전주를 묶을 때 2곳 이상 묶기 3) 전주 이동시 급회전/급정지 금지 4) 전주 이동 반경내 접근금지

22	위험예지훈련 도해자료

상황	책상 위에 접었다 폈다 하는 의자를 놓고 전등을 갈아 끼우고 있다.
위험포인트	1) 발의 위치를 이동하였을 때 의자가 접혀서 떨어진다. 2) 균형을 잃고 뛰어 내리다 발을 삔다. 3) 전등취부 작업에 열중하다 의자에서 굴러 떨어진다. 4) 형광등의 파손으로 손을 다친다. 5) 내려올 때 책상 위에서 뛰어 내리다 발을 다친다.
지적확인 (대책)	1) 고소작업 시 규정된 작업발판 사용 2) 작업발판위에서 사다리/의자사용 금지 3) 형광등 파손주의 4) 작업발판 승하강시 미끄러짐 주의

23	위험예지훈련 도해자료
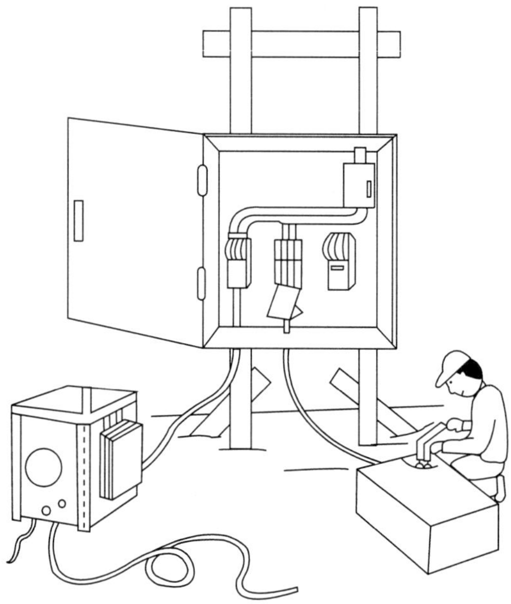	
상황	현장에 설치된 가설 배전반에서 전원을 끌어내 강재의 연마(그라인더)작업을 실시하고 있다.
위험포인트	1) 스위치 커버가 파손되어 있어 스위치 조작 시 감전된다. 2) 눈에 이물질이 들어간다. 3) 배전반에 펜치나 드라이버가 놓여 있어 개폐 시 단락된다. 4) 작업 중 발생하는 분진으로 호흡기 장애를 일으킨다. 5) 그라인더의 누전전류에 작업자가 감전된다. 6) 배전반의 뚜껑이 열려있어 통행할 때 닿는다. 7) 스위치를 개폐할 때 바람에 문이 닫히면서 손에 끼인다.
지적확인 (대책)	1) 그라인더 사용 시 보안경 착용 2) 그라인더 사용 전 누전여부 확인 3) 분전반내 작업공구 놓지 말자. 4) 작업 중 분전반 뚜껑 닫음 확인

24	위험예지훈련 도해자료

상황	작업자 A가 맨홀에 들어가 맨홀에 찬 물을 용기에 담고 있고, 작업자 B는 용기가 하나 가득차면 위로 올리려고 기다리고 있다.
위험포인트	1) 부패가스에 의해 산소부족 또는 중독으로 A가 쓰러진다. 2) 넘어진 A를 도우러 내려간 B도 졸도한다. 3) 용기를 끌어 올릴 때 줄이 끊어지거나 미끄러져 용기가 A의 머리위에 떨어진다. 4) 사다리를 오르내리던 중 A가 미끄러져 떨어진다. 5) 1인 작업이어서 오랫동안 휴식을 취하지 않고 작업 중 지쳐서 A가 쓰러진다.
지적확인 (대책)	1) 맨홀 작업 전 산소농도 측정 2) 맨홀 작업 전 가스탐지기 확인 3) 작업 전 줄 이상유무 확인 4) 맨홀 승 하강 중 미끄럼 주의 5) 휴식시간 엄수

25	위험예지훈련 도해자료

상황	약 100 L의 기름이 들어있는 드럼통을 일으키려고 하고 있다.
위험포인트	1) 혼자서 드럼통을 세우다 허리를 다친다. 2) 장갑 미착용으로 손을 다친다. 3) 손이 미끄러져 드럼통이 발위에 떨어져 발을 다친다. 4) 바닥에 흘린 기름에 미끄러져 드럼통을 발 위에 떨어뜨려 다친다.
지적확인 (대책)	1) 단독작업 금지 2) 허리를 꼿꼿이 펴고 다리 힘으로 일어설 것 3) 미끄러지지 않는 장갑 착용 확인 4) 드럼통 주위의 바닥기름 확인

26	위험예지훈련 도해자료

상황	포크리프트 운전사 A가 하물을 높이 싣고 후진하고 있다. 작업자 B는 포크리프트 뒷편에 편승하여 가고 있다.
위험포인트	1) 뒷편에 탑승하고 있는 B가 흔들려 떨어져 포크리프트에 깔린다. 2) 적재화물이 무너져 A와 B의 머리에 부딪힌다. 3) 운전도중 B가 뛰어내리다 걸려 넘어져 깔린다. 4) 급정지 할 때 A, B가 전락한다. 5) 펑크가 나서 하물이 무너지면 B가 전락한다. 6) 급히 핸들을 꺾을 때 A, B가 하물과 함께 떨어져 넘어진다.
지적확인 (대책)	1) 포크리프트 탑승이동 금지 2) 2M 이상 화물적재 금지 3) 포크리프트 급정지/급회전 금지 4) 포크리프트 사용 전 타이어 손상유무 확인

27	위험예지훈련 도해자료
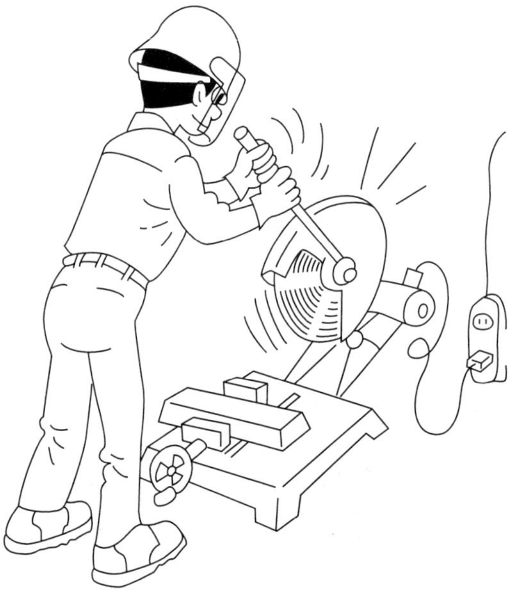	
상황	고속 절단기로 철근을 절단하는 작업을 실시하고 있음
위험포인트	1) 철근의 고정이 불충분하여 톱날이 부러져 다친다. 2) 절단되면서 튀는 불꽃같은 철가루가 몸에 맞는다. 3) 고속커터의 고정불량으로 회전진동에 의하여 이동됨으로써 작업자의 위치가 변동되어 작업 상태가 불안정 해 진다. 4) 구부리고 작업을 하다 요통에 걸린다. 5) 커터날이 부러져 날아가 작업자가 다친다.
지적확인 (대책)	1) 절단 전 철근고정 확인 2) 작업 전 절단기고정 확인 3) 작업 전 커터날 이상유무 확인 4) 작업 전 인화물질 확인 5) 1시간 이상 연속작업 금지

28	위험예지훈련 도해자료

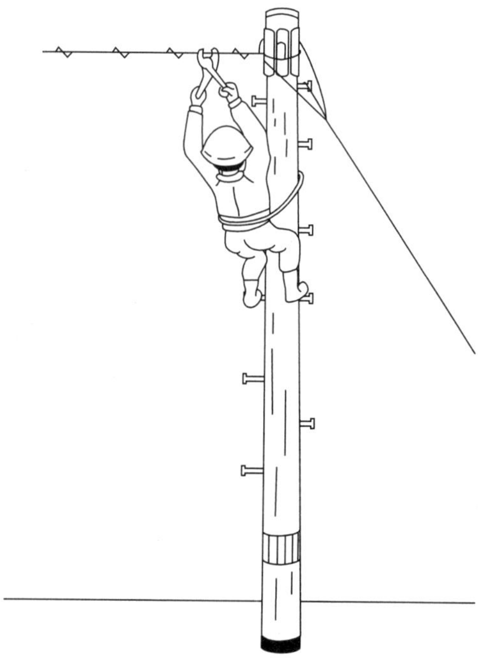

상황	전주이전(도로확장 또는 지하매설)으로 인하여 케이블을 철거한 후, 전선 지지선을 절단하려고 한다.
위험포인트	1) 지지선 절단 시 전주가 넘어져 작업자가 전주에 깔린다. 2) 지지선이 아래로 떨어지면서 보행자가 다친다. 3) 지지선 절단 시 쇼크로 몸이 회전하며 떨어진다. 4) 케이블 행카가 아래로 날아가 보행자가 다친다. 5) 지지선이 차에 걸려 전주가 넘어져 작업자가 다친다. 6) 전주의 진동으로 작업자가 떨어진다. 7) 전주의 묻힌 부분이 썩어서 지지선 절단 시 전주가 넘어진다.
지적확인 (대책)	1) 지지선 절단 전 전주상태 확인 2) 작업 전 작업반경내 위험표지판 설치 3) 지지선 절단 전 장선기(장력을 늦추어 균형을 맞춤) 사용 4) 지지선 절단 전 전주삼각지지대 설치

29	위험예지훈련 도해자료

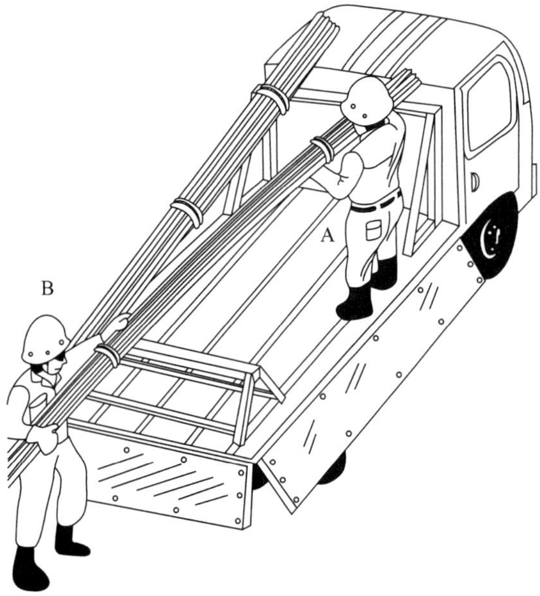

상황	A와 B 두 명의 작업자가 트럭으로부터 철근을 내리고 있다.
위험포인트	1) A가 트럭의 끝에 서 있어 짐과 같이 추락한다. 2) B의 왼손이 받침틀과 철근묶음의 틈에 있기 때문에 짐의 반동으로 끼인다. 3) B의 쪽으로 짐이 많이 실렸기 때문에 짐이 떨어져 A와 B가 부상당한다. 4) 현재의 짐을 내렸을 때 나머지 철근 묶음이 반대쪽으로 떨어져 받침틀의 반동으로 A와 B가 다친다.
지적확인 (대책)	1) 트럭 끝에 서서작업 금지 2) 작업 중 손위치 확인 3) 철근 하역 시 양쪽으로 균형 있게 하역할 것

30	위험예지훈련 도해자료

상황	양손에 화물을 들고 경사가 급한 계단을 내려가고 있다.
위험포인트	1) 두 손으로 물건을 들고 급히 계단을 내려오다 발을 헛디뎌서 떨어진다. 2) 물건이 기울어져 바로 받치고자 할 때 중심을 잃고 물건과 함께 떨어진다. 3) 두 손에 물건을 받쳐 들고 계단을 옮겨 디딜 때 중심을 잃고 떨어진다. 4) 물건이 떨어져 통행인이 맞아 부상을 당한다. 5) 물건이 떨어져 다리를 다친다. 6) 위층에서 추락한다.
지적확인 (대책)	1) 중량물 운반 시 시야확보 2) 중량물 운반 시 미끄럼 주의 3) 계단 이동시 발 디딤판 확인

참고문헌

1. 김용수 외 2인, 안전공학론(1996), 한올출판사
2. 대한산업안전협회, 산업안전총람(1988), 대한산업협회
3. 조대경 외 7명, 심리학개론(1984), 박영사
4. 맥스웰 말츠, 한국언어문화원, 감정의 조절작전(1984), 언어문화사
5. 우재현, 산업복지학 개론(1983), 형설출판사
6. 갈원모 외 6명, 산업안전심리학(2000), 도서출판골드
7. 김진선, 교육 평가의 이론과 실제, 1999.
8. 로저쉐퍼드, 김정오 역, 마음의 시각(1993), 동아출판사
9. 한국산업안전공단, 위험예지훈련 도해(1990), 산업안전공단
10. 김병석, 신산업안전교육론(1999), 형설출판사
11. 김두환, 안전관리실무론(2000), (주)중앙경제
12. 김용수 외 4명, 산업안전심리교육론(2001), 지구문화사
13. 황정규, 학교학습과 교육평가(1993), 교육과학사
14. 김진선, 교육 평가의 이론과 실제(1999)
15. 김인회, 정순목, 교육의 역사적 기초(1982), 대은출판사
16. Pintrich, P. R., & Schunk, D. H. (1996). Motivation in education Theory, research, and applications. Englewood Cliffs, NJ: Prentice Hall Rosenshine, B., & Stevens, R. (1986). Teaching functions. In M.C. Wittrock (Ed.), Handbook of research on teaching New York.
17. 인천직할시 교육과학연구원, 토의학습의 실제(1994)
18. 김형일, 레크리에이션 SPOT 기법(1998), 서울 21C교육협의회
19. 나일주, 정인성, 교육공학의 이해(1999), 교육과학사
20. 박승재, 조희영, 교수-학습이론과 과학교육(1999), 교육과학사
21. 변영계, 김영환, 손미, 교육방법 및 교육공학(2003), 학지사
22. 박성익, 임정훈 역, 교육설계의 이론과 모형(1993), 학지사
23. 安全 グイジュスト, 編輯 つくし 工房(1997)
24. 오인석, 구봉진, 자기효능감 측정의 비판 및 대안(1999)
25. 김인회, 정순목, 교육의 역사적 기초(1982), 대은출판사
26. 산업안전공단, 사업장안전보건강사 실무, 2001
27. 김현기, 주간경제 615호, 2001.3.21.
28. 연세대학교, 음란물에 노출된 아동-청소년의 판단능력과 자기통제능력에 관한 심리학적 연구, 김경희
29. k-ohsms 18001 규격, 2002
30. 오인석, 구봉진, 자기효능감 측정의 비판 및 대안, 2001
31. 임승빈, 환경심리행태론(1986), 보성문화사
32. R. Sommer, Personal Space(1969), Prentice Hall
33. 월간국토, 공간이론산책(1998-5-10)
34. 이성진, 교육심리학(1985), 교육과학사
35. 최인범, 안전교육(1982), 정민사
36. 최영일, 초등학교 안전교육에 관한 연구(1998), 한국교원대학교대학원
37. 김순택, 현대수업원론(2001), 교육과학사
38. 유영만, 기업교육의 일상성에 근거한 성찰적 기업교육학의 구축, 산업교육연구, 6권, 1999.
39. Establishing the Value of Training Practical Tools and Techniques for Calculating Training Cost and Returns Sharon G. Fisher with Barbara J.Ruffino HRD Press, Inc 1996. Human Technology
40. 양재길, 강의법, 정보교육연구원
41. eBEST Contents, 김대리도 뻑가는 교육게임 99가지, 2000.
42. 대한산업안전협회, 무재해운동 추진실무(1998)
43. 이경화 외 4인, 교육심리학(2004), 교육과학사

찾아보기

ㅎ

영문

기타

갈 원 모
- (현) 을지대학교 보건환경안전학과 교수
- (현) 안전생활실천시민연합 경기사무총장

염 병 수
- (현) 아주대학교 교통ITS대학원 철도시스템학과 교수
- (전) 철도청 안전환경실, 한국철도공사 연구원 근무

이 미 해
- 올댓세이프티 대표강사
- (전) GS칼텍스 안전보건기획팀 근무

최 우 진
- 이수건설 안전팀 근무
- (전) 을지대학교 안전보건학과 외래교수

안전보건교육론 정가 22,000원

발 행 2018년 3월 2일 초판 1쇄
저 자 갈원모 · 염병수 · 이미해 · 최우진
발행인 정우용
발행처 도서출판 동화기술
경기도 파주시 광인사길 201(문발동, 파주출판도시)
Tel (031)955-4211~6 donghwapub@nate.com
Fax (031)955-4217 www.donghwapub.co.kr
(등록) 1977년 12월 19일/9-16호

ISBN 978-89-425-9172-5